誘導モータのベクトル制御技術

新中新二 著

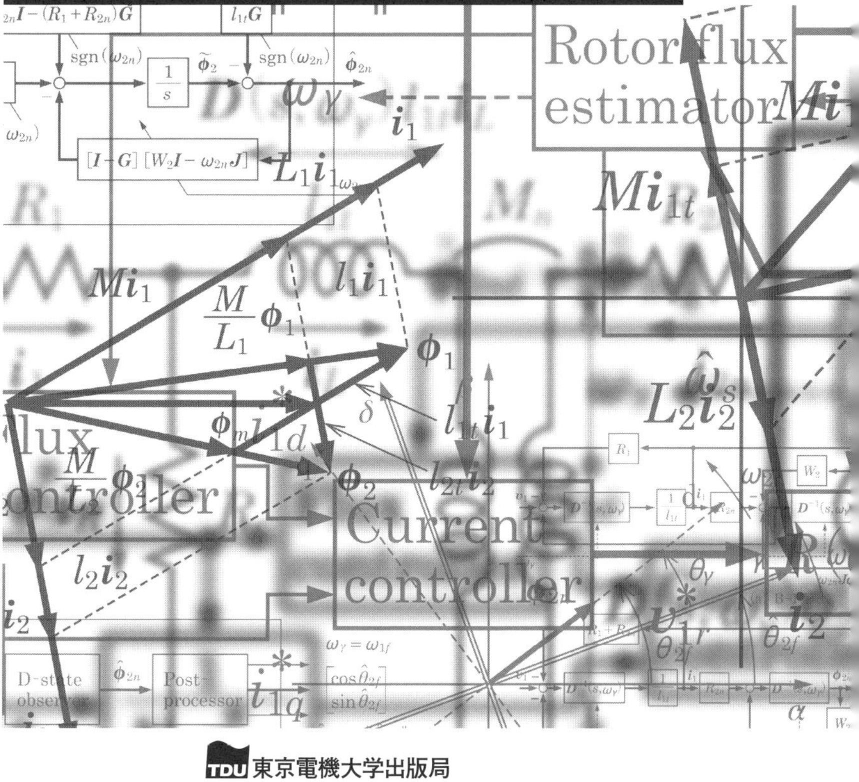

TDU 東京電機大学出版局

家族を愛した姉
新中 惠美子
に捧ぐ

まえがき

エネルギーの効率利用が地球規模で求められている。第一の理由は地球温暖化の抑制・防止であり，第二の理由は化石エネルギーの漸減・枯渇である。

最近，気象報道に関し，「異常気象」という表現が消え，「記録的」，「最大級」，「観測史上」，「経験のない」といった表現が用いられるようになり，併せて，甚大な自然災害が全世界から報道されるようになった。これは，地球温暖化に起因する異常気象が常態化したことを意味する。2014 年 9 月に各国首脳により開催された国連気候変動首脳会合（気候変動サミット）は，地球温暖化の危機が差し迫っていることを示している。

先進諸国においては，電気エネルギーの約 50% が機械エネルギーに変換され利用されている。電気・機械エネルギー変換を担っているのがモータであり，その中核はメンテナンスフリーで高速回転が可能な交流モータである。代表的な交流モータは，誘導モータ（induction motor, IM）と永久磁石同期モータである。国内産業用モータの約 70% が誘導モータであり，エネルギーの効率利用には，誘導モータ駆動の効率化が必須である。本認識のもと，2013 年には省エネ法が改正され，2015 年 4 月より，「かご形誘導モータのプレミアム効率（IE3）[†1]達成」が法的に義務づけられた。誘導モータの高効率を求める法制化は，我国のみならず，欧米も同様である。

誘導モータは，駆動速度範囲の広いモータとして有望である。米国テスラモーターズ社により 2008 年に販売開始された衝撃的性能を備えた電気自動車「ロードスター」に利用されているモータは，かご形誘導モータである。可変変速機は利用されず，固定ギヤ比の減速機で，ゼロ速高トルク発進から 200〔km/h〕超の高速に至る広範囲駆動を実現している。誘導モータ以外の現状交流モータで，このような性能を得ることは難しいように思われる。

---

† 1　IE3：国際電気標準会議（International Electrotechnical Commission, IEC）が定めた効率規格 3）

誘導モータは，省レアアース・脱レアアースモータとしても有望である。2011年8月のレアアース高騰は，国際政治的要因が主とはいえ，レアアース依存の永久磁石同期モータのリスクを広く産業界に認識させた。この苦い経験を契機に，レアアースを一切必要としない誘導モータが再評価されている。

以上のように，誘導モータは高いポテンシャルを秘めたモータである。しかしながら，誘導モータの利用は，ただちに「高効率な電気・機械エネルギー変換機の採用」を意味するものではない。特に，電力変換器（インバータ）を介した可変速駆動では，そうである。真に効率的なエネルギー変換には，これにふさわしい駆動制御技術が必要である。モータは，電気自動車への応用に見られるように，トルク発生機でもある。誘導モータを介して所要の高速トルク応答を得るには，相応の駆動制御技術が不可欠である。誘導モータ駆動制御技術の中核が，「ベクトル制御技術」である。

誘導モータのベクトル制御技術に関し，駆動制御の原理から最先端までを体系的に解説した書籍は，世界的に非常に少ない。国内では，皆無である。往年の研究者・技術者ならば，国内外の学術論文誌などを通じ，先端技術を入手することはできる。しかし，本分野へ新規参入する学生・技術者は，ベクトル制御技術の原理・基礎の修得にさえ，不要・不合理な困苦と時間とを求められる。

本書は，このような現状を打破し，かご形誘導モータの先端駆動制御技術を広く万民のものとすべく，執筆されたものである。本書は，以下の特長をもつ。

(a) 本書は，誘導モータの駆動制御技術に関し，原理から最先端までを段階的かつ体系的に解説している。たとえば，原理に関しては，単相電気回路から説明を起こし，最高難度のセンサレスベクトル制御技術，鉄損考慮の諸技術までを体系的に解説している。

(b) 本書は，本書のみで，体系化された誘導モータ駆動制御技術を理解できるように構成されている。本狙いを達成すべく，各章の前段には，適時，予備的な知識・技術を整理している。また，理論式の展開・導出は，紙幅の許す限り丁寧に行っている。なお，「読者は大学電気系学部卒レベルの基礎学力を有する」ことを想定している。

(c) 本書は，平易な理解を目指し，多数の図面を用意している。

(d) 本書は，技術の実践的修得を重視し，先端技術の解説に際しては，設計の実例と詳細な実験的データを与えている。

(e) 本書は，新規参入者による独修を可能とすべく，適所に「Q/A欄」を設け，彼らが抱き易い疑問に回答を与えている。また，専門用語には，技術開発の国際化を考慮し，対応の英訳を与えている。

(f) 本書は，上記 (a) ～ (e) 項から賢察されるように，大学院生教育はもとより，往年の専門家のための実践的な「座右の書」としても役立つよう，配慮されている。この一環として，各章ごとに基本文献が整理されている。

全13章からなる本書を，1セメスター・15週の大学院教育における教科書として利用する場合，教育時間配分の基本は以下のとおりである（1週講義を1とした)。

第1章「モータと駆動制御の概要」……0.5
第2章「数学モデルの構築と特性解析」……3.0
第3章「ベクトルシミュレータ」……0.5
第4章「ベクトル制御系の基本構造と制御器設計」……1.0
第5章「センサ利用ベクトル制御Ⅰ（状態オブザーバ形)」……1.0
第6章「センサ利用ベクトル制御Ⅱ（すべり周波数形)」……1.0
第7章「効率駆動と広範囲駆動」……1.0
第8章「適応機能を備えたベクトル制御」……1.0
第9章「センサレスベクトル制御Ⅰ（状態オブザーバ形)」……1.0
第10章「センサレスベクトル制御Ⅱ（直接周波数形)」……1.0
第11章「モータパラメータの同定」……1.0
第12章「応用例（センレス電気自動車の開発)」……1.0
第13章「鉄損考慮を要するモータのための緒技術」……2.0

誘導モータの動特性は，交流モータの中で最も複雑･難解である。この点を考慮し，誘導モータ駆動制御装置設計の礎となる第2章の教育には，3週を割り振った。

著者は，長期構想のもと，「誘導モータの駆動制御技術の体系化」に十数年にわたり奮闘してきた。地球温暖化に立ち向かう技術立国での本格的専門書出版の使命と意義にご理解を示され，長期構想の最終段階に当たる本書出版にご尽力を下さった東京電機大学出版局に対し，衷心より感謝申し上げる。

2014年10月16日　ミッドスカイタワーにて

新中　新二

目　次

第11章　モータパラメータの同定

第12章　センサレス・トランスミッションレス電気自動車

第13章　鉄損考慮を要するIMのための諸技術

第1章

モータと駆動制御の概要

1.1 目 的

本章の目的は，誘導モータ（induction motor, IM）とこの駆動制御の概要把握にある。次章以降で，IM の駆動制御技術を，これを構成する要素技術単位ごとに詳細に説明する。要素技術に目が移るにつれ，ややもすれば，総合技術である駆動制御技術の全体像を見失い，ひいては要素技術の意義を失う。要素技術の議論においては，当該要素技術が総合技術の中でいかなる位置にあり，いかなる意義をもっているのかを理解する必要がある。これには，駆動制御技術の全体像の把握が不可欠である。

次の 1.2 節では，制御対象である IM の概要を，構造，回転原理を中心に説明する。これにより，IM のマクロ的特性の把握が可能となる。

1.3 節では，IM 駆動制御系（「制御系」と「制御システム」は同義）の概略構造を説明する。IM 駆動制御系の構造は，広義には，追値制御（トラッキング制御，tracking control）のための構造となる。しかし，本駆動制御系は，一般の制御理論が扱う追値制御構造を，無修正のまま採用しているわけではない。本節では，IM 駆動制御系の概要構造を明らかにし，「IM 駆動制御系」の中には，大きくは，トルク制御（電流制御）系，速度制御系，位置制御系があることを示す。また，トルク制御こそが IM 制御の中核であることを明らかにする。

1.4 節では，IM の駆動領域と定格について説明する。IM の加減速駆動においては，IM が，本来のモータとして動作している期間もあれば，発電機として動作している期間もある。これらを駆動領域の観点から説明する。制御対象である IM の把握において最初になすべきは，定格の把握である。IM に関する各種定格に関し，相互の関連を明らかにしつつ，その要点を説明する。なお，本章の執筆に際し，文献 1)，2) を参考にした。

1.2　誘導モータの概要

1.2.1　回転原理と回転磁界

A.　回転原理

IMの回転原理は，種々の方法で理解することができる。簡単には，レンツの法則（Lenz's law），ファラデーの電磁誘導の法則（Faraday's law of electromagnetic induction），フレミングの法則（Fleming's rule）などに基づき解釈できる。レンツの法則に従った解釈は，次のとおりである。

図1.1(a)の導体かご（cage）を考える。導体かごは，棒状導体と環状導体とから構成されている。これら導体は電気的に短絡されている。図1.1(b)は，導体かごを，環状導体側から眺めたものである。この際，導体かごは，中心を軸として自由に回転でき，かつ，導体かごの外辺には永久磁石が配置されているものとする。永久磁石のN極からS極に向けて，磁束（magnetic flux, flux）が発生している。本磁束は，棒状導体に鎖交（interlink）している。すなわち棒状導体は磁界（magnetic field）の中に存在する。

ここで，図1.1(b)のように，外辺の永久磁石を左方向へ回転させる。永久磁石の回転に応じ，棒状導体に鎖交した磁束も回転・変化する。レンツの法則に従えば，鎖交磁束の変化を抑える方向に，棒状導体に起電力と電流を，ひいては誘導磁束とトルクを発生する。自由回転可能な導体かごにとって，「鎖交磁束の変化を抑える」には，導体かご自体が外辺の永久磁石と同一方向へ回転すること，すなわちトルクを発生することである。なお，誘導磁束に起因するトルク発生には，磁束の回転速度とかごの回転速度との間の速度差が必要とされる。

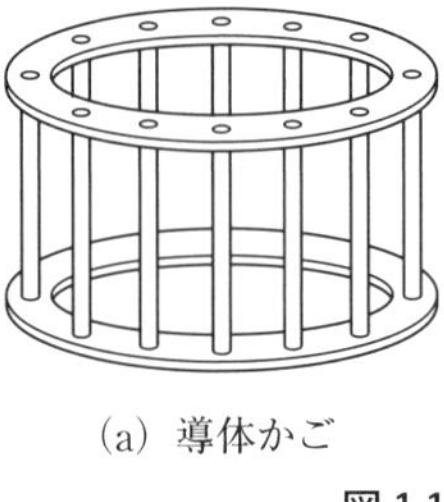
(a) 導体かご

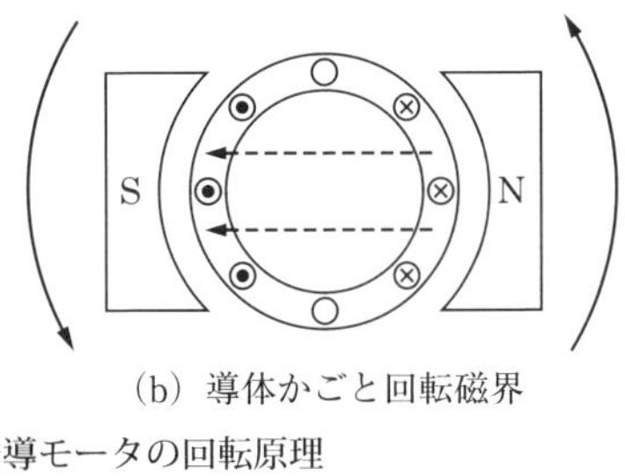

(b) 導体かごと回転磁界

図1.1　誘導モータの回転原理

フレミングの法則による簡単な解釈は，次のとおりである。図 1.1(b) のように，外辺の永久磁石を左方向へ回転させる。磁束を基準とする場合，これは棒状導体が相対的に右回転することを意味する。したがって，フレミングの右手則（Fleming's right-hand rule）に従い，棒状導体上に起電力が誘導され電流が流れる。このときの電流方向は，N 極側は手前から奥へ（記号「×」で表現），S 極側は奥から手前へ（記号「●」）で表現）となる。磁束中の棒状導体に電流が流れれば，フレミングの左手則（Fleming's left-hand rule）に従い，棒状導体は力を受ける。力の方向は，N 極側の導体は図の上方，S 極側の導体は図の下方となる。中心を軸として自由回転可能な棒状導体にあっては，この力は，左回転方向（外辺の永久磁石の回転方向と同一）のトルクとなる。

B.　三相電流による回転磁界の発生

図 1.2(a) に亀甲状に巻かれた巻線に電流 i_{1u} が流れている様子を示した。電流 i_{1u} は，u 相，v 相，w 相からなる三相電流の u 相電流であり，ある瞬時に，同図に示した方向に流れているものとする。図 1.2(b) は，自由回転可能な導体かご（内側円部）の外辺（外側円部）に，亀甲状巻線を配して上部より眺めた様子である。図 1.2(a)，(b) における空間位置 a，b は互いに対応している。図 1.2(b) では，空間位置 a，b に対して $2\pi/3$〔rad〕進んだ空間位置 a′，b′ に配置された巻線に，v 相電流 i_{1v} が流れている。同様に，空間位置 a，b に対して $4\pi/3$〔rad〕進んだ空間位置 a″，b″ に配置された巻線に，w 相電流 i_{1w} が流れている。

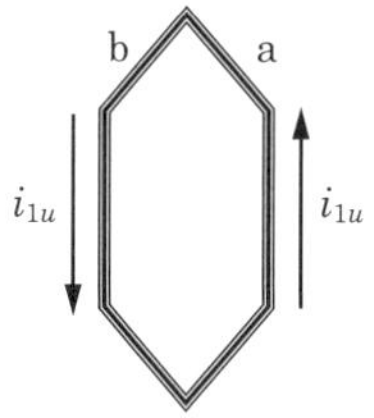

(a) 巻線に流れる電流

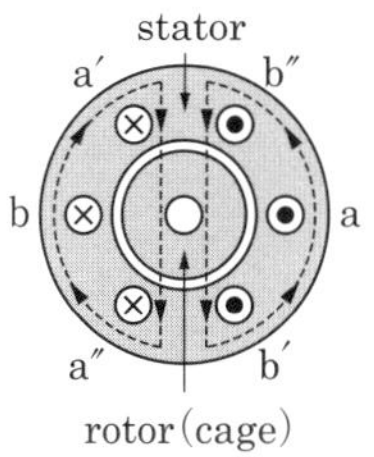

(b) 導体かごと回転磁界

図 1.2　三相電流による回転磁界の発生

三相電流 $\boldsymbol{i}_1$ の各相電流 i_{1u}，i_{1v}，i_{1w} は，順次 $2\pi/3$〔rad〕の位相遅れを有し，簡単には次式のように記述される。

$$\boldsymbol{i}_1 = \begin{bmatrix} i_{1u} \\ i_{1v} \\ i_{1w} \end{bmatrix} = I \begin{bmatrix} \cos\omega_{1f}t \\ \cos\left(\omega_{1f}t - \dfrac{2\pi}{3}\right) \\ \cos\left(\omega_{1f}t - \dfrac{4\pi}{3}\right) \end{bmatrix} \tag{1.1}$$

図1.2(b) は，式 (1.1) に従い，時刻 $t = k(2\pi)/\omega_{1f}$ ($k = 0$，1，…) での瞬時的様子を示したものである。この時刻では，三相電流の総合効果として，図1.2(b) の破線で示したような磁束が流れ，磁束は自由回転可能な導体かごに鎖交している。

順次 $2\pi/3$〔rad〕の位相遅れをもつ三相電流は，式 (1.1) に従い時間的に連続変化する。このとき，各相電流の巻線位置は，空間的に順次 $2\pi/3$〔rad〕の位相進みを有する（空間的位相は，空間上の方位・位置と同義）。この結果，導体かごに鎖交する磁束は空間的に連続回転する。

三相電流の時間的連続変化に対する磁束の空間的連続変化の様子を，図1.3に概略的に示した。上段正弦波は，時間軸に対する u 相電流（実線），v 相電流（破線），w 相電流（鎖線）を示している。時刻 $t = t_1$，t_2，t_3 における上段の三相電流と空間的磁束を描いた下段3図とが互いに対応している。以上のように，空間的に $2\pi/3$〔rad〕の位相進みをもたせて配置した巻線に，時間的に $2\pi/3$〔rad〕の位相遅れをもつ三相

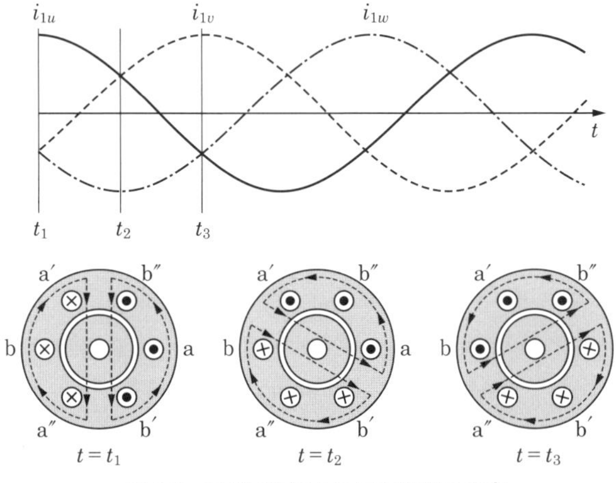

図1.3 三相電流による回転磁界の発生

電流を流すことにより，回転磁束を生じる回転磁界を発生させることができる。

1. 2. 2　モータの構造

図 1.4 にかご形 IM の概観を示した。図 (a) が固定子（stator）であり，大きくは，固定子巻線（stator winding），固定子巻線を包む固定子鉄心（stator core），固定子鉄心を支える固定子枠（stator frame）から構成されている。固定子枠には，軸受けブラケット（bracket bearing）が取り付けられている。

固定子巻線は，大きくは，集中巻巻線（concentrated winding）と分布巻巻線（distributed winding）に分類される。集中巻巻線は，一相の巻線を 1 極に対して 1 つの溝に集中して巻くのに対して，分布巻巻線は，巻線をいくつかの溝に分けて巻く。IM の固定子は，分布巻巻線が基本である。図 1.4(a) は，この例である。分布巻巻線による場合には，巻線の折り返し（コイル端，end winding）が発生する。図 1.4(a) の前面に見える巻線は，折り返し部分である。分布巻巻線による場合，折り返しのためモータ軸長が長くなる。図 1.2(a) の固定子巻線の概略図は，亀甲状の上部・下部で巻線折り返しを概念的に表現している。

回転子（rotor）は，回転子バー（rotor bar）と短絡環（end ring）からなるかご（squirrel cage），かごを包む回転子鉄心（rotor core），それに軸（axis）から構成される。回転原理の説明の際に用いた棒状導体，環状導体の正式名称が，回転子バー，短絡環である。かごは，伝導性と製造費用を考慮しアルミニウムあるいは銅でダイキャスト鋳造（die casting）される。ダイキャスト鋳造によれば，回転子バーと短絡環を（回転子に冷却ファンを取り付ける場合には，冷却ファンも），一体的に製造できる。また，

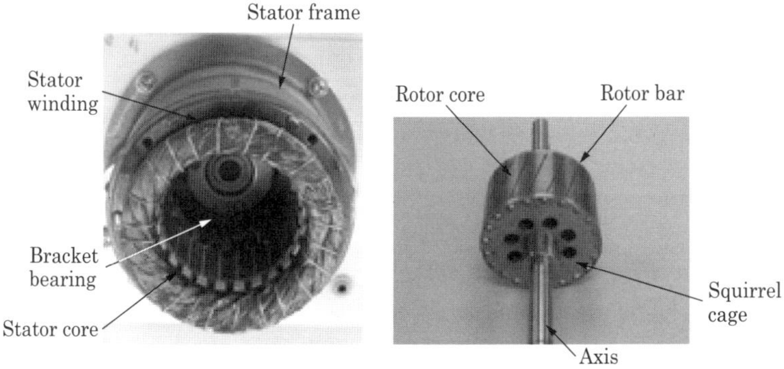

(a) 固定子　　(b) 回転子

図 1.4　かご形誘導モータの構成例

滑らかなトルク発生などを考慮し，一般に，かごの回転子バーには「ひねり（skew）」と呼ばれる傾斜をもたせる。図 1.4(b) では，回転子表面に回転子バーが斜めに走っている様子が確認される。これが，回転子バーに加えられたひねりである。

1.3　誘導モータ駆動制御系の概要

1.3.1　全体構成

図 1.5 を考える。同図下段は，IM を対象とした駆動制御系（drive control system）の全体構成を示している。すなわち，本駆動制御系は，右端から，IM，電力変換器（inverter），ベクトル制御装置（vector control device），速度制御器（speed controller），位置制御器（position controller）で構成されている。IM には，位置・速度センサ（pulse generator，PG）が装着されており，これから回転子の機械位相 θ_{2m} を得ている。また，機械位相を速度検出器（speed detector）で近似微分処理して，機械速度 ω_{2m} を得ている。さらには，電力変換器に取り付けられた電流検出器（リングで表示）により，固定子電流 $\boldsymbol{i}_1$ を得ている。電力変換器は，固定子電圧指令値 $\boldsymbol{v}_1^*$ に従い可変電圧・可変周波数（variable voltage and variable frequency，VVVF）の固定子電圧 $\boldsymbol{v}_1$ を発生し，これを IM へ印加する役割を担っている。検出された固定子電流 $\boldsymbol{i}_1$ と機械速度 ω_{2m} は，トルク指令値 τ^* とともに，ベクトル制御装置へ入力されている。ベクトル制御装置は，これらを用いて固定子電圧指令値 $\boldsymbol{v}_1^*$ を生成し，電力変換器に向け出力している。

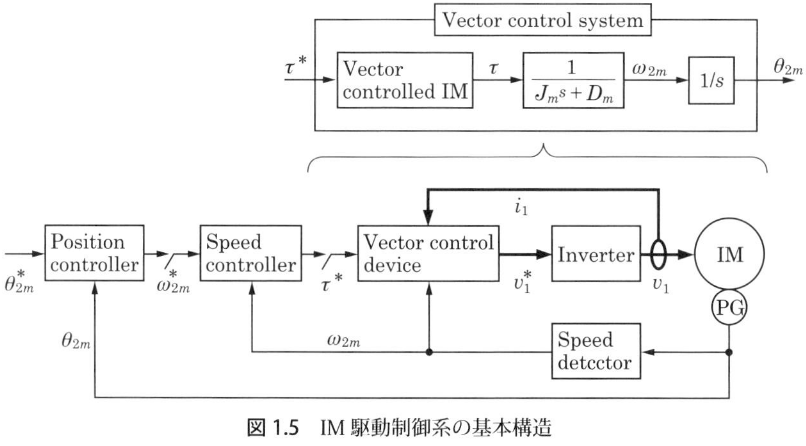

図 1.5　IM 駆動制御系の基本構造

図 1.5 の下段図において，ベクトル制御装置，電力変換器，IM，位置・速度センサ，速度検出器から構成される最も内側のフィードバック制御系は，ベクトル制御系（vector control system）と呼ばれる。ベクトル制御系は，トルク指令値 τ^* に従いトルク τ を発生するトルク発生機として動作する。ベクトル制御系の操作量は，IM へ印加する電力（電圧，電流）であり，制御量は発生トルクである。

同図上段は，機械系の視点より，ベクトル制御系を捉え直したものである。すなわち，ベクトル制御系を，ベクトル制御された IM（vector controlled IM），機械的動特性（$1/(J_m s + D_{\rm m})$ で表示），積分（$1/s$ で表示）の 3 要素で表現している。IM の回転子は発生トルク τ により，機械的動特性に従い機械速度 ω_{2m} で回転し，その積分が機械位相 θ_{2m} となる。機械位相は位置・速度センサにより検出される。

1.3.2　トルク制御と電流制御

IM 制御の基本は，トルク τ，速度 ω_{2m}，位相 θ_{2m} の制御である。これは，機械系の動的物理量が，加速度，速度，位置（位相）であることに対応している。すでに説明したように，IM のトルク発生原理はフレミングの左手則に基づいている。磁束を ϕ，これに直交して配置された導体に流れる電流を i とするとき，左手則は，概略的には，次式のように表現される。

$$\tau \propto \phi i \tag{1.2}$$

すなわち，発生トルクは，電流と磁束の積に比例する。特に，磁束が一定の場合には，発生トルクは電流に比例する。

上述のベクトル制御装置は，磁束を一定に制御したうえで，これに直交して流れる電流を制御し，IM の発生トルクを制御するようにしている。このときの磁束の制御も三相電流の一部を利用して行う。基本的には，IM に流し込む三相電流の制御を介して，磁束とこれに直交する電流を制御し，さらには発生トルク τ を制御している。IM の発生トルクを高速・高精度に制御する代表的方法が，ベクトル制御法（vector control method）である。ベクトル制御装置には，ベクトル制御法が実装されている。ベクトル制御法の詳細は，次章以降で詳しく説明する。ベクトル制御系が所期の性能を発揮している場合には，トルク応答値 τ はトルク指令値 τ^* におおむね等しくなる。

1.3.3　速度制御

速度制御を行う場合には，図 1.5 のように，ベクトル制御系の上位に速度制御系を構成する。速度制御の場合には，操作量，制御量はおのおのトルク，速度となる。この場合，制御対象（機械系の動特性）は簡単には次式のように1次系として扱うことができる。

$$\omega_{2m}=\frac{1}{J_m s+D_m}\tau\approx\frac{1}{J_m s+D_m}\tau^* \tag{1.3}$$

ここに，J_m，D_m はおのおの制御対象の慣性モーメント（moment of inertia），粘性摩擦係数（coefficient of viscous friction）を意味し，記号 s は微分演算子（differential operator）を意味する（本節末の Q/A 1.1 参照）。

式 (1.3) におけるトルク指令値 τ^* の生成を担っているのが，速度制御器である。代表的速度制御器は，次の PI 制御器（proportional and integral controller）である。

$$\tau^*=\frac{d_{s1}s+d_{s0}}{s}(\omega_{2m}^*-\omega_{2m})=\left(d_{s1}+\frac{d_{s0}}{s}\right)(\omega_{2m}^*-\omega_{2m}) \tag{1.4}$$

速度制御系における PI 制御器の比例係数（比例ゲイン）d_{s1}，積分係数（積分ゲイン）d_{s0} は，速度制御系の帯域幅（bandwidth）を ω_{sc} とするとき，以下のように設計される。

◆速度制御のための PI 制御器設計法

$$d_{s1}=J_m\omega_{sc}-D_m\approx J_m\omega_{sc} \tag{1.5a}$$

$$d_{s0}=J_m w_1(1-w_1)\omega_{sc}^2 \tag{1.5b}$$

$$0.05\le w_1\le 0.5 \tag{1.5c}$$

■

上記設計法における w_1 は，積分係数を調整するための設計パラメータである。所期の速度制御が達成された場合には，速度応答値 ω_{2m} はおおむね速度指令値 ω_{2m}^* に等しくなる。なお，上の制御器係数の設計原理は，第4章で詳しく説明する。

1.3.4　位置制御

位置制御を行う場合には，速度制御系の上位に位置制御系を構成する。位置制御の場合には，操作量，制御量はおのおの速度，位置となる。この場合も，制御対象は次式のように1次系として扱うことができる。

$$\theta_{2m}=\frac{1}{s}\omega_{2m}\approx\frac{1}{s}\omega_{2m}^* \tag{1.6}$$

式 (1.6) における速度指令値 ω_{2m}^* の生成を担っているのが，位置制御器である。代表的位置制御器は，次の P 制御器および PI 制御器である。

$$\omega_{2m}^*=\frac{d_{p1}s+d_{p0}}{s}(\theta_{2m}^*-\theta_{2m})=\left(d_{p1}+\frac{d_{p0}}{s}\right)(\theta_{2m}^*-\theta_{2m}) \tag{1.7}$$

位置制御系における比例係数 d_{p1}，積分係数 d_{p0} は，位置制御系の帯域幅を ω_{pc} とするとき，以下のように設計される。

◆位置制御のための P および PI 制御器設計法

$$d_{p1} = \omega_{pc} \tag{1.8a}$$

$$d_{p0} = w_1(1-w_1)\omega_{pc}^2 \tag{1.8b}$$

$$0 \le w_1 \le 0.5 \tag{1.8c}$$

■

式 (1.8c) に明示されているように，位置制御器における設計パラメータ w_1 はゼロを含んでいる。$w_1=0$ の選択は，積分係数 d_{p0} がゼロとなり，P 制御器の選択を意味する。なお，上の制御器係数の設計原理は，第 4 章で詳しく説明する。

Q 1.1　微分演算子として記号 s を使用していますが，ラプラス変換に出現するラプラス演算子（Laplace operator）s と紛らわしくありませんか。

A 1.1　微分演算子は時間信号（実数信号）に対して作用し，ラプラス演算子はラプラス変換信号（複素数信号）に対して作用します。両演算子は明らかに異なりますが，初期値の影響を無視できる場合には類似性の高い性質を有しています。記号 s がいずれの演算子を意味しているかは，被作用信号より明白ですので，本書では類似性を考慮し，両者に同一の記号 s を使用します。なお，表現上の簡略化のため，記号 $1/s$ を積分演算子として利用することもします。

1.4　駆動領域と定格

1.4.1　4 象限駆動

IM の駆動領域は，トルク τ，速度 ω_{2m} の観点から分類される。図 1.6 にこの様子を示した。モータの瞬時軸出力はトルクと速度との積 $\tau\omega_{2m}$〔W〕で評価される。この軸出力は，第 1 象限と第 3 象限では正となり，第 2 象限と第 4 象限では負となる。軸出力が正となる駆動は，固定子端子から入力された電気的エネルギーを回転子による機械的エネルギーとして出力するものであり，本駆動は力行（motoring）と呼ばれる。反対に，軸出力が負となる駆動は，回転子を介して入力された機械的エネルギーを固定子端子から電気的エネルギーとして出力するものであり，本駆動は回生（regenerating）と呼ばれる。回生駆動時の IM は，発電機として働いている。

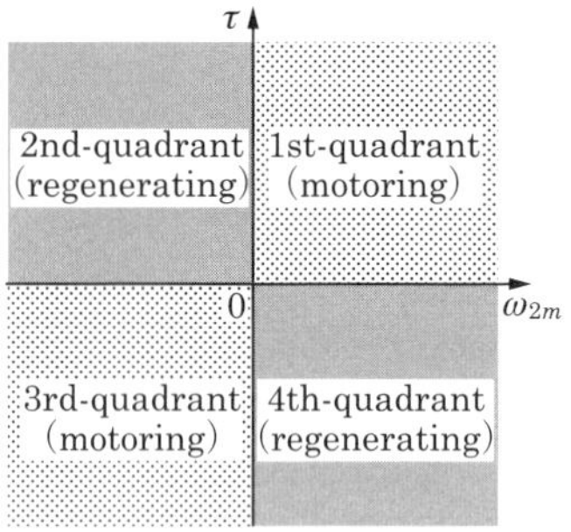

図 1.6　モータの 4 象限駆動

1. 4. 2　定トルク領域と定出力領域

図 1.7 に，第 1 象限の駆動領域をより詳細に示した。低速域において，連続的に発生可能な最大トルクを定格トルク（rated torque）という。定格トルクを維持できる最大速度を定格速度（rated speed）という。定格トルクと定格速度との交点は定格（rating）あるいは定格出力（rated power）と呼ばれ，連続的に発生可能な最大軸出力を意味する。

定格トルクと定格速度で囲まれた駆動領域 R I は定トルク領域（constant torque region）と呼ばれ，これに対して，速度向上に応じトルクを低減する駆動領域 R II は，定出力領域（constant power region）と呼ばれる。

定トルク領域における定格トルクは，モータが連続的に許容できる最大電流で決められる。本電流は定格電流（rated current）と呼ばれる。定格電流は，基本的には，連続的に許容できるモータ内部の最大温度で決定される。内部温度は，電流を主因と

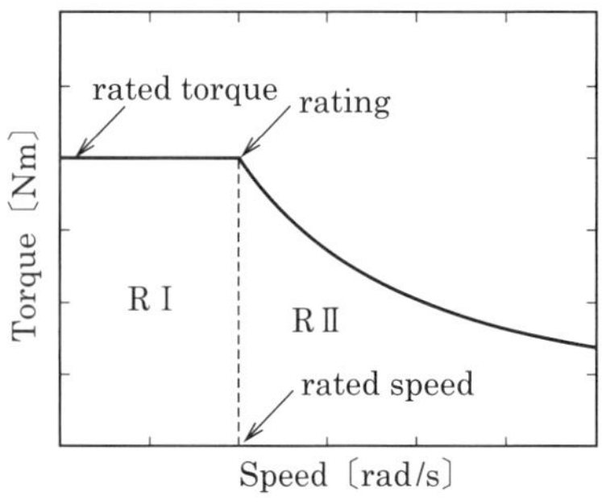

図 1.7　定トルク領域と定出力領域

する発熱（損失）とモータ冷却による放熱との平衡により定まる。モータ冷却性能の向上により，定格電流の増大を図ることができる。

定出力領域の上限値は，基本的に，出力制限を意味する $\tau\omega_{2m}=\mathrm{const}$ の曲線である。すなわち，本領域における発生可能な最大トルクは，出力制限の観点から，速度におおむね反比例して減少する。定格点（定格トルク，定格速度，定格出力の点）における固定子端子電圧を定格電圧（rated voltage）という。定格速度の主たる支配要因は，定格電圧である。定出力領域では，定格出力と定格電圧との両制限を同時に受ける。定格出力，定格電圧のいずれかに余裕があっても，他が制限値に達すると，発生可能な最大トルクが制限される。

第2章

数学モデルの構築と特性解析

2.1　目　的

誘導モータ（IM）の駆動制御の観点から，最初に必要とされるのがこの動的数学モデル（dynamic mathematical model）である。最新のIM駆動制御系の設計およびこのための解析は，徹底したモデルベースド（model based）であり，動的数学モデルなくして実のある前進は一歩も期待できない。動的数学モデルは，IMの実際の挙動をつとめて忠実に再現するものでなくてはならないが，このために，モデル自体が複雑になり，解析･設計を困難にするものであってはならない。制御系設計のためのモデルは，挙動の再現性と解析・設計の容易性との両面から検討され構築される必要がある。

本章では，IMの制御系設計とこのための解析に資することを目的とした動的数学モデルを構築する。IMは，電気回路であり，トルク発生機であり，さらには，電気エネルギーを機械エネルギーへ変換するエネルギー変換機である。IMの動的数学モデルは，電気回路としての動特性を記述した回路方程式（第1基本式），トルク発生機としてのトルク発生メカニズムを記述したトルク発生式（第2基本式），エネルギー変換機としての入力電気エネルギーが機械エネルギーとして出力されるまでの動的関係を記述したエネルギー伝達式（第3基本式）の3基本式が整合性のとれた形で必要である。本章では，種々の2軸直交の座標系（coordinate system, reference frame）を特別な場合として包含する一般座標系（general reference frame）上で動的数学モデルを構築する。さらには，構築した動的数学モデルを用い，IMのベクトル制御法の構築の鍵となる重要特性を解明する。

本章は，以下のように構成されている。次の2.2節では，簡潔な動的数学モデルを手際よく構築するための数学的準備を行う。IMの動的数学モデル構築に際して最も重要な数学的概念は，「直交行列」と「直交変換」である。これらの基本概念と，IMの動的数学モデル構築に特に有用な直交行列の諸性質とを具体的に説明する。

2.3 節では，電気回路の基本知識を整理する。IM の回路方程式（微分方程式）の構築には Y 形結線三相交流回路の回路方程式が基礎となる。

2.4 節では，以上の準備のもと，伝統的な 5 パラメータ（固定子抵抗，回転子抵抗，固定子インダクタンス，回転子インダクタンス，相互インダクタンス）と 5 信号（固定子電圧，固定子電流，固定子磁束，回転子電流，回転子磁束）とを用いた動的数学モデルを構築する。数学モデルの構築に関連して，ベクトル信号を回路上の信号とする仮想的な動的等価回路である仮想ベクトル回路を紹介する。また，動的数学モデルと仮想ベクトル回路を利用して，5 信号の関係，さらには IM のベクトル制御法の構築の鍵となる重要特性を解明する。

2.5 節では，補足として，直交行列，直交変換，2 軸直交座標系の概念などを要しない動的数学モデルを紹介する。本数学モデルは，u，v，w 相の各端子から見た三相信号の関係を表現したものであるが，「ベクトル表現上では 2 軸固定座標系上の動的数学モデルと形式的には完全同一である」といった特長を備えている。本モデルを利用して，基本的な等価回路である T 形等価回路がただちに構築されることを示す。

2.4，2.5 節で構成した数学モデルは，使用パラメータと使用信号において，冗長性を有する。2.6 節では，前節の成果を利用して，最少の 4 パラメータと最少の 3 信号（固定子電圧，固定子電流，正規化回転子磁束あるいは固定子磁束）とを用いた冗長性のない動的数学モデルを，一般座標系上で構成する。最もコンパクトな数学モデルを用いて，IM のベクトル制御法の構築の鍵となる重要特性を再解明する。本節では，三相動的数学モデルを，最少の 4 パラメータと最少の 3 信号を用い再構築する。さらには，三相動的数学モデルを利用して，逆 L 形等価回路がただちに構築されることを示す。本節が，本章のゴールであり，次章以降に展開する IM 駆動制御のための諸技術の基盤を成す。

なお，本章の主要内容は，著者の原著論文など文献 1)～7) を再構成したものである点を断っておく。

2.2 数学の準備

2.2.1 直交行列と直交変換

実数を要素とする n 行 n 列（以下，$n \times n$ と表記する）の正方行列（square matrix）$\boldsymbol{A}$ を考える。行列 $\boldsymbol{A}$ が次のいずれかの条件を満足するとき，行列 $\boldsymbol{A}$ は直交行列（orthogonal matrix）と呼ばれる。

(a) $\boldsymbol{A}$ を構成する n 個の列ベクトル（column vector）が互いに直交し，各ベクトルのノルム（norm）は1。

(b) $\boldsymbol{A}$ を構成する n 個の行ベクトル（row vector）が互いに直交し，各ベクトルのノルムは1。

(c) $\boldsymbol{A}$ の転置行列（transposed matrix）は，同逆行列（inverse matrix）と等しい。すなわち，

$$\boldsymbol{A}^T = \boldsymbol{A}^{-1} \tag{2.1}$$

ここに，頭符（superscript）T は転置（transpose）を意味する。

上記の3条件は，互いに等価である。たとえば，以下に示すように条件 (a) から条件 (b)，(c) を容易に導くことができる。いま，行列 $\boldsymbol{A}$ を，$n\times1$ 列ベクトル $\boldsymbol{a}_i$ を用いて以下にように表現する。

$$\boldsymbol{A} = [\boldsymbol{a}_1 \quad \boldsymbol{a}_2 \quad \cdots \quad \boldsymbol{a}_n] \tag{2.2}$$

このとき，列ベクトルに関しては，次の正規直交条件が成立している。

$$\boldsymbol{a}_i^T\boldsymbol{a}_j = \begin{cases} 1 & ; i=j \\ 0 & ; i\neq j \end{cases} \tag{2.3}$$

式 (2.3) を考慮すると，ただちに次の関係が得られる。

$$\boldsymbol{A}^T\boldsymbol{A} = [\boldsymbol{a}_i^T\boldsymbol{a}_j] = \boldsymbol{I} \tag{2.4}$$

$$\boldsymbol{A}\boldsymbol{A}^T = [\boldsymbol{A}^T\boldsymbol{A}]^T = \boldsymbol{I} \tag{2.5}$$

ここに，$\boldsymbol{I}$ は $n\times n$ 単位行列（identity matrix）である。式 (2.4)，式 (2.5) は，条件 (b)，(c) を意味する。

直交行列は，次の性質も有している。

(d) 2つ以上の直交行列の積は，また直交行列となる。

(e) 直交行列の行列式（determinant）は，±1 である。

直交行列 $\boldsymbol{A}$ を用いた $n\times1$ ベクトル $\boldsymbol{v}_i$ に対する変換を直交変換（orthogonal transformation）と呼ぶ。すなわち，

$$\boldsymbol{u}_i = \boldsymbol{A}\boldsymbol{v}_i \tag{2.6}$$

直交変換前後では，内積（inner product）不変性が維持される。すなわち，

$$\boldsymbol{u}_i^T\boldsymbol{u}_j = \boldsymbol{v}_i^T\boldsymbol{v}_j \tag{2.7}$$

$$\|\boldsymbol{u}_i\| = \|\boldsymbol{v}_i\| \tag{2.8}$$

式 (2.8) のノルムは，内積で定義可能なユークリッドノルム（Euclidean norm）である。

IM のモデリングと駆動制御において重要な直交行列としては，次のものがある。

$$\boldsymbol{R}(\theta) \equiv \begin{bmatrix} \cos\theta & -\sin\theta \\ \sin\theta & \cos\theta \end{bmatrix} \tag{2.9}$$

$$S' \equiv \sqrt{\frac{2}{3}} \begin{bmatrix} 1 & 0 & \frac{1}{\sqrt{2}} \\ -\frac{1}{2} & \frac{\sqrt{3}}{2} & \frac{1}{\sqrt{2}} \\ -\frac{1}{2} & -\frac{\sqrt{3}}{2} & \frac{1}{\sqrt{2}} \end{bmatrix} \tag{2.10}$$

2. 2. 2　ベクトル回転器と交代行列

A.　ベクトル回転器

図 2.1(a) を考える。互いに直交する α 軸，β 軸からなる座標系上で，ベクトル $\boldsymbol{v}_1$，$\boldsymbol{v}_2$ は次式で定義されているものとする。

$$\boldsymbol{v}_1 = V \begin{bmatrix} \cos\theta_1 \\ \sin\theta_1 \end{bmatrix} \tag{2.11a}$$

$$\boldsymbol{v}_2 = V \begin{bmatrix} \cos\theta_2 \\ \sin\theta_2 \end{bmatrix} \tag{2.11b}$$

$$\theta_2 = \theta + \theta_1 \tag{2.11c}$$

式 (2.11b) の $\boldsymbol{v}_2$ は，式 (2.11a)，式 (2.11c) を用い，次式のように展開することができる。

$$\boldsymbol{v}_2 = V \begin{bmatrix} \cos(\theta+\theta_1) \\ \sin(\theta+\theta_1) \end{bmatrix} = V\boldsymbol{R}(\theta) \begin{bmatrix} \cos\theta_1 \\ \sin\theta_1 \end{bmatrix} = \boldsymbol{R}(\theta)\boldsymbol{v}_1 \tag{2.12}$$

式 (2.11)，式 (2.12) は，直交行列 $\boldsymbol{R}(\theta)$ をベクトル $\boldsymbol{v}_1$ に作用させると，同ベクトルを位相（phase）θ だけ回転させる効果があることを意味している。本効果をもつ直交行列 $\boldsymbol{R}(\theta)$ はベクトル回転器（vector rotator）と呼ばれる。

次に，図 2.1(b) を考える。互いに直交する α 軸，β 軸からなる座標系上にベクト

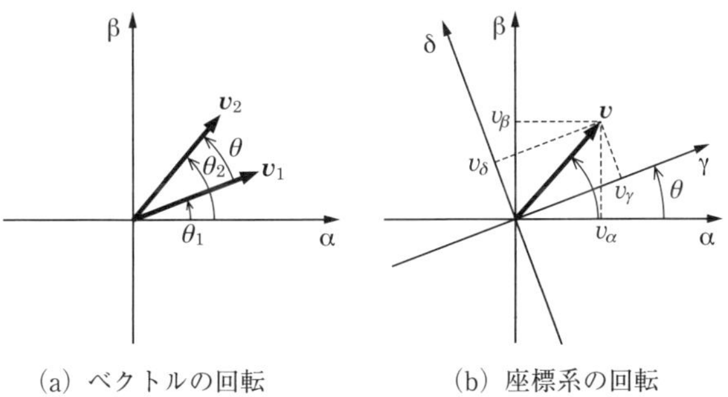

図 2.1　ベクトル回転と座標系回転

ル $\boldsymbol{v}$ が存在するとする。このとき，同ベクトルを αβ 座標系上に固定したうえで，αβ 座標系に対して位相 θ だけ回転させた γδ 座標系を考える。各座標系上で評価したベクトル $\boldsymbol{v}$ を，脚符（subscript）を用い，おのおの $\boldsymbol{v}_{\alpha\beta}$，$\boldsymbol{v}_{\gamma\delta}$ と表現する。このとき，次の関係が成立する。

$$\boldsymbol{v}_{\gamma\delta} = \boldsymbol{R}(-\theta)\boldsymbol{v}_{\alpha\beta} \tag{2.13}$$

式 (2.13) に示したベクトルを固定したうえでの座標系の位相 θ の回転は，式 (2.12) に示した座標系を固定したうえでのベクトルの位相 $-\theta$ の回転と等価である。このため，$\boldsymbol{R}(\theta)$ は座標回転器（coordinate rotator）と呼ばれることもある。

ベクトル回転器は，任意の 2×1 ベクトル $\boldsymbol{v}$ に対して，次の性質を有する。

(a)　$$\boldsymbol{R}(-\theta) = \boldsymbol{R}^{-1}(\theta) = \boldsymbol{R}^{T}(\theta) \tag{2.14}$$

(b)　$$\boldsymbol{R}(\theta_1)\boldsymbol{R}(\theta_2) = \boldsymbol{R}(\theta_2)\boldsymbol{R}(\theta_1) = \boldsymbol{R}(\theta_1 + \theta_2) \tag{2.15}$$

(c)　$$s\boldsymbol{R}(\theta) = \omega\boldsymbol{J}\boldsymbol{R}(\theta) = \omega\boldsymbol{R}(\theta)\boldsymbol{J} \tag{2.16a}$$

$$s\boldsymbol{R}^{T}(\theta) = -\omega\boldsymbol{J}\boldsymbol{R}^{T}(\theta) = -\omega\boldsymbol{R}^{T}(\theta)\boldsymbol{J} \tag{2.16b}$$

(d)　$$s[\boldsymbol{R}(\theta)\boldsymbol{v}] = \boldsymbol{R}(\theta)\boldsymbol{D}(s,\omega)\boldsymbol{v} \tag{2.17a}$$

$$s[\boldsymbol{R}^{T}(\theta)\boldsymbol{v}] = \boldsymbol{R}^{T}(\theta)\boldsymbol{D}(s,-\omega)\boldsymbol{v} \tag{2.17b}$$

ただし，ω は式 (2.18) で定義された位相 θ の微分値であり，$\boldsymbol{J}$ は式（2.19）で定義された 2×2 交代行列（skew-symmetric matrix）であり，また，$\boldsymbol{D}(s,\omega)$ は式 (2.20) で定義された D 因子（D-matrix, D-module）である [1), 2)]。

$$\omega = s\theta \tag{2.18}$$

$$\boldsymbol{J} \equiv \begin{bmatrix} 0 & -1 \\ 1 & 0 \end{bmatrix} \tag{2.19}$$

$$\boldsymbol{D}(s,\omega) \equiv s\boldsymbol{I} + \omega\boldsymbol{J} \tag{2.20}$$

B.　交代行列

式 (2.19) に定義した交代行列 $\boldsymbol{J}$ は，IM の動的数学モデルに関連して，今後しばしば利用する行列である。この性質を以下に整理しておく。なお，式 (2.25) における $\boldsymbol{v}_1$，$\boldsymbol{v}_2$，$\boldsymbol{v}$ は任意の 2×1 ベクトルである。

(a)　$$\boldsymbol{J} = \boldsymbol{R}\left(\frac{\pi}{2}\right) \tag{2.21}$$

(b)　$$\boldsymbol{J}^2 = -\boldsymbol{I} \tag{2.22}$$

(c)　$$\boldsymbol{J}^{-1} = \boldsymbol{J}^{T} = -\boldsymbol{J} \tag{2.23}$$

（d）　$\boldsymbol{J}\boldsymbol{R}(\theta)=\boldsymbol{R}(\theta)\boldsymbol{J}=\boldsymbol{R}\left(\theta+\frac{\pi}{2}\right)$　(2.24a)

$$\boldsymbol{J}\boldsymbol{R}^T(\theta)=\boldsymbol{R}^T(\theta)\boldsymbol{J}=\boldsymbol{R}^T\left(\theta-\frac{\pi}{2}\right) \quad (2.24b)$$

（e）　$\boldsymbol{v}_1^T\boldsymbol{J}\boldsymbol{v}_2=-\boldsymbol{v}_2^T\boldsymbol{J}\boldsymbol{v}_1$　(2.25a)

$$\boldsymbol{v}^T\boldsymbol{J}\boldsymbol{v}=0 \quad (2.25b)$$

2. 2. 3　ループベクトル

ベクトルは方向と大きさをもつが，閉じたループに流れるスカラ信号を，ベクトルとして定義することもできる[2)]。図 2.2 を考える。閉じたループに，スカラ信号 i が流れているものとする。右手系（right-handed system, dextral system）を採用し，信号がループの中心を左に見るように流れる場合を正方向とする。本ループが構成する平面に垂直な単位ベクトルを $\boldsymbol{u}$ とする。このように定義すると，ループ内のスカラ信号は次式のようにベクトルとして表現することができる。

$$\boldsymbol{i}=i\boldsymbol{u} \quad (2.26)$$

本書では，式 (2.26) のようなベクトルを，ループベクトル（loop vector）と呼ぶ。ループベクトルでは，ベクトルノルムはループに流れる信号の大きさを意味し，ループが構成する平面の面積の大小とは関係ない。

Q 2.1　　ループベクトルは聞き慣れない概念なのですが，学会などで認知されているのですか。

A 2.1　　ループベクトルの概念は，著者が文献 2) などを通じ新規提案したものです。2.4 節で IM の動的数学モデルを構築しますが，このモデル上の三相信号は，空間ベクトルと呼ばれる 2×1 ベクトル信号として扱われます。電流に関する空間ベクトルの物理的意味を正しく把握するには，ループベクトルの概念が

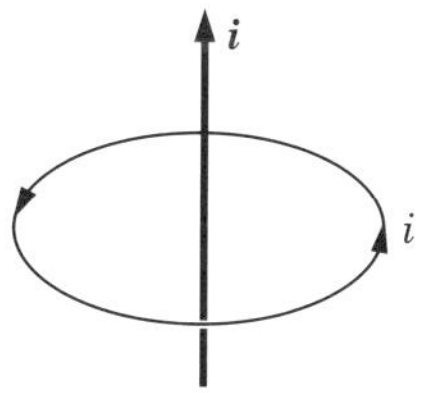

図 2.2　還流スカラ記号とループベクトル

大変有用です。残念なことですが，多くの学術論文，専門書では，空間ベクトルとしての電流ベクトル，さらにはこれに起因する発生トルクの解釈および扱いに理論的な飛躍が見られます。ループベクトルの概念を導入すれば，この飛躍を除去できます。これに関しては，2.4.2 項で改めて説明します。

2.2.4 状態方程式

1 例として，次の 4 階微分方程式（fourth order differential equation）を考える。

$$s^4y(t)+a_3s^3y(t)+a_2s^2y(t)+a_1sy(t)+a_0y(t)=u(t) \tag{2.27}$$

ここで，4×1 ベクトル $\boldsymbol{x}(t)$ を次式のように定義する。

$$\boldsymbol{x}(t)=[y(t) \quad sy(t) \quad s^2y(t) \quad s^3y(t)]^T \tag{2.28}$$

式 (2.27) は，式 (2.28) を用いると，次式のように書き換えることができる。

$$s\boldsymbol{x}(t)=\boldsymbol{A}\boldsymbol{x}(t)+\boldsymbol{b}u(t) \tag{2.29}$$

$$y(t)=\boldsymbol{c}^T\boldsymbol{x}(t) \tag{2.30}$$

ただし，

$$\boldsymbol{A}=\begin{bmatrix} 0 & 1 & 0 & 0 \\ 0 & 0 & 1 & 0 \\ 0 & 0 & 0 & 1 \\ -a_0 & -a_1 & -a_2 & -a_3 \end{bmatrix} \tag{2.31a}$$

$$\boldsymbol{b}=[0 \quad 0 \quad 0 \quad 1]^T \tag{2.31b}$$

$$\boldsymbol{c}=[1 \quad 0 \quad 0 \quad 0]^T \tag{2.31c}$$

式 (2.29) は，4×1 ベクトル $\boldsymbol{x}(t)$ に関し 1 階の微分方程式となっている。式 (2.29)，式 (2.30) のような微分方程式表現は状態空間表現（state space description）と呼ばれ，式 (2.29) は状態方程式（state equation），式 (2.30) は出力方程式（output equation）と呼ばれる。このときのベクトル $\boldsymbol{x}(t)$ は状態変数（state variable）と呼ばれる。

状態空間表現は，IM の電流制御，トルク制御に必要とされる電流，回転子磁束などの動的記述に利用される。

2.3 電気回路の準備

2.3.1 単相交流回路

A. RL 回路

図 2.3 のような抵抗 R とインダクタンス L をもつ RL 回路を考える。同回路に関しては，次の回路方程式が成立する。

$$v = Ri + s\phi \tag{2.32a}$$

$$\phi = Li \tag{2.32b}$$

ここに，v，i，ϕ は，おのおの，電源電圧，回路に流れる電流，インダクタンス L を有する巻線に鎖交する磁束である。式 (2.32a) 右辺第 1 項は抵抗による電圧降下分を，第 2 項は磁束変化による電圧降下分を意味している。式 (2.32b) は磁束発生の様子を示しており，本例では，磁束は電流に比例して発生し，そのときの比例係数をインダクタンスとしている。換言するならば，磁気抵抗は一様であるとしている。

B. 相互誘導回路

図 2.4 のような 2 つの巻線が接近した回路を考える。このような回路では，巻線の一方に電流が流れると，それによって生ずる磁束が自分自身の巻線のみならず他の巻線にも鎖交し，相互誘導が起きる。本相互誘導回路の動特性は，次の回路方程式で記述される。

$$v_1 = R_1 i_1 + s\phi_1 \tag{2.33a}$$

$$v_2 = R_2 i_2 + s\phi_2 \tag{2.33b}$$

$$\phi_1 = L_1 i_1 + M i_2 \tag{2.34a}$$

$$\phi_2 = M i_1 + L_2 i_2 \tag{2.34b}$$

ここに，v_j，i_j，ϕ_j は，おのおの，j 次側の電源電圧，回路に流れる電流，巻線に鎖交する磁束であり，R_j, L_j は各回路の抵抗，自己インダクタンス (self-inductance) である。

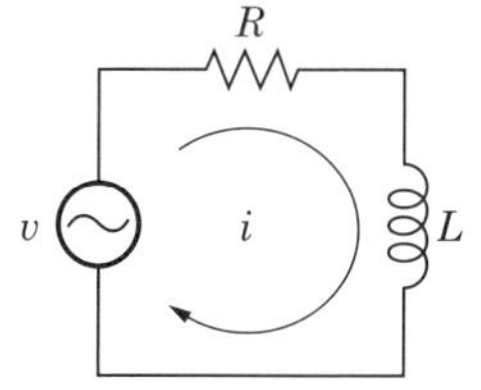

図 2.3 RL 回路

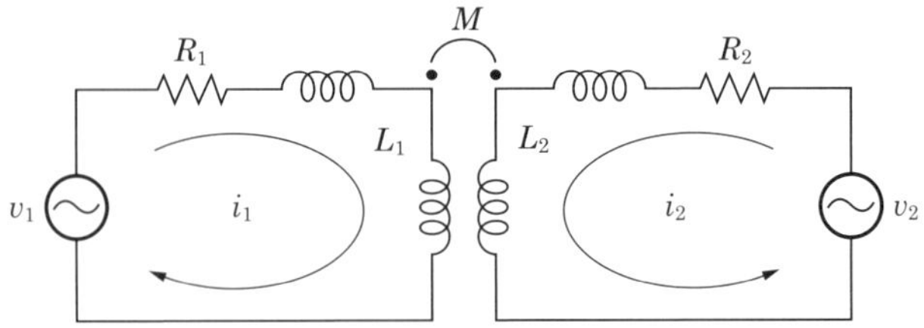

図 2.4　相互誘導回路

また，Mは1次，2次巻線間の相互インダクタンス（mutual inductance）である。

式 (2.33)，式 (2.34) と式 (2.32) との比較より明らかなように，おのおのの閉路方程式は同一である。相違は，各巻線に鎖交する全磁束の構成にあるに過ぎない。式 (2.34a) では，1次側の全鎖交磁束を1次側電流による鎖交磁束と2次側電流による鎖交磁束との和としている。式 (2.34b) は，式 (2.34a) との双対性（duality）を利用している。

1次側と2次側の相互誘導結合の強さは，次の結合係数（coupling coefficient）κ で表わされる。

$$\kappa \equiv \frac{M}{\sqrt{L_1 L_2}} \tag{2.35}$$

これに対して，漏れ磁束の度合いを示す漏れ係数（leakage coefficient）σ は次のように定義されている。

$$\sigma \equiv 1-\kappa^2 = 1-\frac{M^2}{L_1 L_2} \tag{2.36}$$

式 (2.33)，式 (2.34) の相互誘導を表現した相互インダクタンスMは，1次，2次側の電流が既定の方向へ流れた場合に，互いに磁束を増加するような和動結合の場合には正値を取り，減少するような差動結合の場合には負値を取る。これを図上では，図2.4のように，電流の方向を定めるとともに巻線の端にドット記号「・」を付けて示す。図2.4の例は，1次側，2次側ともドット記号のある方向から電流を流すので，相互インダクタンスは正値 $0<M<1$ を取る。

2.4節以降では，三相IMの回路方程式を構築していくが，各相の巻線方法は同一で，$0<M<1$ の和動結合を前提としている。

2.3.2 三相交流回路

A. 正相・逆相・ゼロ相成分

簡単のため，単一の周波数 $\omega > 0$ をもつ三相信号 v_u, v_v, v_w を考える。本信号は，一般に，次のように3種の成分に分離表現することができる。

$$\begin{bmatrix} v_u \\ v_v \\ v_w \end{bmatrix} = \begin{bmatrix} v_{up} \\ v_{vp} \\ v_{wp} \end{bmatrix} + \begin{bmatrix} v_{un} \\ v_{vn} \\ v_{wn} \end{bmatrix} + \begin{bmatrix} v_z \\ v_z \\ v_z \end{bmatrix} = \boldsymbol{v}_p + \boldsymbol{v}_n + \boldsymbol{v}_z \tag{2.37}$$

ただし，

$$\boldsymbol{v}_p = \begin{bmatrix} v_{up} \\ v_{vp} \\ v_{wp} \end{bmatrix} = V_p \begin{bmatrix} \sin\theta \\ \sin\left(\theta - \dfrac{2\pi}{3}\right) \\ \sin\left(\theta + \dfrac{2\pi}{3}\right) \end{bmatrix} \tag{2.38a}$$

$$\boldsymbol{v}_n = \begin{bmatrix} v_{un} \\ v_{vn} \\ v_{wn} \end{bmatrix} = V_n \begin{bmatrix} \sin(\theta + \varphi_n) \\ \sin\left(\theta + \varphi_n + \dfrac{2\pi}{3}\right) \\ \sin\left(\theta + \varphi_n - \dfrac{2\pi}{3}\right) \end{bmatrix} \tag{2.38b}$$

$$\boldsymbol{v}_z = \begin{bmatrix} v_z \\ v_z \\ v_z \end{bmatrix} = V_z \sin(\theta + \varphi_z) \begin{bmatrix} 1 \\ 1 \\ 1 \end{bmatrix} \tag{2.38c}$$

$$\theta = \int \omega \, dt \tag{2.39}$$

このとき，次の関係が成立している。

$$\left.\begin{aligned} v_{up} + v_{vp} + v_{wp} = 0 \\ v_{un} + v_{vn} + v_{wn} = 0 \end{aligned}\right\} \tag{2.40a}$$

$$v_u + v_v + v_w = 3v_z \tag{2.40b}$$

三相信号を構成する成分の中で，式 (2.38a) の信号成分のように位相が順次 $2\pi/3$〔rad〕ずつ遅れている成分 $\boldsymbol{v}_p$ を正相成分（positive phase (sequence) component）という。これに対して，式 (2.38b) の信号成分のように位相が順次 $2\pi/3$〔rad〕ずつ進んでいる成分 $\boldsymbol{v}_n$ を逆相成分（negative phase (sequence) component）という。また，式 (2.38c) の信号成分のように各相に共通に含まれる同相成分 $\boldsymbol{v}_z$ をゼロ相成分（zero phase (sequence) component）という。ゼロ相成分の有無は，式 (2.40b) の非ゼロ・

ゼロで確認できる。なお，u，v，w 相信号における ±2π/3〔rad〕の巡回的位相ずれを相順（phase sequence）という。

B.　Y 形結線回路の特性

三相交流の電源および負荷の結線方式としては，Y 形（星形）と Δ 形（環形）の2方式がある。電源と負荷の結線組合せとしては，Y-Y，Y-Δ，Δ-Y，Δ-Δ の4種が存在するが，電源，負荷のいずれも，三相端子から見た場合の関係は相互に等価変換することができる。IM のモデリングにおいては，簡易で扱い易いモデルを得るべく，Y 形結線を採用している。本項では，この点を考慮し，電源と負荷をともに Y 形結線とした場合の三相回路の特性を整理しておく。

図 2.5 を考える。同図では，電源と負荷の中性点 n，n′の間も結線している。本回路に存在する閉ループとしては，u-u′-n′-n-u，v-v′-n′-n-v，w-w′-n′-n-w の3ループを考えることができる。3ループに対し，おのおの次の回路方程式を立てることができる。

$$v_j = Z_j(s)i_j + v_n \qquad ; j = u,v,w \tag{2.41a}$$

$$v_n = Z_n(s)i_n \tag{2.41b}$$

$$i_n = i_u + i_v + i_w \tag{2.41c}$$

$$Z_j(s) = Z_{ja}(s) + Z_{jb}(s) + Z_{jc}(s) \qquad ; j = u,v,w \tag{2.41d}$$

ここに，v_u，v_v，v_w は中性点 n を基準にした Y 形電源の電圧であり，v_n は中性点 n を基準にした負荷中性点電圧である。また，i_u，i_v，i_w は各端子の相電流（線電流，phase current, line current）であり，$i_n(s)$ は中性点電流である。また，$Z_n(s)$ は中性点インピーダンスであり，各相のインピーダンス $Z_j(s)$ は，電源インピーダンス

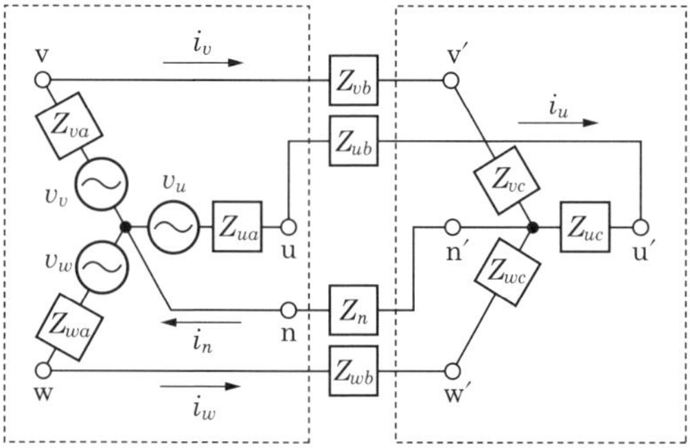

図 2.5　Y 形結線回路

$Z_{ja}(s)$，線路インピーダンス $Z_{jb}(s)$，負荷インピーダンス $Z_{jc}(s)$ による総合和である。インピーダンスは，一般に，s の有理関数（有理多項式，rational function）として記述される。

ここで，インピーダンス $Z_j(s)$ に代わって，アドミタンス $Y_j(s)$ を次のように定義すると，

$$Y_j(s) = \frac{1}{Z_j(s)} \qquad ; j = u, v, w, n \tag{2.42}$$

式 (2.41a) は，次のように書き改めることができる。

$$i_j = Y_j(s)(v_j - v_n) \qquad ; j = u, v, w \tag{2.43}$$

式 (2.43) を式 (2.41c) に用い，負荷中性点電圧 v_n について整理すると，次式を得る。

$$v_n = \frac{Y_u(s)v_u + Y_v(s)v_v + Y_w(s)v_w}{Y_n(s) + Y_u(s) + Y_v(s) + Y_w(s)} \tag{2.44}$$

式 (2.44) を式 (2.43) に用いると，Y 形電源の電圧 v_u，v_v，v_w に対する各相電流 i_j を得ることができる。

中性点 n-n′ を結線しない場合の中性点電圧 v_n は，式 (2.44) において $Y_n(s) = 0$ とすることにより得られる。この場合の相電流 i_j は Y 形電源電圧の相対値で決まることも，式 (2.43)，式 (2.44) より容易に確認される。すなわち，$v_u \rightarrow v_u + v$，$v_v \rightarrow v_v + v$，$v_w \rightarrow v_w + v$ と置き換えても相電流 i_j は不変である。換言するならば，中性点を接続しない場合には，一般性を失うことなく，ゼロ相成分がゼロである次の条件を付加してよいことがわかる。

$$v_u + v_v + v_w = 0 \tag{2.45a}$$

当然のことながら，中性点不接続条件 $Y_n(s) = 0$ のもとでは，キルヒホッフの第 1 法則（電流則）より，次のゼロ相成分条件も成立する。

$$i_n = i_u + i_v + i_w = 0 \tag{2.45b}$$

次に，中性点不接続条件 $Y_n(s) = 0$ に加えて，u，v，w 相のすべての関連インピーダンス（電源，線路，負荷インピーダンス）が等しいという条件を付加することを考える。すなわち，

$$\left.\begin{array}{l} Z_u(s) = Z_v(s) = Z_w(s) = Z(s) \\ Y_u(s) = Y_v(s) = Y(s)_w = Y(s) \end{array}\right\} \tag{2.46}$$

式 (2.46) を式 (2.44) に用い，式 (2.45a) のゼロ相成分条件を考慮すると，

$$v_n = \frac{1}{3}(v_u + v_v + v_w) = 0 \tag{2.47}$$

これを式 (2.41a) に用いると，次式を得る。

$$v_j = Z_j(s) i_j \qquad ; j = u, v, w \tag{2.48}$$

式 (2.48) は「中性点間の結線のない Y 形結線回路において，かつ，u，v，w の各相のすべてのインピーダンスが同一の場合には，Y 形電源の電圧に式 (2.45a) のゼロ相成分条件を付加することにより，三相各相をあたかも単相のように扱って回路方程式を立てることができる」という興味深い事実を示している。IM の回路方程式の構築は，式 (2.45)～式 (2.47) を前提条件とした式 (2.48) からスタートする。

C. Δ形結線負荷と Y 形結線負荷の等価変換

電源側から見ると，モータは一種の三相負荷である。Δ形結線の負荷は Y 形結線の負荷へ等価的に変換することができる。モータ巻線が Δ形結線による場合にも，数学モデル上では Y 形結線として扱う。本項では，参考のため，Δ形結線負荷と Y 形結線負荷の等価変換の関係を整理し示しておく。

図 2.6 を考える。図 (a)，(b) は，おのおの，Δ形結線負荷と Y 形結線負荷を示している。両図において u，v，w 相の各端子から見た特性は同一であると仮定する。本仮定のもとでは，w 端子開放時の uv 端子間，u 端子開放時の vw 端子間，v 端子開放時の wu 端子間の合成インピーダンスは，Δ形結線，Y 形結線のいずれの場合でも等しくなくてはならない。これより，次の関係を得る。

$$\left.\begin{aligned}
\frac{Z_{uv}(s)(Z_{vw}(s)+Z_{wu}(s))}{Z_{uv}(s)+(Z_{vw}(s)+Z_{wu}(s))} &= Z_u(s)+Z_v(s) \\
\frac{Z_{vw}(s)(Z_{wu}(s)+Z_{uv}(s))}{Z_{vw}(s)+(Z_{wu}(s)+Z_{uv}(s))} &= Z_v(s)+Z_w(s) \\
\frac{Z_{wu}(s)(Z_{uv}(s)+Z_{vw}(s))}{Z_{wu}(s)+(Z_{uv}(s)+Z_{vw}(s))} &= Z_w(s)+Z_u(s)
\end{aligned}\right\} \tag{2.49}$$

上の 3 式を左辺，右辺でおのおの加算し，2 で除すると次式を得る。

$$\begin{aligned}
&\frac{Z_{uv}(s)Z_{vw}(s)+Z_{vw}(s)Z_{wu}(s)+Z_{wu}(s)Z_{uv}(s)}{Z_{uv}(s)+Z_{vw}(s)+Z_{wu}(s)} \\
&\quad = Z_u(s)+Z_v(s)+Z_w(s)
\end{aligned} \tag{2.50}$$

式 (2.50) から式 (2.49) を減ずると，Δ形結線負荷から Y 形結線負荷への変換を示す次式を得る。

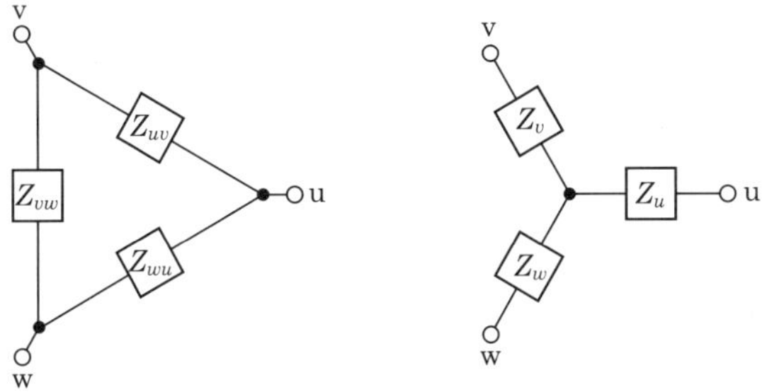

（a） Δ形結線負荷　　（b） Y形結線負荷

図 2.6　Δ形結線負荷とY形結線負荷

$$
\left.\begin{aligned}
Z_u(s)&=\frac{Z_{wu}(s)Z_{uv}(s)}{Z_{uv}(s)+Z_{vw}(s)+Z_{wu}(s)}\\
Z_v(s)&=\frac{Z_{uv}(s)Z_{vw}(s)}{Z_{uv}(s)+Z_{vw}(s)+Z_{wu}(s)}\\
Z_w(s)&=\frac{Z_{vw}(s)Z_{wu}(s)}{Z_{uv}(s)+Z_{vw}(s)+Z_{wu}(s)}
\end{aligned}\right\} \tag{2.51}
$$

uv 端子短絡時の uv-w 端子間，vw 端子短絡時の vw-u 端子間，wu 端子短絡時の wu-v 端子間の合成アドミタンスは，Δ形結線，Y 形結線のいずれの場合でも等しくなくてはならない。これら合成アドミタンスの評価を通じ，Y 形結線負荷からへΔ形結線負荷の変換を示す次式を得る。

$$
\left.\begin{aligned}
Y_{uv}(s)&=\frac{Y_u(s)Y_v(s)}{Y_u(s)+Y_v(s)+Y_w(s)}\\
Y_{vw}(s)&=\frac{Y_v(s)Y_w(s)}{Y_u(s)+Y_v(s)+Y_w(s)}\\
Y_{wu}(s)&=\frac{Y_w(s)Y_u(s)}{Y_u(s)+Y_v(s)+Y_w(s)}
\end{aligned}\right\} \tag{2.52a}
$$

ただし，

$$
\left.\begin{aligned}
Y_{jk}(s)&=\frac{1}{Z_{jk}(s)} \qquad ; j,k=u,v,w\\
Y_j(s)&=\frac{1}{Z_j(s)} \qquad ; j=u,v,w
\end{aligned}\right\} \tag{2.52b}
$$

各相のインピーダンスが次のように等しい場合には，

$$
\left.\begin{aligned}
Z_{uv}(s)&=Z_{vw}(s)=Z_{wu}(s)\\
Z_u(s)&=Z_v(s)=Z_w(s)
\end{aligned}\right\} \tag{2.53}
$$

式 (2.51)，式 (2.52) は，次式に整理される。

$$Z_u(s) = \frac{Z_{uv}(s)}{3} \tag{2.54}$$

2.4　誘導モータの動的数学モデル

2.4.1　回路方程式

A.　基本三相回路方程式

IM は，固定子巻線に三相電流を流し，この電磁誘導により，回転子に三相交流起電力を誘起し，固定子側と回転子側の電磁的相互作用によりトルクを発生し回転する。三相変圧器が 1 次側に三相電流を流し，電磁誘導により 2 次側に三相起電力を誘起することを思い起こすと，IM と変圧器は高い類似性を有していることが理解される。直観的には，IM は回転する変圧器として捉えることも可能である。この類似性に着目し，以降では，IM の固定子側と 1 次側を，回転子側と 2 次側を同義で使用する。この観点より，原則として，固定子側に関連した信号，モータパラメータには脚符 1 を，回転子側に関連した信号，モータパラメータには脚符 2 を付して利用する。

IM の基本的な駆動制御技術の研究開発に資することを目的とするとき，このための動的数学モデルの構築には，多くの場合，以下のような前提を設けることが実際的であり，有用である。

(a) 固定子における u，v，w 各相の電気磁気的特性は同一である。また，回転子における u，v，w 各相の電気磁気的特性は同一である。相互誘導を特徴づける相互インダクタンスは，固定子各相間，回転子各相間，固定子回転子の各相間で同一である。

(b) 電流，磁束の高調波成分は無視できる。

(c) 磁気回路の飽和特性などの非線形特性は無視できる。

(d) 磁気回路での損失である鉄損（iron loss）は無視できる。

これら前提のもとでは，図 2.7 のように回転軸方向から IM を眺めた場合，固定子側，回転子側の等価的電気回路は，図 2.8 のような三相 Y 形回路として構成することができる。同図では，中性点を基準とした j 相端子電圧すなわち j 相固定子電圧（stator voltage）を v_{1j} で，また j 相端子から中性点へ向かって流れる固定子電流（stator current）はを正の相電流とし，i_{1j} で表現している。また，各相の固定子巻線の抵抗，自己インダクタンス，すなわち固定子抵抗（stator resistance），固定子インダクタン

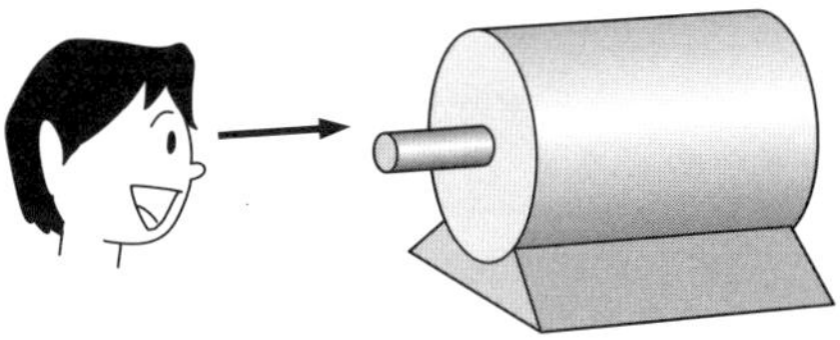

図 2.7　モータとモータ軸

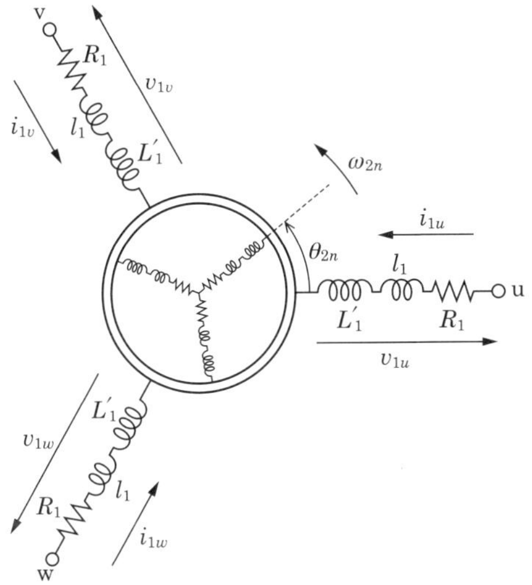

図 2.8　IM の Y 形結線等価回路

ス（stator inductance）をおのおの R_1, L'_1 で表現している。本書で対象とする IM の回転子はかご形であるが（図 1.1，図 1.4 参照），図 2.8 に示しているように，本回転子の等価回路は uvw 相間で短絡した Y 形結線回路として扱うことができる。回転子側の等価回路においては，図の輻輳を避けるため，各相の回転子電圧 v_{2j}，回転子電流（rotor current）i_{2j}，回転子抵抗（rotor resistance）R_2，回転子インダクタンス（rotor inductance）L'_2 は記述していないが，回転子側のこれらの定義は固定子側のそれと同様である。

固定子各相間の相互インダクタンス，および回転子各相間の相互インダクタンスは，前提 (a) に従い共通とし，M' で表現するものとする。すなわち，固定子，回転子の相互インダクタンスに関しては，次の関係が成立するものとする。

$$\left.\begin{aligned} L'_1 &= M' + l_1 \\ L'_2 &= M' + l_2 \end{aligned}\right\} \tag{2.55}$$

ここに，l_1，l_2 は，おのおの固定子側，回転子側の漏れインダクタンス（leakage inductance）（以降，固定子漏れインダクタンス，回転子漏れインダクタンスと呼称）である。図2.8が示しているように，固定子の u，v，w 相の各巻線は，軸方向から見た場合には，おのおの2次元平面に $2\pi/3$〔rad〕ずつ位相差を設けて配置されている。回転子の等価的な巻線も同様である。上述の相互インダクタンス M' は，完全平行した場合の値である。なお，回転子の u 相（等価）巻線は，固定子の u 相巻線の中心を基準に評価した場合，位相 θ_{2n} を成しているものとしている（図2.8参照）。

2.3.2項で説明したように，上の条件が成立する場合には，Y形結線の三相回路は，回路上にはゼロ相成分が存在しないことを条件に，各相に関してあたかも独立した単相回路のように扱うことができる。本認識に従えば，u 相巻線の回路方程式（微分方程式）として，図2.8のY形結線回路よりただちに次式を構築できる。

$$v_{1u} = R_1 i_{1u} + s\phi_{1u} \tag{2.56a}$$

$$\begin{aligned}\phi_{1u} &= \left(L_1' i_{1u} + M'\cos\left(\frac{2\pi}{3}\right)i_{1v} + M'\cos\left(-\frac{2\pi}{3}\right)i_{1w}\right)\\ &\quad + \left(M'\cos\theta_{2n}\, i_{2u} + M'\cos\left(\theta_{2n} + \frac{2\pi}{3}\right)i_{2v} + M'\cos\left(\theta_{2n} - \frac{2\pi}{3}\right)i_{2w}\right)\\ &= \left(L_1' i_{1u} - \frac{M'}{2}i_{1v} - \frac{M'}{2}i_{1w}\right)\\ &\quad + \left(M'\cos\theta_{2n}\, i_{2u} + M'\cos\left(\theta_{2n} + \frac{2\pi}{3}\right)i_{2v} + M'\cos\left(\theta_{2n} - \frac{2\pi}{3}\right)i_{2w}\right)\end{aligned} \tag{2.56b}$$

式(2.56a)の ϕ_{1u} は，固定子 u 相巻線に鎖交する磁束（固定子鎖交磁束，stator flux linkage）を意味しており，式(2.56b)は，本鎖交磁束の成分を意味している。すなわち，式(2.56b)の右辺第1括弧の信号は固定子電流に起因する成分を，右辺第2括弧の信号は回転子電流に起因する成分を，おのおの示している。さらに，これらの成分は u 相，v 相，w 相電流に起因する成分から構成されている。式(2.56b)に示した鎖交磁束の構築方法は，2.3.1項で説明した単相のRL回路，相互誘導回路のそれと基本的に同一である。

固定子巻線の v 相，w 相に関しても，同様に，各相独立的に回路方程式を構築することができる。回転子等価巻線の u 相，v 相，w 相に関しても，短絡を考慮して，「回転子電圧はゼロ」の条件を付すことにより，回路方程式を構築できる。たとえば，回転子 u 相等価巻線に関しては，次式を得る。

$$0 = R_2 i_{2u} + s\phi_{2u} \tag{2.57a}$$

$$
\begin{aligned}
\phi_{2u} &= \left(M' \cos(-\theta_{2n}) i_{1u} + M' \cos\left(-\theta_{2n} + \frac{2\pi}{3}\right) i_{1v} + M' \cos\left(-\theta_{2n} - \frac{2\pi}{3}\right) i_{1w} \right) \\
&\quad + \left(L_2' \, i_{2u} + M' \cos\left(\frac{2\pi}{3}\right) i_{2v} + M' \cos\left(-\frac{2\pi}{3}\right) i_{2w} \right) \\
&= \left(M' \cos\theta_{2n} \, i_{1u} + M' \cos\left(\theta_{2n} - \frac{2\pi}{3}\right) i_{1v} + M' \cos\left(\theta_{2n} + \frac{2\pi}{3}\right) i_{1w} \right) \\
&\quad + \left(L_2' \, i_{2u} - \frac{M'}{2} i_{2v} - \frac{M'}{2} i_{2w} \right)
\end{aligned} \tag{2.57b}
$$

図 2.8 に示しているように，回転子の u 相（等価）巻線は，固定子の u 相巻線の中心を基準に評価した場合，位相 θ_{2n} を成しているものとしている。これは，固定子 u 相巻線は，回転子 u 相（等価）巻線の中心を基準に評価した場合，相対的に位相 $-\theta_{2n}$ を成すことを意味する。式 (2.57b) の回転子鎖交磁束（rotor flux linkage）は，この点を考慮して評価している。

個別的に得た固定子，回転子の各三相分の回路方程式をベクトル表現することを考える。このため，u 相，v 相，w 相信号を形式的に要素とした 3×1 ベクトル信号を次のように構成する。

$$\boldsymbol{v}_1' = [v_{1u} \quad v_{1v} \quad v_{1w}]^T \tag{2.58a}$$

$$\boldsymbol{i}_1' = [i_{1u} \quad i_{1v} \quad i_{1w}]^T \tag{2.58b}$$

$$\boldsymbol{\phi}_1' = [\phi_{1u} \quad \phi_{1v} \quad \phi_{1w}]^T \tag{2.58c}$$

$$\tilde{\boldsymbol{i}}_2' = [i_{2u} \quad i_{2v} \quad i_{2w}]^T \tag{2.58d}$$

$$\tilde{\boldsymbol{\phi}}_2' = [\phi_{2u} \quad \phi_{2v} \quad \phi_{2w}]^T \tag{2.58e}$$

式 (2.58) に示した三相信号のベクトル表現は，各相信号を 3×1 ベクトルの各要素として形式的に配置したに過ぎず，この配列には，特別な物理的な意味はない。式 (2.56)，式 (2.57) の構築前提で利用したように，これらベクトル信号はゼロ相成分を有しないものとする。すなわち，s_u，s_v，s_w を 3×1 ベクトル信号の各要素とするとき，次式が成立するものとする。

$$s_u + s_v + s_w = 0 \tag{2.59}$$

ベクトル表記された三相信号 $\boldsymbol{v}_1', \boldsymbol{i}_1', \boldsymbol{\phi}_1', \tilde{\boldsymbol{i}}_2', \tilde{\boldsymbol{\phi}}_2'$ は，おのおの，固定子電圧（stator voltage），固定子電流（stator current），固定子鎖交磁束（stator flux linkage），回転子電流（rotor current），回転子鎖交磁束（rotor flux linkage）と呼ばれる。なお，固定子鎖交磁束，回転子鎖交磁束は，簡単に，固定子磁束（stator flux），回転子磁束（rotor flux）とも呼ばれる。

式 (2.56) の回路方程式と同様に構成された固定子の三相分回路方程式，式 (2.57) の回路方程式と同様に構成された回転子の三相分回路方程式は，上の 3×1 ベクトル信号を用い，以下のように簡潔に表現することができる。

◆基本三相回路方程式

$$\boldsymbol{v}_1' = R_1\boldsymbol{i}_1' + s\boldsymbol{\phi}_1' \tag{2.60a}$$

$$\boldsymbol{0} = R_2\tilde{\boldsymbol{i}}_2' + s\tilde{\boldsymbol{\phi}}_2' \tag{2.60b}$$

$$\boldsymbol{\phi}_1' = \boldsymbol{L}_1'\,\boldsymbol{i}_1' + \boldsymbol{M}'\,\tilde{\boldsymbol{i}}_2' \tag{2.61a}$$

$$\tilde{\boldsymbol{\phi}}_2' = \boldsymbol{M}'^T\,\boldsymbol{i}_1' + \boldsymbol{L}_2'\,\tilde{\boldsymbol{i}}_2' \tag{2.61b}$$

上式の $\boldsymbol{L}_1'$，$\boldsymbol{L}_2'$，$\boldsymbol{M}'$ は，$\boldsymbol{I}$ を 3×3 単位行列とするとき，次の循環的性質をもつインダクタンス行列である。

$$\boldsymbol{L}_1' \equiv L_1'\boldsymbol{I} - \frac{M'}{2}\begin{bmatrix} 0 & 1 & 1 \\ 1 & 0 & 1 \\ 1 & 1 & 0 \end{bmatrix} \tag{2.62a}$$

$$\boldsymbol{L}_2' \equiv L_2'\boldsymbol{I} - \frac{M'}{2}\begin{bmatrix} 0 & 1 & 1 \\ 1 & 0 & 1 \\ 1 & 1 & 0 \end{bmatrix} \tag{2.62b}$$

$$\boldsymbol{M}' \equiv M'\begin{bmatrix} \cos\theta_{2n} & \cos\left(\theta_{2n} + \frac{2\pi}{3}\right) & \cos\left(\theta_{2n} - \frac{2\pi}{3}\right) \\ \cos\left(\theta_{2n} - \frac{2\pi}{3}\right) & \cos\theta_{2n} & \cos\left(\theta_{2n} + \frac{2\pi}{3}\right) \\ \cos\left(\theta_{2n} + \frac{2\pi}{3}\right) & \cos\left(\theta_{2n} - \frac{2\pi}{3}\right) & \cos\theta_{2n} \end{bmatrix} \tag{2.62c}$$

■

B. 基本二相回路方程式

さてここで，図 2.8 を考慮のうえ，図 2.9 に示したような固定子の u 相，v 相，w 相巻線の中心を軸位相とした u 軸，v 軸，w 軸からなる uvw 固定座標系（uvw stator reference frame）を考える。3 軸は 2 次元平面上の軸であり，v 軸，w 軸は，u 軸に対して，おのおの空間的に 2π/3，4π/3〔rad〕位相進みの位置にある。同様に，直交した α 軸，β 軸からなる αβ 固定座標系（αβ stationary reference frame, αβ stator reference frame）を考える。α 軸と固定子 u 軸は，ともに固定子 u 相巻線の中心を軸としており，同一である。固定子の u 相，v 相，w 相の信号は，2 次元平面的には，おのおの u 軸，v 軸，w 軸上に存在する。この軸上の存在を考慮すると，各相の電圧などの信号は，各軸上に存在する 2×1 ベクトルの ± 符号付き振幅を表現していると捉えることができる。たとえば，固定子の u 相，v 相，w 相電圧 v_{1u}，v_{1v}，v_{1w} は，u 軸，

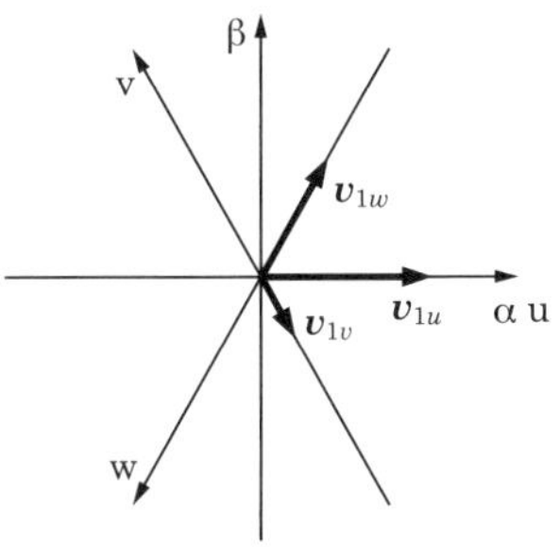

図 2.9 固定子電圧の u，v，w 各相成分に対する空間ベクトル

v 軸，w 軸上に存在する 2×1 電圧ベクトル $\boldsymbol{v}_{1u}$，$\boldsymbol{v}_{1v}$，$\boldsymbol{v}_{1w}$ の符号付き振幅を表現していると捉えることができる。この関係は，次のように表現することができる。

$$[\boldsymbol{v}_{1u} \quad \boldsymbol{v}_{1v} \quad \boldsymbol{v}_{1w}] = \begin{bmatrix} 1 & -\dfrac{1}{2} & -\dfrac{1}{2} \\ 0 & \dfrac{\sqrt{3}}{2} & -\dfrac{\sqrt{3}}{2} \end{bmatrix} \begin{bmatrix} v_{1u} & 0 & 0 \\ 0 & v_{1v} & 0 \\ 0 & 0 & v_{1w} \end{bmatrix} \tag{2.63}$$

図 2.9 に，2 次元平面上の 3 固定子電圧ベクトル $\boldsymbol{v}_{1u}$，$\boldsymbol{v}_{1v}$，$\boldsymbol{v}_{1w}$ の様子を，式 (2.59) に示したゼロ相条件を考慮のうえ，概略的に示した。この場合の 2×1 電圧ベクトルは，形式的にベクトル表現した式 (2.58a) の 3×1 電圧ベクトルと異なり，2 次元平面における位相情報を有している。位相情報を有する本ベクトルは，空間ベクトル（space vector）と呼ばれる。空間ベクトルが存在するベクトル空間（vector space）の次元は 2 次元である。

2 次元ベクトル空間上の 3 個の固定子電圧ベクトルは，単一の固定子電圧ベクトルとしてまとめると好都合である。これには次のベクトル合成を行えばよい。

$$\boldsymbol{v}_1 = \sqrt{\frac{2}{3}}[\boldsymbol{v}_u + \boldsymbol{v}_v + \boldsymbol{v}_w] = \boldsymbol{S}^T \boldsymbol{v}_1' \tag{2.64}$$

ただし，

$$\boldsymbol{S} \equiv \sqrt{\frac{2}{3}} \begin{bmatrix} 1 & -\dfrac{1}{2} & -\dfrac{1}{2} \\ 0 & \dfrac{\sqrt{3}}{2} & -\dfrac{\sqrt{3}}{2} \end{bmatrix}^T \tag{2.65}$$

式 (2.65) の 3×2 行列 $\boldsymbol{S}$ は，式 (2.10) に定義した直交行列 $\boldsymbol{S}'$ と本質的に同一である。すなわち，式 (2.10) における直交行列 $\boldsymbol{S}'$ の第 3 列を省略したものにすぎない。このような変換に式 (2.10) の行列を利用する場合には，式 (2.59) のゼロ相条件より，変換後のベクトルの第 3 要素はゼロとなる。ゼロの第 3 要素を削除したものが，上の式

(2.64)，式 (2.65) と捉えればよい。

「式 (2.64) は，3×1 ベクトル $\boldsymbol{v}_1'$ を 2×1 ベクトル $\boldsymbol{v}_1$ に変換している」と捉えることも可能である。本認識に立つ場合には，仮に 3×1 ベクトル $\boldsymbol{v}_1'$ がゼロ相成分を有する場合においても，変換後の 2×1 ベクトル $\boldsymbol{v}_1$ にはゼロ相成分は消滅する。本事実は，次式より確認される。

$$\boldsymbol{S}^T \begin{bmatrix} v_z \\ v_z \\ v_z \end{bmatrix} = \boldsymbol{0} \tag{2.66}$$

3 個の固定子電圧ベクトル $\boldsymbol{v}_{1u}$，$\boldsymbol{v}_{1v}$，$\boldsymbol{v}_{1w}$ のベクトル合成には，係数 $\sqrt{2/3}$ は本質的に不要であるが，直交行列を用いた直交変換前後の内積不変性を確保するために，本係数を導入している（式 (2.7)，式 (2.8) および後掲の式 (2.71)，式 (2.85) 参照)。本係数により，3×2 行列 $\boldsymbol{S}$ の列ベクトルのノルムはすべて 1 となる。なお，3×2 行列 $\boldsymbol{S}$ は 2 相 3 相変換器（2-3 phase converter)，2×3 行列 $\boldsymbol{S}^T$ は 3 相 2 相変換器（3-2 phase converter）とも呼ばれる。直交変換前後の内積不変性を確保した本変換は，絶対変換と呼ばれることもある。

内積不変性を確保した相変換器 $\boldsymbol{S}^T$，$\boldsymbol{S}$ は，次の性質を有する。

$$\boldsymbol{S}^T\boldsymbol{S} = \boldsymbol{I} \tag{2.67a}$$

$$\boldsymbol{S}^T \begin{bmatrix} 0 & 1 & 1 \\ 1 & 0 & 1 \\ 1 & 1 & 0 \end{bmatrix} \boldsymbol{S} = -\boldsymbol{I} \tag{2.67b}$$

$$\begin{aligned} &\boldsymbol{S}^T \begin{bmatrix} \cos\theta_{2n} & \cos\left(\theta_{2n} + \frac{2\pi}{3}\right) & \cos\left(\theta_{2n} - \frac{2\pi}{3}\right) \\ \cos\left(\theta_{2n} - \frac{2\pi}{3}\right) & \cos\theta_{2n} & \cos\left(\theta_{2n} + \frac{2\pi}{3}\right) \\ \cos\left(\theta_{2n} + \frac{2\pi}{3}\right) & \cos\left(\theta_{2n} - \frac{2\pi}{3}\right) & \cos\theta_{2n} \end{bmatrix} \boldsymbol{S} \\ &\quad = \frac{3}{2} \begin{bmatrix} \cos\theta_{2n} & -\sin\theta_{2n} \\ \sin\theta_{2n} & \cos\theta_{2n} \end{bmatrix} = \frac{3}{2}\boldsymbol{R}(\theta_{2n}) \end{aligned} \tag{2.67c}$$

また，式 (2.59) の条件を満足する，ゼロ相成分を有しない三相信号に関しては，相変換器は次の性質をもつ。

$$\boldsymbol{S}\boldsymbol{S}^T \begin{bmatrix} s_u \\ s_v \\ s_w \end{bmatrix} = \frac{1}{3} \begin{bmatrix} 2 & -1 & -1 \\ -1 & 2 & -1 \\ -1 & -1 & 2 \end{bmatrix} \begin{bmatrix} s_u \\ s_v \\ s_w \end{bmatrix} = \begin{bmatrix} s_u \\ s_v \\ s_w \end{bmatrix} \tag{2.68}$$

すなわち，ゼロ相成分を有しない三相信号に対しては，3×3 行列 $\boldsymbol{S}\boldsymbol{S}^T$ はあたかも 3×3 単位行列 $\boldsymbol{I}$ のごとく作用する。

固定子の u 相，v 相，w 相巻線の中心を軸位相とした u 軸，v 軸，w 軸からなる uvw 固定座標系と同様に，回転子の u 相，v 相，w 相巻線の中心を軸位相とした $\tilde{\mathrm{u}}$ 軸，$\tilde{\mathrm{v}}$ 軸，$\tilde{\mathrm{w}}$ 軸からなる $\tilde{\mathrm{u}}\tilde{\mathrm{v}}\tilde{\mathrm{w}}$ 回転座標系（$\tilde{\mathrm{u}}\tilde{\mathrm{v}}\tilde{\mathrm{w}}$ rotor reference frame）を考えることもできる。また，$\tilde{\mathrm{u}}\tilde{\mathrm{v}}\tilde{\mathrm{w}}$ 回転座標系に対応した直交 2 軸の $\tilde{\alpha}$ 軸，$\tilde{\beta}$ 軸からなる $\tilde{\alpha}\tilde{\beta}$ 回転座標系（$\tilde{\alpha}\tilde{\beta}$ rotor reference frame）を考えることもできる。$\tilde{\alpha}\tilde{\beta}$ 回転座標系の $\tilde{\alpha}$ 軸は，$\tilde{\mathrm{u}}\tilde{\mathrm{v}}\tilde{\mathrm{w}}$ 回転座標系の $\tilde{\mathrm{u}}$ 軸と同一である。$\tilde{\mathrm{u}}\tilde{\mathrm{v}}\tilde{\mathrm{w}}$ 回転座標系と $\tilde{\alpha}\tilde{\beta}$ 回転座標系とを図 2.10 に示した。同図では，参考まで，uvw 固定座標系の u 軸と $\alpha\beta$ 固定座標系の α 軸を破線で与えた。回転子の u 相巻線に位相差なく同期した $\tilde{\mathrm{u}}$ 軸と $\tilde{\alpha}$ 軸は，固定子の u 相巻線位相を基準にした u 軸と α 軸に対して，位相 θ_{2n} を成している（図 2.8 参照）。

固定子電圧を扱った式 (2.64) の例のように，一般に，2 次元平面の座標系である uvw 固定座標系上の信号を $\alpha\beta$ 固定座標系上の信号に変換するには，3 相 2 相変換器 $\boldsymbol{S}^T$ を乗ずればよい。同様に，2 次元平面の座標系である $\tilde{\mathrm{u}}\tilde{\mathrm{v}}\tilde{\mathrm{w}}$ 回転座標系上の信号を $\tilde{\alpha}\tilde{\beta}$ 回転座標系上の信号に変換するには，3 相 2 相変換器 $\boldsymbol{S}^T$ を乗ずればよい。

式 (2.64) の固定子電圧 $\boldsymbol{v}_1$ と同様に，式 (2.58) の両辺に左より 3 相 2 相変換器 $\boldsymbol{S}^T$ を乗ずると，2×1 ベクトルとしての固定子電流，固定子磁束（固定子鎖交磁束），回転子電流，回転子磁束（回転子鎖交磁束）を次のように得る。

$$\boldsymbol{i}_1 = \boldsymbol{S}^T \boldsymbol{i}_1' \tag{2.69a}$$

$$\boldsymbol{\phi}_1 = \boldsymbol{S}^T \boldsymbol{\phi}_1' \tag{2.69b}$$

$$\tilde{\boldsymbol{i}}_2 = \boldsymbol{S}^T \tilde{\boldsymbol{i}}_2' \tag{2.70a}$$

$$\tilde{\boldsymbol{\phi}}_2 = \boldsymbol{S}^T \tilde{\boldsymbol{\phi}}_2' \tag{2.70b}$$

相変換器が有する内積不変性により，変換前後でたとえば次の性質が維持されて

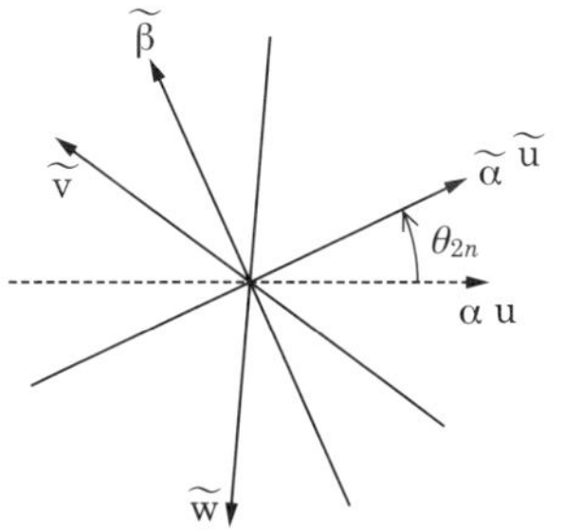

図 2.10　$\tilde{\mathrm{u}}\tilde{\mathrm{v}}\tilde{\mathrm{w}}$ 回転座標系と $\tilde{\alpha}\tilde{\beta}$ 回転座標系

いる。

$$\left.\begin{array}{l}\|\boldsymbol{v}_1\|=\|\boldsymbol{v}_1'\|\ ,\ \|\boldsymbol{i}_1\|=\|\boldsymbol{i}_1'\|\ ,\ \|\boldsymbol{\phi}_1\|=\|\boldsymbol{\phi}_1'\| \\ \|\tilde{\boldsymbol{i}}_2\|=\|\tilde{\boldsymbol{i}}_2'\|\ ,\ \|\tilde{\boldsymbol{\phi}}_2\|=\|\tilde{\boldsymbol{\phi}}_2'\| \\ \boldsymbol{i}_1^T\boldsymbol{v}_1=\boldsymbol{i}_1'^T\boldsymbol{v}_1'\end{array}\right\} \tag{2.71}$$

式 (2.69)，式 (2.70) に利用した相変換器は，式 (2.62) に定義したインダクタンス行列に作用させることもできる。この場合には，式 (2.67) の性質より，次の関係が得られる。

$$\begin{aligned}\boldsymbol{S}^T\boldsymbol{L}_1'\boldsymbol{S}&=L_1'\boldsymbol{I}-\frac{M'}{2}\boldsymbol{S}^T\begin{bmatrix}0&1&1\\1&0&1\\1&1&0\end{bmatrix}\boldsymbol{S}\\&=\left(L_1'+\frac{M'}{2}\right)\boldsymbol{I}=L_1\boldsymbol{I}\end{aligned} \tag{2.72a}$$

$$\begin{aligned}\boldsymbol{S}^T\boldsymbol{L}_2'\boldsymbol{S}&=L_2'\boldsymbol{I}-\frac{M'}{2}\boldsymbol{S}^T\begin{bmatrix}0&1&1\\1&0&1\\1&1&0\end{bmatrix}\boldsymbol{S}\\&=\left(L_2'+\frac{M'}{2}\right)\boldsymbol{I}=L_2\boldsymbol{I}\end{aligned} \tag{2.72b}$$

$$\begin{aligned}&\boldsymbol{S}^T\boldsymbol{M}'\boldsymbol{S}\\&=M'\boldsymbol{S}^T\begin{bmatrix}\cos\theta_{2n}&\cos\left(\theta_{2n}+\frac{2\pi}{3}\right)&\cos\left(\theta_{2n}-\frac{2\pi}{3}\right)\\\cos\left(\theta_{2n}-\frac{2\pi}{3}\right)&\cos\theta_{2n}&\cos\left(\theta_{2n}+\frac{2\pi}{3}\right)\\\cos\left(\theta_{2n}+\frac{2\pi}{3}\right)&\cos\left(\theta_{2n}-\frac{2\pi}{3}\right)&\cos\theta_{2n}\end{bmatrix}\boldsymbol{S}\\&=\frac{3}{2}M'\boldsymbol{R}(\theta_{2n})=M\boldsymbol{R}(\theta_{2n})\end{aligned} \tag{2.72c}$$

ただし，

$$\left.\begin{array}{l}M\equiv\dfrac{3}{2}M'\\L_1\equiv L_1'+\dfrac{M'}{2}=M'+l_1+\dfrac{M'}{2}=M+l_1\\L_2\equiv L_2'+\dfrac{M'}{2}=M'+l_2+\dfrac{M'}{2}=M+l_2\end{array}\right\} \tag{2.73}$$

なお，以降では，式 (2.73) に新たに定義したモータパラメータ L_1，L_2，M を，前述のモータパラメータ L'_1，L'_2，M' と同様に，おのおの，固定子インダクタンス，回転子インダクタンス，相互インダクタンスと呼ぶ。

以上の準備のもとに，式 (2.60) の両辺に左側から3相2相変換器 $\boldsymbol{S}^T$ を乗じると，次式を得る。

$$\boldsymbol{S}^T\boldsymbol{v}_1' = R_1\boldsymbol{S}^T\boldsymbol{i}_1' + s\boldsymbol{S}^T\boldsymbol{\phi}_1' \tag{2.74a}$$

$$\boldsymbol{0} = R_2\boldsymbol{S}^T\tilde{\boldsymbol{i}}_2' + s\boldsymbol{S}^T\tilde{\boldsymbol{\phi}}_2' \tag{2.74b}$$

固定子磁束，回転子磁束に関しては，式 (2.61) の両辺に左側から 3 相 2 相変換器 $\boldsymbol{S}^T$ を乗じ，式 (2.68) と式 (2.72) を利用すると，次式を得る。

$$\begin{aligned}\boldsymbol{S}^T\boldsymbol{\phi}_1' &= \boldsymbol{S}^T\boldsymbol{L}_1'\boldsymbol{i}_1' + \boldsymbol{S}^T\boldsymbol{M}'\tilde{\boldsymbol{i}}_2' \\ &= \boldsymbol{S}^T\boldsymbol{L}_1'\boldsymbol{S}\boldsymbol{S}^T\boldsymbol{i}_1' + \boldsymbol{S}^T\boldsymbol{M}'\boldsymbol{S}\boldsymbol{S}^T\tilde{\boldsymbol{i}}_2' \\ &= L_1\boldsymbol{S}^T\boldsymbol{i}_1' + M\boldsymbol{R}(\theta_{2n})\boldsymbol{S}^T\tilde{\boldsymbol{i}}_2'\end{aligned} \tag{2.75a}$$

$$\begin{aligned}\boldsymbol{S}^T\tilde{\boldsymbol{\phi}}_2' &= \boldsymbol{S}^T\boldsymbol{M}'^T\boldsymbol{i}_1' + \boldsymbol{S}^T\boldsymbol{L}_2'\tilde{\boldsymbol{i}}_2' \\ &= \boldsymbol{S}^T\boldsymbol{M}'^T\boldsymbol{S}\boldsymbol{S}^T\boldsymbol{i}_1' + \boldsymbol{S}^T\boldsymbol{L}_2'\boldsymbol{S}\boldsymbol{S}^T\tilde{\boldsymbol{i}}_2' \\ &= [\boldsymbol{S}^T\boldsymbol{M}'\boldsymbol{S}]^T\boldsymbol{S}^T\boldsymbol{i}_1' + [\boldsymbol{S}^T\boldsymbol{L}_2'\boldsymbol{S}]\boldsymbol{S}^T\tilde{\boldsymbol{i}}_2' \\ &= M\boldsymbol{R}^T(\theta_{2n})\boldsymbol{S}^T\boldsymbol{i}_1' + L_2\boldsymbol{S}^T\tilde{\boldsymbol{i}}_2'\end{aligned} \tag{2.75b}$$

式 (2.74)，式 (2.75) は，式 (2.64)，式 (2.69)，式 (2.70) の変換を利用すると，以下の回路方程式として整理される。

◆基本二相回路方程式

$$\boldsymbol{v}_1 = R_1\boldsymbol{i}_1 + s\boldsymbol{\phi}_1 \tag{2.76a}$$

$$\boldsymbol{0} = R_2\tilde{\boldsymbol{i}}_2 + s\tilde{\boldsymbol{\phi}}_2 \tag{2.76b}$$

$$\boldsymbol{\phi}_1' = L_1\boldsymbol{i}_1 + M\boldsymbol{R}(\theta_{2n})\tilde{\boldsymbol{i}}_2 \tag{2.77a}$$

$$\tilde{\boldsymbol{\phi}}_2' = M\boldsymbol{R}^T(\theta_{2n})\boldsymbol{i}_1 + L_2\tilde{\boldsymbol{i}}_2 \tag{2.77b}$$

■

上の回路方程式に基づく等価回路を図 2.11 に示した。$\tilde{\alpha}\tilde{\beta}$ 回転座標系の $\tilde{\alpha}$ 軸の位

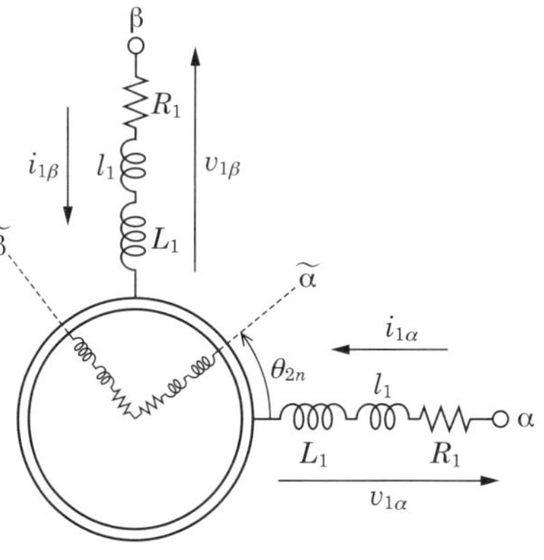

図 2.11　IM の二相等価回路

相 θ_{2n} は回転子の u 相等価巻線の中心位置をとったものであり，当然のことながら，本位相 θ_{2n} は回転子の回転に応じて変化することになる。式 (2.76a) の 2×1 ベクトル信号は，αβ 固定座標系上の α 要素（α 相信号），β 要素（β 相信号）からなり，式 (2.76b) の 2×1 ベクトル信号は，$\tilde{\alpha}\tilde{\beta}$ 回転座標系上の $\tilde{\alpha}$ 要素（$\tilde{\alpha}$ 相信号），$\tilde{\beta}$ 要素（$\tilde{\beta}$ 相信号）からなっている。

Q 2.2　式 (2.65) に定義した行列 $\boldsymbol{S}^T$，$\boldsymbol{S}$ を用いた変換は，絶対変換とも呼ばれるとのことです。逆説的ですが，相対変換というものも存在するのでしょうか。

A 2.2　理論的には種々存在します。直交変換前後の内積不変性を保証しない変換は，一般に，相対変換と呼ばれます。簡単なものは，次の 3 相 2 相変換器 $\boldsymbol{S}_{2\times3}$，2 相 3 相変換器 $\boldsymbol{S}_{3\times2}$ を用いた変換です。

$$\boldsymbol{S}_{2\times3} \equiv \begin{bmatrix} 1 & -\frac{1}{2} & -\frac{1}{2} \\ 0 & \frac{\sqrt{3}}{2} & -\frac{\sqrt{3}}{2} \end{bmatrix}, \quad \boldsymbol{S}_{3\times2} \equiv \frac{2}{3}\begin{bmatrix} 1 & 0 \\ -\frac{1}{2} & \frac{\sqrt{3}}{2} \\ -\frac{1}{2} & -\frac{\sqrt{3}}{2} \end{bmatrix}$$

相対変換においても，絶対変換と同様に，次の変換・逆変換の基本関係を維持することが必要です。

$$\boldsymbol{S}_{2\times3}\boldsymbol{S}_{3\times2} = \boldsymbol{I}$$

係数 2/3 を 3 相 2 相変換器側にもたせたものは，特に，クラーク変換（Clarke's transformation）と呼ばれます[8]。3 相 2 相変換器 $\boldsymbol{C}_{2\times3}$，2 相 3 相変換器 $\boldsymbol{C}_{3\times2}$ として次のものが利用されます。

$$\boldsymbol{C}_{2\times3} \equiv \frac{2}{3}\begin{bmatrix} 1 & -\frac{1}{2} & -\frac{1}{2} \\ 0 & \frac{\sqrt{3}}{2} & -\frac{\sqrt{3}}{2} \end{bmatrix}, \quad \boldsymbol{C}_{3\times2} \equiv \begin{bmatrix} 1 & 0 \\ -\frac{1}{2} & \frac{\sqrt{3}}{2} \\ -\frac{1}{2} & -\frac{\sqrt{3}}{2} \end{bmatrix}$$

クラーク変換では，「$i_{1\alpha} = i_{1u}$ のように，uvw 固定（回転）座標系上の各相信号と αβ 固定（回転）座標系上の各相信号との振幅が維持される」という特性が得られます。

なお，IM に並ぶ代表的交流モータの１つである同期モータの駆動制御に関連して，パーク変換（Park's transformation）というものも提案されています[9]。パーク変換は，ベクトル回転器を用いた直交変換であり，元来は，同期モータにおける交流信号を，回転子磁束を基軸とする dq 同期座標系（dq synchronous reference frame）上の直流信号として表現することを目指して提案されました。現在は，IM のベクトル制御などにも広く利用されています。

C. 固定座標系上の回路方程式

式 (2.76)，式 (2.77) の回路方程式においては，固定子側のベクトル信号は αβ 固定座標系上で定義され，回転子側のベクトル信号は $\tilde{\alpha}\tilde{\beta}$ 回転座標系上で定義されている。単一の回路方程式を，2 種類の座標系を混合させて表現することは，解析上必ずしも好ましいことではない。本項では，すべてのベクトル信号を統一的に αβ 固定座標系上で定義し，これらを用いて回路方程式を記述することを考える。

$\tilde{\alpha}\tilde{\beta}$ 回転座標系上で定義された回転子電流 $\tilde{\boldsymbol{i}}_2$，回転子磁束 $\tilde{\boldsymbol{\phi}}_2'$ に対して，αβ 固定座標系上で定義された回転子電流，回転子磁束を，おのおの $\boldsymbol{i}_2$，$\boldsymbol{\phi}_2$ と表現する。これら 2 種の回転子電流，回転子磁束は，2.2.2 項で説明したベクトル回転器を用い，以下のように関係づけられる。

$$\tilde{\boldsymbol{i}}_2 = \boldsymbol{R}^T(\theta_{2n})\boldsymbol{i}_2 \tag{2.78a}$$

$$\tilde{\boldsymbol{\phi}}_2 = \boldsymbol{R}^T(\theta_{2n})\boldsymbol{\phi}_2 \tag{2.78b}$$

回転子側の閉路方程式である式 (2.76b) の両辺に左側よりベクトル回転器 $\boldsymbol{R}(\theta_{2n})$ を乗じ，式 (2.78) を用いたうえで式 (2.17b) を活用すると，次式を得る。

$$\begin{aligned}
\boldsymbol{0} &= R_2\boldsymbol{R}(\theta_{2n})\tilde{\boldsymbol{i}}_2 + \boldsymbol{R}(\theta_{2n})s\tilde{\boldsymbol{\phi}}_2 \\
&= R_2\boldsymbol{i}_2 + \boldsymbol{R}(\theta_{2n})s[\boldsymbol{R}^T(\theta_{2n})\boldsymbol{\phi}_2] \\
&= R_2\boldsymbol{i}_2 + \boldsymbol{R}(\theta_{2n})\boldsymbol{R}^T(\theta_{2n})\boldsymbol{D}(s,-\omega_{2n})\boldsymbol{\phi}_2 \\
&= R_2\boldsymbol{i}_2 + \boldsymbol{D}(s,-\omega_{2n})\boldsymbol{\phi}_2 \\
&= R_2\boldsymbol{i}_2 + s\boldsymbol{\phi}_2 - \omega_{2n}\boldsymbol{J}\boldsymbol{\phi}_2
\end{aligned} \tag{2.79}$$

なお，式 (2.79) に用いた ω_{2n} は，回転子位相 θ_{2n} と次の微積分関係を有する回転子の電気（角）速度（electrical speed）である（図 2.8 参照）。

$$\omega_{2n} = s\theta_{2n} \tag{2.80}$$

固定子磁束を表現した式 (2.77a) に式 (2.78a) を用いると，次式を得る。

$$\boldsymbol{\phi}_1 = L_1\boldsymbol{i}_1 + M\boldsymbol{i}_2 \tag{2.81}$$

回転子磁束を表現した式 (2.77b) の両辺に左側よりベクトル回転器 $\boldsymbol{R}(\theta_{2n})$ を乗じ，式 (2.78) を用い整理すると，次式を得る。

$$\begin{aligned}
\boldsymbol{\phi}_2 &= \boldsymbol{R}(\theta_{2n})\tilde{\boldsymbol{\phi}}_2 = \boldsymbol{R}(\theta_{2n})[M\boldsymbol{R}^T(\theta_{2n})\boldsymbol{i}_1 + L_2\tilde{\boldsymbol{i}}_2] \\
&= M\boldsymbol{i}_1 + L_2\boldsymbol{i}_2
\end{aligned} \tag{2.82}$$

式 (2.76)，式 (2.77) の基本二相回路方程式は，式 (2.76b)，式 (2.77a)，式 (2.77b)

をおのおの式 (2.79)，式 (2.81)，式 (2.82) で置換することにより，αβ 固定座標系上の回路方程式として次のように整理される。

◆ αβ 固定座標系上の回路方程式（第 1 基本式）

$$\boldsymbol{v}_1 = R_1\boldsymbol{i}_1 + s\boldsymbol{\phi}_1 \tag{2.83a}$$

$$\boldsymbol{0} = R_2\boldsymbol{i}_2 + s\boldsymbol{\phi}_2 - \omega_{2n}\boldsymbol{J}\boldsymbol{\phi}_2 \tag{2.83b}$$

$$\boldsymbol{\phi}_1 = L_1\boldsymbol{i}_1 + M\boldsymbol{i}_2 \tag{2.84a}$$

$$\boldsymbol{\phi}_2 = M\boldsymbol{i}_1 + L_2\boldsymbol{i}_2 \tag{2.84b}$$

■

式 (2.83)，式 (2.84) の回路方程式におけるすべての 2×1 ベクトル信号は，αβ 固定座標系上で定義されている。ベクトル回路方程式である式 (2.83) は，単相相互誘導回路のスカラ回路方程式である式 (2.33) と高い類似性を有する。唯一の違いが，式 (2.83b) の右辺第 3 項の存在，すなわち速度起電力（back electromotive force, back EMF, speed electromotive force）を意味する $\boldsymbol{e}_m = -\omega_{2n}\boldsymbol{J}\boldsymbol{\phi}_2$ 項の存在である。固定子磁束（1 次磁束），回転子磁束（2 次磁束）に関しても，ベクトル回路方程式のためのベクトル式 (2.84) は，単相相互誘導回路のためのスカラ式 (2.34) と高い類似性を有する。なお，速度起電力は，我国のモータ駆動制御分野では，しばしば「誘起電圧」と呼ばれている。本事実を考慮し，以降では，原則として誘起電圧と呼ぶ。

式 (2.84) が明示しているように，2×1 ベクトル信号である固定子磁束，回転子磁束は，2×1 ベクトル信号である固定子電流，回転子電流とベクトル的比例関係にあり，これらは同一の 2 次元平面上（αβ 固定座標系上）に存在する。IM が実在する 3 次元空間では，固定子電流，回転子電流は固定子磁束，回転子磁束に対し，3 次元空間的に直交して存在しており，式 (2.84) のようなベクトル的比例関係にはない（図 1.2，図 1.3 参照）。両空間におけるベクトルの違いを，物理的意味を含めて理解するには，2.2.3 項で提案したループベクトルの概念が有用である。すなわち，2 次元平面上（αβ 固定座標系上）の電流ベクトルは，同ベクトルに垂直な平面（本平面は直交座標系の平面とも直交する）上にループを形成して流れる電流を表現したループベクトルと捉えるならば，数学表現と物理現象との整合性を図ることができる。これに関しては，トルク発生のメカニズムの説明に関連して，2.4.2 項で改めて補足する。

ベクトル回転器（直交変換）が有する内積不変性により，αβ 固定座標系上の信号と他の座標系上の信号との間には，式 (2.71) と同様に，次の性質が維持されている。

$$\left.\begin{array}{l} \|\boldsymbol{v}_1\|=\|\boldsymbol{v}_1'\| \text{ , } \|\boldsymbol{i}_1\|=\|\boldsymbol{i}_1'\| \text{ , } \|\boldsymbol{\phi}_1\|=\|\boldsymbol{\phi}_1'\| \\ \|\boldsymbol{i}_2\|=\|\tilde{\boldsymbol{i}}_2\|=\|\tilde{\boldsymbol{i}}_2'\| \text{ , } \|\boldsymbol{\phi}_2\|=\|\tilde{\boldsymbol{\phi}}_2\|=\|\tilde{\boldsymbol{\phi}}_2'\| \\ \boldsymbol{i}_1^T\boldsymbol{v}_1=\boldsymbol{i}_1'^T\boldsymbol{v}_1' \end{array}\right\} \tag{2.85}$$

D.　一般座標系上の回路方程式

図 2.12 を考える。同図では，αβ 固定座標系に加えて，γδ 一般座標系（γδ general reference frame）も描いている。γ, δ の直交 2 軸からなる γδ 一般座標系の位相 $\theta_{\alpha\gamma}$（α 軸から評価した位相）は任意である。また，座標系速度 ω_γ も任意である。本項の目的は，γδ 一般座標系上で IM の回路方程式を構築することである。

γδ 一般座標系上で回路方程式は，式 (2.83)，式 (2.84) の αβ 固定座標系上の回路方程式に対して左側よりベクトル回転器 $\boldsymbol{R}^T(\theta_{\alpha\gamma})$ を乗じ，式 (2.17) を考慮のうえ，式 (2.79)～式 (2.82) と同様な処理を実施することにより，次のように得ることができる。

◆ γδ 一般座標系上の回路方程式（第 1 基本式）[3), 4)]

$$\boldsymbol{v}_1=R_1\boldsymbol{i}_1+\boldsymbol{D}(s,\omega_\gamma)\boldsymbol{\phi}_1 \tag{2.86a}$$

$$\boldsymbol{0}=R_2\boldsymbol{i}_2+\boldsymbol{D}(s,\omega_\gamma)\boldsymbol{\phi}_2-\omega_{2n}\boldsymbol{J}\boldsymbol{\phi}_2 \tag{2.86b}$$

$$\boldsymbol{\phi}_1=L_1\boldsymbol{i}_1+M\boldsymbol{i}_2 \tag{2.87a}$$

$$\boldsymbol{\phi}_2=M\boldsymbol{i}_1+L_2\boldsymbol{i}_2 \tag{2.87b}$$

■

式 (2.86)，式 (2.87) の回路方程式における固定子電圧，固定子電流，固定子磁束，回転子電流，回転子磁束は，すべて γδ 一般座標系上で定義された信号であり，これら信号に関しては式 (2.85) のような内積不変性が維持されている。同回路方程式においては，座標系位相 $\theta_{\alpha\gamma}$ は出現せず，座標系速度 ω_γ のみが出現している。γδ 一般

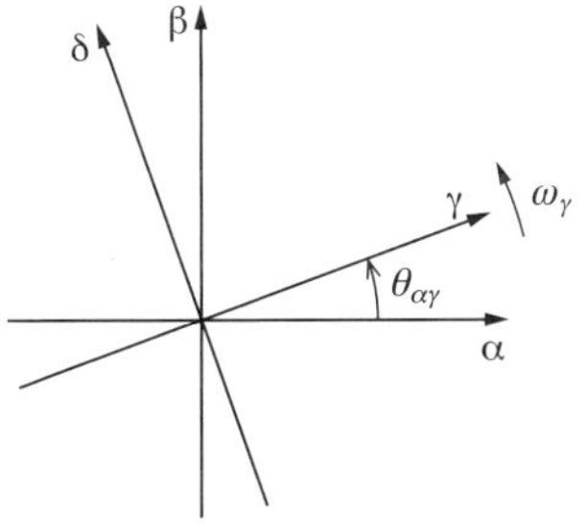

図 2.12　αβ 固定座標系と γδ 一般座標系との関係

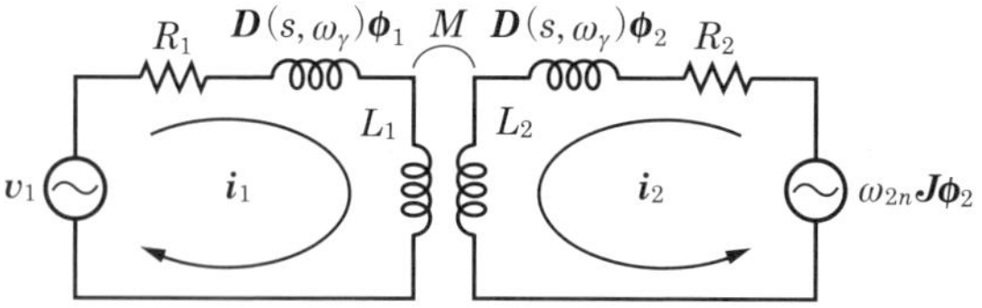

図 2.13　$\gamma\delta$ 一般座標系上の仮想ベクトル回路

座標系上の回路方程式は，$\alpha\beta$ 固定座標系上の回路方程式における微分演算子 s を，D 因子 $\boldsymbol{D}(s,\omega_\gamma)$ で形式的に置換したものとなっている。

図 2.13 に，式 (2.86)，式 (2.87) の $\gamma\delta$ 一般座標系上の回路方程式に基づく仮想ベクトル回路（virtual vector circuit）を描画した。仮想ベクトル回路は，$\gamma\delta$ 一般座標系上の 2×1 ベクトル信号を回路上の信号とする仮想的な等価回路であり，同回路における ω_γ は，設計者が任意指定可能な座標系速度である。仮想ベクトル回路は，過渡状態，定常状態を問わず有効である。

式 (2.86)，式 (2.87) の回路方程式において，$\gamma\delta$ 一般座標系の速度 ω_γ をゼロに設定する場合には，本方程式は $\alpha\beta$ 固定座標系上の回路方程式となる。また，座標系速度 ω_γ を回転子速度 ω_{2n} に設定する場合には，本方程式は $\tilde{\alpha}\tilde{\beta}$ 回転座標系上の回路方程式となる。$\gamma\delta$ 一般座標系速度 ω_γ の他の実際的設定としては，固定子磁束の周波数 ω_{1f}，回転子磁束の周波数 ω_{2f} が考えられる。$\gamma\delta$ 一般座標系の速度 ω_γ は，$\alpha\beta$ 固定座標系上で評価した周波数である。したがって，回転子磁束周波数 ω_{2f} も $\alpha\beta$ 固定座標系上で評価した周波数でなくてはならない。

定常状態では，固定子磁束の周波数 ω_{1f} は，固定子電圧，固定子電流の周波数，さらには回転子磁束の周波数（固定子側から見た周波数）ω_{2f} と同一である。これら周波数は，過渡状態では若干の相違があるが，IM の駆動制御系設計における多くの場合，同一と考えてよい。以降では，本認識に立ち，IM 内部信号の周波数は原則として固定子磁束周波数 ω_{1f} で表現するものとする。

IM の回転子磁束周波数 ω_{2f} と回転子（電気）速度 ω_{2n} との周波数偏差は，すべり（角）周波数（slip frequency）と呼ばれる。すなわち，すべり周波数 ω_s は，回転子側の物理量として次式のように定義される。

$$
\begin{aligned}
\omega_s &\equiv \omega_{2f} - \omega_{2n} \\
&\approx \omega_{1f} - \omega_{2n}
\end{aligned}
\tag{2.88a}
$$

また，回転子磁束周波数 ω_{2f} に対するすべり周波数 ω_s の相対比は，すべり（slip）s_ω と呼ばれる。すなわち，すべりは回転子側の物理量として次式のように定義される。

$$s_\omega \equiv \frac{\omega_s}{\omega_{2f}} = 1 - \frac{\omega_{2n}}{\omega_{2f}}$$

$$\approx \frac{\omega_s}{\omega_{1f}} \approx 1 - \frac{\omega_{2n}}{\omega_{1f}} \tag{2.88b}$$

本書では，$\omega_s' \equiv \omega_{1f} - \omega_{2n}$ を準すべり周波数と定義・呼称する。なお，文献によっては，本書で定義した準すべり周波数をすべり周波数と定義しているものもある。

E.　固定子・回転子諸信号のベクトル的関係

式 (2.87) で表現した固定子磁束, 回転子磁束の相互関係を整理しておく。このため，相互磁束 $\boldsymbol{\phi}_m$ を次のように定義する。

$$\boldsymbol{\phi}_m \equiv M[\boldsymbol{i}_1 + \boldsymbol{i}_2] \tag{2.89a}$$

式 (2.87) で表現した固定子磁束，回転子磁束は，相互磁束 $\boldsymbol{\phi}_m$ を用い，次のように表現することもできる。

$$\boldsymbol{\phi}_1 = \boldsymbol{\phi}_m + l_1 \boldsymbol{i}_1 \tag{2.89b}$$

$$\boldsymbol{\phi}_2 = \boldsymbol{\phi}_m + l_2 \boldsymbol{i}_2 \tag{2.89c}$$

固定子磁束 $\boldsymbol{\phi}_1$ は，回転子磁束 $\boldsymbol{\phi}_2$ を用い次のように表現することもできる。

$$\boldsymbol{\phi}_1 = \frac{M}{L_2}\boldsymbol{\phi}_2 + l_{1t}\boldsymbol{i}_1 \tag{2.90a}$$

式 (2.90a) の右辺第 2 項は，固定子側から見た総合漏れ磁束（以下，固定子総合漏れ磁束と略記）を意味しており，このときのインダクタンス l_{1t} を，本書では固定子総合漏れインダクタンスと呼ぶ。本インダクタンスは，次式のように定義されている。

$$l_{1t} \equiv L_1 - \frac{M^2}{L_2} = \sigma L_1 = l_1 + \left(\frac{M}{L_2}\right) l_2 \tag{2.90b}$$

上式の σ は，(2.36) 式に定義した漏れ係数である。

回転子磁束は，固定子磁束 $\boldsymbol{\phi}_1$ を用い次式のように表現することもできる。

$$\boldsymbol{\phi}_2 = \frac{M}{L_1}\boldsymbol{\phi}_1 + l_{2t}\boldsymbol{i}_2 \tag{2.91a}$$

式 (2.91a) の右辺第 2 項は，回転子側から見た総合漏れ磁束を意味しており，このときのインダクタンス l_{2t} を，本書では回転子総合漏れインダクタンスと呼ぶ。本インダクタンスは，次式のように定義されている。

$$l_{2t} \equiv L_2 - \frac{M^2}{L_1} = \sigma L_2 = \left(\frac{M}{L_1}\right) l_1 + l_2 \tag{2.91b}$$

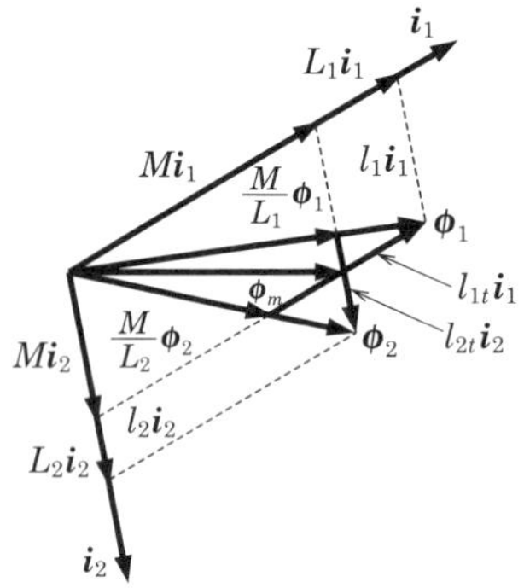

図 2.14　固定子磁束と回転子磁束のベクトル的関係

式 (2.89)～式 (2.91) に示した固定子磁束，回転子磁束のベクトル的関係は，図 2.14 のように描画される[3), 4)]。

磁束に着目した上記ベクトル的関係に代わって，電流に着目したベクトル的関係を得ることも可能である。以下に，これを示す。式 (2.87) で表現した固定子磁束，回転子磁束を，同式右辺の固定子電流に着目して固定子電流の係数であるインダクタンスで除し，電流 $\boldsymbol{i}_{1f}$，$\boldsymbol{i}_{2f}$ を次のように定義する。

$$\boldsymbol{i}_{1f} \equiv \frac{\boldsymbol{\phi}_1}{L_1} = \boldsymbol{i}_1 + \frac{M}{L_1}\boldsymbol{i}_2 \tag{2.92a}$$

$$\boldsymbol{i}_{2f} \equiv \frac{\boldsymbol{\phi}_2}{M} = \boldsymbol{i}_1 + \frac{L_2}{M}\boldsymbol{i}_2 \tag{2.92b}$$

式 (2.92) の両式を用いて回転子電流 $\boldsymbol{i}_2$ を消去すると，固定子電流と電流 $\boldsymbol{i}_{1f}$，$\boldsymbol{i}_{2f}$ とに関し，次の関係を得る。

$$\begin{aligned} \boldsymbol{i}_{1f} &= \sigma \boldsymbol{i}_1 + (1-\sigma)\boldsymbol{i}_{2f} \\ &= \boldsymbol{i}_{2f} + \sigma[\boldsymbol{i}_1 - \boldsymbol{i}_{2f}] \end{aligned} \tag{2.93}$$

式 (2.93) の第 2 式右辺第 2 項は，式 (2.92b) を利用すると，回転子電流 $\boldsymbol{i}_2$ を用いて次のように評価することもできる。

$$\sigma[\boldsymbol{i}_1 - \boldsymbol{i}_{2f}] = -\left(\frac{L_2}{M} - \frac{M}{L_1}\right)\boldsymbol{i}_2 \tag{2.94}$$

式 (2.92)～式 (2.94) に示した固定子電流，回転子電流のベクトル的関係は，図 2.15 のように描画される。

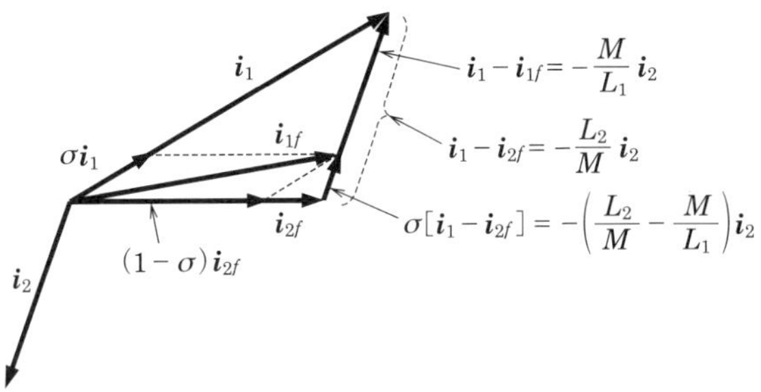

図 2.15 固定子電流と回転子電流のベクトル的関係

F. 固定子電流の回転子磁束に着目した分割表記

$\gamma\delta$ 一般座標系上のすべての 2×1 ベクトル信号は，回転子磁束 $\boldsymbol{\phi}_2$ に平行なベクトル成分とこれと垂直なベクトル成分とに分割表記することができる。まず，固定子電流 $\boldsymbol{i}_1$ を次式のように分割表記する。

$$\boldsymbol{i}_1=\boldsymbol{i}_{1m}+\boldsymbol{i}_{1t} \tag{2.95}$$

ここに，$\boldsymbol{i}_{1m}$，$\boldsymbol{i}_{1t}$ は，おのおの回転子磁束と平行，垂直な成分である。分割表記においては，平行，垂直成分を具体的に特定する必要がある。次にこれを考える。

回転子磁束 $\boldsymbol{\phi}_2$ と式 (2.95) の固定子電流との内積を取り，$\boldsymbol{\phi}_2$ と $\boldsymbol{i}_{1t}$ との直交性を考慮すると，固定子電流の平行成分 $\boldsymbol{i}_{1m}$ は次式のように特定される。

$$\boldsymbol{i}_{1m}=\frac{\boldsymbol{\phi}_2^T\boldsymbol{i}_1}{\|\boldsymbol{\phi}_2\|^2}\boldsymbol{\phi}_2 \tag{2.96a}$$

上式は，式 (2.87b) を利用すると，回転子磁束と回転子電流を用いた次式に書き改めることもできる。

$$\boldsymbol{i}_{1m}=\frac{1}{M}\left(1-L_2\frac{\boldsymbol{\phi}_2^T\boldsymbol{i}_2}{\|\boldsymbol{\phi}_2\|^2}\right)\boldsymbol{\phi}_2 \tag{2.96b}$$

一方，固定子電流の垂直成分 $\boldsymbol{i}_{1t}$ は，式 (2.96a) を式 (2.95) に用いると，次式のように特定される。

$$\begin{aligned}\boldsymbol{i}_{1t}&=\boldsymbol{i}_1-\frac{\boldsymbol{\phi}_2^T\boldsymbol{i}_1}{\|\boldsymbol{\phi}_2\|^2}\boldsymbol{\phi}_2\\&=\frac{\boldsymbol{\phi}_2^T\boldsymbol{J}^T\boldsymbol{i}_1}{\|\boldsymbol{\phi}_2\|^2}\boldsymbol{J}\boldsymbol{\phi}_2=\frac{\boldsymbol{\phi}_2^T\boldsymbol{J}^T\boldsymbol{i}_1}{\|\boldsymbol{\phi}_2\|^2}\boldsymbol{J}[M\boldsymbol{i}_1+L_2\boldsymbol{i}_2]\end{aligned} \tag{2.97a}$$

上式は，式 (2.87b)，式 (2.96b) を利用すると，固定子電流と回転子電流との合成を示す次式に書き改めることもできる。

$$\begin{aligned} \boldsymbol{i}_{1t} &= \left(1 - M \frac{\boldsymbol{\phi}_2^T \boldsymbol{i}_1}{\|\boldsymbol{\phi}_2\|^2} \right) \boldsymbol{i}_1 - L_2 \frac{\boldsymbol{\phi}_2^T \boldsymbol{i}_1}{\|\boldsymbol{\phi}_2\|^2} \boldsymbol{i}_2 \\ &= L_2 \left[\frac{\boldsymbol{\phi}_2^T \boldsymbol{i}_2}{\|\boldsymbol{\phi}_2\|^2} \boldsymbol{i}_1 - \frac{\boldsymbol{\phi}_2^T \boldsymbol{i}_1}{\|\boldsymbol{\phi}_2\|^2} \boldsymbol{i}_2 \right] \end{aligned} \tag{2.97b}$$

G.　回転子磁束ノルム一定条件下の諸信号のベクトル的関係

回転子磁束 $\boldsymbol{\phi}_2$ と回転子電流 $\boldsymbol{i}_2$ の内積を考える。本内積は，式 (2.86b) を用い，次のように評価される。

$$\begin{aligned} \boldsymbol{\phi}_2^T \boldsymbol{i}_2 &= -\frac{1}{R_2} \boldsymbol{\phi}_2^T [\boldsymbol{D}(s, \omega_\gamma)\boldsymbol{\phi}_2 - \omega_{2n} \boldsymbol{J} \boldsymbol{\phi}_2] \\ &= -\frac{1}{R_2} \boldsymbol{\phi}_2^T [s\boldsymbol{\phi}_2 + (\omega_\gamma - \omega_{2n}) \boldsymbol{J} \boldsymbol{\phi}_2] \\ &= -\frac{1}{2R_2} s \|\boldsymbol{\phi}_2\|^2 \end{aligned} \tag{2.98}$$

上式は，次の2式が等価であることを意味する。

$$\|\boldsymbol{\phi}_2\| = \text{const} \quad \leftrightarrow \quad \boldsymbol{\phi}_2^T \boldsymbol{i}_2 = 0 \tag{2.99}$$

すなわち，「回転子磁束と回転子電流が直交するための必要十分条件は，回転子磁束のノルムが一定である」ことを意味する。

一定ノルム条件 $\|\boldsymbol{\phi}_2\| = \text{const}$ が成立する場合には，式 (2.86b) 右辺第2項に関し，次の関係が成立する。

$$\boldsymbol{D}(s, \omega_\gamma)\boldsymbol{\phi}_2 = \omega_{2f} \boldsymbol{J} \boldsymbol{\phi}_2 \quad ; \|\boldsymbol{\phi}_2\| = \text{const} \tag{2.100}$$

式 (2.100) を式 (2.86b) に用い，回転子電流に関して整理すると，次式を得る。

$$\begin{aligned} \boldsymbol{i}_2 &= -\frac{\omega_{2f} - \omega_{2n}}{R_2} \boldsymbol{J} \boldsymbol{\phi}_2 \\ &= -\frac{\omega_s}{R_2} \boldsymbol{J} \boldsymbol{\phi}_2 = \frac{\omega_s}{R_2} \boldsymbol{J}^T \boldsymbol{\phi}_2 \quad ; \|\boldsymbol{\phi}_2\| = \text{const} \end{aligned} \tag{2.101}$$

上式は，「一定ノルム条件 $\|\boldsymbol{\phi}_2\| = \text{const}$ が成立する場合には，回転子電流は回転子磁束と直交し，回転子電流ノルムは回転子磁束ノルムとすべり周波数の積に比例する」ことを意味する。

式 (2.99)，式 (2.101) は，次の2式が等価であることを意味する。

$$\|\boldsymbol{\phi}_2\| = \text{const} \quad \leftrightarrow \quad \boldsymbol{i}_2 = \frac{\omega_s}{R_2} \boldsymbol{J}^T \boldsymbol{\phi}_2 \tag{2.102}$$

式 (2.102) が成立している状況下では，回転子磁束に平行，垂直な固定子電流成分は，式 (2.96)，式 (2.97) より，次のように評価される。

$$\begin{aligned}\boldsymbol{i}_{1m} &= \frac{\boldsymbol{\phi}_2^T \boldsymbol{i}_1}{\|\boldsymbol{\phi}_2\|^2}\boldsymbol{\phi}_2 \\ &= \frac{\boldsymbol{\phi}_2^T[\boldsymbol{\phi}_2 - L_2\boldsymbol{i}_2]}{M\|\boldsymbol{\phi}_2\|^2}\boldsymbol{\phi}_2 = \frac{1}{M}\boldsymbol{\phi}_2 \quad ; \|\boldsymbol{\phi}_2\| = \mathrm{const}\end{aligned} \tag{2.103a}$$

$$\begin{aligned}\boldsymbol{i}_{1t} &= -L_2\frac{\boldsymbol{\phi}_2^T \boldsymbol{i}_1}{\|\boldsymbol{\phi}_2\|^2}\boldsymbol{i}_2 \\ &= -\frac{L_2}{M}\frac{\boldsymbol{\phi}_2^T[\boldsymbol{\phi}_2 - L_2\boldsymbol{i}_2]}{\|\boldsymbol{\phi}_2\|^2}\boldsymbol{i}_2 = -\frac{L_2}{M}\boldsymbol{i}_2 \quad ; \|\boldsymbol{\phi}_2\| = \mathrm{const}\end{aligned} \tag{2.103b}$$

式 (2.103b) は，式 (2.102) を用い，次式のように書き換えることもできる。

$$\boldsymbol{i}_{1t} = \frac{\omega_s L_2}{MR_2}\boldsymbol{J}\boldsymbol{\phi}_2 \quad ; \|\boldsymbol{\phi}_2\| = \mathrm{const} \tag{2.103c}$$

式 (2.103c) は，すべり周波数に関して次式のように書き改めることもできる（後掲の式 (2.120) を参照）。

$$\omega_s = \frac{MR_2}{L_2}\frac{\boldsymbol{i}_{1t}^T \boldsymbol{J}\boldsymbol{\phi}_2}{\|\boldsymbol{\phi}_2\|^2} = \frac{MR_2}{L_2}\frac{\boldsymbol{i}_1^T \boldsymbol{J}\boldsymbol{\phi}_2}{\|\boldsymbol{\phi}_2\|^2} \tag{2.103d}$$

図 2.16 に，一定ノルム条件 $\|\boldsymbol{\phi}_2\| = \mathrm{const}$ 成立時の回転子磁束，回転子電流，固定子電流の関係を，式 (2.87b)，式 (2.99)，式 (2.103) に基づき，描画した[3), 4)]。なお，式 (2.103d) の導出には，簡易性を考慮し一定ノルム条件 $\|\boldsymbol{\phi}_2\| = \mathrm{const}$ を使用したが，本式の成立には，一定ノルム条件 $\|\boldsymbol{\phi}_2\| = \mathrm{const}$ は基本的に必要としない（後掲の式

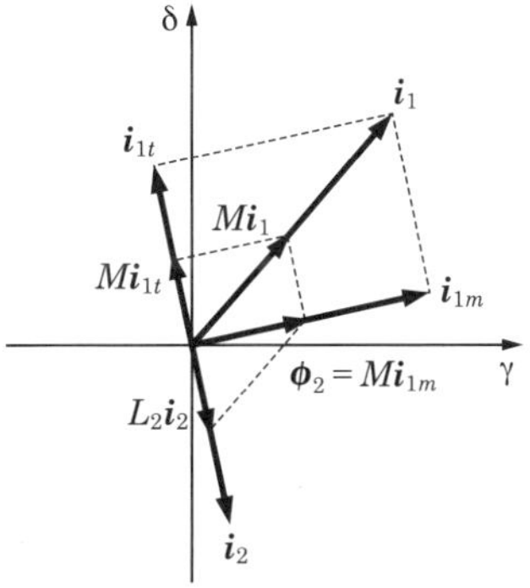

図 2.16　直交状態の回転子磁束と回転子電流

(2.167)，式 (2.173) 参照)。

H. 回路方程式の別表現

式 (2.86)，式 (2.87) では，固定子電流，固定子磁束，回転子電流，回転子磁束の4信号を用いて，回路方程式を記述した。これら4信号の内の2信号は，他の2信号から合成可能であり，2信号のみを用いて回路方程式を記述することが可能である。式 (2.87) の固定子磁束と回転子磁束を式 (2.86) に用いることにより，固定子電流と回転子電流とにより記述された回路方程式を得ることができる。これは，以下のように与えられる。

◆ γδ 一般座標系上の電圧電流形回路方程式

$$\boldsymbol{v}_1 = [R_1\boldsymbol{I} + L_1\boldsymbol{D}(s,\omega_\gamma)]\,\boldsymbol{i}_1 + M\boldsymbol{D}(s,\omega_\gamma)\boldsymbol{i}_2 \tag{2.104a}$$

$$\boldsymbol{0} = M\boldsymbol{D}(s,\omega_\gamma - \omega_{2n})\boldsymbol{i}_1 + [R_2\boldsymbol{I} + L_2\boldsymbol{D}(s,\omega_\gamma - \omega_{2n})]\boldsymbol{i}_2 \tag{2.104b}$$

■

式 (2.87) は，次式のように書き換えられる。

$$\begin{bmatrix}\boldsymbol{\phi}_1^T\\ \boldsymbol{\phi}_2^T\end{bmatrix} = \begin{bmatrix}L_1 & M\\ M & L_2\end{bmatrix}\begin{bmatrix}\boldsymbol{i}_1^T\\ \boldsymbol{i}_2^T\end{bmatrix} \tag{2.105a}$$

$$\begin{bmatrix}\boldsymbol{i}_1^T\\ \boldsymbol{i}_2^T\end{bmatrix} = \frac{1}{L_1L_2 - M^2}\begin{bmatrix}L_2 & -M\\ -M & L_1\end{bmatrix}\begin{bmatrix}\boldsymbol{\phi}_1^T\\ \boldsymbol{\phi}_2^T\end{bmatrix} \tag{2.105b}$$

式 (2.105b) を式 (2.86) に用いることにより，固定子磁束，回転子磁束の2信号を用いて回路方程式を記述することもできる。

回路方程式は固定子電流と回転子磁束の2信号を用いて表現することも可能である。以下に，これを示す。記述の簡明性を確保すべく，次のパラメータを新しく定義する。

$$W_1 \equiv \frac{R_1}{L_1}, \quad W_2 \equiv \frac{R_2}{L_2} \tag{2.106}$$

まず，式 (2.86)，式 (2.87) の回路方程式から消去すべき回転子電流を，固定子電流と回転子磁束を用いて表現することを考える。式 (2.87b) より，これは次式で与えられる。

$$\boldsymbol{i}_2 = \frac{1}{L_2}[\boldsymbol{\phi}_2 - M\,\boldsymbol{i}_1] \tag{2.107}$$

式 (2.107) を式 (2.86b) に用いると次式を得る。

$$\begin{aligned}\boldsymbol{D}(s,\omega_\gamma)\boldsymbol{\phi}_2 &= -\frac{R_2}{L_2}[\boldsymbol{\phi}_2 - M\,\boldsymbol{i}_1] + \omega_{2n}\boldsymbol{J}\boldsymbol{\phi}_2\\ &= M W_2\,\boldsymbol{i}_1 + [-W_2\boldsymbol{I} + \omega_{2n}\boldsymbol{J}]\boldsymbol{\phi}_2\end{aligned} \tag{2.108a}$$

一方，式 (2.86a) に式 (2.90a) を用いると次式を得る。

$$\boldsymbol{v}_1 = R_1\boldsymbol{i}_1 + \boldsymbol{D}(s,\omega_\gamma)\left[\frac{M}{L_2}\boldsymbol{\phi}_2 + l_{1t}\boldsymbol{i}_1\right] \tag{2.108b}$$

式 (2.108) は，固定子電流と回転子磁束を用いた回路方程式として以下のように整理される。

◆ γδ 一般座標系上の回転子磁束形回路方程式

$$\boldsymbol{v}_1 = R_1\boldsymbol{i}_1 + \boldsymbol{D}(s,\omega_\gamma)\left[l_{1t}\boldsymbol{i}_1 + \frac{M}{L_2}\boldsymbol{\phi}_2\right] \tag{2.109a}$$

$$MW_2\,\boldsymbol{i}_1 = \boldsymbol{D}(s,\omega_\gamma)\boldsymbol{\phi}_2 + [W_2\boldsymbol{I} - \omega_{2n}\boldsymbol{J}]\boldsymbol{\phi}_2 \tag{2.109b}$$

■

式 (2.109a) を固定子電流に着目して整理し，式 (2.109b) を用いると次式を得る。

$$\begin{aligned}\boldsymbol{D}(s,\omega_\gamma)\boldsymbol{i}_1 = &-\frac{1}{\sigma}(W_1 + (1-\sigma)W_2)\boldsymbol{i}_1\\ &+\frac{M}{\sigma L_1 L_2}[W_2\boldsymbol{I} - \omega_{2n}\boldsymbol{J}]\boldsymbol{\phi}_2 + \frac{1}{\sigma L_1}\boldsymbol{v}_1\end{aligned} \tag{2.110}$$

式 (2.110)，式 (2.109b) を用いると，固定子電流と回転子磁束を用いた状態方程式を次のように得る。

◆ γδ 一般座標系上の状態方程式

$$\begin{aligned}\boldsymbol{D}(s,\omega_\gamma)\boldsymbol{i}_1 = &-\frac{1}{\sigma}(W_1 + (1-\sigma)W_2)\,\boldsymbol{i}_1\\ &+\frac{M}{\sigma L_1 L_2}[W_2\boldsymbol{I} - \omega_{2n}\boldsymbol{J}]\boldsymbol{\phi}_2 + \frac{1}{\sigma L_1}\boldsymbol{v}_1\end{aligned} \tag{2.111a}$$

$$\boldsymbol{D}(s,\omega_\gamma)\boldsymbol{\phi}_2 = MW_2\,\boldsymbol{i}_1 + [-W_2\boldsymbol{I} + \omega_{2n}\boldsymbol{J}]\boldsymbol{\phi}_2 \tag{2.111b}$$

■

式 (2.111) に用いた二乗結合係数 $(1-\sigma = \kappa^2 = M^2/L_1L_2)$ は，回転子側の信号値を固定子側から評価した値に変換する働きをしている。なお，本書では，式 (2.106) に定義した W_1，W_2 を，固定子逆時定数，回転子逆時定数と呼ぶ。W_1，W_2 の逆数 T_1，T_2 は，一般に，固定子の電気的時定数，回転子の電気的時定数と呼ばれる。すなわち，

$$T_1 \equiv \frac{1}{W_1} = \frac{L_1}{R_1}\ , \quad T_2 \equiv \frac{1}{W_2} = \frac{L_2}{R_2} \tag{2.112}$$

これらは IM の特性を理解するうえで有用な係数である。他の有用な係数としては，式 (2.111a) 右辺第 1 項に利用された次の係数がある。

$$T_{12} \equiv \frac{\sigma}{W_1 + (1-\sigma)W_2} = \frac{l_{1t}}{R_{12}}, \quad R_{12} \equiv R_1 + \left(\frac{M}{L_2}\right)^2 R_2 \tag{2.113}$$

式 (2.111) と同様に，固定子電流と固定子磁束の２信号を用いて回路方程式を記述することもできる。本表現を得るには，式 (2.90a) を利用して，式 (2.109)，式 (2.111) における回転子磁束を固定子電流と固定子磁束とで再表現するようにすればよい（後掲の式 (2.169) を参照）。

Q 2.3　式 (2.111) の状態方程式（特に式 (2.111a) の状態方程式）は，$\sigma = 0$ の漏れ磁束が存在しない理想的な場合には利用できないと思います。このような理想的場合における状態方程式は，どのようになるのでしょうか。

A 2.3　意見の理想的場合には，次の関係が成立することになります。

$$L \equiv L_1 = L_2 = M, \quad \boldsymbol{\phi} \equiv L[\boldsymbol{i}_1 + \boldsymbol{i}_2] = \boldsymbol{\phi}_1 = \boldsymbol{\phi}_2$$

本条件を式 (2.86) に用いると，次式を得ます。

$$\boldsymbol{v}_1 = R_1 \boldsymbol{i}_1 - R_2 \boldsymbol{i}_2 + \omega_{2n} \boldsymbol{J} \boldsymbol{\phi} = (R_1 + R_2)\boldsymbol{i}_1 + \left[-\frac{R_2}{L}\boldsymbol{I} + \omega_{2n}\boldsymbol{J} \right] \boldsymbol{\phi}$$

上式を固定子電流に関して整理すると，式 (2.111a) に代わる次式が得られます。

$$\boldsymbol{i}_1 = \frac{1}{R_1 + R_2}\left[\left[\frac{R_2}{L}\boldsymbol{I} - \omega_{2n}\boldsymbol{J} \right] \boldsymbol{\phi} + \boldsymbol{v}_1 \right]$$

これを式 (2.111b) に用いると，所期の状態方程式を次のように得ます。

$$\boldsymbol{D}(s, \omega_\gamma)\boldsymbol{\phi} = -\frac{R_1}{R_1 + R_2}\left[\frac{R_2}{L}\boldsymbol{I} - \omega_{2n}\boldsymbol{J} \right] \boldsymbol{\phi} + \frac{R_2}{R_1 + R_2}\boldsymbol{v}_1$$

上の状態方程式は，漏れ磁束のない理想的な場合には，IM は２次システムとなることを示しています。

2. 4. 2　トルク発生式

A.　トルク発生式

モータは電気回路であると同時に，トルク発生機でもある。トルク発生機としての特性を記述した数式が，動的数学モデルの第２基本式を構成するトルク発生式である。

IM のトルク発生原理は，フレミングの左手則に基づいている。原理に立ち返って，トルク発生のメカニズムを説明する。図 2.17 を考える。図 (a) は，３次元空間に αβz の直交３軸を考え，回転軸と z 軸とを一致させて IM を配置した様子を示している。図 (b) は，α 軸と β 軸が構成する αβ 平面を +z 軸から眺めた様子である。図 (c) は，β 軸と z 軸が構成する βz 平面を +α 軸から眺めた様子である。図 (b)，(c) では，図

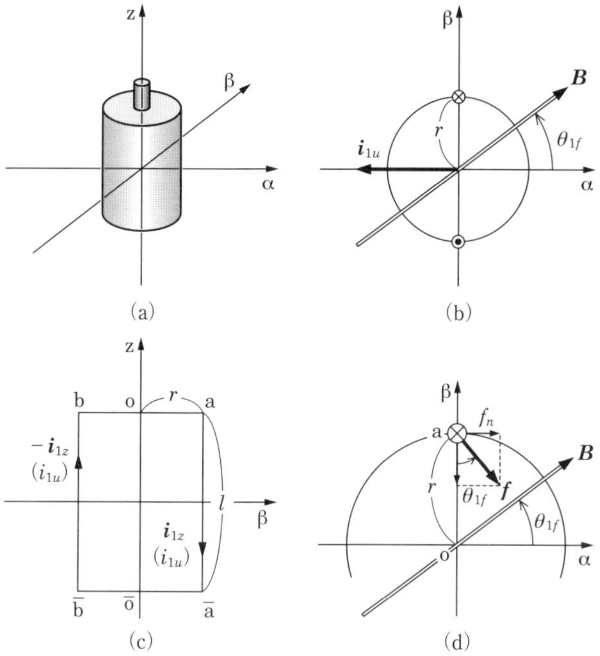

図 2.17　トルク発生の原理

の輻輳を避けるため，極対数（number of pole pairs）N_p が 1 の場合を想定して，固定子の三相巻線の内で，特に u 相巻線のみを表示している。同図に明示しているように，固定子 u 相巻線は，α 軸と垂直な面に施されている。固定子（鎖交）磁束は，z 軸と垂直な αβ 平面上に流れている。このとき，図 (b) に示しているように，固定子磁束は α 軸（すなわち固定子 u 相巻線の中心）に対して位相 θ_{1f} を成しているものとしている。

さて，ここで，ループ状の u 相巻線にスカラ電流 i_{1u} が図 (b)，(c) に示したように流れているものとする。図 (c) において，a-$\bar{a}$ 間に流れる電流を 3 次元空間上の 3 次元ベクトルとして $\boldsymbol{i}_{1z}$ とし表現し，a-$\bar{a}$ 間の長さを l とすると，左手則によれば a-$\bar{a}$ 間の巻線には 2 ベクトルの外積（outer product）で表現された次の力 $\boldsymbol{f}$ が働く。

$$\boldsymbol{f} = l\boldsymbol{i}_{1z} \times \boldsymbol{B} \tag{2.114}$$

ここに，$\boldsymbol{B}$ は，u 相巻線に鎖交する固定子磁束の単位面積分であり，3 次元空間上の 3 次元ベクトルである。ただし，この 3 次元ベクトルは，αβ 平面上に存在し，z 要素はゼロである。同様に，力 $\boldsymbol{f}$ も 3 次元空間上の 3 次元ベクトルであるが，αβ 平面上に存在し，z要素はゼロである。このときのベクトル $\boldsymbol{f}$ は，2つの3次元ベクトル $\boldsymbol{i}_{1z}$, $\boldsymbol{B}$ に直交している。図 (d) に，a-ā 間の巻線に作用するベクトル $\boldsymbol{f}$ の様子を図示した。

αβ 平面上に存在するベクトル $\boldsymbol{f}$ は，o-a に対し平行要素と垂直要素との2要素にベクトル分解することができる（図 (c)，(d) 参照）。特に，垂直要素ベクトルの大きさ f_n は，式 (2.114) および図 (d) より，次式のように求められる。

$$f_n = l\, i_{1u} \|\boldsymbol{B}\| \sin\theta_{1f} \tag{2.115}$$

したがって，o-a の距離を r とすると，u 相巻線には o-ō を回転軸とする次のトルクが発生することになる。

$$\tau_u = 2rf_n = 2rl\, i_{1u} \|\boldsymbol{B}\| \sin\theta_{1f} = i_{1u}\Phi_1' \sin\theta_{1f} \tag{2.116a}$$

上式では，巻線b-b̄にも巻線a-āと同様にo-ōを回転軸とするトルクが発生することを考慮し，係数2を乗じている。また，Φ_1' は，u 相巻線に鎖交する全固定子磁束を意味する。すなわち，

$$\Phi_1' = 2rl\|\boldsymbol{B}\| \tag{2.116b}$$

v 相，w 相巻線においても式 (2.116a) と同様なトルクが発生する。各相巻線の数が極対数 N_p に応じて増加することを考慮するならば，次のトルクが発生することになる。

◆三相でのトルク発生式

$$\tau = -N_p\Phi_1'\left(i_{1u}\sin\theta_{1f} + i_{1v}\sin\left(\theta_{1f} - \frac{2\pi}{3}\right) + i_{1w}\sin\left(\theta_{1f} + \frac{2\pi}{3}\right)\right) \tag{2.117a}$$

■

式 (2.117a) においては負符号を付しているが，これは，固定子巻線は固定子に固定されており，巻線に発生するトルクの反作用として回転子にトルクが発生することに起因している。

式 (2.117a) は，固定子電流がゼロ相成分を有しない点を考慮し，相変換器の式 (2.68) の性質を活用するならば，次のように展開することができる。

$$\begin{aligned}\tau &= -N_p\Phi_1'\begin{bmatrix}\sin\theta_{1f} & \sin\left(\theta_{1f} - \frac{2\pi}{3}\right) & \sin\left(\theta_{1f} + \frac{2\pi}{3}\right)\end{bmatrix}\boldsymbol{S}\boldsymbol{S}^T\boldsymbol{i}_1' \\ &= -N_p\Phi_1'\sqrt{\frac{3}{2}}[\sin\theta_{1f} \quad -\cos\theta_{1f}][\boldsymbol{S}^T\boldsymbol{i}_1'] \\ &= N_p\boldsymbol{i}_1^T\boldsymbol{J}\boldsymbol{\phi}_1\end{aligned} \tag{2.117b}$$

上式における $\boldsymbol{J}$ は式 (2.19) で定義された2×2交代行列であり，2×1ベクトル $\boldsymbol{i}_1$ は，式 (2.69a) で定義された αβ 固定座標系上の固定子電流である。αβ 固定座標系が構成

する2次元平面は，図2.17の$\alpha\beta$平面と同一である。また，2×1ベクトル$\boldsymbol{\phi}_1$は，次式のように定義された固定子（鎖交）磁束である。

$$\boldsymbol{\phi}_1=\sqrt{6}rl\|\boldsymbol{B}\|\begin{bmatrix}\cos\theta_{1f}\\ \sin\theta_{1f}\end{bmatrix}=\sqrt{\frac{3}{2}}\Phi_1'\begin{bmatrix}\cos\theta_{1f}\\ \sin\theta_{1f}\end{bmatrix}=\Phi_1\begin{bmatrix}\cos\theta_{1f}\\ \sin\theta_{1f}\end{bmatrix} \tag{2.117c}$$

導出過程より明白なように，本固定子磁束は図2.17の$\alpha\beta$平面上に存在する。$\alpha\beta$平面と固定座標系が構成する2次元平面が同一である点を考慮するならば，この$\boldsymbol{\phi}_1$は，$\alpha\beta$固定座標系上で定義された式(2.69b)の固定子磁束に対応することになる。換言するならば，式(2.117b)における最終式は，$\alpha\beta$固定座標系上で定義された2×1ベクトル信号としての固定子電流，固定子磁束によるトルク発生式となっている。

$\alpha\beta$固定座標系上で定義された2×1ベクトル信号は，ベクトル回転器を作用させることにより，$\gamma\delta$一般座標系上のベクトル信号に変換される。ベクトル回転器による変換が直交変換であり，直交変換が有する内積不変性を考慮するならば，式(2.117b)に示した$\alpha\beta$固定座標系上の関係は$\gamma\delta$一般座標系上において無修正で成立することがわかる。これより，次のトルク発生式を得る。

◆ $\gamma\delta$一般座標系上のトルク発生式（第2基本式）[3), 4)]

$$\tau=N_p\boldsymbol{i}_1^T\boldsymbol{J}\boldsymbol{\phi}_1 \tag{2.118a}$$

$$\tau=N_p\boldsymbol{\phi}_2^T\boldsymbol{J}\boldsymbol{i}_2 \tag{2.118b}$$

$$\tau=N_p\frac{M}{L_2}\boldsymbol{i}_1^T\boldsymbol{J}\boldsymbol{\phi}_2 \tag{2.118c}$$

$$\tau=N_p\frac{M}{L_1}\boldsymbol{\phi}_1^T\boldsymbol{J}\boldsymbol{i}_2 \tag{2.118d}$$

$$\tau=N_pM\boldsymbol{i}_1^T\boldsymbol{J}\boldsymbol{i}_2 \tag{2.118e}$$

■

式(2.118)に用いたベクトル信号は，$\gamma\delta$一般座標系上で定義されている。トルク発生式に示したトルクτはスカラ信号であり，トルクの極性は位相，速度の極性と同一である。すなわち,主軸（γ）軸から副軸（δ軸）への方向へのトルクを正としている。図2.14に示した電流と磁束の関係例では，トルクは正方向（左回転方向）へ発生することになる。

トルク発生式(2.118)の正当性を説明する。式(2.118a)～式(2.118d)のトルク発生式は，式(2.87)を利用し固定子磁束あるいは回転子磁束を固定子電流，回転子電流で再表現すると，式(2.118e)に帰着する。本帰着より，式(2.118)を構成する5個のトルク発生式は，式(2.118a)と等価であることがわかる。式(2.118a)の正当性は，導出過程より明らかである。

式 (2.118a) と式 (2.118b)，式 (2.118c) と式 (2.118d) においては，数式における電流と磁束の位置が逆転している。この位置逆転は，固定子側に発生するトルクと回転子側に発生するトルクとが互いに作用・反作用の関係にあることに対応している。

式 (2.118c) は，式 (2.95) に示した固定子電流の分割を利用するならば，回転子磁束 $\boldsymbol{\phi}_2$ と垂直な成分 $\boldsymbol{i}_{1t}$ のみを利用した次式に書き改めることもできる[3),4)]。

$$\tau = N_p \frac{M}{L_2} \boldsymbol{i}_1^T \boldsymbol{J} \boldsymbol{\phi}_2 = N_p \frac{M}{L_2} \boldsymbol{i}_{1t}^T \boldsymbol{J} \boldsymbol{\phi}_2 \tag{2.119}$$

Q 2.4 式 (2.118) には，固定子電流，回転子電流，固定子磁束，回転子磁束のいずれか2信号を用いた5種のトルク発生式が示されています。2信号の組合せの観点から，固定子磁束と回転子磁束の2信号を用いた表現があってよいように推測されます。このようなトルク発生式の表現方法は存在しないのですか。

A 2.4 指摘の表現法は存在します。これは，次式で与えられます。

$$\tau = N_p \frac{M}{L_1 L_2 - M^2} \boldsymbol{\phi}_1^T \boldsymbol{J} \boldsymbol{\phi}_2 = N_p \frac{M}{\sigma L_1 L_2} \boldsymbol{\phi}_1^T \boldsymbol{J} \boldsymbol{\phi}_2$$

上式は，式 (2.118c) の固定子電流に式 (2.105b) を用いると，ただちに得ることができます。

B. 回転子磁束ノルム一定の場合の関係

ノルム一定条件 $\|\boldsymbol{\phi}_2\| = \mathrm{const}$ が成立している場合のトルク発生式を考える。本場合には，式 (2.102) が成立する。式 (2.102) を式 (2.118b) に用いると，次のトルク発生式を得る。

$$\tau = N_p \boldsymbol{\phi}_2^T \boldsymbol{J} \boldsymbol{i}_2 = N_p \frac{\omega_s}{R_2} \|\boldsymbol{\phi}_2\|^2 \tag{2.120a}$$

$$\omega_s = \frac{R_2}{N_p} \frac{\tau}{\|\boldsymbol{\phi}_2\|^2} \tag{2.120b}$$

上式は，「$\|\boldsymbol{\phi}_2\| = \mathrm{const}$ のもとでは，発生トルクはすべり周波数に比例する」ことを意味する。式 (2.120) は，すでに導出した式 (2.103d) にほかならならない。なお，式 (2.120) の導出には，簡易性を考慮し一定ノルム条件 $\|\boldsymbol{\phi}_2\| = \mathrm{const}$ を使用したが，本式の成立には，一定ノルム条件 $\|\boldsymbol{\phi}_2\| = \mathrm{const}$ は基本的に必要としない（後掲の式 (2.167)，式 (2.173) 参照）。

C. ループベクトルとしての固定子電流

式 (2.117b) のトルク発生式と図 2.17(b)，(c) を再び考える。同図の例では，u 相巻線は βz 平面にあり，u 相電流は βz 平面上にループを形成して流れている。一方，αβ 平面は，図 (b) の α 軸と β 軸が構成する平面であり，αβ 固定座標系が構成する 2 次元平面と同一である。式 (2.117b) の最終式に使用されたベクトルは，αβ 固定座標系上で定義された 2×1 ベクトルである。

α 軸，β 軸，z 軸の直交 3 軸からなる 3 次元空間上における固定子磁束は，αβ 平面上に存在するため，αβ 固定座標系（2 次元空間）上でこれを評価する場合には，係数の相違を除けば 3 次元空間上のゼロ z 要素を単に省略したベクトルとして捉えることができる。しかし，3 次元空間上における u 相電流に関しては，このような解釈は成立しない。

元来の u 相電流は，αβ 平面と垂直な平面である βz 平面上にループをなして存在する。このような u 相電流を，αβ 平面上の 2×1 ベクトルとして捉えるには，2.2.3 項で提案したループベクトルの概念が有用である。すなわち，ループベクトルの概念に従うならば，βz 平面上のループ状の u 相電流は，βz 平面と垂直な平面である αβ 平面上に 2×1 ベクトルとして存在することができる。参考までに，図 2.17(b) には，ループ状の u 相電流を 2×1 ループベクトル $\boldsymbol{i}_{1u}$ として示した。

2×1 ベクトルである固定子電流をループベクトルとして捉えることにより，磁束と電流の関係を記述した式 (2.84)，式 (2.87) が，矛盾のない物理的意味をもつことになる。同様に，交代行列 $\boldsymbol{J}$ を用いた式 (2.117b) の最終式も，矛盾のない物理的意味をもつことになる。

Q 2.5　　多くの論文，専門書では，2×1 空間ベクトルである固定子電流と固定子磁束あるいは回転子磁束との外積を利用したトルク発生式が唐突に出現します。外積によるトルク表現と本書の交代行列 $\boldsymbol{J}$ を用いた式 (2.118) のトルク発生式とは同一と捉えてよいのですか。

A 2.5　　質問のトルク発生式は，次式のようなものかと思います。

$$\tau = N_p \boldsymbol{\phi}_1 \times \boldsymbol{i}_1$$

繰り返し説明していますが，αβ 固定座標系上あるいは γδ 一般座標系上における空間ベクトルは 2×1 ベクトルです。また，これらの座標系上におけるトルクはスカラです。外積は，3 次元ベクトル空間において定義可能ですが，2 次元ベクトル空間では定義できません。2つの3×1ベクトルの外積は，また3×1ベクトルとなります。したがいまして，上式の数学表現は，明らかにまちがっています。外積を用いたトルク発生式の唐突な出現は，ここに一因があるのかもしれません。上式は，式 (2.114) と同様な3×1ベクトルの外積として，次のように解釈する必要があるでしょう。

$$\boldsymbol{\tau} = \begin{bmatrix} 0 \\ 0 \\ \tau \end{bmatrix} = N_p \begin{bmatrix} \boldsymbol{\phi}_1 \\ 0 \end{bmatrix} \times \begin{bmatrix} \boldsymbol{i}_1 \\ 0 \end{bmatrix}$$

上式左辺の3×1ベクトル $\boldsymbol{\tau}$ は，右辺の2ベクトルに垂直で，ベクトル $\boldsymbol{\tau}$ の第1，第2要素は常時ゼロで，第3要素のみを有します。図2.17(a) では，3×1ベクトル $\boldsymbol{\tau}$ はz軸方向を指向することになります。この第3要素が形式的に式 (2.118) と同じ値をもちます。しかしながら，このような粗雑な表現はお奨めできません。なお，交代行列 $\boldsymbol{J}$ を用いたトルク発生式は，1990年代初頭の新中の提案によるようです[3), 4)]。

2. 4. 3　エネルギー伝達式

モータは電気回路であり，かつトルク発生機である。同時に，モータは電気エネルギーを機械エネルギーへ変換するエネルギー変換機でもある。エネルギー伝達式は，IMに入力された電気エネルギーが機械エネルギーへ変換伝達される動的過程を表現したものであり，動的数学モデルの第3基本式を構成する。

エネルギー変換効率を考える場合，損失を最小化しながら，所要のトルクを発生することが重要となる。損失の最小化と所要トルクの発生を同時に行う駆動制御技術確立の鍵となるのが，第2基本式であるトルク発生式と，本項で構築する第3基本式すなわちエネルギー伝達式である。以下に，IMのエネルギー伝達式を構築する。

外部より印加される瞬時有効電力 p_{ef} を考える。これは，固定子電流と電圧の内積で与えられる。すなわち，

$$p_{ef} = \boldsymbol{i}_1^T \boldsymbol{v}_1 \tag{2.121}$$

ところで，回転子回路は短絡しているので，回転子電圧 $\boldsymbol{v}_2$ は常時ゼロ，すなわち $\boldsymbol{v}_2 = \boldsymbol{0}$ である。式 (2.121) に，$\boldsymbol{v}_2 = \boldsymbol{0}$ を考慮のうえ，式 (2.86) を用いると，瞬時有効電力は次のように評価される。

$$\begin{aligned}p_{ef} &= \boldsymbol{i}_1^T \boldsymbol{v}_1 = \boldsymbol{i}_1^T \boldsymbol{v}_1 + \boldsymbol{i}_2^T \boldsymbol{v}_2 \\ &= \boldsymbol{i}_1^T [R_1 \boldsymbol{i}_1 + \boldsymbol{D}(s, \omega_\gamma)\boldsymbol{\phi}_1] \\ &\quad + \boldsymbol{i}_2^T [R_2 \boldsymbol{i}_2 + \boldsymbol{D}(s, \omega_\gamma)\boldsymbol{\phi}_2 - \omega_{2n}\boldsymbol{J}\boldsymbol{\phi}_2] \\ &= R_1 \|\boldsymbol{i}_1\|^2 + R_2 \|\boldsymbol{i}_2\|^2 + \boldsymbol{i}_1^T \boldsymbol{D}(s, \omega_\gamma)\boldsymbol{\phi}_1 + \boldsymbol{i}_2^T \boldsymbol{D}(s, \omega_\gamma)\boldsymbol{\phi}_2 - \omega_{2n}\boldsymbol{i}_2^T \boldsymbol{J}\boldsymbol{\phi}_2 \\ &= (R_1 \|\boldsymbol{i}_1\|^2 + R_2 \|\boldsymbol{i}_2\|^2) + (\boldsymbol{i}_1^T s\boldsymbol{\phi}_1 + \boldsymbol{i}_2^T s\boldsymbol{\phi}_2) \\ &\quad - \omega_{2n}\boldsymbol{i}_2^T \boldsymbol{J}\boldsymbol{\phi}_2 + \omega_\gamma(\boldsymbol{i}_1^T \boldsymbol{J}\boldsymbol{\phi}_1 + \boldsymbol{i}_2^T \boldsymbol{J}\boldsymbol{\phi}_2)\end{aligned} \tag{2.122}$$

式 (2.122) の右辺第 2 項は，式 (2.89) を用い次のように整理される（図 2.13，図 2.14 参照）。

$$\begin{aligned}\boldsymbol{i}_1^T s\boldsymbol{\phi}_1 + \boldsymbol{i}_2^T s\boldsymbol{\phi}_2 &= \boldsymbol{i}_1^T s[\boldsymbol{\phi}_m + l_1 \boldsymbol{i}_1] + \boldsymbol{i}_2^T s[\boldsymbol{\phi}_m + l_2 \boldsymbol{i}_2] \\ &= [\boldsymbol{i}_1 + \boldsymbol{i}_2]^T s\boldsymbol{\phi}_m + \boldsymbol{i}_1^T s[l_1 \boldsymbol{i}_1] + \boldsymbol{i}_2^T s[l_2 \boldsymbol{i}_2] \\ &= \frac{s}{2}([\boldsymbol{i}_1 + \boldsymbol{i}_2]^T \boldsymbol{\phi}_m + \boldsymbol{i}_1^T [l_1 \boldsymbol{i}_1] + \boldsymbol{i}_2^T [l_2 \boldsymbol{i}_2]) \\ &= s\left(\frac{1}{2M}\|\boldsymbol{\phi}_m\|^2 + \frac{1}{2l_1}\|l_1 \boldsymbol{i}_1\|^2 + \frac{1}{2l_2}\|l_2 \boldsymbol{i}_2\|^2\right)\end{aligned} \tag{2.123a}$$

式 (2.122) の右辺第 2 項は，式 (2.90a) を用い，次のように整理することもできる（図 2.14 参照）。

$$\begin{aligned}\boldsymbol{i}_1^T s\boldsymbol{\phi}_1 + \boldsymbol{i}_2^T s\boldsymbol{\phi}_2 &= \boldsymbol{i}_1^T s\left[\frac{M}{L_2}\boldsymbol{\phi}_2 + l_{1t}\boldsymbol{i}_1\right] + \boldsymbol{i}_2^T s\boldsymbol{\phi}_2 \\ &= \frac{1}{L_2}[M\boldsymbol{i}_1 + L_2 \boldsymbol{i}_2]^T s\boldsymbol{\phi}_2 + l_{1t}\boldsymbol{i}_1^T s\boldsymbol{i}_1 \\ &= s\left(\frac{1}{2L_2}\|\boldsymbol{\phi}_2\|^2 + \frac{1}{2l_{1t}}\|l_{1t}\boldsymbol{i}_1\|^2\right)\end{aligned} \tag{2.123b}$$

同様に，式 (2.122) の右辺第 2 項は，式 (2.91a) を用い，次のように整理することもできる（図 2.14 参照）。

$$\begin{aligned}\boldsymbol{i}_1^T s\boldsymbol{\phi}_1 + \boldsymbol{i}_2^T s\boldsymbol{\phi}_2 &= \boldsymbol{i}_1^T s\boldsymbol{\phi}_1 + \boldsymbol{i}_2^T s\left[\frac{M}{L_1}\boldsymbol{\phi}_1 + l_{2t}\boldsymbol{i}_2\right] \\ &= \frac{1}{L_1}[L_1 \boldsymbol{i}_1 + M\boldsymbol{i}_2]^T s\boldsymbol{\phi}_1 + l_{2t}\boldsymbol{i}_2^T s\boldsymbol{i}_2 \\ &= s\left(\frac{1}{2L_1}\|\boldsymbol{\phi}_1\|^2 + \frac{1}{2l_{2t}}\|l_{2t}\boldsymbol{i}_2\|^2\right)\end{aligned} \tag{2.123c}$$

式 (2.122) の右辺第 3 項は，トルク発生式の式 (2.118b) を用い，次式のように書き改められる。

$$-\omega_{2n}\boldsymbol{i}_2^T \boldsymbol{J}\boldsymbol{\phi}_2 = N_p \omega_{2m}\boldsymbol{\phi}_2^T \boldsymbol{J}\boldsymbol{i}_2 = \omega_{2m}\tau \tag{2.124}$$

ここに，ω_{2m} は次式で定義された回転子の機械（角）速度（mechanical speed）である。

$$\omega_{2m} = \frac{\omega_{2n}}{N_p} \tag{2.125}$$

式 (2.122) の右辺第 4 項は，トルク発生式の式 (2.118a)，式 (2.118b) より，ゼロとなる。すなわち，

$$\omega_\gamma(\boldsymbol{i}_1^T \boldsymbol{J}\boldsymbol{\phi}_1 + \boldsymbol{i}_2^T \boldsymbol{J}\boldsymbol{\phi}_2) = \omega_\gamma(\boldsymbol{i}_1^T \boldsymbol{J}\boldsymbol{\phi}_1 - \boldsymbol{\phi}_2^T \boldsymbol{J}\boldsymbol{i}_2) = 0 \tag{2.126}$$

式 (2.123)～式 (2.126) の関係を式 (2.122) に用いると，モータに入力された瞬時有効電力がモータ内部で消費・蓄積され，さらには瞬時機械的電力（回転子軸から出力される機械的エネルギーの微分値）として出力される動的過程を記述したエネルギー伝達式（微分方程式）を次のように得る。

◆ γδ 一般座標系上のエネルギー伝達式（第 3 基本式）[3), 4)]

$$\begin{aligned}
p_{ef} &= \boldsymbol{i}_1^T \boldsymbol{v}_1 \\
&= (R_1\|\boldsymbol{i}_1\|^2 + R_2\|\boldsymbol{i}_2\|^2) + \frac{s}{2}([\boldsymbol{i}_1 + \boldsymbol{i}_2]^T \boldsymbol{\phi}_m + \boldsymbol{i}_1^T[l_1\boldsymbol{i}_1] + \boldsymbol{i}_2^T[l_2\boldsymbol{i}_2]) + \omega_{2m}\tau \\
&= (R_1\|\boldsymbol{i}_1\|^2 + R_2\|\boldsymbol{i}_2\|^2) + s\left(\frac{1}{2M}\|\boldsymbol{\phi}_m\|^2 + \frac{1}{2l_1}\|l_1\boldsymbol{i}_1\|^2 + \frac{1}{2l_2}\|l_2\boldsymbol{i}_2\|^2\right) + \omega_{2m}\tau \\
&= (R_1\|\boldsymbol{i}_1\|^2 + R_2\|\boldsymbol{i}_2\|^2) + s\left(\frac{1}{2L_2}\|\boldsymbol{\phi}_2\|^2 + \frac{1}{2l_{1t}}\|l_{1t}\boldsymbol{i}_1\|^2\right) + \omega_{2m}\tau \\
&= (R_1\|\boldsymbol{i}_1\|^2 + R_2\|\boldsymbol{i}_2\|^2) + s\left(\frac{1}{2L_1}\|\boldsymbol{\phi}_1\|^2 + \frac{1}{2l_{2t}}\|l_{2t}\boldsymbol{i}_2\|^2\right) + \omega_{2m}\tau
\end{aligned} \tag{2.127}$$

■

上式左辺は瞬時電気入力（瞬時有効電力）を示している。一方，同式右辺第 1 項は瞬時の固定子銅損と回転子銅損を示しており，常時正である。第 2 項は IM 内のインダクタンスに蓄積された磁気エネルギーの瞬時変化を示しており，インダクタンス蓄積の磁気エネルギーの増減に応じて正負の値を取る。第 3 項は回転子軸から出力される瞬時機械的電力を意味しており，力行・回生に応じて正負の値を取る。式 (2.127) のエネルギー伝達式（第 3 基本式）は，物理的に曖昧不明な要素を一切含んでいないいわゆる閉じた形（closed form）をしている。

式 (2.127) のエネルギー伝達式（第 3 基本式）は，回路方程式（第 1 基本式）とトルク発生式（第 2 基本式）とを用いて構築された。本事実は，これら基本式は，数学的に整合していることを意味する。この整合性は，提示した動的数学モデルが少なくとも数学レベルで正当性を有していることを意味している。

なお，一般に，3 基本式のいずれか 2 つより，残りの基本式を構築することが可能である。たとえば，回路方程式とネルギー伝達式からトルク発生式を得ることができる。「フレミングの左手則・右手則に従ったトルク発生と誘起電圧（速度起電力）に

関しては，誘起電圧 $\boldsymbol{e}_m$ と回転子電流 $\boldsymbol{i}_2$ の内積が瞬時機械的電力に一致する」ことより，トルク発生式を次式のように導出することもできる。

$$\tau=\frac{\boldsymbol{i}_2^T\boldsymbol{e}_m}{\omega_{2m}}=\frac{\boldsymbol{i}_2^T[-\omega_{2n}\boldsymbol{J}\boldsymbol{\phi}_2]}{\omega_{2m}}=-N_p\boldsymbol{i}_2^T\boldsymbol{J}\boldsymbol{\phi}_2=N_p\boldsymbol{\phi}_2^T\boldsymbol{J}\boldsymbol{i}_2 \tag{2.128}$$

上式は，式 (2.118b) のトルク発生式と同一である（式 (2.124) 参照）。

当然のことであるが，$\gamma\delta$ 一般座標系上の 3 基本式に対して，$\alpha\beta$ 固定座標系の条件である $\omega_\gamma=0$ を適用するならば，ただちに $\alpha\beta$ 固定座標系上の 3 基本式が得られる。形式的には，D 因子 $\boldsymbol{D}(s,\omega_\gamma)$ を微分演算子 s で置換すればよい。

式 (2.127) 右辺第 1 項の回転子銅損に関しては，すべり周波数を用いた表現も可能である。$\|\boldsymbol{\phi}_2\|=\text{const}$ が成立する場合には，式 (2.100) が成立し，ひいては式 (2.86b) より式 (2.102) が得られた。式 (2.102) の右式両辺に左から $R_2\boldsymbol{i}_2^T$ を乗じると次式を得る。

$$R_2\|\boldsymbol{i}_2\|^2=\omega_s\boldsymbol{i}_2^T\boldsymbol{J}^T\boldsymbol{\phi}_2=\omega_s\boldsymbol{\phi}_2^T\boldsymbol{J}\boldsymbol{i}_2=\left(\frac{\omega_s}{N_p}\right)\tau \quad ;\|\boldsymbol{\phi}_2\|=\text{const} \tag{2.129}$$

上式は，「ノルム一定条件 $\|\boldsymbol{\phi}_2\|=\text{const}$ のもとでは，回転子銅損はすべり周波数と発生トルクの積に比例する」ことを意味する。

式 (2.129) を利用すると，回転子側で使用される瞬時電力に関し，次式を得る。

$$\begin{aligned}R_2\|\boldsymbol{i}_2\|^2+\omega_{2m}\tau&=\left(\frac{\omega_s}{N_p}\right)\tau+\omega_{2m}\tau\\&=\left(\frac{\omega_{2f}}{N_p}\right)\tau\approx\left(\frac{\omega_{1f}}{N_p}\right)\tau \quad ;\|\boldsymbol{\phi}_2\|=\text{const}\end{aligned} \tag{2.130}$$

上式は，「ノルム一定条件 $\|\boldsymbol{\phi}_2\|=\text{const}$ のもとでは，回転子側で使用される瞬時機械的電力は回転子側周波数と発生トルクの積に比例する」ことを意味する。$\omega_{1f}=\omega_{2f}$ が成立する定常状態では，回転子側で使用される瞬時機械的電力は電源周波数と発生トルクの積に比例する。

Q 2.6　式 (2.73) では，モータパラメータの変換を行っていますが，モータメーカから与えられるモータパラメータは，変換前パラメータ R_1，R_2，L_1'，L_2'，M'，変換後パラメータ R_1，R_2，L_1，L_2，M のいずれですか。

A 2.6　IM の電気的パラメータといえば，通常は，変換後のパラメータを意味します。IM の電気的パラメータは，R_1，R_2，L_1，L_2，M の 5 パラメータが基本です。これらに加えて，モータメーカからは回転子の慣性モーメントなどの機械的パラメータが与えられます。

Q 2.7 モータパラメータの単位は，どうなっていますか。

A 2.7 モータ特性の表現には，国際単位系（SI 単位系）の利用が基本です。国際単位系は，基本単位，補助単位，組立単位から構成されています。モータ関係では，時間の単位である秒〔s〕と電流の単位であるアンペア〔A〕とが基本単位，位相の単位であるラディアン〔rad〕が補助単位です。他は組立単位です。抵抗の単位はオーム〔Ω〕，インダクタンスの単位はヘンリー〔H〕です。

Q 2.8 用語「同期速度」に接することがあるのですが，これはどのように定義されいますか。

A 2.8 同期速度（synchronous speed）は，すべり周波数がゼロ状態の機械速度 ω_{2m} を意味します。定常状態で使用されるのが，一般的です。すべり周波数がゼロの定常状態では，次の関係が成立します。

$$\omega_{2m} = \frac{\omega_{2n}}{N_p} = \frac{\omega_{2f}}{N_p} = \frac{\omega_{1f}}{N_p}$$

すべり周波数がゼロの状態では，トルク発生は行われません。したがって，同期速度は，簡単には，「無負荷駆動時の速度」と理解すればよいでしょう（13.6.4 項参照）。

2.5 三相信号を用いた５パラメータ動的数学モデル

IM 駆動制御系の設計およびこの解析に資するための動的数学モデルとしては，γδ 一般座標系上で構成されたものが汎用性も高く，最も有用である。当然のことながら，このためには，直交行列，直交変換，２軸直交座標系の概念，さらには同座標系上の信号の物理的意味を理解しておく必要がある。

本節では，これらを要しない交流モータの動的数学モデルの表現法として，文献 5) を通じ新中により提案された，平衡循環行列を用いた方法を紹介する。紹介の表現法は次の特徴を有する。

(a) 動的数学モデルは，u，v，w 相の各端子から見たモータ信号の関係を表現しているが，上記の諸概念を必要としない。

(b) しかしながら，動的数学モデルは，ベクトル表現上では２軸 αβ 固定座標系上の数学モデルと形式的に完全に同一である。この同一性は，動的数学モデルを構成する３基本式（回路方程式，トルク発生式，エネルギー伝達式）において成立する。

2. 5. 1 平衡ベクトルと平衡循環行列

任意の3×1ベクトルに対し3要素の総和がゼロのとき，これを平衡ベクトルと呼ぶ。したがって，式 (2.58) に定義した三相信号がゼロ相成分を有しないとき，これらの三相信号は平衡ベクトルとなる。また，平衡ベクトルのみで構成される循環行列（circular matrix）を平衡循環行列と呼ぶ。興味深い3×3平衡循環行列としては，新中によって提案された次の $\boldsymbol{J}_t$ がある[5]。

$$\boldsymbol{J}_t \equiv \frac{1}{\sqrt{3}}\begin{bmatrix} 0 & -1 & 1 \\ 1 & 0 & -1 \\ -1 & 1 & 0 \end{bmatrix} \tag{2.131}$$

上の $\boldsymbol{J}_t$ は，交代行列でもあり，次の性質を有する。

$$\boldsymbol{J}_t = -\boldsymbol{J}_t^T \tag{2.132a}$$

$$\boldsymbol{J}_t\boldsymbol{J}_t^T = \boldsymbol{J}_t^T\boldsymbol{J}_t = \frac{1}{3}\begin{bmatrix} 2 & -1 & -1 \\ -1 & 2 & -1 \\ -1 & -1 & 2 \end{bmatrix} \tag{2.132b}$$

また，任意の3×1ベクトル $\boldsymbol{v}$，$\boldsymbol{w}$ に対し，次の性質をもつ。

$$\boldsymbol{v}^T\boldsymbol{J}_t\boldsymbol{w} = -\boldsymbol{w}^T\boldsymbol{J}_t\boldsymbol{v} \tag{2.133a}$$

$$\boldsymbol{v}^T\boldsymbol{J}_t\boldsymbol{v} = 0 \tag{2.133b}$$

特に $\boldsymbol{v}$ を平衡ベクトルとする場合には，次の性質も成立する。

$$\boldsymbol{J}_t\boldsymbol{J}_t^T\boldsymbol{v} = \boldsymbol{v} \tag{2.133c}$$

2. 5. 2 動的数学モデル

三相信号として，式 (2.58) の固定子電圧，固定子電流，固定子磁束，回転子電流，回転子磁束を考える。これら三相信号は，ゼロ相成分は有しないとする。また，uvw固定座標系を考える。固定子電圧，固定子電流，固定子磁束のみならず，回転子電流，回転子磁束をもuvw固定座標系上で記述するものとし，これらを $\boldsymbol{v}_1'$，$\boldsymbol{i}_1'$，$\boldsymbol{\phi}_1'$，$\boldsymbol{i}_2'$，$\boldsymbol{\phi}_2'$ と表現する。これら三相信号を用いたIMの動的数学モデルとして，以下を構築することができる。

◆三相信号を用いた動的数学モデル[5]

回路方程式（第1基本式）

$$\boldsymbol{v}_1' = R_1\boldsymbol{i}_1' + s\boldsymbol{\phi}_1' \tag{2.134a}$$

$$\mathbf{0} = R_2 \boldsymbol{i}_2' + s\boldsymbol{\phi}_2' - \omega_{2n}\boldsymbol{J}_t\boldsymbol{\phi}_2' \tag{2.134b}$$

$$\boldsymbol{\phi}_1' = L_1\boldsymbol{i}_1' + M\boldsymbol{i}_2' \tag{2.135a}$$

$$\boldsymbol{\phi}_2' = M\boldsymbol{i}_1' + L_2\boldsymbol{i}_2' \tag{2.135b}$$

トルク発生式（第2基本式）

$$\tau = N_p \boldsymbol{i}_1'^T \boldsymbol{J}_t \boldsymbol{\phi}_1' \tag{2.136a}$$

$$\tau = N_p \boldsymbol{\phi}_2'^T \boldsymbol{J}_t \boldsymbol{i}_2' \tag{2.136b}$$

$$\tau = N_p \frac{M}{L_2} \boldsymbol{i}_1'^T \boldsymbol{J}_t \boldsymbol{\phi}_2' \tag{2.136c}$$

$$\tau = N_p \frac{M}{L_1} \boldsymbol{\phi}_1'^T \boldsymbol{J}_t \boldsymbol{i}_2' \tag{2.136d}$$

$$\tau = N_p M \boldsymbol{i}_1'^T \boldsymbol{J}_t \boldsymbol{i}_2' \tag{2.136e}$$

エネルギー伝達式（第3基本式）

$$\begin{aligned}
p_{ef} &= \boldsymbol{i}_1'^T \boldsymbol{v}_1' \\
&= (R_1\|\boldsymbol{i}_1'\|^2 + R_2\|\boldsymbol{i}_2'\|^2) + \frac{s}{2}([\boldsymbol{i}_1' + \boldsymbol{i}_2']^T\boldsymbol{\phi}_m' + \boldsymbol{i}_1'^T[l_1\boldsymbol{i}_1'] + \boldsymbol{i}_2^T[l_2\boldsymbol{i}_2']) + \omega_{2m}\tau \\
&= (R_1\|\boldsymbol{i}_1'\|^2 + R_2\|\boldsymbol{i}_2'\|^2) + s\left(\frac{1}{2M}\|\boldsymbol{\phi}_m'\|^2 + \frac{1}{2l_1}\|l_1\boldsymbol{i}_1'\|^2 + \frac{1}{2l_2}\|l_2\boldsymbol{i}_2'\|^2\right) + \omega_{2m}\tau \\
&= (R_1\|\boldsymbol{i}_1'\|^2 + R_2\|\boldsymbol{i}_2'\|^2) + s\left(\frac{1}{2L_2}\|\boldsymbol{\phi}_2'\|^2 + \frac{1}{2l_{1t}}\|l_{1t}\boldsymbol{i}_1'\|^2\right) + \omega_{2m}\tau \\
&= (R_1\|\boldsymbol{i}_1'\|^2 + R_2\|\boldsymbol{i}_2'\|^2) + s\left(\frac{1}{2L_1}\|\boldsymbol{\phi}_1'\|^2 + \frac{1}{2l_{2t}}\|l_{2t}\boldsymbol{i}_2'\|^2\right) + \omega_{2m}\tau
\end{aligned} \tag{2.137}$$

■

上記数学モデルの妥当性は以下のようにして検証することができる。式 (2.134)～式 (2.137) の数学モデルを構成するすべての 3×1 ベクトル信号に対し，式 (2.65) で定義した 2×3 行列 $\boldsymbol{S}^T$（3 相 2 相変換器）を式 (2.69) のごとく乗じ，下の式 (2.138) と，

$$\boldsymbol{S}\boldsymbol{S}^T = \boldsymbol{J}_t\boldsymbol{J}_t^T \tag{2.138}$$

式 (2.132)，式 (2.133) の性質に注意しながら，これを整理する。整理した数学モデルは，αβ 固定座標系上の動的数学モデルへ帰着される。なお，式 (2.134)～式 (2.137) の三相信号を用いた動的数学モデルは，γδ 一般座標系上の動的数学モデルに対して，αβ 固定座標系の条件を付与したもの（D 因子を微分演算子 s で置換したもの）と形式的に同一である。

Q 2.9　式 (2.136a) に示されたトルク発生式は，式 (2.117a) に帰着されますか。

A 2.9　帰着されます。本帰着は，次の関係よりただちに確認できます。

$$\boldsymbol{J}_t \begin{bmatrix} \cos\theta_{1f} \\ \cos\left(\theta_{1f} - \dfrac{2\pi}{3}\right) \\ \cos\left(\theta_{1f} + \dfrac{2\pi}{3}\right) \end{bmatrix} = -\begin{bmatrix} \sin\theta_{1f} \\ \sin\left(\theta_{1f} - \dfrac{2\pi}{3}\right) \\ \sin\left(\theta_{1f} + \dfrac{2\pi}{3}\right) \end{bmatrix}$$

ここで次のことに注意してください。式 (2.136a) に利用された信号は，外積が定義可能な3×1ベクトルです。しかしながら，トルク発生式は，外積ではなく，3×3交代行列 $\boldsymbol{J}_t$ を利用して表現されています。u，v，w相の三相信号を利用する場合でさえ，トルク発生式は交代行列を利用した表現が適切のようです（Q/A 2.5参照）。

2. 5. 3 T形等価回路

IMが一定周波数・一定速度で駆動され，定常状態にあるものと仮定する。本仮定のもとでは，IM内部信号は，一定周波数の実数の正弦信号となる。一定周波数の実数の正弦信号を，解析の簡易化を目的に，複素数化する。すなわち，一定周波数の実数の正弦信号を，次のように複素信号（複素数信号）に置換する。

$$\cos(\omega_{1f}t + \varphi) \;\rightarrow\; e^{j(\omega_{1f}t+\varphi)} \tag{2.139}$$

ここに，j は虚数単位である。

式 (2.134)，式 (2.135) の回路方程式において，一定周波数 $\omega_{1f} = \omega_{2f}$，一定速度駆動 ω_{2n} での定常状態を仮定し，u相成分のみを取り出しこれを式 (2.139) の複素表現法に従い記述することを考える。これは，次式で与えられる。

$$v_{1u} = R_1 i_{1u} + j\omega_{1f}\,\phi_{1u} \tag{2.140a}$$

$$0 = R_2 i'_{2u} + j\omega_{1f}\,\phi'_{2u} - j\omega_{2n}\phi'_{2u} = R_2 i'_{2u} + j\omega_s \phi'_{2u} \tag{2.140b}$$

$$\phi_{1u} = L_1 i_{1u} + M i'_{2u} \tag{2.141a}$$

$$\phi'_{2u} = M\, i_{1u} + L_2 i'_{2u} \tag{2.141b}$$

回転子側のu相信号 ϕ'_{2u}，i'_{2u} は，uvw固定座標系上で評価した値であり，$\tilde{\mathrm{u}}\tilde{\mathrm{v}}\tilde{\mathrm{w}}$ 回転座標系上で評価した式 (2.58d)，式 (2.58e) のu相信号 ϕ_{2u}，i_{2u} と同一でない。なお，ω_s は式 (2.88a) に定義したすべり周波数である。

式 (2.88b) に定義したすべり s_ω を用い，式 (2.140b) の両辺に ω_{1f}/ω_s を乗ずると，次式を得る。

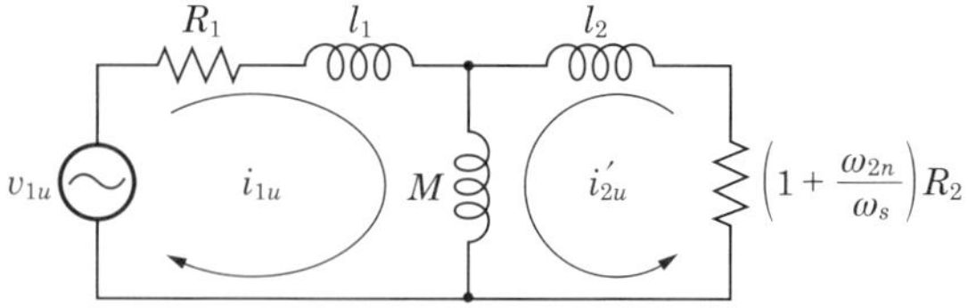

図 2.18　T 形等価回路

$$0=\frac{\omega_{1f}}{\omega_s}R_2 i'_{2u}+j\omega_{1f}\phi'_{2u}$$
$$=\left(1+\frac{\omega_{2n}}{\omega_s}\right)R_2 i'_{2u}+j\omega_{1f}\phi'_{2u} \tag{2.140c}$$

式 (2.140a)，式 (2.140c) および式 (2.141) に基づく等価回路は，図 2.18 のように描画することができる。三相中の一相分を表現した本等価回路は，T 形等価回路（T-type equivalent circuit）と呼ばれる。なお，等価回路上の電圧，電流，磁束の諸信号は，一定周波数の実数の正弦信号である。式 (2.139) における実信号の複素数化は，等価回路簡易導出のためのものである。

式 (2.140c) が示すように，T 形等価回路では本来の回転子抵抗が次のように変換されている。

$$R_2 \quad \rightarrow \quad \left(1+\frac{\omega_{2n}}{\omega_s}\right)R_2=\frac{1}{s_\omega}R_2 \tag{2.142}$$

図 2.18 と上式は，「すべりが s_ω がゼロの場合には，回転子電流 i'_{2u} はゼロとなり，固定子から回転子へ電力は一切伝わらない」ことを意味する。式 (2.142) における増加抵抗分 $(\omega_{2n}/\omega_s)R_2$ による損失は，回転子から出力される瞬時機械的電力に相当している。次に，これを明らかにする。

式 (2.102) は γδ 一般座標系上の 2×1 ベクトルの関係であるが，本関係は，uvw 固定座標系上では，次のように表現される。

$$\|\boldsymbol{\phi}'_2\|=\text{const} \quad \leftrightarrow \quad \boldsymbol{i}'_2=\frac{\omega_s}{R_2}\boldsymbol{J}_t^T\boldsymbol{\phi}'_2 \tag{2.143}$$

同様に，式 (2.120) は γδ 一般座標系上の 2×1 ベクトルの関係であるが，本関係は，uvw 固定座標系上では，次式のように表現される。

$$\tau=N_p\boldsymbol{\phi}_2'^T\boldsymbol{J}_t\boldsymbol{i}'_2=N_p\frac{\omega_s}{R_2}\|\boldsymbol{\phi}'_2\|^2 \tag{2.144}$$

増加抵抗分 $(\omega_{2n}/\omega_s)R_2$ に起因する三相の全瞬時損失 p_{2o} は，三相各相の特性が同一と仮定しているので，次式で与えられる（図 2.18 参照）。

$$p_{2o}=\frac{\omega_{2n}}{\omega_s}R_2(i_{2u}'^2+i_{2v}'^2+i_{2w}'^2)=\frac{\omega_{2n}}{\omega_s}R_2\|\boldsymbol{i}_2'\|^2 \tag{2.145}$$

式 (2.145) に式 (2.143)，式 (2.144) を用いて整理し，式 (2.125) の電気速度 ω_{2n} と機械速度 ω_{2m} の関係に留意すると，次式を得る。

$$p_{2o}=\frac{\omega_{2n}\omega_s}{R_2}\|\boldsymbol{\phi}_2'\|^2=\omega_{2m}N_p\frac{\omega_s}{R_2}\|\boldsymbol{\phi}_2'\|^2=\omega_{2m}\tau \tag{2.146}$$

上式の右辺 $\omega_{2m}\tau$ は，式 (2.127) のエネルギー伝達式に関連して説明した回転子側から出力される瞬時機械的電力にほかならない。

式 (2.146) は，「回転子磁束ノルムが一定となる定常状態では，回転子から出力される瞬時機械的電力は，回転子速度とすべり周波数の積 $\omega_{2n}\omega_s=N_p\omega_{2m}\omega_s$ に比例する」ことを示している。

Q 2.10　図 2.18 の T 形等価回路は，三相信号内の一相分を表現したものであることは，式 (2.134)，式 (2.135)，式 (2.139)～式 (2.141) を用いた導出過程より，理解できました。これら導出過程を再検討すると，図 2.18 の T 形等価回路は，αβ 固定座標系上で定義された二相信号内の一相分を表現していると捉えてよいように思いますが，この理解は正しいでしょうか。

A 2.10　そのとおりです。図 2.18 の T 形等価回路は，αβ 固定座標系上で定義された二相信号内の一相分を表現していると捉えることもできます。式 (2.143)～式 (2.146) の証明も，関連のベクトル，行列を形式的に二相のものに置換することにより，無修正で利用することができます。なお，図 2.18 の等価回路は，「IM が一定周波数・一定速度で駆動され，定常状態にある」との仮定のもとで構築されている点には，注意してください。これは，定常状態，磁束ノルム一定の仮定を一切必要としない図 2.13 の γδ 一般座標系上の仮想ベクトル回路との大きな相違です。

2.6　最少パラメータによる動的数学モデルと特性解析

2.4 節で解説した γδ 一般座標系上の数学モデル，2.5 節で解説した uvw 固定座標系上での三相数学モデルおよび T 形等価回路の記述に際しては，モータの電気的パラメータとして，固定子抵抗，回転子抵抗，固定子インダクタンス，回転子インダクタンス，相互インダクタンスの 5 パラメータを利用した。Q/A 2.6 において説明したが，モータメーカから提供される電気的パラメータは，これら 5 パラメータ R_1，R_2，L_1，

L_2，Mである。

ところが，固定子端子より入手可能な固定子電圧，固定子電流を利用して，これら5パラメータを同定（identification）あるいは測定しようとする場合には，いかなる信号を印加し，いかなる方法を用いようとも，これら5パラメータを一意に定めることはできない。このため，回転子インダクタンスを固定子インダクタンスとおおむね等しく定めるなど，実に曖昧なパラメータ指定が行われてきた。一意性欠如の対策として，中野らは，等価回路に立脚したうえで，「等価回路は定常状態しか表現できない」として定常状態の解析に限定しながらも，設計者が任意に選定しうるパラメータ（ゼロを除く有界値）を導入し，これを含めた5パラメータで，誘導モータの定常特性を表現することを1983年に提案している[10)]。

IMの発生トルクを高精度に制御するためのベクトル制御系を構成するためには，電気回路としての動特性を記述した回路方程式（第1基本式），トルク発生機としてのトルク発生特性を記述したトルク発生式（第2基本式），電気エネルギーの機械エネルギーへの変換機としての動特性を記述したエネルギー伝達式（第3基本式）からなる整合性のとれた3基本式で構成された数学モデルが必要である。実際的な数学モデルは，数式で記述されたモデル構造と構造上のパラメータとの両者が特定されて，はじめてその有用性を発揮する。数学モデル上のパラメータ同定などにおいて一意性を欠く，5パラメータを用いた数学モデルは，ベクトル制御にふさわしいモデルとはいいがたい。

本認識に立脚し，新中は，固定子端子信号による可同定条件を満足する4パラメータ（固定子抵抗，固定子総合漏れインダクタンス，正規化回転子抵抗，回転子逆時定数，あるいはこの4パラメータと一意に関係づけられる4パラメータ）を用いてIMの動特性を記述することを提案し，5パラメータを用いた数学モデルと等価な数学モデルが提案の4パラメータで構築可能であることを，1997年に示している[6),7)]。本節では，これを紹介する。

2.6.1　動的数学モデルと特性解析

A.　回路方程式

新モデルの導出に際し，まず従来の相互インダクタンス，回転子抵抗を正規化係数M/L_2で正規化した次のパラメータを新規に定義する。

$$M_n \equiv \left(\frac{M}{L_2}\right) M \tag{2.147}$$

$$R_{2n} \equiv \left(\frac{M}{L_2} \right)^2 R_2 \tag{2.148}$$

本書では，M_n, R_{2n} を，おのおの正規化相互インダクタンス，正規化回転子抵抗と呼ぶ。

式 (2.106) に定義した回転子逆時定数 W_2，式 (2.90b) に定義した固定子総合漏れインダクタンス l_{1t}，式 (2.36) に定義した漏れ係数 σ は，正規化相互インダクタンス，正規化回転子抵抗と次の関係を有する。

$$W_2 \equiv \frac{R_2}{L_2} = \frac{R_{2n}}{M_n} \tag{2.149}$$

$$l_{1t} \equiv L_1 - \frac{M^2}{L_2} = \sigma L_1 = L_1 - M_n \tag{2.150a}$$

$$\sigma \equiv 1 - \frac{M^2}{L_1 L_2} = 1 - \frac{M_n}{L_1} \tag{2.150b}$$

以降では，固定子抵抗 R_1，固定子総合漏れインダクタンス l_{1t}，正規化回転子抵抗 R_{2n}, 回転子逆時定数 W_2 の 4 電気的パラメータを IM の基本モータパラメータと呼ぶ。固定子インダクタンス L_1，正規化相互インダクタンス M_n，漏れ係数 σ のインダクタンス関連パラメータは，式 (2.149)，式 (2.150) と等価な次式に従い，4 基本モータパラメータ R_1，l_{1t}，R_{2n}，W_2 を介し必然的に定まる。

$$\left. \begin{aligned} M_n &= \frac{R_{2n}}{W_2} \\ L_1 &= M_n + l_{1t} \\ \sigma &= \frac{l_{1t}}{L_1} = 1 - \frac{M_n}{L_1} \end{aligned} \right\} \tag{2.151}$$

この点を考慮し，上のインダクタンス関連の 3 電気的パラメータ L_1，M_n，σ は，補助モータパラメータとして利用する。

電気的パラメータと同様に，正規化した内部状態を次のように定義する。

$$\boldsymbol{i}_{2n} \equiv \left(\frac{L_2}{M} \right) \boldsymbol{i}_2 \tag{2.152}$$

$$\boldsymbol{i}_{2f} \equiv \boldsymbol{i}_1 + \boldsymbol{i}_{2n} \tag{2.153}$$

$$\boldsymbol{\phi}_{2n} \equiv \left(\frac{M}{L_2} \right) \boldsymbol{\phi}_2 = M_n \boldsymbol{i}_1 + M \boldsymbol{i}_2 = M_n [\boldsymbol{i}_1 + \boldsymbol{i}_{2n}] = M_n \boldsymbol{i}_{2f} \tag{2.154}$$

本書では，$\boldsymbol{i}_{2n}$，$\boldsymbol{i}_{2f}$，$\boldsymbol{\phi}_{2n}$ を，おのおの正規化回転子電流，回転子励磁電流，正規化回転子（鎖交）磁束と呼ぶ。

式 (2.86)，式 (2.87) に与えた γδ 一般座標系上の回路方程式は，正規化回転子電流，正規化回転子磁束，正規化回転子抵抗を用い次のように再構築される。

◆ γδ 一般座標系上の回路方程式（第 1 基本式）[6), 7)]

$$\boldsymbol{v}_1 = R_1 \boldsymbol{i}_1 + \boldsymbol{D}(s, \omega_\gamma) \boldsymbol{\phi}_1 \tag{2.155a}$$

$$\boldsymbol{0} = R_{2n} \boldsymbol{i}_{2n} + \boldsymbol{D}(s, \omega_\gamma) \boldsymbol{\phi}_{2n} - \omega_{2n} \boldsymbol{J} \boldsymbol{\phi}_{2n} \tag{2.155b}$$

$$\boldsymbol{\phi}_1 = l_{1t} \boldsymbol{i}_1 + \boldsymbol{\phi}_{2n} \tag{2.156a}$$

$$\boldsymbol{\phi}_{2n} = M_n [\boldsymbol{i}_1 + \boldsymbol{i}_{2n}] \tag{2.156b}$$

■

式 (2.155b) は，式 (2.86b) に正規化係数 M/L_2 を乗じ得ている。また，式 (2.156a) は，式 (2.90a) に与えた固定子磁束，回転子磁束，固定子総合漏れ磁束の関係を，正規化回転子磁束を用いて再表現したものである。式 (2.156b) は，式 (2.154) と同一である。

図 2.19 に，式 (2.155)，式 (2.156) に基づく γδ 一般座標系上の仮想ベクトル回路を描画した。同仮想ベクトル回路においては，回転子側には漏れ磁束は存在しない。固定子側と回転子側において漏れ磁束を有する図 2.13 の仮想ベクトル回路との相違に注意を要する。両仮想ベクトル回路の固定子端から見た特性は，同一である。

式 (2.155)，式 (2.156) の回路方程式は，固定子端子から直接測定可能な信号として固定子電圧，固定子電流を，固定子端子から直接測定不可能な内部信号として固定子磁束，正規化回転子磁束，正規化回転子電流を有している。これら 3 種の内部信号を 1 つに集約することを考える。特に，3 種の内部信号を正規化回転子磁束に集約するには，式 (2.155a) の固定子磁束を式 (2.156a) の関係を利用して固定子電流 $\boldsymbol{i}_1$ と正規化回転子磁束 $\boldsymbol{\phi}_{2n}$ とで表現し，式 (2.155b) の正規化回転子電流 $\boldsymbol{i}_{2n}$ を，式 (2.156b) を利用して固定子電流 $\boldsymbol{i}_1$ と正規化回転子磁束 $\boldsymbol{\phi}_{2n}$ とで表現すればよい。この場合，次の回転子磁束形回路方程式を得る。

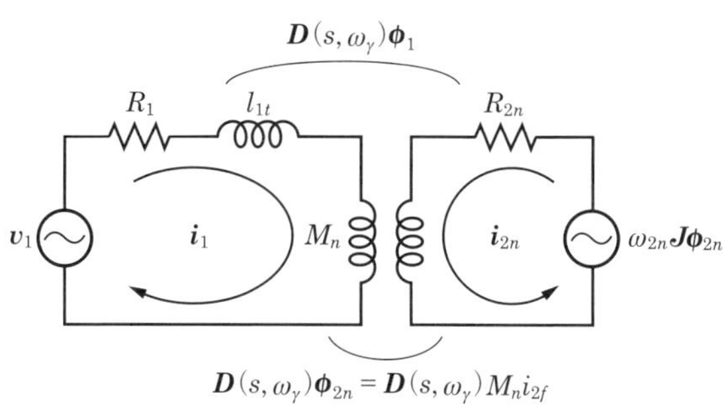

図 2.19 γδ 一般座標系上の仮想ベクトル回路

◆ γδ 一般座標系上の回転子磁束形回路方程式[6),7)]

$$\boldsymbol{v}_1 = R_1\boldsymbol{i}_1 + \boldsymbol{D}(s,\omega_\gamma)[l_{1t}\boldsymbol{i}_1 + \boldsymbol{\phi}_{2n}] \tag{2.157a}$$

$$R_{2n}\boldsymbol{i}_1 = \boldsymbol{D}(s,\omega_\gamma)\boldsymbol{\phi}_{2n} + [W_2\boldsymbol{I} - \omega_{2n}\boldsymbol{J}]\boldsymbol{\phi}_{2n} \tag{2.157b}$$

■

3 種の内部信号を固定子磁束に集約することも可能である。これには，式 (2.156a) を式 (2.157) に用いて，正規化回転子磁束を固定子磁束で書き改めればよい。この場合，次の固定子磁束形回路方程式を得る。

◆ γδ 一般座標系上の固定子磁束形回路方程式[6),7)]

$$\boldsymbol{v}_1 = R_1\boldsymbol{i}_1 + \boldsymbol{D}(s,\omega_\gamma)\boldsymbol{\phi}_1 \tag{2.158a}$$

$$R_{2n}\boldsymbol{i}_1 = \boldsymbol{D}(s,\omega_\gamma)[\boldsymbol{\phi}_1 - l_{1t}\boldsymbol{i}_1] + [W_2\boldsymbol{I} - \omega_{2n}\boldsymbol{J}][\boldsymbol{\phi}_1 - l_{1t}\boldsymbol{i}_1] \tag{2.158b}$$

式 (2.158b) に代わって，次式を用いてもよい。

$$\boldsymbol{D}(s,\omega_\gamma)l_{1t}\boldsymbol{i}_1 + [L_1W_2\boldsymbol{I} - \omega_{2n}l_{1t}\boldsymbol{J}]\boldsymbol{i}_1 = \boldsymbol{D}(s,\omega_\gamma)\boldsymbol{\phi}_1 + [W_2\boldsymbol{I} - \omega_{2n}\boldsymbol{J}]\boldsymbol{\phi}_1 \tag{2.158c}$$

■

回転子磁束形，固定子磁束形の両回路方程式は，使用パラメータの数と内部状態の数とにおいて，最少となっている。回転子磁束形回路方程式は，4 個の基本モータパラメータ R_1，l_{1t}，R_{2n}，W_2 のみで表現されている。また，固定子磁束形回路方程式は，4 個の基本モータパラメータ R_1，l_{1t}，R_{2n}，W_2 または最少 4 パラメータ R_1，L_1，l_{1t}，W_2 のみで表現されている。

なお，式 (2.157)，式 (2.158) における第 1 式，第 2 式は，磁束推定の観点から，おのおの電圧モデル（voltage model），電流モデル（current model）と呼ばれる。

B.　固定子電流と回転子側諸量との関係

式 (2.95) において，固定子電流 $\boldsymbol{i}_1$ は回転子磁束 ϕ_2 と平行な成分 $\boldsymbol{i}_{1m}$ とこれと垂直な成分 $\boldsymbol{i}_{1t}$ とに分割表記でき，両成分は式 (2.96)，式 (2.97) で与えられることを示した。回転子磁束に代わって正規化回転子磁束を利用した場合に関し，これを再導出する。

式 (2.95) に式 (2.153)，式 (2.154) の関係を考慮するならば，5 種の電流のベクトル的相互関係を図 2.20(a) の簡潔な関係で表現できる（図 2.15 参照）。このときの平行成分 $\boldsymbol{i}_{1m}$ は，$\boldsymbol{i}_{1t}$ の ϕ_{2n} に対する直交条件（すなわち，$\boldsymbol{i}_{1t}$ の $\boldsymbol{i}_{2f}$ に対する直交条件）より次のように特定される。

$$\boldsymbol{i}_{1m} = \frac{\boldsymbol{\phi}_{2n}^T\boldsymbol{i}_1}{\|\boldsymbol{\phi}_{2n}\|^2}\boldsymbol{\phi}_{2n} = \frac{\boldsymbol{i}_{2f}^T\boldsymbol{i}_1}{\|\boldsymbol{i}_{2f}\|^2}\boldsymbol{i}_{2f} \tag{2.159a}$$

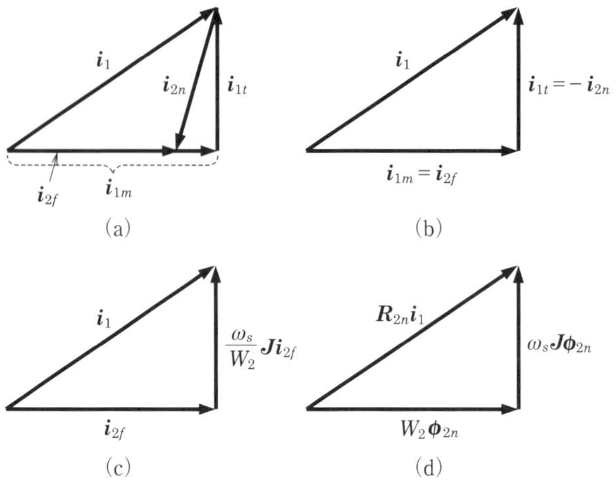

図 2.20　固定子電流と回転子側諸量との関係

上式は，式 (2.156b) を利用すると，正規化回転子電流を用いた次式に書き改めることもできる。

$$\boldsymbol{i}_{1m} = \boldsymbol{i}_{2f} - \frac{\boldsymbol{\phi}_{2n}^T \boldsymbol{i}_{2n}}{\|\boldsymbol{\phi}_{2n}\|^2}\boldsymbol{\phi}_{2n} = \boldsymbol{i}_{2f} - \frac{\boldsymbol{i}_{2f}^T \boldsymbol{i}_{2n}}{\|\boldsymbol{i}_{2f}\|^2}\boldsymbol{i}_{2f} \tag{2.159b}$$

一方，固定子電流の垂直成分 $\boldsymbol{i}_{1t}$ は次のように特定される。

$$\boldsymbol{i}_{1t} = -\boldsymbol{i}_{2n} + \frac{\boldsymbol{\phi}_{2n}^T \boldsymbol{i}_{2n}}{\|\boldsymbol{\phi}_{2n}\|^2}\boldsymbol{\phi}_{2n} = -\boldsymbol{i}_{2n} + \frac{\boldsymbol{i}_{2f}^T \boldsymbol{i}_{2n}}{\|\boldsymbol{i}_{2f}\|^2}\boldsymbol{i}_{2f} \tag{2.160}$$

式 (2.98)，式 (2.99)，式 (2.102) の関係は，式 (2.147)～式 (2.154) の変換に注意するならば，次のように改められる。

$$\begin{aligned}\boldsymbol{\phi}_{2n}^T \boldsymbol{i}_{2n} &= -\frac{1}{R_{2n}}\boldsymbol{\phi}_{2n}^T[\boldsymbol{D}(s,\omega_\gamma)\boldsymbol{\phi}_{2n} - \omega_{2n}\boldsymbol{J}\boldsymbol{\phi}_{2n}] \\ &= -\frac{1}{2R_{2n}}s\|\boldsymbol{\phi}_{2n}\|^2\end{aligned} \tag{2.161}$$

$$\|\boldsymbol{\phi}_{2n}\| = \text{const} \quad \leftrightarrow \quad \boldsymbol{\phi}_{2n}^T \boldsymbol{i}_{2n} = 0 \tag{2.162a}$$

$$\|\boldsymbol{i}_{2f}\| = \text{const} \quad \leftrightarrow \quad \boldsymbol{i}_{2f}^T \boldsymbol{i}_{2n} = 0 \tag{2.162b}$$

$$\|\boldsymbol{\phi}_{2n}\| = \text{const} \quad \leftrightarrow \quad \boldsymbol{i}_{2n} = \frac{\omega_s}{R_{2n}}\boldsymbol{J}^T\boldsymbol{\phi}_{2n} \tag{2.163a}$$

$$\|\boldsymbol{i}_{2f}\| = \text{const} \quad \leftrightarrow \quad \boldsymbol{i}_{2n} = \frac{\omega_s}{W_2}\boldsymbol{J}^T\boldsymbol{i}_{2f} \tag{2.163b}$$

したがって，$\|\boldsymbol{\phi}_{2n}\|=\text{const}$，$\|\boldsymbol{i}_{2f}\|=\text{const}$ が成立している状況下では，式 (2.159)，式 (2.160) は，さらに簡潔な次式となる。

$$\boldsymbol{i}_{1m}=\boldsymbol{i}_{2f}\ , \quad \boldsymbol{i}_{1t}=-\boldsymbol{i}_{2n} \quad ;\|\boldsymbol{i}_{2f}\|=\text{const} \tag{2.164}$$

γδ 一般座標系上の回転子側の回路方程式 (2.157b) は，次式のように書き改めることができる。

$$\begin{aligned}R_{2n}\boldsymbol{i}_1&=(s\|\boldsymbol{\phi}_{2n}\|)\frac{\boldsymbol{\phi}_{2n}}{\|\boldsymbol{\phi}_{2n}\|}+\|\boldsymbol{\phi}_{2n}\|s\left[\frac{\boldsymbol{\phi}_{2n}}{\|\boldsymbol{\phi}_{2n}\|}\right]+\omega_\gamma\boldsymbol{J}\boldsymbol{\phi}_{2n}\\&\quad+[W_2\boldsymbol{I}-\omega_{2n}\boldsymbol{J}]\boldsymbol{\phi}_{2n}\\&=(s\|\boldsymbol{\phi}_{2n}\|)\frac{\boldsymbol{\phi}_{2n}}{\|\boldsymbol{\phi}_{2n}\|}+\omega_{2f}\boldsymbol{J}\boldsymbol{\phi}_{2n}+[W_2\boldsymbol{I}-\omega_{2n}\boldsymbol{J}]\boldsymbol{\phi}_{2n}\\&=\left(\frac{(s\|\boldsymbol{\phi}_{2n}\|)}{\|\boldsymbol{\phi}_{2n}\|}+W_2\right)\boldsymbol{\phi}_{2n}+(\omega_{2f}-\omega_{2n})\boldsymbol{J}\boldsymbol{\phi}_{2n}\end{aligned} \tag{2.165}$$

上式に，一定ノルム条件 $\|\boldsymbol{\phi}_{2n}\|=\text{const}$ を適用すると，次式を得る。

$$R_{2n}\boldsymbol{i}_1=W_2\boldsymbol{\phi}_{2n}+\omega_s\boldsymbol{J}\boldsymbol{\phi}_{2n} \quad ;\|\boldsymbol{\phi}_{2n}\|=\text{const} \tag{2.166}$$

一定ノルム条件 $\|\boldsymbol{\phi}_{2n}\|=\text{const}$ のもとでの式 (2.164)，式 (2.166) の様子を図 2.20(b)～(d) に描画した。

回転子側の回路方程式 (2.157b) を書き改めた式 (2.165) をすべり周波数 $\omega_s=\omega_{2f}-\omega_{2n}$ に関して整理すると，次式を得る（後掲の式 (2.173) 参照)。

$$\begin{aligned}\omega_s&=R_{2n}\frac{\boldsymbol{i}_1^T\boldsymbol{J}\boldsymbol{\phi}_{2n}}{\|\boldsymbol{\phi}_{2n}\|^2}=R_{2n}\frac{\boldsymbol{i}_{1t}^T\boldsymbol{J}\boldsymbol{\phi}_{2n}}{\|\boldsymbol{\phi}_{2n}\|^2}\\&=W_2\frac{\boldsymbol{i}_1^T\boldsymbol{J}\boldsymbol{i}_{2f}}{\|\boldsymbol{i}_{2f}\|^2}\end{aligned} \tag{2.167}$$

上式は，式 (2.103d) に対応している。この際，次の 2 点に注意を要する。

(a) 式 (2.103d) は，回転子磁束に一定ノルム条件を付して導出されたが，上式の導出には正規化回転子磁束の一定ノルム条件 $\|\boldsymbol{\phi}_{2n}\|=\text{const}$ あるいは $\|\boldsymbol{i}_{2f}\|=\text{const}$ は使用されていない。換言するならば，式 (2.167) はより一般性の高い本質的関係を表現している。

(b) 直接検出可能な固定子電流を基準にするならば，すべり周波数を決定づけるモータパラメータは，回転子逆時定数 W_2 である。

C. 状態方程式による表現

ベクトル制御の方法いかんによるが，回路方程式を状態方程式表現に書き改め，これに基づき制御器を設計した方が都合がよい場合がある。この点を考慮し，前述の回転子磁束形，固定子磁束形の回路方程式を状態方程式形式に改めておく。これらは，次のように与えられる。

◆回転子磁束形状態方程式

$$\begin{aligned}\boldsymbol{D}(s,\omega_\gamma)\boldsymbol{i}_1 =& -\frac{R_1+R_{2n}}{l_{1t}}\boldsymbol{i}_1+\frac{1}{l_{1t}}\left[W_2\boldsymbol{I}-\omega_{2n}\boldsymbol{J}\right]\boldsymbol{\phi}_{2n}\\ &+\frac{1}{l_{1t}}\boldsymbol{v}_1\end{aligned} \tag{2.168a}$$

$$\boldsymbol{D}(s,\omega_\gamma)\boldsymbol{\phi}_{2n}=R_{2n}\boldsymbol{i}_1-\left[W_2\boldsymbol{I}-\omega_{2n}\boldsymbol{J}\right]\boldsymbol{\phi}_{2n} \tag{2.168b}$$

■

◆固定子磁束形状態方程式

$$\begin{aligned}\boldsymbol{D}(s,\omega_\gamma)\boldsymbol{i}_1 =& -\left[\frac{R_1+L_1W_2}{l_{1t}}\boldsymbol{I}-\omega_{2n}\boldsymbol{J}\right]\boldsymbol{i}_1\\ &+\frac{1}{l_{1t}}\left[W_2\boldsymbol{I}-\omega_{2n}\boldsymbol{J}\right]\boldsymbol{\phi}_1+\frac{1}{l_{1t}}\boldsymbol{v}_1\end{aligned} \tag{2.169a}$$

$$\boldsymbol{D}(s,\omega_\gamma)\boldsymbol{\phi}_1=-R_1\boldsymbol{i}_1+\boldsymbol{v}_1 \tag{2.169b}$$

■

当然のことながら，状態方程式も4個の基本モータパラメータで表現されている。状態方程式が意味する構造は，元の回転子磁束形，固定子磁束形の回路方程式が意味する構造と異なる。状態方程式は，すべての形の構造を表現できる表現方法ではなく，構造表現能力は限定的である。状態方程式表現では，第1式，第2式で固定子，回転子の関係を区別して表現するという構造にはなっておらず，式(2.155)，式(2.156)の回路方程式が有していた等価回路的意味は希薄である。

D.　トルク発生式

式(2.118)のトルク発生式は，正規化回転子磁束，正規化回転子電流を用い，以下のように再表現することができる。

◆γδ一般座標系上のトルク発生式（第2基本式）[6), 7)]

$$\tau=N_p\boldsymbol{i}_1^T\boldsymbol{J}\boldsymbol{\phi}_1 \tag{2.170a}$$

$$\tau=N_p\boldsymbol{\phi}_{2n}^T\boldsymbol{J}\boldsymbol{i}_{2n} \tag{2.170b}$$

$$\tau=N_p\boldsymbol{i}_1^T\boldsymbol{J}\boldsymbol{\phi}_{2n} \tag{2.170c}$$

$$\tau=N_p(1-\sigma)\boldsymbol{\phi}_1^T\boldsymbol{J}\boldsymbol{i}_{2n} \tag{2.170d}$$

$$\tau=N_pM_n\boldsymbol{i}_1^T\boldsymbol{J}\boldsymbol{i}_{2n} \tag{2.170e}$$

■

固定子磁束形回路方程式，回転子磁束形回路方程式に対応するトルク発生式は，式(2.170a)，式(2.170c)である。式(2.170a)は，式(2.118a)と同一である。正規化回転子磁束を用いた式(2.170c)の表現においては，固定子磁束を用いた表現と同様な係数のない形となる。また，式(2.119)に対応した，固定子電流の垂直成分 $\boldsymbol{i}_{1t}$ を用いたトルク発生式は式(2.170c)より次式となる。

$$\tau = N_p \boldsymbol{i}_1^T \boldsymbol{J} \boldsymbol{\phi}_{2n} = N_p \boldsymbol{i}_{1t}^T \boldsymbol{J} \boldsymbol{\phi}_{2n} = N_p \frac{R_{2n}}{W_2} \boldsymbol{i}_{1t}^T \boldsymbol{J} \boldsymbol{i}_{2f} \tag{2.171}$$

$\|\boldsymbol{\phi}_{2n}\| = \text{const}$，$\|\boldsymbol{i}_{2f}\| = \text{const}$ が成立している状況下のトルク発生式は，式(2.164)が成立するので，次式に帰着される。

$$\tau = N_p \frac{R_{2n}}{W_2} \boldsymbol{i}_{1t}^T \boldsymbol{J} \boldsymbol{i}_{1m} \qquad ; \|\boldsymbol{\phi}_{2n}\| = \text{const} \tag{2.172}$$

式(2.120)に式(2.147)～式(2.154)の変換を適用するならば，すべり周波数を用いた次式も得られる。

$$\tau = N_p \frac{\omega_s}{R_{2n}} \|\boldsymbol{\phi}_{2n}\|^2 \tag{2.173a}$$

$$\omega_s = \frac{R_{2n}}{N_p} \frac{\tau}{\|\boldsymbol{\phi}_{2n}\|^2} \tag{2.173b}$$

上式は，すでに導出した式(2.167)にほかならない。式(2.167)の導出過程より明白なように，式(2.173)の成立には，正規化回転子磁束のノルム一定条件 $\|\boldsymbol{\phi}_{2n}\| = \text{const}$ は不要である。

式(2.170)～式(2.173)のいずれのトルク発生式も，式(2.157)，式(2.158)の回路方程式，式(2.168)，式(2.169)の状態方程式において用いられた信号とパラメータのみで記述されている。

E. エネルギー伝達式

エネルギー伝達式が，数学モデルを構成する回路方程式，トルク発生式と同様に，これら方程式に用いられた最少の信号とパラメータで記述できるか否か検証する。

式(2.127)のエネルギー伝達式を考える。回転子銅損は，式(2.148)の正規化回転子抵抗と式(2.152)の正規化回転子電流の関係式に変形し，式(2.148)，式(2.153)，式(2.154)の関係を用いると，次のように再評価される。

$$R_2 \|\boldsymbol{i}_2\|^2 = R_{2n} \|\boldsymbol{i}_{2n}\|^2 = R_{2n} \left\| \frac{W_2}{R_{2n}} \boldsymbol{\phi}_{2n} - \boldsymbol{i}_1 \right\|^2 \tag{2.174a}$$

上式は，式 (2.156a) を用い，次のように改めることもできる。

$$R_2\|\boldsymbol{i}_2\|^2 = R_{2n}\left\|\frac{1}{M_n}\boldsymbol{\phi}_{2n} - \boldsymbol{i}_1\right\|^2 = \frac{W_2}{L_1 - l_{1t}}\|\boldsymbol{\phi}_1 - L_1\boldsymbol{i}_1\|^2 \tag{2.174b}$$

回転子インダクタンス L_2 に蓄積されている磁気エネルギーは，式 (2.154) を用いると，次のように再評価される。

$$\frac{1}{2L_2}\|\boldsymbol{\phi}_2\|^2 = \frac{1}{2M_n}\|\boldsymbol{\phi}_{2n}\|^2 = \frac{W_2}{2R_{2n}}\|\boldsymbol{\phi}_{2n}\|^2 \tag{2.175}$$

また，回転子総合漏れインダクタンス l_{2t} に蓄積された磁気エネルギーは，式 (2.91b) と式 (2.147)～式 (2.152) とを用いると，次のように再評価される。

$$\begin{aligned}\frac{1}{2l_{2t}}\|l_{2t}\boldsymbol{i}_2\|^2 &= \frac{1}{2L_2\sigma}\|L_2\sigma\,\boldsymbol{i}_2\|^2 = \frac{1}{2L_2\sigma}\|M\sigma\,\boldsymbol{i}_{2n}\|^2 = \frac{M_n\sigma}{2}\|\boldsymbol{i}_{2n}\|^2 \\ &= \frac{\sigma}{2M_n}\|\boldsymbol{\phi}_1 - L_1\boldsymbol{i}_1\|^2 = \frac{l_{1t}}{2L_1(L_1 - l_{1t})}\|\boldsymbol{\phi}_1 - L_1\boldsymbol{i}_1\|^2\end{aligned} \tag{2.176}$$

式 (2.127) のエネルギー伝達式に式 (2.174)～式 (2.176) を用いると，次式を得る。

◆ $\gamma\delta$ 一般座標系上のエネルギー伝達式（第３基本式）[6), 7)]

$$\begin{aligned}p_{ef} &= \boldsymbol{i}_1^T\boldsymbol{v}_1 \\ &= \left(R_1\|\boldsymbol{i}_1\|^2 + R_{2n}\left\|\frac{W_2}{R_{2n}}\boldsymbol{\phi}_{2n} - \boldsymbol{i}_1\right\|^2\right) \\ &\quad + s\left(\frac{W_2}{2R_{2n}}\|\boldsymbol{\phi}_{2n}\|^2 + \frac{1}{2l_{1t}}\|l_{1t}\boldsymbol{i}_1\|^2\right) + \omega_{2m}\tau \\ &= \left(R_1\|\boldsymbol{i}_1\|^2 + \frac{W_2}{L_1 - l_{1t}}\|\boldsymbol{\phi}_1 - L_1\boldsymbol{i}_1\|^2\right) \\ &\quad + s\left(\frac{1}{2L_1}\|\boldsymbol{\phi}_1\|^2 + \frac{l_{1t}}{2L_1(L_1 - l_{1t})}\|\boldsymbol{\phi}_1 - L_1\boldsymbol{i}_1\|^2\right) + \omega_{2m}\tau\end{aligned} \tag{2.177}$$

■

式 (2.177) のエネルギー伝達式は，式 (2.157)，式 (2.158) の回路方程式，式 (2.168)，式 (2.169) の状態方程式，式 (2.170a)，式 (2.170c)，式 (2.171)～式 (2.173) のトルク発生式において用いられた信号とパラメータのみで記述されている。

以上より明白なように，数学モデル構成の３基本式（回路方程式，トルク発生式，エネルギー伝達式）は，例外なく，最少の３信号（固定子電圧，固定子電流，正規化回転子磁束または固定子磁束）と最少の４基本モータパラメータ（固定子抵抗，固定子総合漏れインダクタンス，正規化回転子抵抗，回転子逆時定数），あるいはこれらと等価な４最少パラメータで記述されうる。最少信号，最少パラメータによる３基本式の整合性は，導出過程より，明らかである。本整合性は，最少信号，最少パラメータによる 3 基本式からなる数学モデルの正当性を裏づけるものである。これら最少パラメータは，固定子端子の信号である固定子電圧，固定子電流を用いて同定することができる（第 11 章参照）。

なお，式 (2.177) における回転子銅損に関しては，式 (2.163) が成立している状況下では式 (2.129) と同一の次の関係が成立している。

$$R_{2n}\|\boldsymbol{i}_{2n}\|^2 = R_{2n}\left\|\frac{W_2}{R_{2n}}\boldsymbol{\phi}_{2n} - \boldsymbol{i}_1\right\|^2 = \frac{W_2}{L_1 - l_{1t}}\|\boldsymbol{\phi}_1 - L_1\boldsymbol{i}_1\|^2$$
$$= \left(\frac{\omega_s}{N_p}\right)\tau \quad ; \|\boldsymbol{\phi}_{2n}\| = \text{const} \tag{2.178}$$

同様に，式 (2.163) が成立している状況下では，式 (2.130) と同一の次の関係が成立している。

$$R_{2n}\|\boldsymbol{i}_{2n}\|^2 + \omega_{2m}\tau = \left(\frac{\omega_s}{N_p}\right)\tau + \omega_{2m}\tau = \left(\frac{\omega_{2f}}{N_p}\right)\tau \quad ; \|\boldsymbol{\phi}_{2n}\| = \text{const} \tag{2.179}$$

Q 2.11　最少信号の数学モデルを得るべく，内部信号として，固定子電流と正規化回転子磁束，固定子電流と固定子磁束が選定されています。これ以外の内部信号を考えることはできないのでしょうか。

A 2.11　他の内部信号を考えることは可能です。この際，内部信号を適当に選定すると，最少パラメータによる記述が不可能となる恐れがありますので，注意を要します。回転子磁束形回路方程式では，制御上の観点より内部状態として $(\boldsymbol{i}_1, \boldsymbol{\phi}_{2n})$ を採用しましたが，これに代わって $(\boldsymbol{i}_1, K_2\boldsymbol{\phi}_{2n})$ を内部状態に選定してもよいです。同様に，固定子磁束形回路方程式では，制御上の観点より内部状態として $(\boldsymbol{i}_1, \boldsymbol{\phi}_1)$ を採用しましたが，これに代わって $(\boldsymbol{i}_1, K_1\boldsymbol{\phi}_1)$ を内部状態に選定してもよいです。ここに，K_1，K_2 は設計者が任意に選定しうる設計パラメータです。このような内部信号の選定でも，数学モデルは，4 最少パラメータで記述されます。なお，K_1，K_2 の都合のよい候補としては，$K_1 = 1/L_1$，$K_2 = 1/M_n$ またはこの近傍値が考えられます。この選定においては，制御すべき内部状態の信号レベルを電流のオーダで統一することが可能となります。

2.6.2 三相信号を用いた動的数学モデル

A. 三相信号を用いた回転子磁束形動的数学モデル

uvw 固定座標系上の三相信号（固定子電圧，固定子電流，固定子磁束，回転子電流，回

転子磁束）を用いた動的数学モデルとして，５パラメータ R_1, R_2, L_1, L_2, M を用いた式 (2.134)〜式 (2.137) を与えた。４個の最少パラメータのみを用いる場合にも，三相信号を用いた動的数学モデルを得ることができる。ここでは，１例として，最少の信号と４基本モータパラメータ R_1, l_{1t}, R_{2n}, W_2 を用いた回転子磁束形の三相信号数学モデルを示す。

まず，uvw 固定座標系上の三相信号（固定子電圧，固定子電流，固定子磁束，正規化回転子電流，正規化回転子磁束）がゼロ相成分を有しない点を条件に，これらを用いた次の回路方程式を構築する（式 (2.155)，式 (2.156) 参照）。

回路方程式（第１基本式）[5)]

$$\boldsymbol{v}_1' = R_1 \boldsymbol{i}_1' + s\boldsymbol{\phi}_1' \tag{2.180a}$$

$$\boldsymbol{0} = R_{2n} \boldsymbol{i}_{2n}' + s\boldsymbol{\phi}_{2n}' - \omega_{2n} \boldsymbol{J}_t \boldsymbol{\phi}_{2n}' \tag{2.180b}$$

$$\boldsymbol{\phi}_1' = l_{1t} \boldsymbol{i}_1' + \boldsymbol{\phi}_{2n}' \tag{2.181a}$$

$$\boldsymbol{\phi}_{2n}' = M_n[\boldsymbol{i}_1' + \boldsymbol{i}_{2n}'] = \frac{R_{2n}}{W_2}[\boldsymbol{i}_1' + \boldsymbol{i}_{2n}'] \tag{2.181b}$$

■

上の回路方程式は，最少の４基本モータパラメータ R_1, l_{1t}, R_{2n}, W_2 から構成されているが，内部信号に関しては冗長性を有している。式 (2.181) を用いて，固定子磁束，正規化回転子電流を算定し，式 (2.180) に用いると，内部信号の冗長性を排した回転子磁束形の回路方程式を得る。トルク発生式，エネルギー伝達式に関しても，同様にして固定子磁束，正規化回転子電流の除去を考慮すると，次の数学モデルを構築することができる。

◆三相信号を用いた回転子磁束形動的数学モデル[5)]

回路方程式（第１基本式）

$$\boldsymbol{v}_1' = R_1 \boldsymbol{i}_1' + s[l_{1t} \boldsymbol{i}_1' + \boldsymbol{\phi}_{2n}'] \tag{2.182a}$$

$$R_{2n} \boldsymbol{i}_1' = s\boldsymbol{\phi}_{2n}' + [W_2 \boldsymbol{I} - \omega_{2n} \boldsymbol{J}_t] \boldsymbol{\phi}_{2n}' \tag{2.182b}$$

トルク発生式（第２基本式）

$$\tau = N_p \boldsymbol{i}_1'^T \boldsymbol{J}_t \boldsymbol{\phi}_{2n}' \tag{2.183}$$

エネルギー伝達式（第３基本式）

$$\begin{aligned} p_{ef} &= \boldsymbol{i}_1'^T \boldsymbol{v}_1' \\ &= \left(R_1 \left\| \boldsymbol{i}_1' \right\|^2 + R_{2n} \left\| \frac{W_2}{R_{2n}} \boldsymbol{\phi}_{2n}' - \boldsymbol{i}_1' \right\|^2 \right) \\ &\quad + s\left(\frac{W_2}{2R_{2n}} \left\| \boldsymbol{\phi}_{2n}' \right\|^2 + \frac{1}{2l_{1t}} \left\| l_{1t} \boldsymbol{i}_1' \right\|^2 \right) + \omega_{2m} \tau \end{aligned} \tag{2.184}$$

■

上記数学モデルの妥当性は，同数学モデルを構成するすべての3×1ベクトル信号に対し，式(2.65)で定義した2×3行列$\boldsymbol{S}^T$（3相2相変換器）を乗じてこれをαβ固定座標系上の2×1ベクトル信号へ変換することにより，同数学モデルがαβ固定座標系上の回転子磁束形動的数学モデル式(2.157)，式(2.170c)，式(2.177)に帰着されることにより，確認できる。

同様に，他の4最少パラメータのみを利用し，最少の三相信号を用いた固定子磁束形動的数学モデルを構築することも可能である。

B. 逆L形等価回路

式(2.180)，式(2.181)の回路方程式に対して，一定周波数$\omega_{1f}=\omega_{2f}$，一定速度駆動ω_{2n}の定常状態を仮定する。このうえで，解析の簡易化を目的に，一定周波数の実数の正弦信号を，式(2.139)のように，複素信号（複素数信号）に置換する。この場合，同回路方程式からu相成分のみを取り出すと，次式を得る。

$$v_{1u}=R_1 i_{1u}+j\omega_{1f}\,\phi_{1u} \tag{2.185a}$$

$$0=R_{2n}i'_{2nu}+j\omega_{1f}\,\phi'_{2nu}-j\omega_{2n}\phi'_{2nu}=R_{2n}i'_{2nu}+j\omega_s\phi'_{2nu} \tag{2.185b}$$

$$\phi_{1u}=l_{1t}\,i_{1u}+\phi'_{2nu} \tag{2.186a}$$

$$\phi'_{2nu}=M_n[i_{1u}+i'_{2nu}]=\frac{R_{2n}}{W_2}[i_{1u}+i'_{2nu}] \tag{2.186b}$$

上式における回転子側のu相信号ϕ'_{2nu}, i'_{2nu}は，uvw固定座標系上で評価した値である。

式(2.88a)に定義したすべり周波数ω_sを用い，式(2.185b)の両辺にω_{1f}/ω_sを乗ずると，次式を得る。

$$0=\frac{\omega_{1f}}{\omega_s}R_{2n}i'_{2nu}+j\omega_{1f}\phi'_{2nu}=\left(1+\frac{\omega_{2n}}{\omega_s}\right)R_{2n}i'_{2nu}+j\omega_{1f}\phi'_{2nu} \tag{2.185c}$$

式(2.185)，式(2.186)に基づく等価回路は，図2.21のように描画することができる。三相中の一相分を表現した本等価回路は，逆L形等価回路（inverted L-type equivalent circuit）と呼ばれる。なお，等価回路上の電圧，電流，磁束の諸信号は，一定周波数の実数の正弦信号である。実信号の複素数化は，等価回路簡易導出のためのものである。

式(2.185c)が示すように，本等価回路では正規化回転子抵抗が次のように変換されている。

$$R_{2n}\ \rightarrow\ \left(1+\frac{\omega_{2n}}{\omega_s}\right)R_{2n}=\frac{1}{s_\omega}R_{2n} \tag{2.187}$$

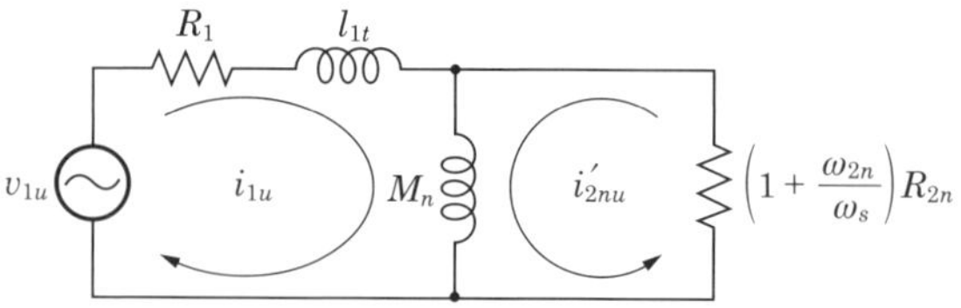

図 2.21　逆 L 形等価回路

図 2.21 と上式は，「すべり s_ω がゼロの場合には，回転子電流 i'_{2nu} はゼロとなり，固定子から回転子へ電力は一切伝わらない」ことを意味する。式 (2.187) における正規化回転子抵抗の増加分 $(\omega_{2n}/\omega_s)R_{2n}$ による損失は，T 形等価回路と同様に，回転子から出力される瞬時機械的電力に相当している。次に，これを証明する。

式 (2.163) は γδ 一般座標系上の 2×1 ベクトルの関係であるが，本関係は，uvw 固定座標系上では，次のように表現される。

$$\|\boldsymbol{\phi}'_{2n}\| = \mathrm{const} \quad \leftrightarrow \quad \boldsymbol{i}'_{2n} = \frac{\omega_s}{R_{2n}}\boldsymbol{J}_t^T\boldsymbol{\phi}'_{2n} \tag{2.188}$$

同様に，式 (2.170b)，式 (2.173a) は γδ 一般座標系上の 2×1 ベクトルの関係であるが，本関係は，uvw 固定座標系上では，次のように表現される。

$$\tau = N_p\boldsymbol{\phi}'^T_{2n}\boldsymbol{J}_t\boldsymbol{i}'_{2n} = N_p\frac{\omega_s}{R_{2n}}\|\boldsymbol{\phi}'_{2n}\|^2 \tag{2.189}$$

増加抵抗分 $(\omega_{2n}/\omega_s)R_{2n}$ に起因する三相の全瞬時損失 p_{2o} は，三相各相の特性が同一の本場合には，次式で与えられる（図 2.21 参照）。

$$p_{2o} = \frac{\omega_{2n}}{\omega_s}R_{2n}(i'^2_{2nu} + i'^2_{2nv} + i'^2_{2nw}) = \frac{\omega_{2n}}{\omega_s}R_{2n}\|\boldsymbol{i}'_{2n}\|^2 \tag{2.190}$$

式 (2.190) に式 (2.188)，式 (2.189) を用いて整理し，式 (2.125) の電気速度 ω_{2n} と機械速度 ω_{2m} の関係に留意すると，次式を得る。

$$p_{2o} = \frac{\omega_{2n}\omega_s}{R_{2n}}\|\boldsymbol{\phi}'_{2n}\|^2 = \omega_{2m}N_p\frac{\omega_s}{R_{2n}}\|\boldsymbol{\phi}'_{2n}\|^2 = \omega_{2m}\tau \tag{2.191}$$

上式の右辺 $\omega_{2m}\tau$ は，式 (2.177) のエネルギー伝達式における瞬時機械的電力にほかならない。

Q 2.12　逆 L 形等価回路があるということは，L 形等価回路もあるのでしょうか。

A 2.12　推察のとおり，L 形等価回路（L-type equivalent circuit）もあります。逆 L 形等価回路が回転子磁束形回路方程式に対応していますが，L 形等価回路は，固定子磁束形回路方程式に対応します。

第3章

ベクトルブロック線図とベクトルシミュレータ

3.1 目　的

制御対象を適切に制御するには，制御対象の特性を十分に理解する必要がある。これは，一般には，制御対象を表現した数学モデルやモデルを用いた解析を通じ行われる。数学モデルは，制御一般では，伝達関数や状態方程式を用いて表現されることが多い。これらと併用される数学モデルの表現法がブロック線図である。

伝達関数は全システムの入出力関係のマクロ的把握に有効である。一方，状態方程式は入出力関係のみならず，特定の内部状態の変化を捉えるうえで有効である。しかし，いずれの表現法も，システムの内部構造を適格に表現できる記述能力は持ち合わせていない。これを補うものが，ブロック線図である。ブロック線図では，システムの内部機能や実状に合わせた形でのブロック構成が可能であり，しかもシステム内信号の流れもブロック間信号線を用いて表現することができる。これに加え，伝達関数や状態方程式が持ち合わせない目視的理解を促す表現力も有している。

IM を制御対象とする場合にも，上記のブロック線図の有用性は変わりない。IM のブロック線図に関しては，従来，ベクトル制御系の構成に関連して状態方程式に基づいたものが利用されている。これらは，構造記述能力に限界がある状態方程式を忠実にブロック線図化したものであり，状態方程式がそうであるように，元来の回路方程式が有していた物理的意味を少なからず失っている。しかも，個々の信号線はスカラであるため信号線の結合は煩雑である。モータに関する簡明なブロック線図としては，直流モータのブロック線図が従来知られていたが，従前の IM ブロック線図は簡明性においてこれに及ばない。

IM の物理現象を実際に即した形で捉えうるものとして，等価回路による方法が従来多用されてきた。等価回路（2.5.3 項，2.6.2 項参照）は，電気的挙動を定常状態で把握するには有用であるが，過渡応答を含む挙動の理解には必ずしも適切ではない。

また，トルク発生や誘起電圧（速度起電力）のメカニズムも適切に表現できない。このように等価回路は，ブロック線図が難なく表現しえた過渡応答の表現や，機械負荷系とリンクした動的メカニズムの表現に関しては，無理があったり不可能であったりする。

こうした中，三相IMのブロック線図でありながら，直流モータのブロック線図に匹敵するような物理現象を簡明に表現したブロック線図が，新中により，文献1)，2)を通じ発表された。本章では，このブロック線図を紹介する。紹介するブロック線図は，ベクトル信号を用いることにより，スカラ信号の利用に見られた輻輳・煩雑さの問題を解決している。

本章は，以下のように構成されている。次の3.2節では，IMのベクトル信号を用いた動的ブロック線図（ベクトルブロック線図と略記）の構築準備として，最少パラメータの数学モデルと逆D因子の実現法とを整理する。3.3節では，まず，電気系，トルク発生系，機械負荷系の3部分系によるIMの再構成を示し，これらをベクトル信号で結合することによりIMのA形ベクトルブロック線図が構築されることを示す。続いて，電気系の再構成を通じ，B形，C形ベクトルブロック線図が得られることを示す。3.4節では，提示のベクトルブロック線図を最近のシミュレーションソフトウェア上で描画することにより，IMの動的なベクトルシミュレータがただちに構築されることを示す。なお，本章の内容は，著者の原著論文[1),2)]を再構成したものである点を断っておく。

3.2　構築の準備

3.2.1　数学モデル

ブロック線図構成の基礎となるのが，第2章で構築した最少パラメータによる動的数学モデルである。特に，回路方程式とトルク発生式が不可欠である。ベクトルブロック線図構築の準備として，これを整理・再記しておく。IMの動的数学モデルの回路方程式とトルク発生式は，図2.12に示した$\gamma\delta$一般座標系上においては，以下のように与えられる（式(2.157)，式(2.170)参照)。

◆$\gamma\delta$一般座標系上の動的数学モデル

回路方程式（第1基本式）

$$\boldsymbol{v}_1 = R_1\boldsymbol{i}_1 + \boldsymbol{D}(s,\omega_\gamma)\boldsymbol{\phi}_1 \tag{3.1a}$$

$$R_{2n}\boldsymbol{i}_1 = \boldsymbol{D}(s,\omega_\gamma)\boldsymbol{\phi}_{2n} + [W_2\boldsymbol{I} - \omega_{2n}\boldsymbol{J}]\boldsymbol{\phi}_{2n} \tag{3.1b}$$

$$\boldsymbol{\phi}_1 = l_{1t}\boldsymbol{i}_1 + \boldsymbol{\phi}_{2n} \tag{3.1c}$$

トルク発生式（第2基本式）

$$\begin{aligned}\tau &= N_p \boldsymbol{i}_1^T \boldsymbol{J}\boldsymbol{\phi}_1 \\ &= N_p \boldsymbol{i}_1^T \boldsymbol{J}\boldsymbol{\phi}_{2n}\end{aligned} \tag{3.2}$$

■

上の数学モデルに利用した回転子電気速度 ω_{2n} は，同機械速度 ω_{2m} と次の関係を有する（式 (2.125) 参照）。

$$\omega_{2n} = N_p \omega_{2m} \tag{3.3}$$

一般にモータのブロック線図は，大きくは，電気系，トルク発生系，機械負荷系を表現した3大ブロックを基本要素として構成される。IMのブロック線図の具体的構成においては，電気系の回路方程式をいかに記述するかが鍵となる。これは，「一般に，ブロック線図を構成する各ブロックは，1対1に対応した方程式に立脚して構成・接続される」というブロック線図の構成ルールに起因している。機械負荷系に関しては，次の1次系として記述されると仮定するならば，

$$\tau = (J_m s + D_m)\omega_{2m} \tag{3.4}$$

IMのブロック線図が物理的意味を明解にした簡明な形で構成できるか否かは，電気系をいかに記述するかにかかっている。

3.2.2 逆D因子の実現

IMの数学モデルにおいてD因子 $\boldsymbol{D}(s,\ \omega_\gamma)$ が用いられていることより推測されるように，IMの簡明なベクトルブロック線図の構成には，逆D因子 $\boldsymbol{D}^{-1}(s,\ \omega_\gamma)$ の実現が1つの要となる。じ後の簡明な説明のため，ベクトル信号を用いたこの実現法をまず提示しておく。

2×1ベクトルの入力信号，出力信号をおのおの $\boldsymbol{u}$，$\boldsymbol{y}$ とする次式を考える。

$$\begin{aligned}\boldsymbol{y} &= \boldsymbol{D}^{-1}(s, \omega_\gamma)\boldsymbol{u} \\ &= \frac{1}{s^2+\omega_\gamma^2}\begin{bmatrix} s & \omega_\gamma \\ -\omega_\gamma & s \end{bmatrix}\boldsymbol{u} = \frac{[s\boldsymbol{I} - \omega_\gamma \boldsymbol{J}]}{s^2+\omega_\gamma^2}\boldsymbol{u}\end{aligned} \tag{3.5}$$

逆D因子は，式 (3.5) の第2式に基づき実現することもできるが，式 (3.5) を次式のように書き改めることにより，より簡単な実現が可能となる。

$$s\boldsymbol{y} = -\omega_\gamma \boldsymbol{J}\boldsymbol{y} + \boldsymbol{u} \tag{3.6}$$

図3.1は，逆D因子 $\boldsymbol{D}^{-1}(s,\ \omega_\gamma)$ の式 (3.6) に基づく実現の様子である。同図では，$\gamma\delta$ 一般座標系の瞬時速度 ω_γ を外部信号として入力する形で逆D因子 $\boldsymbol{D}^{-1}(s,\ \omega_\gamma)$ を

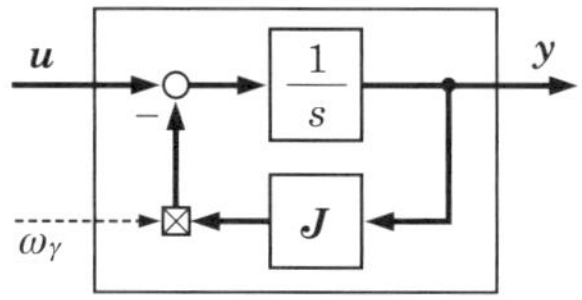

図 3.1　外部信号 ω_γ を用いた逆 D 因子 $\boldsymbol{D}^{-1}(s,\,\omega_\gamma)$ の実現例

実現している。このときの ω_γ 用信号線は破細線で表現している。図中における太い信号線は 2×1 のベクトル信号を意味している。また，ブロック $1/s$ は積分器を，⊠記号は信号と信号とを乗算するための乗算器を意味している。以降，細線はスカラ信号用の信号線を意味するものとし，乗算器⊠は，入力信号がスカラ信号とベクトル信号の場合にはスカラ信号によるベクトルの各要素との乗算を実行するベクトル乗算器を，入力信号が 2 個のベクトル信号の場合には内積演算を遂行し結果をスカラ信号として出力する内積器を意味するものとする。

3. 3　ベクトルブロック線図

3. 3. 1　A 形ベクトルブロック線図

電気系

ブロック線図構築に必要な電気系は式 (3.1) の回路方程式に集約されている。固定子磁束 ϕ_1 と正規化回転子磁束 ϕ_{2n} に着目し，正規化回転子磁束に付随した D 因子を展開するならば，次の電気系を得る。

$$\boldsymbol{D}(s,\omega_\gamma)\boldsymbol{\phi}_1 = \boldsymbol{v}_1 - R_1\boldsymbol{i}_1 \tag{3.7}$$

$$l_{1t}\boldsymbol{i}_1 = \boldsymbol{\phi}_1 - \boldsymbol{\phi}_{2n} \tag{3.8}$$

$$\boldsymbol{D}(s,\omega_\gamma)\boldsymbol{\phi}_{2n} = R_{2n}\boldsymbol{i}_1 + [-W_2\boldsymbol{I} + \omega_{2n}\boldsymbol{J}]\boldsymbol{\phi}_{2n} \tag{3.9a}$$

$$(s + W_2)\boldsymbol{\phi}_{2n} = R_{2n}\boldsymbol{i}_1 + (\omega_{2n} - \omega_\gamma)\boldsymbol{J}\boldsymbol{\phi}_{2n} \tag{3.9b}$$

式 (3.7) ～式 (3.9a) を用いて電気系を，式 (3.2) の第 2 式を用いてトルク発生系を，式 (3.4) を用いて機械負荷系を構成し，さらに機械負荷系と電気系を式 (3.3) の関係を利用して結合するならば，図 3.2(a) に示した A-1 形ベクトルブロック線図を構築することができる。同ブロック線図では，逆 D 因子が利用されているが，これは図 3.1 のように実現されている。また，式 (3.9a) に代わって式 (3.9b) を用いて電気系を再構成するならば，図 3.2(b) に示した A-2 形ベクトルブロック線図を構築すること

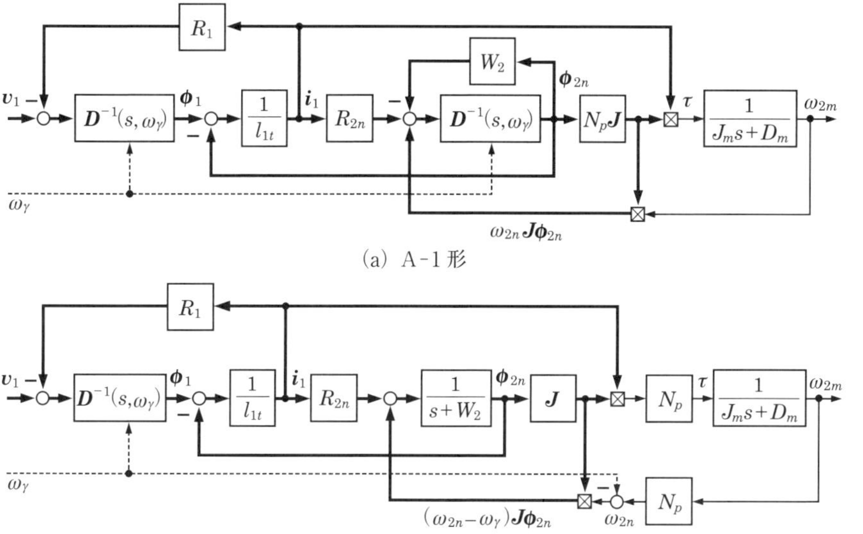

(a) A-1形

(b) A-2形

図 3.2　A形ベクトルブロック線図

ができる。

図3.2に示したベクトルブロック線図においては，各ブロックは，回路方程式に完全に対応しており，回路方程式が元来有していた回路的意味を明瞭に温存している。さらには，回路方程式が必ずしも明解に示しえない信号の流れも明示されている。加えて，個々の方程式が必ずしも明解に示しえなかった電気系，トルク発生系，機械負荷系の3者間における信号の流れ関係も明瞭である。このように，ベクトルブロック線図は，システム内の信号の流れを含めた形でシステム構造を明解に表現することができる。

3. 3. 2　B形ベクトルブロック線図

電気系

固定子総合漏れ磁束 $l_{1t}\boldsymbol{i}_1$（固定子電流と実質等価）と正規化回転子磁束 $\boldsymbol{\phi}_{2n}$ に着目して電気系を構成することも可能である。本着目に直接的に従うならば，次の電気系を得る。

$$\boldsymbol{D}(s,\omega_\gamma)l_{1t}\boldsymbol{i}_1 = \boldsymbol{v}_1 - R_1\boldsymbol{i}_1 - \boldsymbol{D}(s,\omega_\gamma)\boldsymbol{\phi}_{2n} \tag{3.10}$$

$$\boldsymbol{D}(s,\omega_\gamma)\boldsymbol{\phi}_{2n} = R_{2n}\boldsymbol{i}_1 + [-W_2\boldsymbol{I} + \omega_{2n}\boldsymbol{J}]\boldsymbol{\phi}_{2n} \tag{3.11}$$

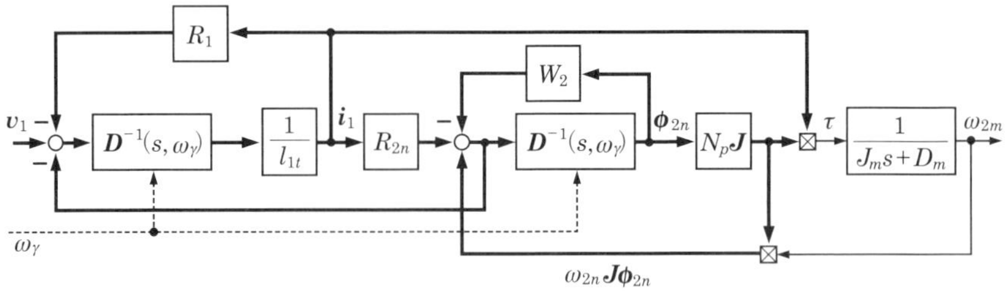

(a) B-1形

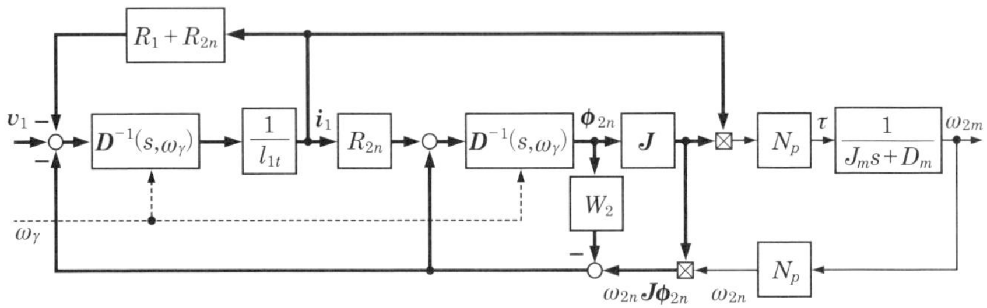

(b) B-2形

図 3.3　B形ベクトルブロック線図

トルク発生系，機械負荷系をA形ベクトルブロック線図と同一としたうえで，電気系のみを，式 (3.7) ～式 (3.9) に代わって，式 (3.10)，式 (3.11) に従って構成するならば，図 3.3(a) の B-1 形ベクトルブロック線図を得ることができる。本ブロック構成は，誘起電圧（速度起電力）が直接的に固定子側にフィードバックされる形になっている。回転子側に発生した誘起電圧 $\omega_{2n}\boldsymbol{J}\boldsymbol{\phi}_{2n}$ が回転子側のダイナミックスの影響を受けたうえで，印加電圧の逆電圧として作用する様子を示すなど，誘起電圧の影響を理解するうえで都合のよいブロック線図である。

固定子総合漏れ磁束 $l_{1t}\boldsymbol{i}_1$ と正規化回転子磁束 $\boldsymbol{\phi}_{2n}$ に着目した表現方法として，式 (2.168) の回転子磁束形状態方程式がある。この状態方程式を参考に B-1 形ベクトルブロック線図を修正するならば，図 3.3(b) の B-2 形ベクトルブロック線図を得る（後掲の図 4.4 参照）。B-2 形ベクトルブロック線図は，B-1 形ベクトルブロック線図における入力端子側（$\boldsymbol{v}_1$ 端子側）への 3 種のフィードバック信号を整理したものとなっている。B-1 形，B-2 形のベクトルブロック線図は，類似の構造を示しているが，同一構造を示しているわけではない。

3. 3. 3　C 形ベクトルブロック線図

電気系

固定子磁束 $\boldsymbol{\phi}_1$ と固定子総合漏れ磁束 $l_{1t}\boldsymbol{i}_1$（固定子電流と実質等価）に着目して電気系を構成することも可能である。本着目に従うならば，次の電気系を得る。

$$\boldsymbol{D}(s,\omega_\gamma)\boldsymbol{\phi}_1=\boldsymbol{v}_1-R_1\boldsymbol{i}_1 \tag{3.12}$$

$$\boldsymbol{D}(s,\omega_\gamma)l_{1t}\boldsymbol{i}_1=-(L_1W_2)\boldsymbol{i}_1+[\boldsymbol{D}(s,\omega_\gamma)+W_2\boldsymbol{I}]\boldsymbol{\phi}_1-\omega_{2n}\boldsymbol{J}\boldsymbol{\phi}_{2n} \tag{3.13}$$

$$\boldsymbol{\phi}_{2n}=\boldsymbol{\phi}_1-l_{1t}\boldsymbol{i}_1 \tag{3.14}$$

式 (3.13) は，式 (3.1c) の関係を利用して，式 (3.1b) の正規化回転子磁束を固定子磁束と固定子総合漏れ磁束とで再表現することにより得ている。この際，次のパラメータ関係を利用している。

$$L_1W_2=R_{2n}+l_{1t}W_2 \tag{3.15}$$

式 (3.12) ～式 (3.14) を用いて電気系のブロック線図を，トルク発生系と機械負荷系は，A 形，B 形ブロック線図と同様に構成するならば，図 3.4 の C 形ベクトルブロック線図を得ることができる。本ブロック線図の特色は，回転子ひいては正規化回転子磁束に依存する誘起電圧（速度起電力）以外は，固定側の信号で記述されている点にある。本図では，描画上の簡明さのためトルク発生系は式 (3.2) の第 2 式を利用したが，固定子側の信号のみで構成可能な第 1 式を利用してもよい。

A ～ C 形の全ベクトルブロック線図において，電気系は次の特徴を有する。

(a) 使用のモータパラメータ個数は，最少の 4 個である。

(b) 動的要素は，最少の 2 個である。すなわち，D 因子（動的要素）を必要とする内部信号は，正規化回転子磁束，固定子総合漏れ磁束（固定子電流），固定子

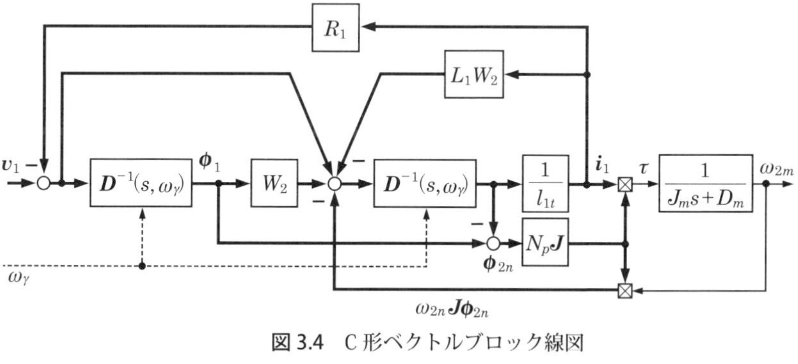

図 3.4　C 形ベクトルブロック線図

磁束のいずれか2個である。

上記の特徴は，提案のベクトルブロック線図は冗長性を一切有しないことを意味する。

3.4 ベクトルシミュレータ

最近のシミュレーションソフトウェアの多くは，ブロック線図の描画を通じてプログラミングを行う方法を採用している。しかも，これらは，提示のベクトルブロック線図で利用したベクトル信号を扱えるうえに，行列係数器，ベクトル乗算器，内積器なども備えている。したがって，これらシミュレーションソフトウェアでベクトルブロック線図を描画すれば，動的なベクトルシミュレータをただちに構築することができる。

ベクトルシミュレータの利用に際して，特に注意すべき点は，以下の2点である。

(a) 数学モデルおよびブロック線図における $\gamma\delta$ 一般座標系の速度 ω_γ，回転子の電気速度 ω_{2n}，機械速度 ω_{2m} はすべて $\alpha\beta$ 固定座標系上で評価された値である。

(b) $\alpha\beta$ 固定座標系上のシミュレータを得るには，$\gamma\delta$ 一般座標系の速度 ω_γ を強制的にゼロに設定するだけでよい。または，逆D因子を形式的に積分器 $1/s$ で置換するだけでよい。

Q 3.1　ベクトルシミュレータはシミュレーションにすぐに活用できそうですね。ところで，この入手は可能でしょうか。

A 3.1　ディエスピーテクノロジ(株)などから，マニュアルを整備し，使い勝手を工夫したベクトルシミュレータが市販されています（図Q/A3.1参照）。これら市販品には，提案のベクトルシミュレータが活用されています。

図Q/A3.1　ベクトルシミュレータの商品例
（写真提供：ディエスピーテクノロジ(株)）

Q 3.2　IM は，外部よりトルクを入力して回転させますと，誘導発電機になります。IM のベクトルシミュレータは，誘導発電機のベクトルシミュレータとして活用できますか。

A 3.2　IM のベクトルシミュレータは，誘導発電機のベクトルシミュレータとして，ほぼ無修正で活用できます。若干の変更は，発電機においては機械的負荷に代わって電気的負荷を付与する点です。要点を以下に整理しますが，詳しくは文献 1) を参照してください。

(a) 外部より印加すべきトルクの入力端は，機械負荷系 $1/(J_m s + D_m)$ の入力端と同一です。このときの，機械負荷系の慣性モーメント J_m，粘性摩擦係数 D_m は，基本的に発電機のものです。

(b) 発電機に接続される電気的負荷のインピーダンスを，Y 結線換算の 1 相分で，$L_l s + R_l$ としますと，電気系のインダクタンス，抵抗を次の L_g，R_g におのおの変更する必要があります。

$$L_g = L_1 + L_l$$
$$R_g = R_1 + R_l$$

発電機の端子を開放した状態は $R_l = \infty$，短絡した状態は $R_l = 0$ となります。

(c) 発電機よりモニター用電流を外部に取り出す場合には，極性を反転する必要があります。モータではモータへ入力する電流を正としていますが，発電機では発電機より出力される電流を正としています。モータと発電機では，電流の極性の定義が異なります。シミュレータ内部では，極性反転の必要はありません。

(d) 発電機としての駆動前に，正規化回転子磁束，固定子総合漏れ磁束，固定磁束の少なくともいずれか 1 つに非ゼロの初期値をセットする必要があります。この点は，モータ駆動との大きな相違です。

第4章

ベクトル制御系の基本構造と制御器設計

4.1 目　的

IM は，トルク発生機である。トルク発生の原理は，フレミングの左手則に従うものであり，発生の特性は式 (2.170) のトルク発生式で記述される。たとえば，式 (2.170c) は，「瞬時発生のトルクは，正規化回転子磁束と固定子電流との瞬時的関係に従う」ことを示している。一方，式 (2.157) の回路方程式は，「正規化回転子磁束は，固定子電流により動的影響を受ける」ことを示している。これらは，「IM 瞬時発生トルクは，基本的には，固定電流に対し非線形である」ことを意味している。トルク発生機がもつべきトルク特性は線形性である。IM に対して線形のトルク発生特性をもたせるべく，用意されたものがベクトル制御である。

IM のベクトル制御は，基本的には，「正規化回転子磁束の位相推定」，「固定子電流の制御」，「(正規化) 回転子磁束の制御」の 3 工程から構成される。正規化回転子磁束の位相推定は，次章以降で詳しく説明することにして，本章では，固定子電流の制御，(正規化) 回転子磁束の制御に関し，制御系 (制御システム) の具体的構造を交えながら説明する。

本章は，以下のように構成されている。次の 4.2 節では，制御系設計の準備として，相対次数 1 次の制御対象に対する追値制御系の基本設計法を説明する。本設計法に従えば，内部モデル原理に基づく高次制御器を最小次数で設計でき，しかも安定性と速応性 (速い応答性) を独立的に指定することができる。4.3 節では，IM のベクトル制御の原理を明らかにし，このうえで，原理に基づいた IM のベクトル制御系の基本構造を，正規化回転子磁束の位相推定，固定子電流の制御，正規化回転子磁束の制御の 3 工程の概要を交え，説明する。4.4 節では，瞬時トルクの線形的発生を目的にした固定子電流制御法を詳しく説明する。この際，電流制御器の設計法と設計の具体例も与える。4.5 節では，正規化回転子磁束の制御法を説明する。磁束制御に関連して，トルク指令値に応じた電流指令値の生成法を述べる。

4.2　制御系設計の準備

4.2.1　追値制御系の構造と特性

フィードバック制御系の制御器設計には，少なくとも，制御器の構造と制御系の期待性能とを検討しなければならない。主要な期待性能は，速応性と安定性である。本項では，制御系の構造と速応性について説明する。

図 4.1 の構造をもつ制御系を考える。同図では，制御対象（plant），制御器（controller）を，おのおの，伝達関数 $B(s)/A(s)$，$D(s)/C(s)$ で表現している。本制御系の制御目的は，応答値（制御量，controlled variable）$y(t)$ を可変の指令値（目標値，command，基準入力，reference input）$y^*(t)$ に可能な限り速やかに追値・追従させること，換言するならば，制御偏差（control error）$e(t)=y^*(t)-y(t)$ を可能な限り速やかにゼロに漸近させることである。図 4.1 は，追値制御目的を遂行する制御系（以下，追値制御系と呼称）の最も基本的な構造を示している。なお，同図においては，制御対象には外乱（disturbance）$n(t)$ が混入するものとしている。

追値制御系における開ループ伝達関数（open loop transfer function），一巡伝達関数（loop transfer function），すなわち p-p′ 間のフィードバック結合を無視した伝達関数 $G_o(s)$ は，次式で与えられる。

$$G_o(s)=\frac{B(s)}{A(s)}\cdot\frac{D(s)}{C(s)} \tag{4.1}$$

これに対して，閉ループ伝達関数（closed loop transfer function），すなわち指令値から応答値に至るフィードバックを構成した伝達関数 $G_c(s)$ は，次式で与えられる。

$$G_c(s)=\frac{G_o(s)}{1+G_o(s)} \tag{4.2}$$

追値制御系の性能は，簡単には，周波数応答，時間応答により評価するこができる。

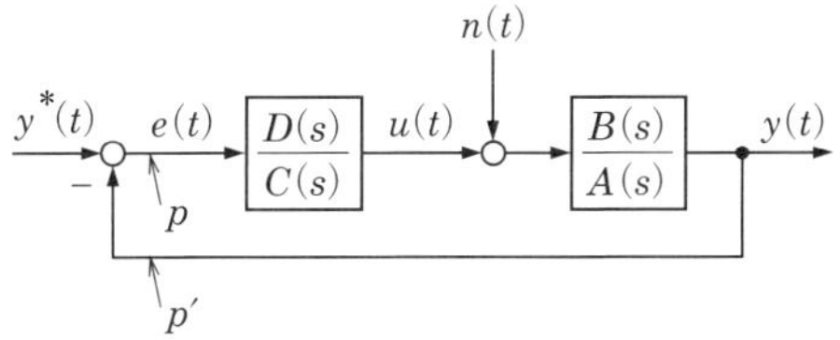

図 4.1　追値制御系の基本構造

追値制御系の周波数応答（frequency response）は，伝達関数において $s \to j\omega$ と置換することにより得られる。開ループ伝達関数，閉ループ伝達関数の周波数応答は，次式で与えられる。

$$G_o(j\omega) = |G_o(j\omega)|e^{j\phi_o(\omega)}, \quad G_c(j\omega) = |G_c(j\omega)|e^{j\phi_c(\omega)} \tag{4.3}$$

開ループ伝達関数において次式 (4.4) が成立する周波数 ω_o は，交叉（角）周波数（gain crossover frequency）と呼ばれる。

$$|G_o(j\omega_o)| = 1, \quad 20\log|G_o(j\omega_o)| = 0 \tag{4.4}$$

一方，閉ループ伝達関数において次式 (4.5) が成立する周波数 ω_c は，帯域幅（bandwidth）と呼ばれる。

$$|G_c(j\omega_c)| = \frac{1}{\sqrt{2}}, \quad 20\log|G_c(j\omega_c)| \approx -3 \tag{4.5}$$

交叉周波数，帯域幅は，追値制御系の速応性評価における重要な指標である。

時間応答（time response）は，一般には，指令値 $y^*(t)$ としてステップ信号を閉ループ伝達関数に与えた場合の応答 $y(t)$ を意味する。このため，ステップ応答（step response）とも呼ばれることもある。時間応答における速応性評価の代表的指標は，過渡応答（transient response）時の立ち上り時間（rise time）と時定数（time constant）である。

立ち上り時間 T_r とは，ステップ応答が，定常値の 10% を通過し 90% に到達するまでの時間をいう。時定数 T_c とは，支配的な指数減数項 e^{-at} における指数部の逆数，すなわち $T_c = 1/a$ を意味し，支配的時定数（predominant time constant）と呼ばれることもある。非振動的なステップ応答において，応答が定常値の約 63% に到達する時間を時定数と呼ぶこともある。

非振動的なステップ応答を示す相対次数（分母多項式の次数と分子多項式の次数の差）が1次の伝達関数においては，速応性に関して，次の近似式が成立する [1), 2)]。

$$\omega_o \approx \omega_c \approx \frac{2.2}{T_r} \approx \frac{1}{T_c} \tag{4.6}$$

4.2.2　高次制御器の設計法

フィードバック制御系の構造，制御器の構造を決定し，さらに制御系の速応性を決定したならば，次に必要となるのが，安定性を考慮した具体的な制御器係数の設計である。本項では，内部モデル原理の利用が可能な高次制御器の設計法を紹介する。本設計法は，新中により文献 3)，4) を通じ提案されたものであり，制御対象は1次伝達関数または相対次数1次の伝達関数として近似表現されるものとしている。この種の制御対象は，慣性モーメントと粘性摩擦で動特性を代表する機械系の速度制御，RL回路で動特性を代表するモータ，送配電系統，電源などに関連した電流制御にしばしば見受けられる。IMの電流制御における制御対象も相対次数1次の伝達関数で近似表現される。

A. 設計法

操作量（manipulated variable）$u(t)$，応答値 $y(t)$ をもつ1次制御対象は，一般性を失うことなく，次式で表現することができる。

$$y(t)=\frac{b}{s+a}(u(t)+n(t)) \quad ; \quad b\neq 0 \tag{4.7}$$

本1次制御対象に対し，図4.1のような制御器 $D(s)/C(s)$ を用いたフィードバック制御系を構成する。ただし，このときの制御器は，分母，分子多項式が同次数の n 次有理関数で表現されるものとする。また，制御器の次数 n は，制御対象の次数より高い次数を取りうるものとする。すなわち，

$$u(t)=\frac{D(s)}{C(s)}(y^{*}(t)-y(t)) \tag{4.8a}$$

$$C(s)=s^{n}+c_{n-1}s^{n-1}+\ldots+c_{0} \quad ; \quad n\geq 0 \tag{4.8b}$$

$$D(s)=d_{n}s^{n}+d_{n-1}s^{n-1}+\ldots+d_{0} \quad ; \quad n\geq 0 \tag{4.8c}$$

本制御系においては，制御対象の相対次数は1次であり，制御器の相対次数はゼロ次であるので，開ループ伝達関数，閉ループ伝達関数ともその相対次数は1次となる。

制御対象・式(4.7)のための高次制御器 $D(s)/C(s)$・式(4.8)は，以下の手順に従い設計することができる[1)〜4)]。

◆高次制御器の設計法

(a) 制御器構造の決定

内部モデル原理などに従い，制御器の n 次分母多項式 $C(s)$ を決定する。

(b) 速応性の指定

閉ループ伝達関数の帯域幅 ω_c を指定する。

(c) 安定性の指定

所要の安定性をもつ $(n+1)$ 次フルビッツ多項式（安定多項式）$H(s)$ を設計する。この際，多項式の第 n 次係数は，帯域幅と等しく選定する。すなわち，

$$h_n=\omega_c \tag{4.9}$$

(d) 制御器係数の決定

次式に従い，制御器の n 次分子多項式 $D(s)$ を決定する。

$$d_i = \frac{1}{b}(h_i - ac_i - c_{i-1}) \quad ; \; c_n = 1, \; c_{-1} = 0 \tag{4.10}$$

■

制御器構造を決定づける制御器分母多項式 $C(s)$ の代表的な候補としては，次のようなものが考えられる[1)~4)]。

0 次：　$C(s) = 1$

1 次：　$C(s) = s$

2 次：　$C(s) = s^2, \, s^2 + \omega_0^2, \, s^2 + 2\Delta\omega s + \omega_0^2 \quad ; \quad \Delta\omega \ge 0$

3 次：　$C(s) = s(s^2 + \omega_0^2), \, s(s^2 + 2\Delta\omega s + \omega_0^2) \quad ; \quad \Delta\omega \ge 0$

安定性を指定するフルビッツ多項式 $H(s)$ の設計は，以下のように行えばよい。制御器分母多項式 $C(s)$ が決定されれば，$H(s)$ の次数は自ずと定まる。すなわち，$C(s)$ が n 次ならば，$H(s)$ は $(n+1)$ 次である。

$(n+1)$ 次 $H(s)$ の係数は，$(n+1)$ 個の安定零点（安定根）$-s_k$ を指定して，定めればよい。すなわち，

$$H(s) = (s + s_1)(s + s_2)\cdots(s + s_{n+1}) \tag{4.11a}$$

このとき，次の関係が成立する。

$$h_n = \sum_{j=1}^{n+1} s_j \tag{4.11b}$$

制御対象，制御目的に依存するが，電気系，機械系を制御対象とする多くの応用では，ステップ応答における過度の行き過ぎ（オーバーシュート）の回避，振動の回避を要求されることが少なくない。このような要求にそうには，安定零点を実数に選定することが好ましい。式 (4.11) に加え，安定零点が実数であることを考慮すると，次の関係を付与できる[1)~4)]。

$$s_j = w_j \omega_c \, , \quad \sum_{j=1}^{n+1} w_j = 1 \quad ; \; 0 < w_j < 1 \tag{4.12}$$

上式における ω_c は，速応性を指定すべく与えた閉ループ伝達関数の帯域幅であり，w_j は重みである。重み w_j は，すべて等しく選定することも可能であるが，制御対象の近似誤差を考慮して安全を見込むならば，重み w_j に大小の違いをもたせた方が無難なことも多い。

B. 設計例

(1) 1次制御器（PI制御器）

制御器として，$C(s)=s$ とした次の1次制御器（PI制御器）を考える。

$$G_{cnt}(s)=\frac{D(s)}{C(s)}=\frac{d_1s+d_0}{s}=d_1+\frac{d_0}{s} \tag{4.13}$$

また，2次フルビッツ多項式 $H(s)$ を，その安定零点をすべて実数とすべく，次のように設計するものとする。

$$\begin{aligned}H(s)&=s^2+h_1s+h_0\\&=(s+w_1\omega_c)(s+(1-w_1)\omega_c)\quad ;\quad 0\le w_1\le 0.5\end{aligned} \tag{4.14}$$

前述の設計法に従うならば，制御器は次のように設計される[1)～4)]。

$$\begin{aligned}\frac{D(s)}{C(s)}&=\frac{d_1s+d_0}{s}=d_1+\frac{d_0}{s}\\&=\frac{\omega_c-a}{b}+\frac{w_1(1-w_1)\omega_c^2}{bs}\quad ;\quad 0\le w_1\le 0.5\end{aligned} \tag{4.15}$$

本設計法では，式(4.15)が明示しているように，比例係数（比例ゲイン）d_1 は重み w_1 に依存しないが，積分係数（積分ゲイン）d_0 は重み w_1 に依存して変化する。積分係数は，$w_1=0.5$ のときに最大値を取り，$w_1=0$ のときには最小値 $d_0=0$ を取る。なお，$w_1=0$ のときには，本制御器はP制御器に帰着する。

(2) 2次制御器

制御器として，分母多項式 $C(s)=s^2+2\Delta\omega s+\omega_0^2$ をもつ次の2次制御器を考える。

$$G_{cnt}(s)=\frac{D(s)}{C(s)}=\frac{d_2s^2+d_1s+d_0}{s^2+2\Delta\omega s+\omega_0^2} \tag{4.16}$$

また，2次フルビッツ多項式 $H(s)$ を，その安定零点をすべて実数とすべく，次のように設計するものとする。

$$\begin{aligned}H(s)&=s^3+h_2s^2+h_1s+h_0\\&=(s+w_1\omega_c)(s+w_2\omega_c)(s+w_3\omega_c)\end{aligned} \tag{4.17a}$$

$$\left.\begin{aligned}h_2&=\omega_c\\h_1&=(w_1w_2+w_1w_3+w_2w_3)\omega_c^2\\h_0&=w_1w_2w_3\omega_c^3\end{aligned}\right\} \tag{4.17b}$$

$$w_1+w_2+w_3=1\ ;\ 0<w_j<1 \tag{4.17c}$$

前述の設計法に従うならば，2次制御器の分子多項式 $D(s)$ は次のように設計される[1)～4)]。

$$D(s)=d_2 s^2+d_1 s+d_0 \tag{4.18a}$$

$$\left.\begin{aligned} d_2&=\frac{h_2-a-c_1}{b}=\frac{\omega_c-a-2\Delta\omega}{b} \\ d_1&=\frac{h_1-ac_1-c_0}{b}=\frac{(w_1w_2+w_1w_3+w_2w_3)\omega_c^2-2\Delta\omega a-\omega_0^2}{b} \\ d_0&=\frac{h_0-ac_0}{b}=\frac{w_1w_2w_3\omega_c^3-\omega_0^2 a}{b} \end{aligned}\right\} \tag{4.18b}$$

4.3　ベクトル制御の原理とベクトル制御系の基本構造

4.3.1　ベクトル制御の原理

固定子電流 $\boldsymbol{i}_1$ は正規化回転子磁束 $\boldsymbol{\phi}_{2n}$ と平行な成分 $\boldsymbol{i}_{1m}$ とこれと垂直な成分 $\boldsymbol{i}_{1t}$ とに分割表記できた（式 (2.159)，式 (2.160)，図 2.20(a) 参照）。すなわち，

$$\boldsymbol{i}_1=\boldsymbol{i}_{1m}+\boldsymbol{i}_{1t} \tag{4.19}$$

また，発生トルクは，式 (2.171) に示したように，固定子電流 $\boldsymbol{i}_1$ またはこの垂直線分 $\boldsymbol{i}_{1t}$ と正規化回転子磁束 $\boldsymbol{\phi}_{2n}$ とにより，次のように表現された。

$$\begin{aligned} \tau&=N_p\boldsymbol{i}_1^T\boldsymbol{J}\boldsymbol{\phi}_{2n}=N_p\boldsymbol{i}_{1t}^T\boldsymbol{J}\boldsymbol{\phi}_{2n} \\ &=N_p\frac{R_{2n}}{W_2}\boldsymbol{i}_{1t}^T\boldsymbol{J}\boldsymbol{i}_{2f}=N_pM_n\boldsymbol{i}_{1t}^T\boldsymbol{J}\boldsymbol{i}_{2f} \end{aligned} \tag{4.20a}$$

正規化回転子磁束の一定ノルム条件が成立している状況下では，すなわち $\|\boldsymbol{\phi}_{2n}\|=\text{const}$，$\|\boldsymbol{i}_{2f}\|=\text{const}$ が成立している状況下では，式 (4.20a) の発生トルクは，次のように書き改められた（式 (2.172) 参照）。

$$\tau=N_p\frac{R_{2n}}{W_2}\boldsymbol{i}_{1t}^T\boldsymbol{J}\boldsymbol{i}_{1m}=N_pM_n\boldsymbol{i}_{1t}^T\boldsymbol{J}\boldsymbol{i}_{1m}\qquad ;\|\boldsymbol{\phi}_{2n}\|=\text{const} \tag{4.20b}$$

この状況下では，固定子電流の分割ベクトルと正規化回転子電流とに関する式 (2.164) の関係が成立した（図 2.20(b) 参照）。すなわち，

$$\boldsymbol{i}_{1m}=\boldsymbol{i}_{2f}\,,\qquad \boldsymbol{i}_{1t}=-\boldsymbol{i}_{2n}\qquad ;\|\boldsymbol{i}_{2f}\|=\text{const} \tag{4.21}$$

ノルム一定条件 $\|\boldsymbol{\phi}_{2n}\|=\text{const}$，$\|\boldsymbol{i}_{2f}\|=\text{const}$ は，式 (4.21) より，固定子電流平行成分のノルム一定 $\|\boldsymbol{i}_{1m}\|=\text{const}$ を意味する。固定子電流の平行成分 $\boldsymbol{i}_{1m}$ と垂直成分 $\boldsymbol{i}_{1t}$ とは互いに直交しているので（図 2.20(b) 参照），式 (4.20b) は，「発生トルクは垂直成分 $\boldsymbol{i}_{1t}$ に比例する」ことを意味する [5]。

本原理に立脚し，固定子電流 $\boldsymbol{i}_1$ を平行成分 $\boldsymbol{i}_{1m}$ と垂直成分 $\boldsymbol{i}_{1t}$ とにベクトル分割し，平行成分を一定制御したうえで，垂直成分をトルク指令値に比例して制御し，トルク

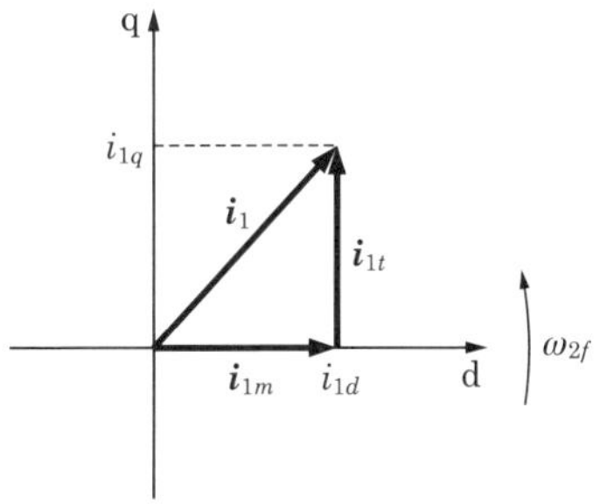

図 4.2 dq 同期座標系上の固定子電流のベクトル分割
(正規化回転子磁束ノルム一定状況下)

応答値を制御する方法は，ベクトル制御（vector control）と呼ばれる。

d 軸（主軸）と q 軸（副軸）の直交 2 軸からなる dq 同期座標系を考える。d 軸の位相は正規化回転子磁束の位相と同一とする。すなわち，dq 同期座標系は正規化回転子磁束に位相差なく同期した座標系である。当然のことながら，dq 同期座標系の速度は，正規化回転子磁束の速度 ω_{2f} と同一である。

dq 同期座標系は γδ 一般座標系の特別な場合として捉えることができ，γδ 一般座標系上の解析結果は dq 同期座標系上において無修正で適用される。γδ 一般座標系上の解析結果である式 (4.19)，式 (4.20) は，dq 同期座標系上では，おのおの次のように簡略表現される（図 4.2，式 (4.28)，式 (4.34) 参照)。

$$\boldsymbol{i}_1 = \begin{bmatrix} i_{1d} \\ i_{1q} \end{bmatrix} = \begin{bmatrix} i_{1d} \\ 0 \end{bmatrix} + \begin{bmatrix} 0 \\ i_{1q} \end{bmatrix} = \boldsymbol{i}_{1m} + \boldsymbol{i}_{1t} \tag{4.22}$$

$$\tau = N_p \boldsymbol{i}_1^T \boldsymbol{J} \boldsymbol{\phi}_{2n} = N_p \boldsymbol{i}_{1t}^T \boldsymbol{J} \boldsymbol{\phi}_{2n} = N_p \phi_{2nd}\, i_{1q} \tag{4.23a}$$

$$\begin{aligned} \tau &= N_p \frac{R_{2n}}{W_2} \boldsymbol{i}_{1t}^T \boldsymbol{J} \boldsymbol{i}_{1m} \\ &= N_p \frac{R_{2n}}{W_2} i_{1d} i_{1q} = N_p (M_n i_{1d}) i_{1q} \quad ; \phi_{2nd} = \text{const} \end{aligned} \tag{4.23b}$$

上式における脚符 d，q は，dq 同期座標系上のベクトル信号の d 軸要素，q 軸要素を意味する。dq 同期座標系上においては，d 軸電流（d-current）i_{1d} を一定に制御した上で，q 軸電流（q-current）i_{1q} を発生すべきトルクに比例して制御するようにすれば，ベクトル制御を容易に達成することができる。図 4.2 に明示しているように，d 軸電流 i_{1d} は固定子電流の平行成分 $\boldsymbol{i}_{1m}$ であり，q 軸電流 i_{1q} は垂直成分 $\boldsymbol{i}_{1t}$ である。このときの平行成分と垂直成分は，回転子側の信号と式 (4.21) に示した関係を有している。式 (4.21) の観点より，平行成分 $\boldsymbol{i}_{1m}$，d 軸電流 i_{1d} は励磁分電流（magnetizing current）と呼ばれ，垂直成分 $\boldsymbol{i}_{1t}$，q 軸電流 i_{1q} はトルク分電流（torque current）と呼ばれる。

4. 3. 2　ベクトル制御系の基本構造

IM 電流制御のための代表的な制御系構造を，制御系構成要素の機能に焦点を当て，図 4.3 に概略的に示した。同図では，簡明性を確保すべく，3×1 ベクトルとして表現される三相信号，2×1 ベクトルとして表現される二相信号は，1 本の太い信号線でこれを表現している。また，ベクトル信号には，座標系との関連を明示すべく，脚符 t, s, r を付与した。各脚符は，三相信号，αβ 固定座標系上の二相信号，dq 同期座標系上の二相信号であることを意味している。

IM 電流制御系の動作は，以下のように説明される。電流検出器で検出された三相固定子電流 $\boldsymbol{i}_{1t}$ は，3 相 2 相変換器 $\boldsymbol{S}^T$ で αβ 固定座標系上の二相電流 $\boldsymbol{i}_{1s}$ に変換された後，ベクトル回転器 $\boldsymbol{R}^T(\theta_{2f})$ で dq 同期座標系の二相電流 $\boldsymbol{i}_{1r}$ に変換され，電流制御器（current controller）へ送られる。電流制御器は，dq 同期座標系上の二相電流 $\boldsymbol{i}_{1r}$ が同指令値 $\boldsymbol{i}_{1r}^*$ に追従するように，dq 同期座標系上の二相電圧指令値 $\boldsymbol{v}_{1r}^*$ を生成しベクトル回転器 $\boldsymbol{R}(\theta_{2f})$ へ送る。ベクトル回転器 $\boldsymbol{R}(\theta_{2f})$ では，dq 同期座標系上の二相電圧指令値 $\boldsymbol{v}_{1r}^*$ を αβ 固定座標系上の二相電圧指令値 $\boldsymbol{v}_{1s}^*$ に変換し，2 相 3 相変換器 $\boldsymbol{S}$ へ送る。2 相 3 相変換器 $\boldsymbol{S}$ では，二相電圧指令値 $\boldsymbol{v}_{1s}^*$ を三相電圧指令値 $\boldsymbol{v}_{1t}^*$ に変換し，電力変換器（inverter）への指令値として出力する。電力変換器は電圧指令値に応じた三相固定子電圧 $\boldsymbol{v}_{1t}$ を発生し，IM へ印加しこれを駆動する。

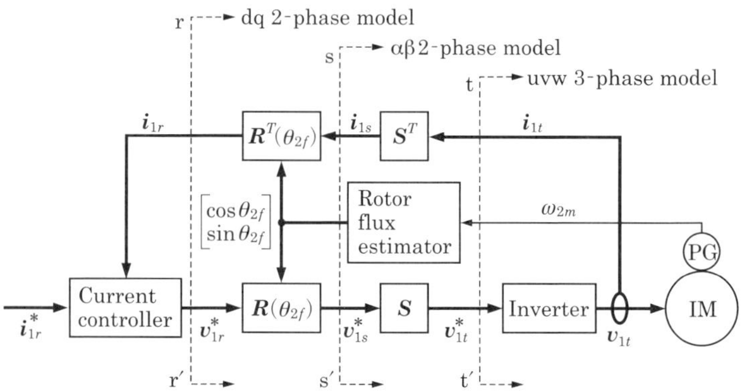

図 4.3　ベクトル制御系の基本構造

このときのdq同期座標系上の二相電流指令値 $\boldsymbol{v}_{1r}^*$ は，d軸電流指令値とq軸電流指令値から構成されている。また，d軸電流指令値は一定であり，q軸電流指令値は，トルク指令値 τ^* から算定される。d軸電流指令値，q軸電流指令値の生成法は，後述する。

2個のベクトル回転器に使用する正規化回転子磁束の位相 θ_{2f} の余弦正弦値は，回転子磁束推定器（rotor flux estimator）で推定的に生成されている。回転子磁束推定器は，エンコーダに代表される位置・速度センサ（PG）より得た回転子速度に加え，固定子電圧，固定子電流を利用して，正規化回転子磁束の振幅と位相の余弦正弦値とを推定的に生成している。同図では，図の輻輳を回避すべく，回転子磁束推定器へ入力される固定子電圧，固定子電流の信号線，さらには出力される正規化回転子磁束の振幅推定値の描画は省略している。

図4.3においては，機能的な説明の都合上，相変換器とベクトル回転器を分離表記したが，これらは実装段階では一体的に構成されることもある。簡単には，$\boldsymbol{R}^T(\theta_{2f})\boldsymbol{S}^T$ は次のように一体化される。

$$\begin{aligned}\boldsymbol{R}^T(\theta_{2f})\boldsymbol{S}^T &= \sqrt{\frac{2}{3}}\begin{bmatrix}\cos\theta_{2f} & \cos\left(\theta_{2f}-\frac{2\pi}{3}\right) & \cos\left(\theta_{2f}+\frac{2\pi}{3}\right) \\ -\sin\theta_{2f} & -\sin\left(\theta_{2f}-\frac{2\pi}{3}\right) & -\sin\left(\theta_{2f}+\frac{2\pi}{3}\right)\end{bmatrix} \\ &= \sqrt{\frac{2}{3}}\begin{bmatrix}\cos(\theta_{2f}) & -\cos\left(\theta_{2f}+\frac{\pi}{3}\right) & -\cos\left(\theta_{2f}-\frac{\pi}{3}\right) \\ -\sin(\theta_{2f}) & \sin\left(\theta_{2f}+\frac{\pi}{3}\right) & \sin\left(\theta_{2f}-\frac{\pi}{3}\right)\end{bmatrix}\end{aligned} \tag{4.24}$$

$\boldsymbol{R}^T(\theta_{2f})\boldsymbol{S}^T$ の一体構成には，三相信号の内の一相分を削減することも可能である。たとえば，w相信号を削減する場合には，次の式(4.25a)の関係を利用し，$\boldsymbol{S}^T$ の第3列を，符号を反転のうえ，第1列，第2列に加算すればよい。この場合には，式(4.25b)の置換式が得られる。

$$i_w = -i_u - i_v \tag{4.25a}$$

$$\begin{aligned}\boldsymbol{R}^T(\theta_{2f})\boldsymbol{S}^T &\Rightarrow \sqrt{\frac{2}{3}}\boldsymbol{R}^T(\theta_{2f})\begin{bmatrix}\frac{3}{2} & 0 & 0 \\ \frac{\sqrt{3}}{2} & \sqrt{3} & 0\end{bmatrix} \\ &= \sqrt{2}\begin{bmatrix}\sin\left(\theta_{2f}+\frac{\pi}{3}\right) & \sin\theta_{2f} & 0 \\ \cos\left(\theta_{2f}+\frac{\pi}{3}\right) & \cos\theta_{2f} & 0\end{bmatrix}\end{aligned} \tag{4.25b}$$

同様に，電圧指令値変換のための $\boldsymbol{SR}(\theta_{2f})$ も式(4.26a)の関係を利用するならば，式(4.26b)の置換が可能となる。

$$v_w^* = -v_u^* - v_v^* \tag{4.26a}$$

$$\begin{aligned}
&\boldsymbol{SR}(\theta_{2f}) \\
&\quad \Rightarrow \sqrt{\frac{2}{3}}\begin{bmatrix} 1 & 0 \\ 0 & 1 \\ -1 & -1 \end{bmatrix}\begin{bmatrix} 1 & 0 \\ -\frac{1}{2} & \frac{\sqrt{3}}{2} \end{bmatrix}\boldsymbol{R}(\theta_{2f}) \\
&\quad = \sqrt{\frac{2}{3}}\begin{bmatrix} 1 & 0 \\ 0 & 1 \\ -1 & -1 \end{bmatrix}\begin{bmatrix} \cos\theta_{2f} & -\sin\theta_{2f} \\ -\cos\left(\theta_{2f} + \frac{\pi}{3}\right) & \sin\left(\theta_{2f} + \frac{\pi}{3}\right) \end{bmatrix}
\end{aligned} \tag{4.26b}$$

式 (4.24)，式 (4.25b) の正弦，余弦信号を用いた行列における第１行，第２行は互いに $\pm\pi/2$〔rad〕の位相差を有している。また，式 (4.26b) の正弦，余弦信号を用いた行列における第１列，第２列は互いに $\pm\pi/2$〔rad〕の位相差を有している。

4.4 固定子電流制御

4.4.1 電流制御器から見た IM

電流制御器設計においては，電流制御器側から見た制御対象（IM）を把握する必要がある。前掲の図 4.3 には，これをも示した。すなわち，電力変換器が理想的であるとするならば，同図において t-t′ の破線から IM を見た場合には，IM は，式 (2.182)～式 (2.184) の「uvw 固定座標系上の三相信号を用いた動的数学モデル」で記述された制御対象として把握される。s-s′ の破線から IM を見た場合には，IM は，$\alpha\beta$ 固定座標系上の二相動的数学モデルで記述された制御対象として把握される。さらに，r-r′ の破線から IM を見た場合には，IM は，$\gamma\delta$ 準同期座標系上の二相動的数学モデルで記述された制御対象として把握される。特に，正規化回転子磁束推定値が同真値に収束した後には，dq 同期座標系上の二相動的数学モデルで記述された制御対象として把握される。

電流制御器の設計は，基本的には，正規化回転子磁束推定値が同真値に収束したものとして行う。したがって，電流制御器の設計に必要な数学モデルは，基本的には，dq 同期座標系上の二相動的数学モデルである。特に，回路方程式（第１基本式）とトルク発生式（第２基本式）が必要である。dq 同期座標系上のトルク発生式は，すでに式 (4.23) に与えた。ここでは，dq 同期座標系上の回路方程式について考える。

$\gamma\delta$ 一般座標系上の回路方程式 (2.157) あるいは状態方程式 (2.168) における正規化回転子磁束の関係式を考える。これは，次式で与えられた。

$$\boldsymbol{D}(s,\omega_\gamma)\boldsymbol{\phi}_{2n}=R_{2n}\boldsymbol{i}_1-\left[W_2\boldsymbol{I}-\omega_{2n}\boldsymbol{J}\right]\boldsymbol{\phi}_{2n} \tag{4.27a}$$

または，

$$s\begin{bmatrix}\phi_{2n\gamma}\\ \phi_{2n\delta}\end{bmatrix}=\begin{bmatrix}-W_2 & \omega_\gamma-\omega_{2n}\\ -\omega_\gamma+\omega_{2n} & -W_2\end{bmatrix}\begin{bmatrix}\phi_{2n\gamma}\\ \phi_{2n\delta}\end{bmatrix}+R_{2n}\begin{bmatrix}i_{1\gamma}\\ i_{1\delta}\end{bmatrix} \tag{4.27b}$$

上式における脚符 γ，δ は，γ 軸要素，δ 軸要素を意味する。

dq 同期座標系の回路方程式，状態方程式は，式 (4.27) において，γδ 一般座標系速度 ω_γ の正規化回転子磁束速度 ω_{2f} への変更 $\omega_\gamma\rightarrow\omega_{2f}$ と，脚符変更 $\gamma\rightarrow d$，$\delta\rightarrow q$ とを施すことにより，ただちに得られる。dq 同期座標系は，正規化回転子磁束に位相差なく同期した座標系であるので，正規化回転子磁束は d 軸上に存在する（図 4.2，図 5.7 参照）。換言するならば，正規化回転子磁束の q 軸要素 ϕ_{2nq} はゼロである。dq 同期座標系の条件 $\phi_{2nq}=0$ を式 (4.27b) に用いると，同式の第 1 行，第 2 行より次の 2 式を得る（式 (2.167) 参照）。

$$\phi_{2nd}=\frac{R_{2n}}{s+W_2}i_{1d} \tag{4.28a}$$

$$\omega_{2f}=\omega_{2n}+\frac{R_{2n}}{\phi_{2nd}}i_{1q}=\omega_{2n}+\omega_s \tag{4.28b}$$

γδ 一般座標系上の回路方程式 (2.157) あるいは状態方程式 (2.168) は，本条件 $\phi_{2nq}=0$ が保証される dq 同期座標系上では次のように再表現される。

回路方程式（第 1 基本式）

$$\begin{bmatrix}v_{1d}\\ v_{1q}\end{bmatrix}=(R_1+R_{2n})\begin{bmatrix}i_{1d}\\ i_{1q}\end{bmatrix}+\begin{bmatrix}s & -\omega_{2f}\\ \omega_{2f} & s\end{bmatrix}\begin{bmatrix}l_{1t}\,i_{1d}\\ l_{1t}\,i_{1q}\end{bmatrix}+\begin{bmatrix}-W_2\\ \omega_{2n}\end{bmatrix}\phi_{2nd} \tag{4.29a}$$

$$\phi_{2nd}=\frac{R_{2n}}{s+W_2}i_{1d} \tag{4.29b}$$

$$\omega_{2f}=\omega_{2n}+\frac{R_{2n}}{\phi_{2nd}}i_{1q}=\omega_{2n}+\omega_s \tag{4.29c}$$

状態方程式

$$s\begin{bmatrix}i_{1d}\\ \phi_{2nd}\\ i_{1q}\end{bmatrix}=\begin{bmatrix}-\dfrac{R_1+R_{2n}}{l_{1t}} & \dfrac{W_2}{l_{1t}} & \omega_{2f}\\ R_{2n} & -W_2 & 0\\ -\omega_{2f} & -\dfrac{\omega_{2n}}{l_{1t}} & -\dfrac{R_1+R_{2n}}{l_{1t}}\end{bmatrix}\begin{bmatrix}i_{1d}\\ \phi_{2nd}\\ i_{1q}\end{bmatrix}+\frac{1}{l_{1t}}\begin{bmatrix}v_{1d}\\ 0\\ v_{1q}\end{bmatrix} \tag{4.30a}$$

$$\omega_{2f}=\omega_{2n}+\frac{R_{2n}}{\phi_{2nd}}i_{1q}=\omega_{2n}+\omega_s \tag{4.30b}$$

■

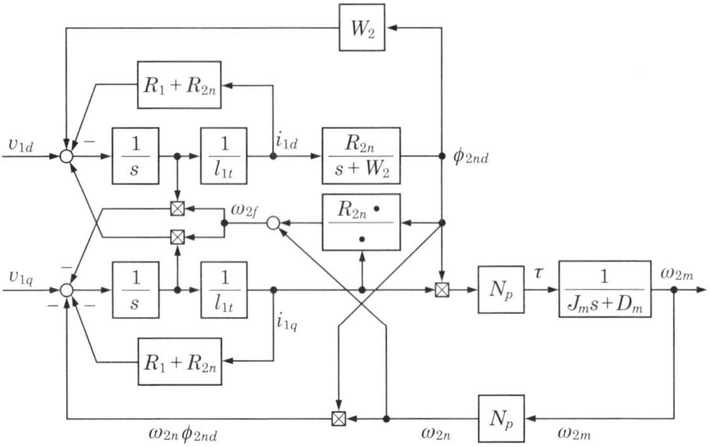

図 4.4　dq 同期座標系上のスカラブロック線図

図 3.3 の B-2 形ベクトルブロック線図を参考にするならば，式 (4.29) より，図 4.4 のスカラブロック線図を得る。同ブロック線図では，正規化回転子磁束の振幅 ϕ_{2nd} と速度（dq 同期座標系速度と同一）ω_{2f} の生成に，dq 同期座標系上で成立する式 (4.29b)，式 (4.29c) を活用している。同ブロック線図には，dq 同期座標系上のトルク発生式すなわち式 (4.23a) と式 (3.4) による機械負荷系も描画した。

ベクトル制御の基本は，式 (4.29b) に基づき，d 軸電流（励磁分電流）制御を介して正規化回転子磁束を制御し，また，式 (4.23) に基づき，q 軸電流（トルク分電流）制御を介して発生トルクを制御するものである。換言するならば，ベクトル制御の基本は，一定の正規化回転子磁束指令値に応じた d 軸電流（励磁分電流）の制御とトルク指令値に応じた q 軸電流（トルク分電流）の制御とにある。

4. 4. 2　非干渉器を伴った電流制御器

図 4.4 より容易に視認されるように，また，式 (4.30) の状態方程式が示すように，dq 軸間には相互に干渉（coupling）が発生している。この点を考慮し，図 4.4 を参考に，式 (4.29) の回路方程式を次のように書き改める。

$$\begin{bmatrix} v_{1d} \\ v_{1q} \end{bmatrix} = \begin{bmatrix} \tilde{v}_{1d} \\ \tilde{v}_{1q} \end{bmatrix} + \begin{bmatrix} -\omega_{2f} l_{1t} i_{1q} \\ \omega_{2f} l_{1t} i_{1d} + \omega_{2n} \phi_{2nd} \end{bmatrix} \tag{4.31}$$

ただし，

$$\begin{bmatrix}\tilde{v}_{1d}\\ \tilde{v}_{1q}\end{bmatrix}=(sl_{1t}+(R_1+R_{2n}))\begin{bmatrix}i_{1d}\\ i_{1q}\end{bmatrix}+\begin{bmatrix}-W_2\\ 0\end{bmatrix}\phi_{2nd} \tag{4.32a}$$

$$\phi_{2nd}=\frac{R_{2n}}{s+W_2}i_{1d} \tag{4.32b}$$

式 (4.32) は，次の伝達関数形式に書き改められる。

$$\left.\begin{aligned} i_{1d}&=G_d(s)\tilde{v}_{1d}=\frac{s+W_2}{l_{1t}s^2+(R_1+L_1W_2)s+R_1W_2}\tilde{v}_{1d}\\ i_{1q}&=G_q(s)\tilde{v}_{1q}=\frac{1}{l_{1t}s+(R_1+R_{2n})}\tilde{v}_{1q}\end{aligned}\right\} \tag{4.33}$$

式 (4.31) は, 図 4.5(a) のように図示することができる。ここで, 図 4.5(a) の右端(出力端) を図 4.4 の左端（入力端）と結合することを, すなわち図 4.4, 図 4.5(a) の d 軸, q 軸電圧 v_{1d}, v_{1q} をおのおの結合することを考える。両図より明らかなように，図 4.5(a) のブロックの前置により，図 4.4 における dq 軸間の干渉は相殺される。この種の前置ブロックは非干渉器 (decoupler) と呼ばれ, 本動作は, 非干渉化 (decoupling) と呼ばれる。

非干渉器の構成は，式 (4.31) に限定されるものではない。次に，第 2 例を示す。d 軸電流（励磁分電流）が一定に制御されている場合には，式 (4.29b) より，次式が成立する。

$$\phi_{2nd}=\frac{R_{2n}}{W_2}i_{1d}=M_n i_{1d} \quad ; i_{1d}=\text{const} \tag{4.34}$$

式 (4.29a) を構成する一部の信号に関して，式 (4.29c) と式 (4.34) を適用すると，次の整理が可能である。

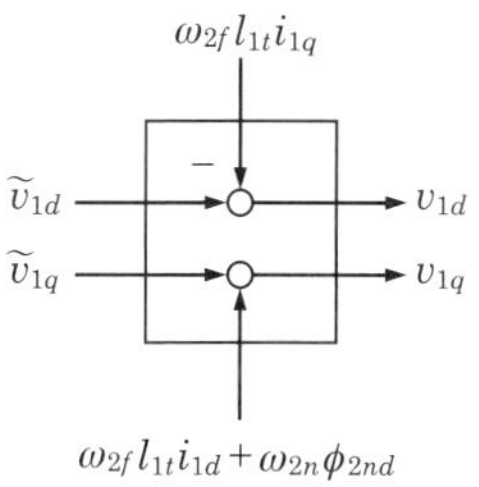

(a) 第 1 例

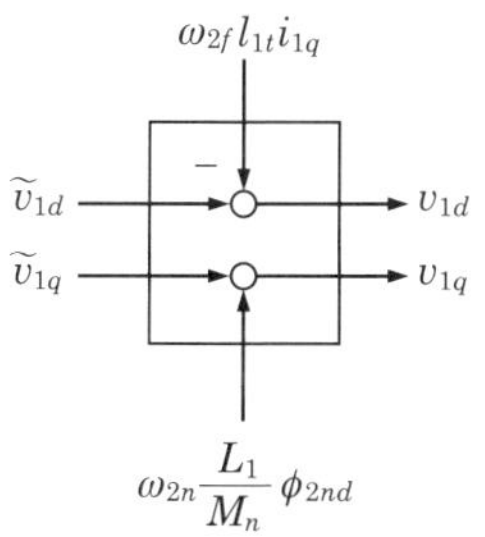

(b) 第 2 例

図 4.5 非干渉器の構成例

$$\begin{aligned}&\omega_{2f} l_{1t} i_{1d} + \omega_{2n}\phi_{2nd}\\&\quad = \left(\omega_{2n} + \frac{R_{2n}}{\phi_{2nd}} i_{1q}\right) l_{1t} i_{1d} + \omega_{2n}\phi_{2nd}\\&\quad = l_{1t} W_2 i_{1q} + \omega_{2n}\frac{L_1}{M_n}\phi_{2nd} \qquad ; i_{1d} = \text{const}\end{aligned} \tag{4.35}$$

式 (4.35) を式 (4.29a) に適用するならば，d 軸電流の一定制御を条件に，式 (4.29) の回路方程式を次のように書き改めることもできる。

$$\begin{bmatrix} v_{1d} \\ v_{1q} \end{bmatrix} = \begin{bmatrix} \tilde{v}_{1d} \\ \tilde{v}_{1q} \end{bmatrix} + \begin{bmatrix} -\omega_{2f} l_{1t} i_{1q} \\ \omega_{2n}\dfrac{L_1}{M_n}\phi_{2nd} \end{bmatrix} \tag{4.36a}$$

$$\omega_{2f} = \omega_{2n} + \frac{R_{2n}}{\phi_{2nd}} i_{1q} \tag{4.36b}$$

ただし，

$$\begin{bmatrix} \tilde{v}_{1d} \\ \tilde{v}_{1q} \end{bmatrix} = \begin{bmatrix} (sl_{1t} + (R_1 + R_{2n}))i_{1d} - W_2\phi_{2nd} \\ (sl_{1t} + (R_1 + L_1 W_2))i_{1q} \end{bmatrix} \tag{4.37a}$$

$$\phi_{2nd} = \frac{R_{2n}}{s + W_2} i_{1d} \tag{4.37b}$$

式 (4.37) は，次の伝達関数の形式に書き改められる。

$$\left.\begin{aligned} i_{1d} &= G_d(s)\tilde{v}_{1d} = \frac{s + W_2}{l_{1t}s^2 + (R_1 + L_1W_2)s + R_1W_2}\tilde{v}_{1d} \\ i_{1q} &= G_q(s)\tilde{v}_{1q} = \frac{1}{l_{1t}s + (R_1 + L_1W_2)}\tilde{v}_{1q} \end{aligned}\right\} \tag{4.38}$$

式 (4.38) の $\tilde{v}_{1d}$，$\tilde{v}_{1q}$ と i_{1d}, i_{1q} とは, d 軸, q 軸ともに独立した線形関係を達成している。すなわち，非干渉化を達成している。式 (4.36) による非干渉化を図 4.5(b) に示した。

制御対象に対し式 (4.31)，図 4.5(a) の非干渉器を前置した場合，$\tilde{v}_{1d}$，$\tilde{v}_{1q}$ と i_{1d}, i_{1q} との関係は，式 (4.33) で記述される。また，制御対象に対し式 (4.36)，図 4.5(b) の非干渉器を前置した場合，$\tilde{v}_{1d}$，$\tilde{v}_{1q}$ と i_{1d}, i_{1q} との関係は，式 (4.38) で記述される。式 (4.33), 式 (4.38) においては, d 軸側の特性は 1 次 /2 次伝達関数 $G_d(s)$ で表現され，q 軸側の特性は 0 次 /1 次伝達関数 $G_q(s)$ で表現されている。これら d 軸，q 軸の伝達関数は以下の特徴をもつ。

(a) 両軸の伝達関数の相対次数は，ともに 1 次である。

(b) 両軸の伝達関数は，$\omega > (R_1 + L_1 W_2)/l_{1t}$ を満たす周波数領域においては，次の 1 次式で近似される。

$$
\begin{aligned}
i_{1j} &\approx G_q(s)\tilde{v}_{1j} \\
&\approx \frac{1}{l_{1t}s+(R_1+L_1W_2)}\tilde{v}_{1j} \\
&\approx \frac{1}{l_{1t}s+(R_1+R_{2n})}\tilde{v}_{1j} \quad ;\ \omega > \frac{R_1+L_1W_2}{l_{1t}} \ ,\ \ j=d,q
\end{aligned}
\tag{4.39}
$$

式 (4.39) による近似の妥当性を例証する。表 4.1，図 4.6 の供試 IM を考える。同表では，基本モータパラメータ R_1，l_{1t}，R_{2n}，W_2 を用いてモータの電気的特性を表現している。このとき，次式が成立している。

$$
\frac{R_1+L_1W_2}{l_{1t}} \approx 67.2\,, \qquad \frac{R_1+R_{2n}}{l_{1t}} = \frac{R_1+(L_1-l_{1t})W_2}{l_{1t}} \approx 65.4 \tag{4.40}
$$

d 軸側，q 軸側の伝達関数として式 (4.38) を考える。表 4.1 のモータパラメータを式 (4.38) に適用したときの周波数応答（振幅応答，位相応答）を図 4.7 に示した。図 (a) は d 軸側の 1 次 /2 次伝達関数 $G_d(s)$ の周波数応答を，図 (b) は q 軸側の 0 次 /1

表 4.1　供試 IM の特性

R_1	0.075〔Ω〕	定格電流	71〔A, rms〕
l_{1t} L_1	0.0017〔H〕 0.022〔H〕	定格励磁分電流	41〔A〕 23.6〔A, rms〕
R_{2n}	0.0361〔Ω〕	定格トルク分電流	116〔A〕
W_2	1.78〔Ω/H〕	定格電圧	320〔V, rms〕
極対数 N_p	2	慣性モーメント J_m	0.335〔kgm^2〕
定格出力	約 30〔kW〕	定格速度	157〔rad/s〕
定格トルク	196〔Nm〕 20〔kgfm〕	4 逓倍後の実効エンコーダ分解能	4×2 048〔p/r〕

図 4.6　供試 IM（左端）と著者

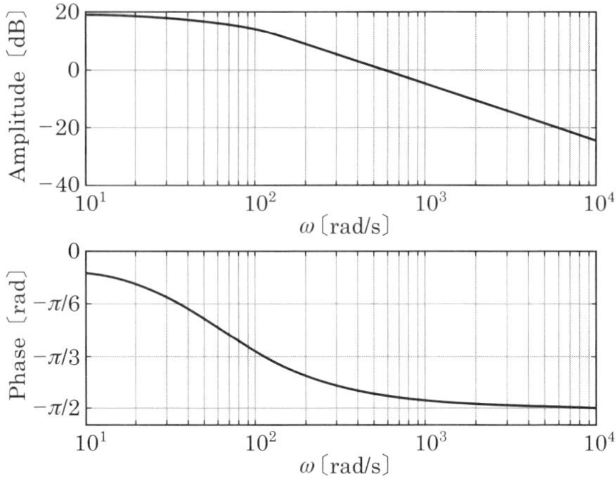

(a) d 軸特性（1 次 / 2 次特性）

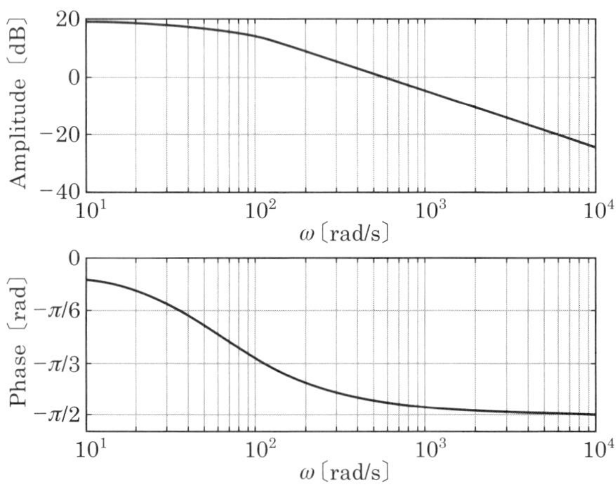

(b) q 軸特性（0 次 / 1 次特性）

図 4.7　非干渉化後の d 軸特性と q 軸特性

次伝達関数 $G_q(s)$ の周波数応答をおのおの示している。$\omega > 70$〔rad/s〕以上の周波数応答に限っては，両伝達関数はおおむね等しいことが確認される。式 (4.33) の q 軸側の 0 次 /1 次伝達関数 $G_q(s)$ の周波数応答は，図 4.7(b) と有意の差はない。

式 (4.39) は，「固定子電流 i_{1d}，i_{1q} を制御すべき応答値（制御量）と見なし，$\tilde{v}_{1d}$，$\tilde{v}_{1q}$ をこのための操作量と見なす電流制御系の設計において，電流制御系の帯域幅を $(R_1 + L_1 W_2)/l_{1t}$ に比較し十分に大きく選定する場合には，電流制御のための制御

対象は式 (4.39) の 1 次遅れ系として扱ってよい」ことを意味している。なお，IM の電流制御系は，一般には，その帯域幅が $(R_1 + L_1 W_2)/l_{1t}$ の 10 倍以上（たとえば，1 000 ～ 3 000〔rad/s〕）となるように設計されるので，本仮定は余裕をもって成立している。

式 (4.39) で記述された 1 次遅れ制御対象に対し，PI 制御器を構成して操作量である電圧指令値を生成し，固定子電流 i_{1d}，i_{1q} を制御するものとする。このときの PI 制御器は，次のように表現することができる。

$$\begin{bmatrix} \tilde{v}_{1d}^* \\ \tilde{v}_{1q}^* \end{bmatrix} = \begin{bmatrix} \dfrac{d_{i1}s + d_{i0}}{s}(i_{1d}^* - i_{1d}) \\ \dfrac{d_{i1}s + d_{i0}}{s}(i_{1q}^* - i_{1q}) \end{bmatrix} \tag{4.41}$$

上式の d_{i1}，d_{i0} は，おのおの比例係数，積分係数を意味する。式 (4.41) では，d 軸，q 軸で同一の比例・積分係数を利用しているが，異なった係数を用いることも可能である。

式 (4.41) の $\tilde{v}_{1d}^*$，$\tilde{v}_{1q}^*$ は，式 (4.39) における $\tilde{v}_{1d}$，$\tilde{v}_{1q}$ と設計上は（換言するならば，電力変換器が理想的とする状況下では）同一であるが，電力変換器入力前の信号であることを考慮して，指令値を意味する頭符 * を付している。電力変換器へ入力すべき d 軸，q 軸固定子電圧指令値は，本指令値を用いて式 (4.31) または式 (4.36) と近似的に等価な次式で記述される。

◆非干渉器を伴った電流制御器

$$\begin{aligned}
\begin{bmatrix} v_{1d}^* \\ v_{1d}^* \end{bmatrix} &= \begin{bmatrix} \tilde{v}_{1d}^* \\ \tilde{v}_{1q}^* \end{bmatrix} + \begin{bmatrix} -\omega_{1f} l_{1t} i_{1q} \\ \omega_{1f} l_{1t} i_{1d} + \omega_{2n} \hat{\phi}_{2nd} \end{bmatrix} \\
&\approx \begin{bmatrix} \tilde{v}_{1d}^* \\ \tilde{v}_{1q}^* \end{bmatrix} + \begin{bmatrix} -\omega_{1f} l_{1t} i_{1q} \\ (\omega_{1f} l_{1t} + \omega_{2n} M_n) i_{1d} \end{bmatrix} \\
&\approx \begin{bmatrix} \tilde{v}_{1d}^* \\ \tilde{v}_{1q}^* \end{bmatrix} + \begin{bmatrix} -\omega_{1f} l_{1t} i_{1q} \\ \omega_{1f} L_1 i_{1d} \end{bmatrix} \approx \begin{bmatrix} \tilde{v}_{1d}^* \\ \tilde{v}_{1q}^* \end{bmatrix} + \begin{bmatrix} -\omega_{1f} l_{1t} i_{1q}^* \\ \omega_{1f} L_1 i_{1d}^* \end{bmatrix} \\
&\approx \begin{bmatrix} \tilde{v}_{1d}^* \\ \tilde{v}_{1q}^* \end{bmatrix} + \begin{bmatrix} -\omega_{2n} l_{1t} i_{1q} \\ \omega_{2n} L_1 i_{1d} \end{bmatrix} \approx \begin{bmatrix} \tilde{v}_{1d}^* \\ \tilde{v}_{1q}^* \end{bmatrix} + \begin{bmatrix} -\omega_{2n} l_{1t} i_{1q}^* \\ \omega_{2n} L_1 i_{1d}^* \end{bmatrix}
\end{aligned} \tag{4.42a}$$

または，

$$
\begin{aligned}
\begin{bmatrix} v_{1d}^* \\ v_{1d}^* \end{bmatrix} &= \begin{bmatrix} \tilde{v}_{1d}^* \\ \tilde{v}_{1q}^* \end{bmatrix} + \begin{bmatrix} -\omega_{1f} l_{1t} i_{1q} \\ \omega_{2n} \dfrac{L_1}{M_n} \hat{\phi}_{2nd} \end{bmatrix} \approx \begin{bmatrix} \tilde{v}_{1d}^* \\ \tilde{v}_{1q}^* \end{bmatrix} + \begin{bmatrix} -\omega_{1f} l_{1t} i_{1q}^* \\ \omega_{2n} L_1 i_{1d}^* \end{bmatrix} \\
&\approx \begin{bmatrix} \tilde{v}_{1d}^* \\ \tilde{v}_{1q}^* \end{bmatrix} + \begin{bmatrix} -\omega_{1f} l_{1t} i_{1q} \\ \omega_{1f} L_1 i_{1d} \end{bmatrix} \approx \begin{bmatrix} \tilde{v}_{1d}^* \\ \tilde{v}_{1q}^* \end{bmatrix} + \begin{bmatrix} -\omega_{1f} l_{1t} i_{1q}^* \\ \omega_{1f} L_1 i_{1d}^* \end{bmatrix} \\
&\approx \begin{bmatrix} \tilde{v}_{1d}^* \\ \tilde{v}_{1q}^* \end{bmatrix} + \begin{bmatrix} -\omega_{2n} l_{1t} i_{1q} \\ \omega_{2n} L_1 i_{1d} \end{bmatrix} \approx \begin{bmatrix} \tilde{v}_{1d}^* \\ \tilde{v}_{1q}^* \end{bmatrix} + \begin{bmatrix} -\omega_{2n} l_{1t} i_{1q}^* \\ \omega_{2n} L_1 i_{1d}^* \end{bmatrix}
\end{aligned}
\tag{4.42b}
$$

■

式 (4.42) における $\tilde{v}_{1d}^*$，$\tilde{v}_{1q}^*$ は式 (4.41) で生成されたものであり，式 (4.42) は式 (4.41) を併用することを前提としている。実際性を考慮し，正規化回転子磁束の速度 ω_{2f} は，固定子側周波数である電源周波数 ω_{1f} で置換・近似している。式 (4.42) は，「電流実測値 i_{1d}，i_{1q} に代わって同指令値 i_{1d}^*，i_{1q}^* を利用して，さらには電源周波数 ω_{1f} に代わって回転子速度（電気速度）ω_{2n} を利用して，非干渉器を近似構成してよい」ことを示している。後者の近似を利用する場合には，式 (4.42a) と式 (4.42b) とは同一となる。

図 4.8 に非干渉器を伴った電流制御器の構成を概略的に図示した。同制御器は，前段の PI 制御器と後段の非干渉器から構成されている。また，このときの PI 制御器は式 (4.41) に基づき，非干渉器は式 (4.42) に基づき構成されている。同図の非干渉器は，回転子速度 ω_{2n} と固定子電流情報を利用した簡略化構成とし，このときの固定子電流情報は，d 軸，q 軸電流の実測値または指令値としている。

電流制御器への入力信号は，d 軸，q 軸電流指令値，d 軸，q 軸電流実測値，回転

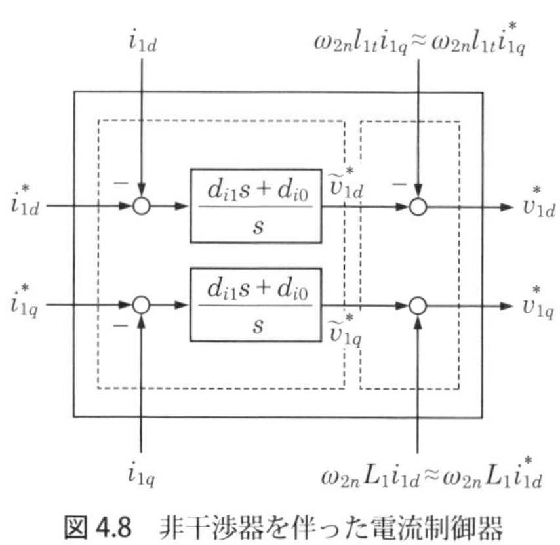

図 4.8　非干渉器を伴った電流制御器

子速度 ω_{2n} または固定子電源周波数 ω_{1f} の5信号であり，出力信号は，d軸，q軸電圧指令値の2信号である。図4.8では，非干渉化信号を外部より直接入力するような描画をしているが，これは図の輻輳を回避するためのものである。実際には，所要の非干渉化信号は上記5外部入力信号より，電流制御器内で合成される。

なお，図4.3に示した概略的な制御系構成図では，簡単のため，非干渉器に利用する回転子速度 ω_{2n} あるいは固定子電源周波数 ω_{1f} の電流制御器への入力描画を省略している。

4.4.3　電流制御器の設計

電力変換器が理想的であり，さらに非干渉器が構成されている状況下では，制御すべきd軸電流（励磁分電流），q軸電流（トルク分電流）の特性は，実効的に式(4.39)で記述される。d軸，q軸電流の制御に式(4.41)のPI制御器を構成する場合には，PI制御器設計の観点から見た等価的な電流制御ループは，図4.9のように図示される。同図では，d軸電流の場合のみを示したが，q軸電流の場合も同様である。

図4.9と図4.1との比較より明らかなように，本制御器の設計には，制御器分母多項式 $C(s)=s$ を条件に，4.2.2項で紹介した高次制御器設計法を適用することができる。式(4.39)，式(4.41)と式(4.7)，式(4.15)とをおのおの比較するならば，電流制御系の帯域幅を ω_{ic} とするとき，式(4.41)の電流制御器（PI制御器）係数は，高次制御器設計法に基づく式(4.15)より，ただちに以下のように設計される。

◆電流制御のためのPI制御器設計法

$$d_{i1}=l_{1t}\omega_{ic}-(R_1+L_1W_2)\approx l_{1t}\omega_{ic}-(R_1+R_{2n})\approx l_{1t}\omega_{ic} \tag{4.43a}$$

$$d_{i0}=l_{1t}w_1(1-w_1)\omega_{ic}^2 \tag{4.43b}$$

$$0.05\le w_1\le 0.5 \tag{4.43c}$$

■

本設計法では，IMのパラメータとして，固定子抵抗，回転子抵抗は必ずしも必要としないが，インダクタンスを必要とする。インダクタンスは，磁束飽和などの影響を受け，必ずしも一定ではない。しかし，PI制御器の係数設計においては，一定値

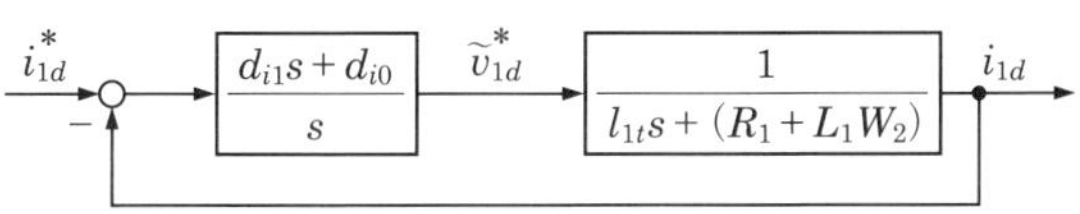

図4.9　非干渉器を前置した場合の等価d軸電流制御系

である公称値を利用して設計せざるをえないことも少なくない。電流検出から電圧印加までには，むだ時間も存在する。これらを総合的に考慮し，電流制御における設計パラメータ w_1 は，少々控えめな値に選定することがある。

4.4.4　非干渉器を伴わない電流制御器

式 (4.31)，式 (4.36) は，IM の操作量である固定子電圧 v_{1d}，v_{1q} と応答値（制御量）である固定子電流 i_{1d}，i_{1q} の関係を外乱のない状態で記述したものである。ここで，式 (4.31) を次式のように書き改める。

$$\begin{bmatrix} \tilde{v}_{1d} \\ \tilde{v}_{1q} \end{bmatrix} = \begin{bmatrix} v_{1d} \\ v_{1q} \end{bmatrix} + \begin{bmatrix} \omega_{2f} l_{1t} i_{1q} \\ -\omega_{2f} l_{1t} i_{1d} - \omega_{2n} \phi_{2nd} \end{bmatrix} \tag{4.44}$$

上式は，「制御対象の最終的な操作量 $\tilde{v}_{1d}$，$\tilde{v}_{1q}$ として，制御器から出力された理想的操作量 v_{1d}，v_{1q} に，式 (4.44) の右辺第 2 項の外乱が混入した様子を記述している」と捉えることもできる。

式 (4.44) の第 1 式に基づく d 軸電流制御系の様子を図 4.10 に示した。同図では，操作量である電圧には，電力変換器入力前の信号であることを考慮して，指令値 v_{1d}^* を使用している。外乱と見なした式 (4.44) の第 2 項は，定常状態では一定であり，その周波数はゼロである。

内部モデル原理によれば，図 4.1 の制御対象と制御器からなる制御系構造においては，ゼロ周波数の外乱による制御対象の応答値への影響は，制御器に積分要素をもたせることにより，排除することができる。図 4.10 の制御系構造が図 4.1 の制御系構造に属することを考慮するならば，式 (4.44) の捉え方に内部モデル原理の適用が可能である（内部モデル原理に関しては，文献 1)，2) 参照)。すなわち，定常状態では，非干渉器を用いることなく，電流制御目的の達成が可能である。非干渉器を用いない PI 電流制御器は，以下のように与えることができる。

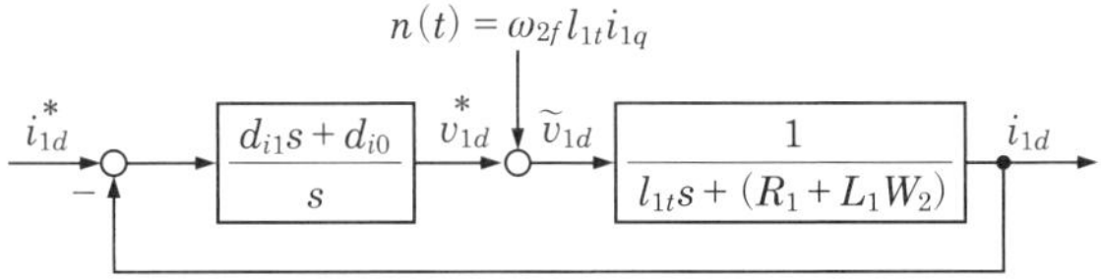

図 4.10　非干渉器を使用しない場合の等価 d 軸電流制御系

◆非干渉器を伴わないPI電流制御器

$$\begin{bmatrix} v_{1d}^* \\ v_{1q}^* \end{bmatrix} = \begin{bmatrix} \dfrac{d_{i1}s + d_{i0}}{s}(i_{1d}^* - i_{1d}) \\ \dfrac{d_{i1}s + d_{i0}}{s}(i_{1q}^* - i_{1q}) \end{bmatrix} \tag{4.45}$$

■

上の電流制御器における係数設計法は，式(4.43)と同一である。図4.10には，式(4.45)のPI制御器の様子も示している。式(4.45)，図4.10より明らかなように，非干渉器を伴わない電流制御器においては，固定子電源周波数ω_{1f}あるいは回転子速度ω_{2n}は不要である。

4.4.5 電流制御性能の1例

A. 制御系構造と試験条件

提案の電流制御系設計法に基づく具体的な設計例と応答例を示す。図4.11に数値実験（シミュレーション）のための制御系を示した。制御対象であるIMは，図4.4のdq同期座標系上のスカラブロック線図を利用し構成した。すなわち，「正規化回転子磁束の位相が正確に把握できている」ものとした。これにより，正規化回転子磁束推定に関する影響を排除し，電流制御系の特性を正確に観察できる。IMには負荷装置を連結し，IMの機械速度を負荷装置により制御できるようにした。電力変換器（ideal 2-phase inverter）は，伝達関数が1の理想的特性をもつものとした。数値実験に使用した供試IMの特性は，表4.1のとおりである。

電流制御系の帯域幅を$\omega_{ic} = 2\,000$〔rad/s〕と設計し，式(4.43)に従い，d軸，q軸電流制御のためのPI制御器の比例係数，積分係数を，次のように設計した。

$$d_{i1} = l_{1t}\omega_{ic} = 3.4 \tag{4.46a}$$

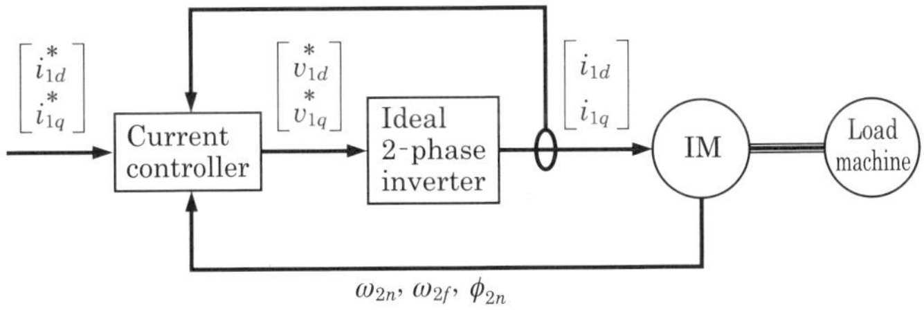

図4.11 数値実験システムの構成

$$d_{i0}=l_{1t}w_1(1-w_1)\omega_{ic}^2=\begin{cases}323 & ;w_1=0.05\\ 612 & ;w_1=0.1\\ 1\,088 & ;w_1=0.2\\ 1\,428 & ;w_1=0.3\end{cases} \tag{4.46b}$$

電流制御性能を確認するための試験は，以下のように行った。まず，負荷装置を用い，供試 IM をこの定格機械速度である一定速度 150〔rad/s〕で駆動した。この間，d 軸電流（励磁分電流）指令値には定格近傍の一定値 40〔A〕を与え（表 4.1，後掲の式 (4.53c) 参照），q 軸電流（トルク分電流）指令値にはゼロを与えた。このうえで，ある瞬時に q 軸電流指令値に定格近傍の一定値 120〔A〕を与えた（表 4.1，後掲の式 (4.54)，式 (4.55) 参照）。d 軸電流指令値は一定値 40〔A〕を維持した。すなわち，最終的には次の電流指令値を与えた。

$$\begin{bmatrix}i_{1d}^*\\ i_{1q}^*\end{bmatrix}=\begin{bmatrix}40\\ 120\end{bmatrix} \tag{4.47}$$

式 (4.47) の電流指令値に対応したトルク応答値は，電流制御が正しく遂行されかつ定常状態では，$\tau=195$〔Nm〕と算定される。

B.　理想非干渉器を伴う電流制御器によるステップ応答

非干渉器の効果を確認すべく，正規化回転子磁束の真値が利用可能であると仮定して，式 (4.31) に基づく理想的な非干渉器を構成した（図 4.5(a) 参照）。この際，正規化回転子磁束の振幅 ϕ_{2nd}, 同速度（dq 同期座標系速度と同一）ω_{2f}, 回転子速度 ω_{2n} は，利用可能であるとした。非干渉器を用いた電流制御器の基本構成は，図 4.8 のとおりである。ただし，非干渉器は，図 4.5(a) に従い構成した。図 4.8 の電流制御器における PI 制御器の係数は，式 (4.46) のとおりとした。

種々の設計パラメータ $w_1=0.05$，0.1，0.2，0.3 に対する応答結果を図 4.12 に示す。同図は，上から，トルク応答値，q 軸電流応答値，d 軸電流応答値を示している。時間軸は 5〔ms/div〕である。同図より明らかなように，ステップ状の q 軸電流指令値の変化にもかかわらず，d 軸電流応答値は指令値と同一のゼロ一定値を維持している。すなわち，完全な非干渉化が達成されている。設計パラメータ w_1 の増大に応じて，q 軸電流応答値の最大行き過ぎ量が大きくなっているが，本例では，$w_1=0.05$ では実質的に行き過ぎのない応答が得られている。

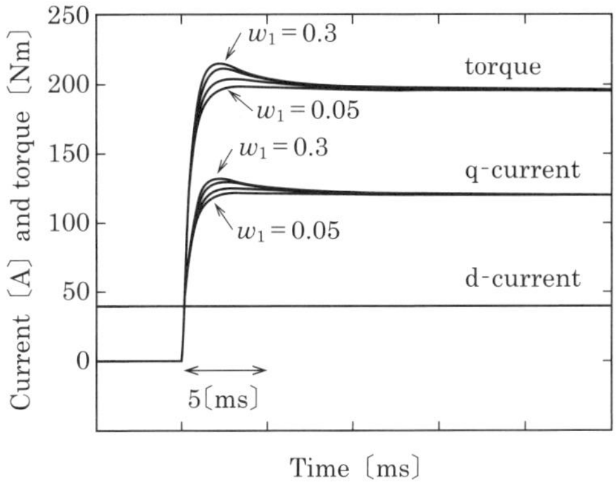

図 4.12 理想的な非干渉器を併用した電流制御のステップ応答例

C. 簡略非干渉器を併用した電流制御器によるステップ応答

簡略化した非干渉器を用いて，同様な実験を行った。非干渉器は式 (4.42) の最終式に従い，回転子速度 ω_{2n} を利用して構成した。すなわち，非干渉器を用いた電流制御器の構成は，図 4.8 のとおりとした。電流制御器における PI 制御器の係数は，前例と同一である。

非干渉器のための d 軸，q 軸電流情報として同応答値を利用した応答の結果を図 4.13(a) に示す。非干渉器の簡略化のため，完全な非干渉が達成されていない。すなわち，q 軸電流指令値の印加直後に，一時的ではあるが d 軸電流が若干増加している。このため，トルク応答値の最大行き過ぎ量が大きく出ている。

図 4.13(b) には，非干渉器のための d 軸，q 軸電流情報として同指令値を利用した応答の結果を示した。q 軸電流指令値の印加直後に，d 軸電流が逆応答を示している。d 軸電流の逆応答の効果により，結果的には，トルク応答値の最大行き過ぎ量が比較的小さく抑えられている。なお，設計パラメータ w_1 を基本最小値 $w_1 = 0.05$ に選定した場合には（式 (4.43c) 参照），安定に電流制御を遂行することができなかった。

D. 非干渉器を伴わない電流制御器によるステップ応答

非干渉器を撤去して，同様の数値実験を行った。PI 制御器の構成は，非干渉器を併用した場合と同一である。応答の結果を図 4.14 に示す。同図より明らかなように，一定の d 軸電流指令値にもかかわらず，ステップ状の q 軸電流指令値の印加に応じ，d 軸電流応答値に変動が出現している。一方で，q 軸電流応答値は，非干渉器を利用した場合に比較して相対的に最大行き過ぎ量が小さくなっている。これら応答特性は

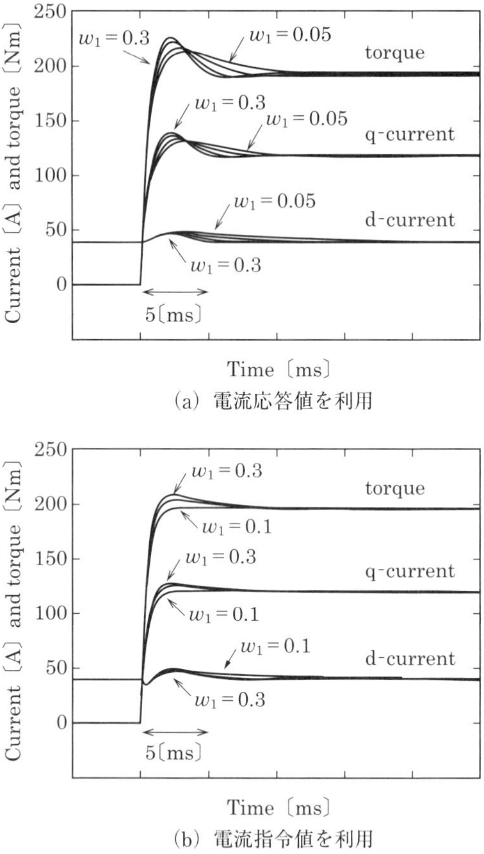

図 4.13　簡略化非干渉器を併用した電流制御のステップ応答例

dq 軸間干渉によるものである。

本応答特性は，次のように理解することができる。正の q 軸電流指令値の印加に応じて，正の q 軸電流が立ち上がる。正の q 軸電流が発生すれば，式 (4.44) より理解されるように，干渉により，正の d 軸電流が誘発される（図 4.4 参照）。正の d 軸電流が発生すれば，干渉により，負方向への q 軸電流が誘発され，結果として，q 軸電流の立ち上りが抑えられ，ひいては最大行き過ぎ量が抑制される。

式 (4.23a) に示したように，発生トルクは q 軸電流と正規化回転子磁束の積で与えられる。また，d 軸電流の増加は正規化回転子磁束の増加をもたらす。この結果，干渉に起因した q 軸電流の過渡応答の劣化にもかかわらず，発生トルクの過渡応答に

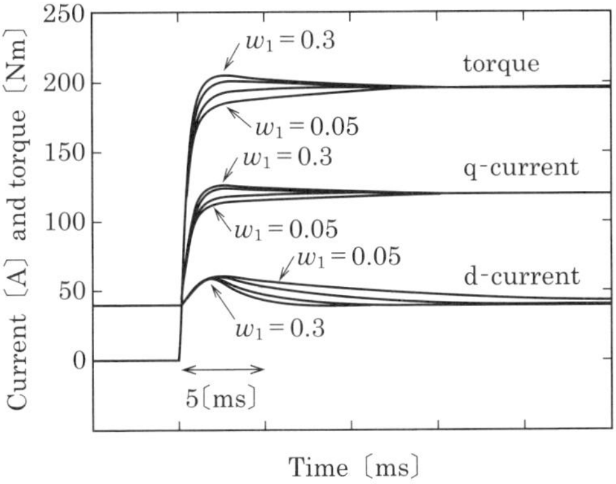

図 4.14　非干渉器を用いない電流制御のステップ応答例

関しては，大きな劣化は発生していない。非干渉器を併用しない電流制御器においては，設計パラメータ w_1 を大きめに選定することにより，理想非干渉器併用の電流制御器に匹敵する良好なトルク応答を得ることができる。なお，本応答特性は一定速度の場合に限られる。速度変動を伴う場合には，非干渉器併用の効果がより明瞭に出現する。

4.5　正規化回転子磁束制御とトルク制御

4.5.1　磁束制御器の設計と励磁分電流指令値の生成

IM の電流制御系として，図 4.3 を考える。図 4.3 における制御対象である IM は，図 4.4 のとおりであった。ここで，電流制御器により固定子電流が適切に制御され，固定子電流は同指令値と実質的に同一であるとする。すなわち，次式が成立しているものとする。

$$\begin{bmatrix} i_{1d} \\ i_{1q} \end{bmatrix} = \begin{bmatrix} i_{1d}^* \\ i_{1q}^* \end{bmatrix} \tag{4.48}$$

本状況下では，IM 特性を示した式 (4.28a)，式 (4.23a) は，次式のように改められる。

$$\hat{\phi}_{2nd} = \phi_{2nd} = \frac{R_{2n}}{s + W_2} i_{1d}^* \tag{4.49a}$$

$$\tau = N_p \phi_{2nd} \, i_{1q}^* \tag{4.49b}$$

IM のベクトル制御の最終目的は，トルク指令値に従ったトルク発生にある。式 (4.48) が成立している状況下では，固定子電流指令値は式 (4.49) に基づき生成すれ

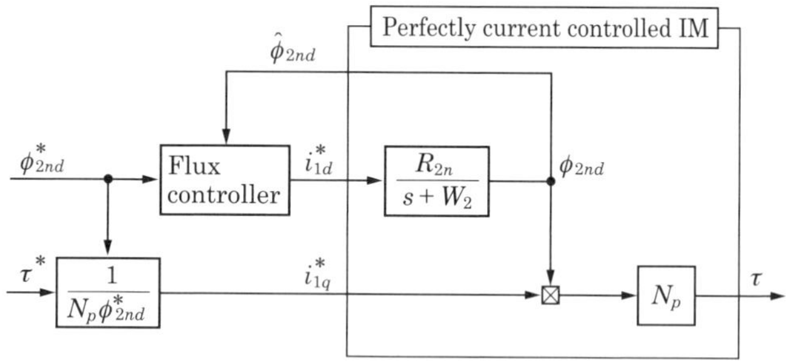

(a) フィードバック磁束制御器を利用

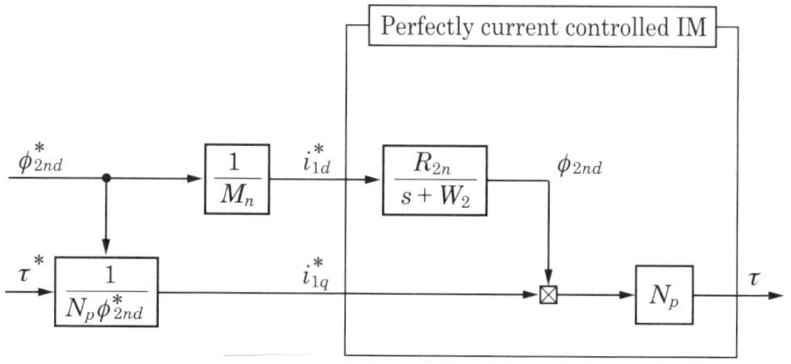

(b) 簡略化したフィードフォワード磁束制御器を利用

図 4.15　固定子電流指令値の生成と電流制御完了後の等価システム

ばよいことがわかる。式 (4.49) は,「d 軸電流指令値と正規化回転子磁束との関係は動的であり，一方，q 軸電流指令値と発生トルクとの関係は静的である」ことを意味している。本認識に従えば，正規化回転子磁束とトルクとの制御のための制御系として図 4.15(a) の制御系を考えることができる。同図における完全電流制御 IM (perfectly current controlled IM) ブロックは, 式 (4.48) 成立のもとでの式 (4.49) を示している。

磁束制御器 (flux controller) の役割は，正規化回転子磁束が同指令値に追従するように d 軸電流指令値を生成することにある。磁束制御器は，図 4.15(a) に基づき構成され，一般には次の PI 制御器が利用される。

$$i^*_{1d} = \frac{d_{f1}s + d_{f0}}{s}(\phi^*_{2nd} - \hat{\phi}_{2nd}) \tag{4.50}$$

PI 制御器係数は，高次制御器設計法に基づく式 (4.15) に従い，以下のように設計される。

◆磁束制御のための PI 制御器設計法

$$d_{f1} = \frac{\omega_{fc} - W_2}{R_{2n}} \tag{4.51a}$$

$$d_{f0} = \frac{w_1(1-w_1)\omega_{fc}^2}{R_{2n}} \tag{4.51b}$$

$$0 \le w_1 \le 0.5 \tag{4.51c}$$

■

本制御器の設計パラメータ w_1 はゼロを含んでおり，本制御器は特別な場合として P 制御器を含んでいる。式 (4.51) における ω_{fc} は，磁束制御系の帯域幅である。本帯域幅は，次式のように設定する。

$$W_2 < \omega_{fc} \ll (1+g_1)W_2 + g_2|\omega_{2n}| \tag{4.52}$$

上式の上限は，最小次元 D 因子磁束状態オブザーバの指数収束のレイトを意味する (後掲の定理 5.1 参照)。磁束制御系の帯域幅は，一般には回転子逆時定数 W_2 の数倍程度の一定値に設定することが多い。

式 (4.50) のフィードバック制御器に代わって，フィードフォワード制御器を利用して，d 軸電流（励磁分電流）指令値を次のように生成してもよい。

$$i_{1d}^* = \frac{s+W_2}{R_{2n}}\phi_{2nd} \approx \frac{s+W_2}{R_{2n}}\phi_{2nd}^* \approx F(s)\frac{s+W_2}{R_{2n}}\phi_{2nd}^* \tag{4.53a}$$

上式の $F(s)$ は，直接微分回避のために導入された広帯域幅かつ $F(0)=1$ のローパスフィルタであり，一般には，全極形（all pole type）フィルタが利用される。1 次全極形フィルタを用いたフィードフォワード制御器は次式となる。

$$i_{1d}^* = \frac{f_0}{s+f_0}\frac{s+W_2}{R_{2n}}\phi_{2nd}^* \quad ; f_0 \ge W_2 \tag{4.53b}$$

フィルタ係数 f_0 は，帯域幅条件 $f_0 \ge W_2$ を満足するように選定する必要がある。特に，$f_0 = W_2$ と選定する場合には，次の静的な電流指令値生成法（簡略化したフィードフォワード制御器）が得られる。

$$i_{1d}^* = \frac{W_2}{R_{2n}}\phi_{2nd}^* = \frac{1}{M_n}\phi_{2nd}^* \quad ; f_0 = W_2 \tag{4.53c}$$

正規化回転子磁束 ϕ_{2nd} は，原則，一定に制御される。正規化回転子磁束を一定に維持する場合には，式 (4.53c) による d 軸電流指令値生成で十分である。図 4.15(b) には，式 (4.53c) に基づく，d 軸電流指令値の静的生成法を描画した。なお，図 4.11 ～図 4.14 においては，式 (4.53c) が問題なく適用できる一定 d 軸電流指令値を利用した。

4.5.2　トルク分電流指令値の生成

q 軸電流（トルク分電流）指令値は，トルク制御の観点から，式 (4.23a)，式 (4.49b) の逆関係に基づき生成すればよい。すなわち，式 (4.49b) に基づき，次式のようにトルク指令値 τ^* に従い q 軸電流指令値 i_{1q}^* を生成すればよい。

$$i_{1q}^* = \frac{\tau^*}{N_p \phi_{2nd}} \approx \frac{\tau^*}{N_p \hat{\phi}_{2nd}} \approx \frac{\tau^*}{N_p \phi_{2nd}^*} \tag{4.54}$$

図 4.15 には，式 (4.54) の右辺に基づく q 軸電流指令値の生成の様子を示している。

正規化回転子磁束が一定に制御されている場合には，式 (4.54) はさらに次のように簡略化される。

$$i_{1q}^* \approx \frac{\tau^*}{N_p \phi_{2nd}^*} \approx \frac{1}{K_t} \tau^* \tag{4.55a}$$

$$K_t = N_p M_n i_{1d}^* \tag{4.55b}$$

この場合には，q 軸電流指令値 i_{1q}^* はトルク指令値 τ^* に比例して生成され，K_t は等価的なトルク係数として扱われる。

第5章

状態オブザーバ形ベクトル制御

5.1 目　的

ベクトル制御の基本は，固定子電流をdq同期座標系上でd軸電流（励磁分電流）とq軸電流（トルク分電流）とにベクトル分割し制御することにある。dq同期座標系上でのベクトル分割には，ベクトル回転器に使用するdq同期座標系の位相，すなわち正規化回転子磁束の位相θ_{2f}が必要である。図4.3では，回転子磁束推定器（rotor flux estimator）が固定子電圧，固定子電流，回転子速度を用いて正規化回転子磁束を推定する役割を担っている（同図では，推定器へ入力される電圧，電流信号線は省略している）。正規化回転子磁束の推定法（振幅と位相の推定方法）は，大きくは，状態オブザーバ形（state observer type）とすべり周波数形（slip frequency type）とに分類される。状態オブザーバ形推定法は，2次最小次元または4次同一次元の磁束状態オブザーバを構成して正規化回転子磁束推定値を得る。正規化回転子磁束の位相推定値を$\hat{\theta}_{2f}$で表現するならば，厳密には，図4.3のベクトル制御系におけるベクトル回転器には正規化回転子磁束位相推定値$\hat{\theta}_{2f}$の余弦正弦値が入力される。このときの位相推定値$\hat{\theta}_{2f}$は$\hat{\theta}_{2f} \to \theta_{2f}$，すなわち同真値へ収束することが期待されている。

状態オブザーバ形回転子磁束推定法を利用したベクトル制御は，状態オブザーバ形ベクトル制御（state observer type vector control）と呼ばれる。状態オブザーバ形ベクトル制御の中で，特に，αβ固定座標系上の最小次元磁束状態オブザーバを用いたベクトル制御の研究開発においては，提唱から一応の完成まで，堀らの貢献が非常に大きい[2)~6)]。

本章では，永久磁石同期モータ（permanent-magnet synchronous motor, PMSM）のための最小次元D因子磁束状態オブザーバの構築・解析手法を援用して，IMのための最小次元D因子磁束状態オブザーバを構成し，この基本特性を明らかにする[1)]。最小次元D因子磁束状態オブザーバの構築法としては，堀らの方法と異なる，新規な2方法を提案する。提案の第1法は，新たに用意したIMの2次元擬似空間表現に対して同一次元状態オブザーバ理論を適用して，所期の2次最小次元オブザーバを直接的に得るものである[1),7),8)]。提案の第2法は，2次電圧モデルと2次電流モデルの単純加重平均により，所期の2次最小次元オブザーバを得るものである[7),8)]。

一般に，状態オブザーバの適切な動作には，オブザーバゲインが支配的影響を与え，この設計が特に重要である。本章では，速度に応じてオブザーバゲインを変更する可変ゲイン法（堀のゲイン法）と異なり[2)~6)]，速度いかんを問わずオブザーバゲインを一定に保つ固定ゲイン法を新規に提案する[7),8)]。

同一次元磁束状態オブザーバに関しては，ベクトルブロック線図に立脚した構築法とともに，D因子を用いた同一次元D因子磁束状態オブザーバを提案する。

5.2　状態オブザーバの基礎

5.2.1　可観測性

状態方程式と出力方程式とで状態空間表現される次の1入力1出力（以下，1入出力と略記）n次線形時不変系を考える[1)]。

◆1入出力線形時不変系の状態空間表現

状態方程式

$$s\boldsymbol{x}(t)=\boldsymbol{A}\boldsymbol{x}(t)+\boldsymbol{b}u(t) \tag{5.1a}$$

出力方程式

$$y(t)=\boldsymbol{c}^T\boldsymbol{x}(t) \tag{5.1b}$$

■

ここに，$\boldsymbol{x}(t)$，$u(t)$，$y(t)$は，$n\times 1$状態変数，1×1入力（信号），1×1出力（信号）であり，また$\boldsymbol{A}$，$\boldsymbol{b}$，$\boldsymbol{c}$はおのおの$n\times n$，$n\times 1$，$n\times 1$の係数行列あるいは係数ベクトルである。これら係数は一定とする。

状態変数は，外部より直接知ることができる場合もあれば，そうでない場合もある。状態変数を外部より直接知ることができない場合には，入出力信号$u(t)$，$y(t)$を用いて，これを推定することになる。この種の推定は，状態観測（state observation）と呼ばれる。状態観測は，すべての線形時不変系に対して可能であるとは限らない。観測可能性に関しては，次の定義が有用である。

◆可観測性

式(5.1)の線形時不変系に関し，この係数$\boldsymbol{A}$，$\boldsymbol{b}$，$\boldsymbol{c}$は既知とする。$t_0<t_1$である

任意の時刻 t_0, t_1 に関し，区間 $[t_0,\ t_1]$ の入力信号 $\boldsymbol{u}(t)$ と出力信号 $\boldsymbol{y}(t)$ とを用いて状態変数 $\boldsymbol{x}(t_0)$ を決定できる場合には，式 (5.1) の線形時不変系は可観測（あるいは完全可観測，state observable, completely state observable）という。

■

5. 2. 2　状態オブザーバ

式 (5.1a) の状態方程式の解は，次式で与えられる。

$$\boldsymbol{x}(t) = e^{\boldsymbol{A}(t-t_0)}\boldsymbol{x}(t_0) + \int_{t_0}^{t} e^{\boldsymbol{A}(t-\tau)}\boldsymbol{b}\,u(\tau)d\tau \tag{5.2}$$

式 (5.2) の右辺第 1 項は初期値 $\boldsymbol{x}(t_0)$ が状態変数 $\boldsymbol{x}(t)$ に与える影響を，右辺第 2 項は入力信号 $u(t)$ が状態変数 $\boldsymbol{x}(t)$ に与える影響を，おのおの示している。係数行列 $\boldsymbol{A}$ が安定であるならば（すなわち，すべての固有値の実部が負であるならば），右辺第 1 項の影響は指数的に減衰する（固有値に関しては文献 9）参照）。したがって，時刻 t_0 より十分に時間が経過した時点では，次式により状態変数を推定することができる。

$$\hat{\boldsymbol{x}}(t) = \int_{t_0}^{t} e^{\boldsymbol{A}(t-\tau)}\boldsymbol{b}\,u(\tau)d\tau \tag{5.3a}$$

または，次の線形時不変系の応答として状態変数を推定することができる。

$$s\hat{\boldsymbol{x}}(t) = \boldsymbol{A}\hat{\boldsymbol{x}}(t) + \boldsymbol{b}\,u(t) \qquad ;\ \hat{\boldsymbol{x}}(t_0) = 0 \tag{5.3b}$$

ここに，$\hat{\boldsymbol{x}}(t)$ は状態変数 $\boldsymbol{x}(t)$ の推定値を意味する。図 5.1 に，式 (5.3b) に基づく状態推定の様子を示した。同図の上段は式 (5.1) で記述される実系（actual plant）を，下段は式 (5.3b) で記述される簡易オブザーバ（simple observer）を示している。

係数行列 $\boldsymbol{A}$ が不安定の場合には，式 (5.3b) は活用できない。また，係数行列 $\boldsymbol{A}$ が安定の場合にも，状態変数推定値 $\hat{\boldsymbol{x}}(t)$ の同真値 $\boldsymbol{x}(t)$ への収束レイトは係数行列 $\boldsymbol{A}$ の固有値に支配されるため，必ずしも満足ゆく収束レイトを得ることができない。本問

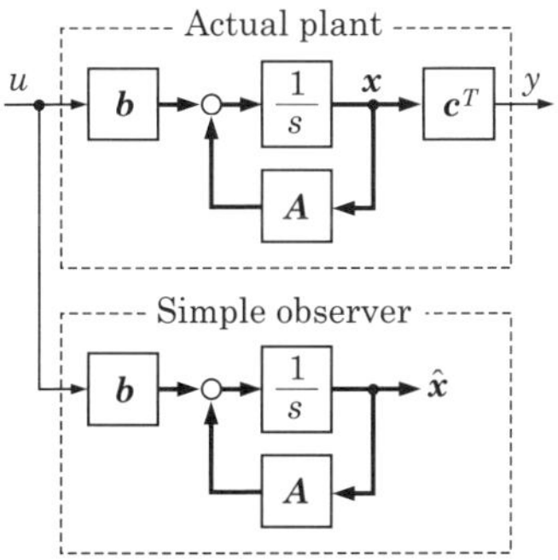

図 5.1　簡易オブザーバの構造

題を解決するために，式 (5.3b) を次式のように変更する。

◆同一次元状態オブザーバ

$$s\hat{\boldsymbol{x}}(t) = \boldsymbol{A}\hat{\boldsymbol{x}}(t) + \boldsymbol{b}u(t) + \boldsymbol{g}(y(t) - \hat{y}(t)) \tag{5.4a}$$

$$\hat{y}(t) = \boldsymbol{c}^T\hat{\boldsymbol{x}}(t) \tag{5.4b}$$

■

式 (5.4a) における $\boldsymbol{g}$ は $n\times 1$ ベクトルのオブザーバゲイン（observer gain）である。式 (5.4) は同一次元状態オブザーバ（identity dimensional state observer）と呼ばれ，図 5.2 のように図示することができる。同図の上段は式 (5.1) で記述される実系(actual plant)を，下段は式 (5.4) で記述される状態オブザーバ(state observer)を示している。

図 5.1 と図 5.2 との比較より明白なように，同一次元状態オブザーバは，実系の出力信号 $y(t)$ と状態オブザーバによる出力信号推定値 $\hat{y}(t)$ との偏差（$y(t) - \hat{y}(t)$）を，オブザーバゲイン $\boldsymbol{g}$ を乗じ状態変数推定値生成用の積分器へフィードバックする構造を採用している。

問題は，本状態オブザーバにより状態変数 $\boldsymbol{x}(t)$ が適切に推定されるか否かである。これは，式 (5.4) から式 (5.1) を減ずることにより得られる次の誤差方程式により検討することができる。

◆誤差方程式

$$\begin{aligned} s[\hat{\boldsymbol{x}}(t) - \boldsymbol{x}(t)] &= \boldsymbol{A}[\hat{\boldsymbol{x}}(t) - \boldsymbol{x}(t)] + \boldsymbol{g}(y(t) - \hat{y}(t)) \\ &= \boldsymbol{A}[\hat{\boldsymbol{x}}(t) - \boldsymbol{x}(t)] - \boldsymbol{g}\boldsymbol{c}^T[\hat{\boldsymbol{x}}(t) - \boldsymbol{x}(t)] \\ &= [\boldsymbol{A} - \boldsymbol{g}\boldsymbol{c}^T][\hat{\boldsymbol{x}}(t) - \boldsymbol{x}(t)] \end{aligned} \tag{5.5}$$

■

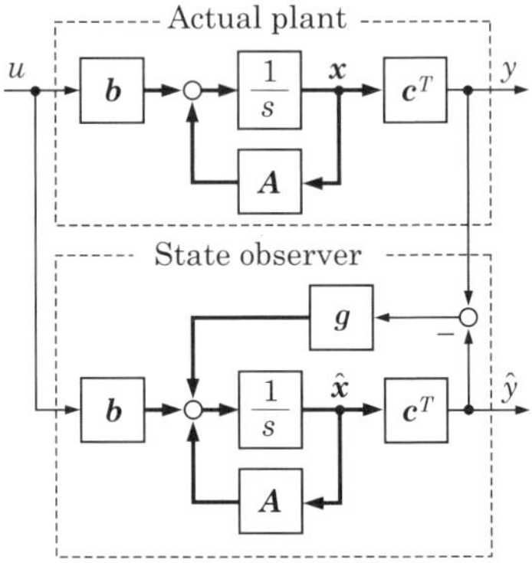

図 5.2　同一次元状態オブザーバの構造

式 (5.5) は，次の2点を意味している。

(a) $[\boldsymbol{A}-\boldsymbol{g}\boldsymbol{c}^T]$ が安定行列となるようにオブザーバゲイン $\boldsymbol{g}$ を設計することができれば，$[\hat{\boldsymbol{x}}(t)-\boldsymbol{x}(t)]\to\boldsymbol{0}$ すなわち $\hat{\boldsymbol{x}}(t)\to\boldsymbol{x}(t)$ が，達成される。

(b) $[\boldsymbol{A}-\boldsymbol{g}\boldsymbol{c}^T]$ の固有値の適切な設計を通じ，状態変数推定値の同真値への収束レイトを指定することが可能である。

なお，実系が可観測であれば，設計者により指定された任意の固有値を $[\boldsymbol{A}-\boldsymbol{g}\boldsymbol{c}^T]$ に付与するためのオブザーバゲイン $\boldsymbol{g}$ が常に存在することが明らかにされている。

式 (5.4) の同一次元状態オブザーバは，$n\times 1$ 状態変数 $\boldsymbol{x}(t)$ を構成する n 個の要素すべてを推定するものである。実系の中には $n\times 1$ 状態変数 $\boldsymbol{x}(t)$ を構成するいくつかの要素は外部より知ることが可能（アクセス可能）で，残りの要素が不可能というものもある。このような実系に対しては，アクセス不可能な状態変数要素のみを推定すればよい。アクセス不可能な要素のみを推定するようにした状態オブザーバは，最小次元状態オブザーバ（minimum dimensional state observer）と呼ばれる。状態変数を構成するすべての要素がアクセス不可能な場合には，同一次元状態オブザーバがとりもなおさず最小次元状態オブザーバとなる。

5.3 一般座標系上の最小次元D因子磁束状態オブザーバ

5.3.1 D因子磁束状態オブザーバの構築と基本収束特性

式 (2.157) の $\gamma\delta$ 一般座標系上の4次回転子磁束形回路方程式を考える。D因子を伴う正規化回転子磁束に注目するならば，式 (2.157) より次式を得る。

$$
\begin{aligned}
\boldsymbol{D}(s,\omega_\gamma)\boldsymbol{\phi}_{2n} &= \boldsymbol{v}_1 - R_1\boldsymbol{i}_1 - \boldsymbol{D}(s,\omega_\gamma)l_{1t}\boldsymbol{i}_1 \\
&= [\omega_{2n}\boldsymbol{J} - W_2\boldsymbol{I}]\boldsymbol{\phi}_{2n} + R_{2n}\boldsymbol{i}_1
\end{aligned} \tag{5.6}
$$

本書は，上の4次回路方程式に対して，D因子を伴う2次元正規化回転子磁束のみを状態変数と見なして，式 (5.6) を次のD因子状態空間表現に改めることを提案する。

◆ $\gamma\delta$ 一般座標系上の正規化回転子磁束の擬似空間表現

$$
\boldsymbol{D}(s,\omega_\gamma)\boldsymbol{\phi}_{2n} = [\omega_{2n}\boldsymbol{J} - W_2\boldsymbol{I}]\boldsymbol{\phi}_{2n} + R_{2n}\boldsymbol{i}_1 \tag{5.7a}
$$

$$
\boldsymbol{v}_1 - (R_1 + R_{2n})\boldsymbol{i}_1 - \boldsymbol{D}(s,\omega_\gamma)l_{1t}\boldsymbol{i}_1 = [\omega_{2n}\boldsymbol{J} - W_2\boldsymbol{I}]\boldsymbol{\phi}_{2n} \tag{5.7b}
$$

■

式 (5.7) に与えた表現は，式 (5.7b) の左辺には固定子総合漏れインダクタンスに関連した動的要素が出現しており，厳密には状態空間表現ではない。式 (5.7) の表現では，未知の状態変数（正規化回転子磁束）を扱った式 (5.7a) を状態方程式として捉え，既知の状態変数（固定子総合漏れ磁束）を扱った式 (5.7b) を出力方程式として捉えている。本書では，このような表現方法を擬似空間表現と呼ぶ。

正規化回転子磁束 $\boldsymbol{\phi}_{2n}$ の推定値を $\hat{\boldsymbol{\phi}}_{2n}$ とする。式 (5.7) に基づき，合理的な推定値 $\hat{\boldsymbol{\phi}}_m$ を得るための状態オブザーバの構築を考える。状態方程式 (5.7a)，出力方程式 (5.7b) を構成する 2×2 係数行列 $[\omega_{2n}\boldsymbol{J} - W_2\boldsymbol{I}]$ は，回転子速度（電気速度）ω_{2n} を含んでおり明らかに時変である。速度が発生トルクに依存し，発生トルクが正規化回転子磁束に依存することを考えると，これら係数行列は正規化回転子磁束に依存しており，厳密には両式は非線形特性を内包している（図 4.4 参照）。

線形時不変の状態方程式，出力方程式に対しては，5.2.2 項で紹介したように，同一次元状態オブザーバの構築手法がすでに確立されている。ここでは，「出力方程式における動的要素の存在」，「線形性の制約」を無視して，形式的に本手法を擬似状態空間表現・式 (5.7) に適用する。これにより，次に示す最小次元 D 因子磁束状態オブザーバを構築できる。

◆ γδ 一般座標系上の最小次元 D 因子磁束状態オブザーバ（基本形）

$$
\begin{aligned}
&\boldsymbol{D}(s,\omega_\gamma)\hat{\boldsymbol{\phi}}_{2n} \\
&\quad=[\omega_{2n}\boldsymbol{J}-W_2\boldsymbol{I}]\hat{\boldsymbol{\phi}}_{2n}+R_{2n}\boldsymbol{i}_1 \\
&\qquad+\boldsymbol{G}[\boldsymbol{v}_1-(R_1+R_{2n})\boldsymbol{i}_1-\boldsymbol{D}(s,\omega_\gamma)l_{1t}\boldsymbol{i}_1-[\omega_{2n}\boldsymbol{J}-W_2\boldsymbol{I}]\hat{\boldsymbol{\phi}}_{2n}] \\
&\quad=-[\boldsymbol{I}-\boldsymbol{G}][W_2\boldsymbol{I}-\omega_{2n}\boldsymbol{J}]\hat{\boldsymbol{\phi}}_{2n}+[\boldsymbol{I}-\boldsymbol{G}]R_{2n}\boldsymbol{i}_1 \\
&\qquad+\boldsymbol{G}[\boldsymbol{v}_1-R_1\boldsymbol{i}_1-\boldsymbol{D}(s,\omega_\gamma)l_{1t}\boldsymbol{i}_1]
\end{aligned}
\tag{5.8}
$$

■

上の D 因子磁束状態オブザーバにおける 2×2 行列 $\boldsymbol{G}$ は設計者に設計が委ねられたオブザーバゲイン（observer gain）である。D 因子磁束状態オブザーバは，最少 4 個のモータパラメータ（固定子抵抗，固定子総合漏れインダクタンス，正規化回転子抵抗，回転子逆時定数）で構成されている。図 5.3 に，式 (5.8) に立脚した最小次元

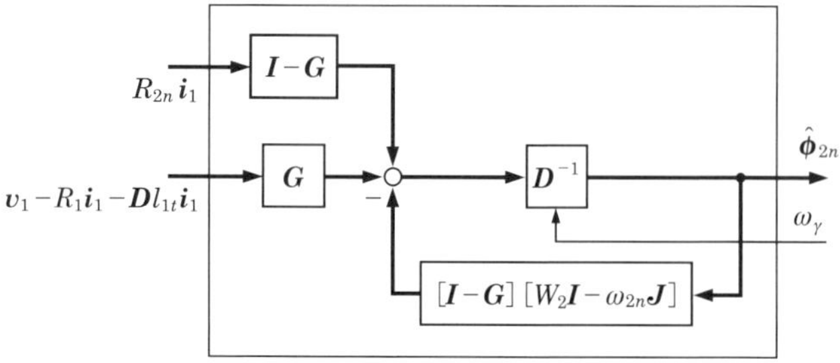

図 5.3 γδ 一般座標系上の最小次元 D 因子磁束状態オブザーバ（基本形）

Ｄ因子磁束状態オブザーバを描画した。Ｄ因子磁束状態オブザーバに使用した逆Ｄ因子の代表的実現法は，図 3.1 を用いて説明したとおりである。

線形時不変系を対象とする場合でさえ，状態オブザーバにより安定に状態推定ができるか否かは，オブザーバゲインに支配的影響を受ける。非線形時変系たる IM を対象とする提案の最小次元Ｄ因子磁束状態オブザーバにおいては，なおさらである。堀らは，オブザーバゲイン設計法として，速度に応じてオブザーバゲインを変更する可変ゲイン法を提案している [2)~6)]。本書では，堀らの可変ゲイン法に代わって，「基本として，速度いかんを問わずオブザーバゲイン $\boldsymbol{G}$ を一定に保つ」ことを特徴とする固定ゲイン法を提案する [7), 8)]。提案のゲイン法は，次の定理 5.1 として整理される。

≪定理 5.1（ゲイン定理）≫ [7), 8)]

(a)　正規化回転子磁束 ϕ_{2n} を除く他はすべて既知であると仮定する。式 (5.8) のＤ因子磁束状態オブザーバに，式 (5.9) の２係数 g_1，g_2 を利用したオブザーバゲイン $\boldsymbol{G}$ を用いて，正規化回転子磁束を推定する場合には，正規化回転子磁束推定値は，同真値へ収束する

$$\left.\begin{array}{l} \boldsymbol{G} = -g_1\boldsymbol{I} - \mathrm{sgn}(\omega_{2n})g_2\boldsymbol{J} \\ \boldsymbol{I} - \boldsymbol{G} = (1+g_1)\boldsymbol{I} + \mathrm{sgn}(\omega_{2n})g_2\boldsymbol{J} \end{array} \quad ; \quad \begin{array}{l} -1 < g_1 < \infty \\ 0 \le g_2 < \infty \end{array}\right\} \tag{5.9}$$

ここに，sgn(・) は次の性質をもつシグナム関数（符号関数）である。

$$\mathrm{sgn}(\omega_{2n}) \equiv \begin{cases} 1 & ; \ \omega_{2n} > 0 \\ 0 & ; \ \omega_{2n} = 0 \\ -1 & ; \ \omega_{2n} < 0 \end{cases} \tag{5.10}$$

(b)　正規化回転子磁束推定値の同真値への指数収束のレイトは，応速（速度に応じて変化）の $(1+g_1)W_2 + g_2|\omega_{2n}|$ となる。

＜証明＞

(a)　式 (5.8) から式 (5.7a) を減じ，式 (5.7b) を考慮すると，次の誤差方程式を得る。

$$\boldsymbol{D}(s,\omega_\gamma)[\hat{\boldsymbol{\phi}}_{2n} - \boldsymbol{\phi}_{2n}] = [\boldsymbol{I} - \boldsymbol{G}][\omega_{2n}\boldsymbol{J} - W_2\boldsymbol{I}][\hat{\boldsymbol{\phi}}_{2n} - \boldsymbol{\phi}_{2n}] \tag{5.11}$$

式 (5.9) のオブザーバゲインを適用する場合には，誤差方程式の特性を支配する 2×2 行列は，次のように評価される。

$$\begin{aligned} &[\boldsymbol{I} - \boldsymbol{G}][\omega_{2n}\boldsymbol{J} - W_2\boldsymbol{I}] \\ &\quad = [(1+g_1)\boldsymbol{I} + \mathrm{sgn}(\omega_{2n})g_2\boldsymbol{J}][\omega_{2n}\boldsymbol{J} - W_2\boldsymbol{I}] \\ &\quad = -((1+g_1)W_2 + g_2|\omega_{2n}|)\boldsymbol{I} + ((1+g_1)\omega_{2n} - \mathrm{sgn}(\omega_{2n})g_2W_2)\boldsymbol{J} \end{aligned} \tag{5.12}$$

上式を式 (5.11) に用いたうえでD因子を展開すると，次式を得る。

$$
\begin{aligned}
&s[\hat{\boldsymbol{\phi}}_{2n}-\boldsymbol{\phi}_{2n}] \\
&\quad=[-((1+g_1)W_2+g_2|\omega_{2n}|)\boldsymbol{I}+((1+g_1)\omega_{2n}-\omega_{\gamma}-\mathrm{sgn}(\omega_{2n})g_2W_2)\boldsymbol{J}] \\
&\qquad\cdot[\hat{\boldsymbol{\phi}}_{2n}-\boldsymbol{\phi}_{2n}]
\end{aligned}
\tag{5.13}
$$

誤差方程式 (5.13) の特性を支配する右辺第1項の 2×2 行列は，次の共役の固有値 λ_1，λ_2 を有する。

$$
\begin{bmatrix}\lambda_1\\ \lambda_2\end{bmatrix}=\begin{bmatrix}-((1+g_1)W_2+g_2|\omega_{2n}|)+j((1+g_1)\omega_{2n}-\omega_{\gamma}-\mathrm{sgn}(\omega_{2n})g_2W_2)\\ -((1+g_1)W_2+g_2|\omega_{2n}|)-j((1+g_1)\omega_{2n}-\omega_{\gamma}-\mathrm{sgn}(\omega_{2n})g_2W_2)\end{bmatrix} \tag{5.14}
$$

式 (5.9) で定義されたオブザーバゲイン $\boldsymbol{G}$ は有界であり選択可能である。この場合，式 (5.13) の特性を支配する2個の固有値の実部は，式 (5.14) が示しているように，回転子速度（電気速度）ω_{2n} のいかんにかかわらず負性が維持される。これらは，$[\hat{\boldsymbol{\phi}}_{2n}-\boldsymbol{\phi}_{2n}]\rightarrow\boldsymbol{0}$ を意味する。換言するならば，式 (5.9) のオブザーバゲイン $\boldsymbol{G}$ を用いた最小次元D因子磁束状態オブザーバ・式 (5.8) は，4象限全領域で，任意の初期値に対し $\hat{\boldsymbol{\phi}}_{2n}\rightarrow\boldsymbol{\phi}_{2n}$ すなわち正規化回転子磁束推定値の同真値への収束を保証する。

(b) 式 (5.14) の誤差方程式は，固有値を利用した次の誤差方程式へ等価変換される。

$$
s\Delta\boldsymbol{\phi}'_m=\mathrm{diag}(\lambda_1,\lambda_2)\Delta\boldsymbol{\phi}'_m \tag{5.15a}
$$

ただし，

$$
\Delta\boldsymbol{\phi}'_{\mathrm{m}}=\frac{1}{\sqrt{2}}\begin{bmatrix}1 & j\\ 1 & -j\end{bmatrix}[\hat{\boldsymbol{\phi}}_m-\boldsymbol{\phi}_m] \tag{5.15b}
$$

等価誤差方程式 (5.15a) における固有値および等価誤差 $\Delta\boldsymbol{\phi}'_m$ がともに複素数である点に留意し，式 (5.14) を考慮すると，次の関係を得る。

$$
s\|\Delta\boldsymbol{\phi}'_m\|=-((1+g_1)W_2+g_2|\omega_{2n}|)\|\Delta\boldsymbol{\phi}'_m\| \tag{5.16}
$$

また，式 (5.15b) のユニタリ変換（unitary transformation）の性質により，次の関係も成立している（ユニタリ変換，直交変換に関しては 2.2.1 項参照）。

$$
\|\hat{\boldsymbol{\phi}}_m-\boldsymbol{\phi}_m\|=\|\Delta\boldsymbol{\phi}'_m\| \tag{5.17}
$$

式 (5.16)，式 (5.17) は，定理の (b) 項を意味する。

■

上に与えた証明は任意かつ可変な回転子速度 ω_{2n} において有効である。理論上は，ゲイン係数 g_1，g_2 が時変の場合も有効である。上記証明の本特徴は，回転子速度が一定であることを前提とする堀らの証明と大きく異なる点でもある[2),3)]。なお，正逆の両方向の回転に有効なオブザーバゲインを得るには，式 (5.9) が示しているように，少なくともゲイン係数 g_2 に速度情報（速度の符号関数を含む）を付与しなければならない。

オブザーバゲイン $\boldsymbol{G}$ として式 (5.9) のものを採用し，ゲイン係数 g_1，g_2 が一定の場合には，ゼロ速度を除く全速度領域において次の交換特性が成立する。

$$\boldsymbol{G}\boldsymbol{D}(s,\omega_\gamma)=\boldsymbol{D}(s,\omega_\gamma)\boldsymbol{G} \quad ;\ g_1=\text{const}\ ,\ g_2=\text{const} \tag{5.18}$$

ひいては，式 (5.8) の基本形 D 因子磁束状態オブザーバは，次の実用形に変形できる。

◆ γδ 一般座標系上の最小次元 D 因子磁束状態オブザーバ（実用形）

$$\left.\begin{aligned}
&\boldsymbol{D}(s,\omega_\gamma)\tilde{\boldsymbol{\phi}}_2\\
&\quad=\boldsymbol{G}[\boldsymbol{v}_1-R_1\boldsymbol{i}_1]+[\boldsymbol{I}-\boldsymbol{G}]R_{2n}\boldsymbol{i}_1+[\boldsymbol{I}-\boldsymbol{G}][\omega_{2n}\boldsymbol{J}-W_2\boldsymbol{I}]\hat{\boldsymbol{\phi}}_{2n}\\
&\quad=\boldsymbol{G}\boldsymbol{v}_1+[R_{2n}\boldsymbol{I}-(R_1+R_{2n})\boldsymbol{G}]\boldsymbol{i}_1+[\boldsymbol{I}-\boldsymbol{G}][\omega_{2n}\boldsymbol{J}-W_2\boldsymbol{I}]\hat{\boldsymbol{\phi}}_{2n}\\
&\hat{\boldsymbol{\phi}}_{2n}=\tilde{\boldsymbol{\phi}}_2-l_{1t}\boldsymbol{G}\boldsymbol{i}_1
\end{aligned}\right\} \tag{5.19a}$$

$$\left.\begin{aligned}
\boldsymbol{G}&=-g_1\boldsymbol{I}-\text{sgn}(\omega_{2n})g_2\boldsymbol{J}\\
\boldsymbol{I}-\boldsymbol{G}&=(1+g_1)\boldsymbol{I}+\text{sgn}(\omega_{2n})g_2\boldsymbol{J}
\end{aligned}\quad ;\ \begin{aligned}-1&<g_1<\infty\\ 0&\le g_2<\infty\end{aligned}\right\} \tag{5.19b}$$

■

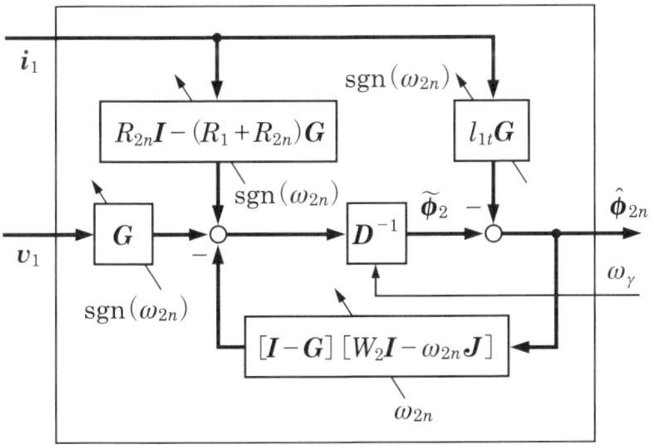

(a) 状態オブザーバ

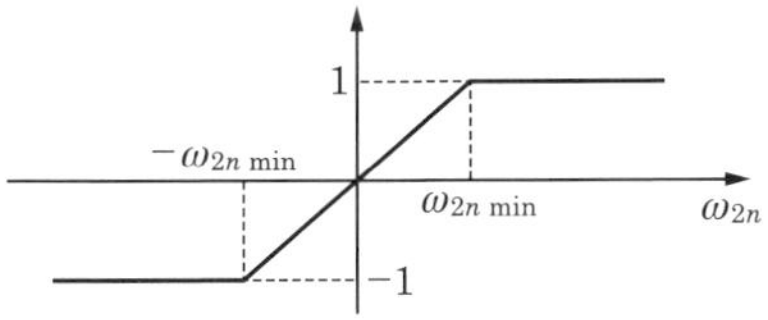

(b) 改良シグナム関数の 1 例

図 5.4 γδ 一般座標系上の最小次元 D 因子磁束状態オブザーバ（実用形）

式 (5.19a) における $\tilde{\phi}_2$ は中間信号である。図 5.4(a) に，式 (5.19) に基づき構成された最小次元 D 因子磁束状態オブザーバ（実用形）を示した。同図より，中間信号 $\tilde{\phi}_2$ の意味が明白であろう。

オブザーバゲイン $\boldsymbol{G}$ の決定には，速度の極性判定すなわち，シグナム関数 $\mathrm{sgn}(\omega_{2n})$ の処理が求められる。ゼロ速度近傍以外であれば，この極性判定は容易かつ正確に行うことができる。しかし，ゼロ速度近傍あるいはゼロ速度通過を伴う駆動では，正確な極性反転は，必ずしも容易ではない。IM 駆動の実際を考慮するならば，シグナム関数 $\mathrm{sgn}(\omega_{2n})$ の定義を，理想的な式 (5.10) に代わって，たとえば，正の一定値 $\omega_{2n\,\min}$ を用いた次式 (5.19c) のように変更することが望まれる（図 5.4(b) 参照）。

$$\mathrm{sgn}(\omega_{2n}) \equiv \begin{cases} 1 \; ; & \omega_{2n} > \omega_{2n\min} \\ \dfrac{\omega_{2n}}{\omega_{2n\min}} \; ; & -\omega_{2n\min} \le \omega_{2n} \le \omega_{2n\min} \\ -1 \; ; & \omega_{2n} < -\omega_{2n\min} \end{cases} \tag{5.19c}$$

オブザーバゲイン $\boldsymbol{G}$ の内部では，シグナム関数 $\mathrm{sgn}(\omega_{2n})$ はゲイン係数 g_2 との積 $\mathrm{sgn}(\omega_{2n})g_2$ として利用される。したがって，シグナム関数として改良式 (5.19c) の利用は，シグナム関数として理想式 (5.10) を利用し，ゼロ速度近傍 $|\omega_{2n}| \le \omega_{2n\,\min}$ においてスカラゲイン $g_2|\omega_{2n}|/\omega_{2n\,\min}$ を利用すること，と等価となる。

5. 3. 2　固有値の軌跡とオブザーバゲインの設計

A.　固有値の軌跡

式 (5.14) に与えた誤差方程式の固有値の特性を解析する。ただし，解析の平易性を考慮し，常時一定のスカラゲイン g_2 と式 (5.10) の理想シグナム関数を利用してオブザーバゲイン $\boldsymbol{G}$ を構成するものとする。当該の固有値は次式で与えられた。

$$\begin{aligned} \lambda_i &= \mathrm{Re}\{\lambda_i\} + j\,\mathrm{Im}\{\lambda_i\} \\ &= -((1+g_1)W_2 + g_2|\omega_{2n}|) \\ &\quad \pm j(-\mathrm{sgn}(\omega_{2n})g_2W_2 + (1+g_1)\omega_{2n} - \omega_\gamma) \end{aligned} \tag{5.20}$$

上式は，「固有値の実部 $\mathrm{Re}\{\lambda_i\}$，虚部 $\mathrm{Im}\{\lambda_i\}$ は，ともに，速度に比例して増加する」ことを示している。図 5.5 に，固有値の速度比例特性を，$\omega_\gamma = 0$ を条件に，概略的に示した。図 (a)，(b) は，おのおの，実部，虚部の速度比例特性を示している。虚部特性は，第 1 固有値虚部 $\mathrm{Im}\{\lambda_1\}$ を実線で，第 2 固有値虚部 $\mathrm{Im}\{\lambda_2\}$ を破線で示した。当然のことながら，両特性は共役（極性反転）の関係にある。

$\omega_\gamma = 0$ を条件に，式 (5.20) の固有値の実部，虚部から回転子速度 ω_{2n} を除去すると，

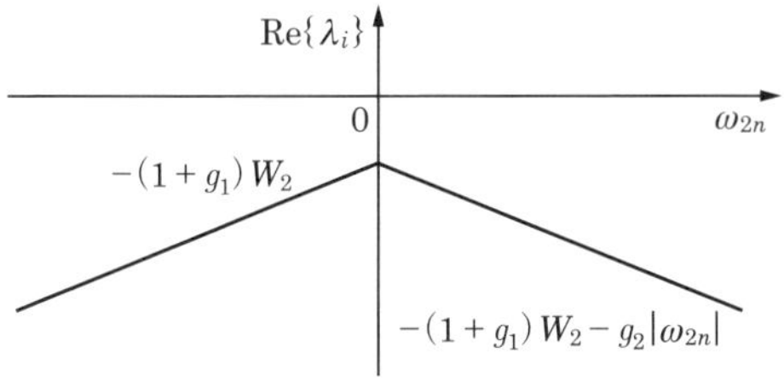

(a) 固有値の実部特性

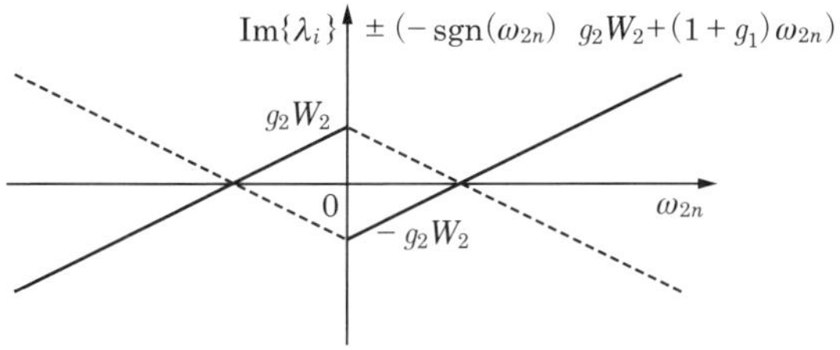

(b) 固有値の虚部特性

図 5.5 誤差方程式固有値の速度特性

固有値の実部，虚部の複素平面上軌跡を示す次式を得る。

$$\left.\begin{aligned} g_2\,\mathrm{Im}\{\lambda_1\} &= -\mathrm{sgn}(\omega_{2n})((1+g_1)\mathrm{Re}\{\lambda_1\}+((1+g_1)^2+g_2^2)W_2) \\ g_2\,\mathrm{Im}\{\lambda_2\} &= \mathrm{sgn}(\omega_{2n})((1+g_1)\mathrm{Re}\{\lambda_2\}+((1+g_1)^2+g_2^2)W_2) \end{aligned}\right\} \tag{5.21}$$

式 (5.21) に基づく固有値の複素平面上軌跡を，正回転 $\omega_{2n} \geq 0$ を条件に，図 5.6 に示した。図より明らかなように，固有値は，速度増加に応じて，直線的に増大する。直線軌跡の勾配は，次式で与えられる。

$$\mathrm{grad}\{\lambda_i\} = \mp\,\mathrm{sgn}(\omega_{2n})\frac{1+g_1}{g_2} \tag{5.22}$$

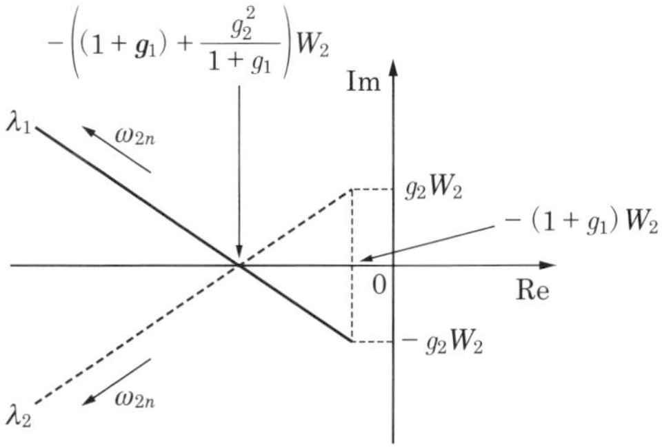

図 5.6 複素平面上の誤差方程式固有値の軌跡

B. オブザーバゲインの設計

固有値の特性理解を踏まえ，オブザーバゲイン $\boldsymbol{G}$ の設計を検討する。オブザーバゲインを構成するゲイン係数 g_1，g_2 の選定は，第1に指数収束のレイト $(1+g_1)W_2+g_2|\omega_{2n}|$ を支配する固有値実部に基づき，第2に振動抑制特性を支配する固有値虚部に基づき行うのが実際的である。選定指針は次のとおりである。

◆オブザーバゲインの選定指針

(a) 回転子速度いかんにかかわらず，一定レイト $(1+g_1)W_2$ の指数収束を得るには，ゲイン係数 $g_1=\mathrm{const}>-1$，$g_2=0$ を選定すればよい。ただし，本選定の場合にも，固有値虚部は回転子速度に比例して増加することになる。本選択の代表例が $\boldsymbol{G}=\boldsymbol{0}$（$g_1=0$，$g_2=0$）であり，この場合の最小次元D因子磁束状態オブザーバは，次式となる。

$$\boldsymbol{D}(s,\omega_\gamma)\hat{\boldsymbol{\phi}}_{2n}=-[W_2\boldsymbol{I}-\omega_{2n}\boldsymbol{J}]\hat{\boldsymbol{\phi}}_{2n}+R_{2n}\boldsymbol{i}_1 \tag{5.23}$$

上式は，式(2.157b)の電流モデルにほかならない。$\boldsymbol{G}=\boldsymbol{0}$ を選定する場合には，固定子電流のみで正規化回転子磁束を推定することになる。この代償として，指数収束は一定レイト W_2 の収束に限定される。

(b) 回転子速度に比例して収束レイトを向上させるには，ゲイン係数 $g_2=\mathrm{const}>0$ を選定すればよい。この g_2 に対しては，$g_1=0$ も選定候補である。

(c) 固有値に速度依存性を付与する場合には，実部の速度依存性を虚部の速度依存性に対して相対的に大きくした方が，磁束推定の観点からは好ましい（特に，中速度以上）。これには，直線軌跡の勾配を1以下に選定するようにすればよい。具体的には，ゲイン係数に次の条件を付与すればよい。

$$g_2\ge 1+g_1 \tag{5.24a}$$

(d) 式(5.24a)を満足する簡単なゲイン係数の選定は，次のものである。式(5.24d)は，特に簡単である。

$$-0.5\le g_1\le 0,\quad g_2\ge 1 \tag{5.24b}$$

$$g_1=-0.5,\quad g_2\ge 1 \tag{5.24c}$$

$$g_1=0,\quad g_2\ge 1 \tag{5.24d}$$

■

5.3.3　電圧モデルと電流モデルの加重平均による再構築

5.3.1項では，4次特性をもつIMを，正規化回転子磁束のみを状態変数とした2次擬似状態空間表現で記述し（式(5.7)参照），擬似状態空間表現に基づき，最小次元

D因子磁束状態オブザーバを構築した。本項では，これとは異なる新規な構築法を提案する。

回路方程式の式 (2.157a) は電圧モデルと呼ばれ，式 (2.157b) は電流モデルと呼ばれることは，すでに説明した。本項では，「電圧モデル，電流モデルの単純な加重平均による最小次元D因子磁束状態オブザーバの構築法」を提案する。これは，以下のように説明される。

式 (2.157a) の両辺に $\boldsymbol{G}$ を乗じて，正規化回転子磁束に関し整理すると，次式を得る。

$$\boldsymbol{G}\boldsymbol{D}(s,\omega_\gamma)\boldsymbol{\phi}_{2n}=\boldsymbol{G}[\boldsymbol{v}_1-R_1\boldsymbol{i}_1-\boldsymbol{D}(s,\omega_\gamma)l_{1t}\boldsymbol{i}_1] \tag{5.25a}$$

一方，式 (2.157b) の両辺に $[\boldsymbol{I}-\boldsymbol{G}]$ を乗じて，正規化回転子磁束に関し整理すると，次式を得る。

$$[\boldsymbol{I}-\boldsymbol{G}]\boldsymbol{D}(s,\omega_\gamma)\boldsymbol{\phi}_{2n}=[\boldsymbol{I}-\boldsymbol{G}]R_{2n}\boldsymbol{i}_1-[\boldsymbol{I}-\boldsymbol{G}][W_2\boldsymbol{I}-\omega_{2n}\boldsymbol{J}]\boldsymbol{\phi}_{2n} \tag{5.25b}$$

上の2式に関し，左辺は左辺，右辺は右辺でおのおの和を取ると，次式を得る。

$$\begin{aligned}\boldsymbol{D}(s,\omega_\gamma)\boldsymbol{\phi}_{2n}=&-[\boldsymbol{I}-\boldsymbol{G}][W_2\boldsymbol{I}-\omega_{2n}\boldsymbol{J}]\boldsymbol{\phi}_{2n}+[\boldsymbol{I}-\boldsymbol{G}]R_{2n}\boldsymbol{i}_1\\&+\boldsymbol{G}[\boldsymbol{v}_1-R_1\boldsymbol{i}_1-\boldsymbol{D}(s,\omega_\gamma)l_{1t}\boldsymbol{i}_1]\end{aligned} \tag{5.25c}$$

式 (5.25c) は，式 (5.8) すなわち所期の最小次元D因子磁束状態オブザーバにほかならない。

式 (5.25) によるならば，「最小次元D因子磁束状態オブザーバは，2×2行列重み $\boldsymbol{G}$，$[\boldsymbol{I}-\boldsymbol{G}]$ を用いた電圧モデルと電流モデルとの加重平均による推定器」との解釈も可能である。2×2行列重みの作用は，被乗算量である2×1ベクトルのノルム（大きさ）と位相（方向）を変えることにある。加重前後のベクトルノルムの相対比を維持するには，$g_1=-0.5$ すなわち2個の行列重みを次式のように選定すればよい。

$$\left.\begin{aligned}\boldsymbol{G}&=0.5\boldsymbol{I}-\operatorname{sgn}(\omega_{2n})g_2\boldsymbol{J}\\\boldsymbol{I}-\boldsymbol{G}&=0.5\boldsymbol{I}+\operatorname{sgn}(\omega_{2n})g_2\boldsymbol{J}\end{aligned}\quad ;\ 0\le g_2<\infty\ \right\} \tag{5.26a}$$

上式の行列重みに対しては，誘導ノルム（induced norm）に関し次の同一性が成立する。

$$\|\boldsymbol{G}\|=\|\boldsymbol{I}-\boldsymbol{G}\| \tag{5.26b}$$

式 (5.25c) が明示しているように，固定子抵抗 R_1 と固定子総合漏れインダクタンス l_{1t} は，行列重み $\boldsymbol{G}$ を介して $\boldsymbol{D}(s,\ \omega_\gamma)\boldsymbol{\phi}_{2n}$ に作用する。一方，正規化回転子抵抗 R_{2n} と回転子逆時定数 W_2 は，行列重み $[\boldsymbol{I}-\boldsymbol{G}]$ を介して $\boldsymbol{D}(s,\ \omega_\gamma)\boldsymbol{\phi}_{2n}$ に作用する。行列重み $\boldsymbol{G}$，$[\boldsymbol{I}-\boldsymbol{G}]$ は，4パラメータに対する推定値の感度を支配するゲインとして捉えることも可能である。

ゼロ速度領域での速度低下に応じて，オブザーバゲイン $\boldsymbol{G}$ をゼロ行列へ漸近させるゲイン設計（すなわち，$\boldsymbol{G} \rightarrow \mathbf{0}$）は，ゼロ速度領域では，主として電流モデルを利用することを意味する。

5. 3. 4　D 因子磁束状態オブザーバの特徴

最小次元 D 因子磁束状態オブザーバは，上記説明より明らかなように，以下の優れた構造的特長をもつ。

(a) D 因子磁束状態オブザーバは，構築過程より明白なように，動的な回路方程式(2.157) に対して追加的近似を一切要求しない，原理的に完全非近似の状態オブザーバである。

(b) D 因子磁束状態オブザーバの次元は，最小の 2 次元である。

(c) 安定収束を保証するオブザーバゲインの設計は，極めて簡単である。簡単な一定ゲイン係数により，加減速を含めた広い動作領域で，D 因子磁束状態オブザーバの安定性を確保できる。

(d) D 因子磁束状態オブザーバは，4 個最少の基本モータパラメータ R_1，l_{1t}，R_{2n}，W_2 で構築されている。

(e) D 因子磁束状態オブザーバは，次数において，モータパラメータの利用において，最も簡明な構造をもつ（図 5.4 参照）。

(f) D 因子磁束状態オブザーバは，$\gamma\delta$ 一般座標系上で構築されており，座標系において最も高い一般性を有する。

Q 5.1　本書で示された最小次元 D 因子磁束状態オブザーバの構築法は，堀らが提案した最小次元磁束状態オブザーバの構築法と同じものですか。

A 5.1　本書で提案した $\gamma\delta$ 一般座標系上の最小次元 D 因子磁束状態オブザーバの構築法は，堀らのものと違います。堀らの構築法は，以下のように整理されます[2)～6)]。まず，$\alpha\beta$ 固定座標系上で，固定子電流と回転子磁束とを状態変数とする 4 次同一次元状態方程式を構成します。固定子電流は既知ですので，未知の状態変数すなわち回転子磁束のみを推定することを考え，Gopinath の最小次元状態オブザーバの構築法を適用して，$\alpha\beta$ 固定座標系上の 2 次最小次元磁束状態オブザーバを構築しています。構築法の相違を反映して，オブザーバゲインの定義が本書のものと異なります。

Q 5.2　「PMSMの場合には，最小次元D因子磁束状態オブザーバによっても，ゼロ速度では回転子磁束の推定は不可」との説明が文献1）になされています。一方，「IMの場合には，ゼロ速度を含む全速度領域で，正規化回転子磁束の推定が可能」と説明がなされています。この違いは，どこに由来しているのでしょうか。

A 5.2　PMSMのための代表的な最小次元D因子磁束状態オブザーバは，形式的には，式(5.19a)において $R_{2n}=0$，$W_2=0$ としたものになります。この場合の指数収束レイトは，定理5.1に示していますように $(1+g_1)W_2+g_2|\omega_{2n}|=g_2|\omega_{2n}|$ となります。すなわち，ゼロ速度では収束レイトがゼロになり，収束不能となります。一方，IMでは $R_{2n}\neq 0$，$W_2\neq 0$，$g_1>-1$ ですので，ゼロ速度でも収束レイトは正値をもちえます。「IMでは，回転子抵抗の存在により，ゼロ速度での安定収束が可能」と理解されます。ゼロ速度領域での収束には，収束レイトを含め，回転子逆時定数 $W_2>0$ が重要な働きをしています。

Q 5.3　オブザーバゲインの選定指針が示されていますが，他に選定指針はないのでしょうか。

A 5.3　堀らは，誤差方程式における2個の固有値を速度いかんにかかわらず一定（実部，虚部の両者を一定）に保つように，オブザーバゲインを構成する2個のゲイン係数 g_1'，g_2' を選定する方法を提案しています[2), 4)]。この場合のゲイン係数 g_1'，g_2' はともに速度の関数となります。ひいては，式(5.18)が成立しなくなります。この結果，式(5.19)に与えた実用形のD因子磁束状態オブザーバが，厳密な意味では，構築できなくなります。なお，堀らは，「固有値実部の負値を，想定駆動速度に比較し十分に大きく選定することにより，速度は実効的に一定として扱える」と主張しています[2), 3)]。

また，堀らは，2×2行列であるオブザーバゲインの4要素を異なる値に選定することにより，回転子抵抗の変動に対して低感度なオブザーバゲインの在り方を検討しています[2), 6)]。解析を通じ，「2個の対角要素を同一，2個の逆対角要素を同一とする構造（式(5.9)に示したような構造）のオブザーバゲインが，回転子抵抗の変動に対して最低感度となる」との結論を与えています[2), 6)]。

Q 5.4　式(5.19)の最小次元D因子磁束状態オブザーバ（実用形）による場合には，オブザーバの固有値は直線軌跡を描くことは理解できました。オブザーバの固有値が取りえる軌跡としては，他にはないのでしょうか。

A 5.4　　堀らは，最小次元磁束状態オブザーバの極配置方法として，モータパラメータの誤差に起因する磁束推定誤差の最小化に関連して，オブザーバの極が速度に応じて双曲線軌跡を描く方法を提案しています[6)]。このときの双曲線は，その漸近直線が複素平面原点を通過するものであり，これに対応したオブザーバゲインのゲイン係数 g'_1，g'_2 は一定値とはなりません。なお，堀らのいう「オブザーバの極」は，基本的に，本書のいう「オブザーバの固有値」を意味しています。極は，本来，線形時不変系の特性多項式に対して定義されるべきものです。時変系としての最小次元D因子磁束状態オブザーバでは，線形時不変系用の特性多項式は定義できず，ひいてはオブザーバの極も定義できません。著者は，本書が扱う時変状態オブーバに用いる用語としては，「オブザーバの固有値」が適切と考えています。

5.4　固定座標系上の推定器を用いたベクトル制御

5.4.1　回転子磁束推定器の詳細構成

これまで説明した最小次元D因子磁束状態オブザーバは，$\gamma\delta$ 一般座標系上で構成されていた。$\gamma\delta$ 一般座標系は，その特別な場合として，$\alpha\beta$ 固定座標系を包含している。本項では，最小次元D因子磁束状態オブザーバを $\alpha\beta$ 固定座標系上で構成した場合のベクトル制御系を説明する。

以降の簡明な説明のため，新たな座標系として $\gamma\delta$ 準同期座標系の定義を行っておく。図4.2を用いて説明したように，dq同期座標系はd軸位相を正規化回転子磁束位相 θ_{2f} とする座標系であり，d軸位相は正規化回転子磁束位相に位相差なく正確に同期している。新たに用意する $\gamma\delta$ 準同期座標系は，座標系位相を正規化回転子磁束位相の推定値 $\hat{\theta}_{2f}$ とする座標系である。すなわち，$\gamma\delta$ 準同期座標系は，d軸位相 θ_{2f} をもつdq同期座標系への位相差のない同期を目指す座標系ではあるが，厳密には，γ 軸位相はd軸位相（正規化回転子磁束位相）と若干の位相差 $\theta_\gamma = \theta_{2f} - \hat{\theta}_{2f}$ をもつ。図5.7に，$\alpha\beta$ 固定座標系，dq同期座標系，$\gamma\delta$ 準同期座標系の3座標系の関係を概略的に示した。$\gamma\delta$ 準同期座標系は，概略的には，dq同期座標系と同一の座標系と捉えてよい。図4.3におけるベクトル制御系の構造説明では，本認識に基づき，$\hat{\theta}_{2f} = \theta_{2f}$ として制御系構造の概要を説明した。$\gamma\delta$ 準同期座標系は，他の座標系と同様に，$\gamma\delta$ 一般座標系の1つである。

図5.8に，$\alpha\beta$ 固定座標系上で位相推定を行うベクトル制御系の代表的構成例を示

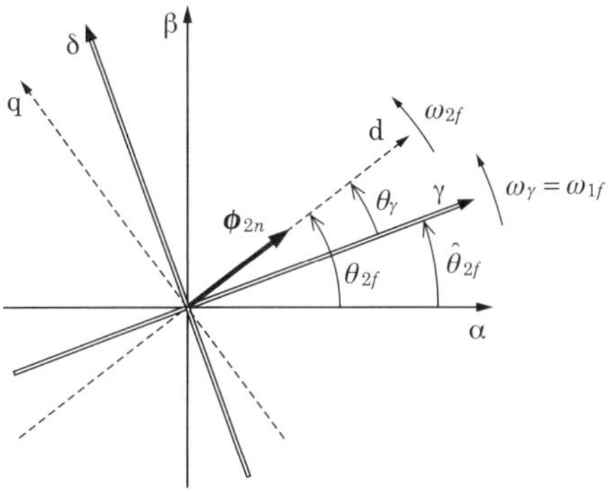

図 5.7 3 座標系と正規化回転子磁束位相との関係

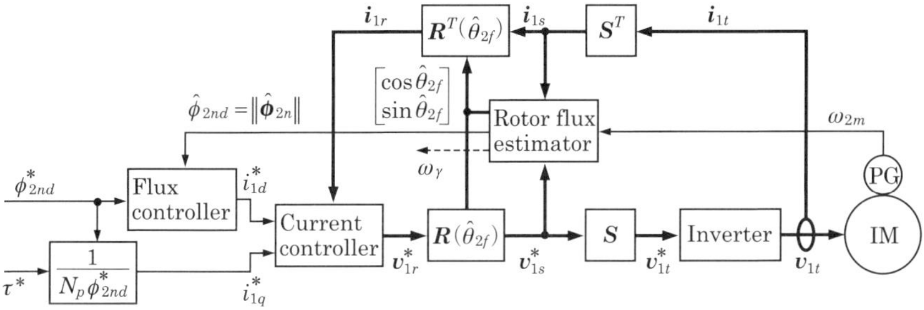

図 5.8 αβ 固定座標系上の回転子磁束推定器を利用したベクトル制御系の構成例

した。同図では，電圧，電流に対してこれらが定義された座標系を示す脚符 t（uvw 固定座標系），s（αβ 固定座標系），r（γδ 準同期座標系）を付している。

回転子磁束推定器には，αβ 固定座標系上で定義された固定子電流の実測値 $\boldsymbol{i}_1$ と固定子電圧の指令値 $\boldsymbol{v}_1^*$，さらには回転子速度（$\omega_{2n}=N_p\omega_{2m}$）が入力され，正規化回転子磁束の位相推定値（すなわち γδ 準同期座標系の位相）$\hat{\theta}_{2f}$ の余弦正弦値，正規化回転子磁束の振幅推定値としての同ノルム $\hat{\phi}_{2nd}=\|\hat{\boldsymbol{\phi}}_{2n}\|$，電源周波数 $\omega_\gamma=\omega_{1f}$ が出力されている。位相推定値の余弦正弦値はベクトル回転器へ，ノルム推定値は磁束制御器へ送られている。電源周波数は，必要に応じ，電流制御器などで利用される。

図 5.8 の制御系構成においては，ベクトル回転器に利用される位相の微分値が電源周波数 ω_{1f} となる。本微分値は，γ 軸速度 ω_γ にほかならない。γ 軸速度は，正規化回転子磁束推定値の α 軸から見た周波数でもある。これより，図 5.8 の制御系構成においては，基本的に $\hat{\omega}_{2f}=\omega_\gamma=\omega_{1f}$ の関係が成立する。

回転子磁束推定器の構成例を図 5.9 に示した。これはオブザーバ部（D-state

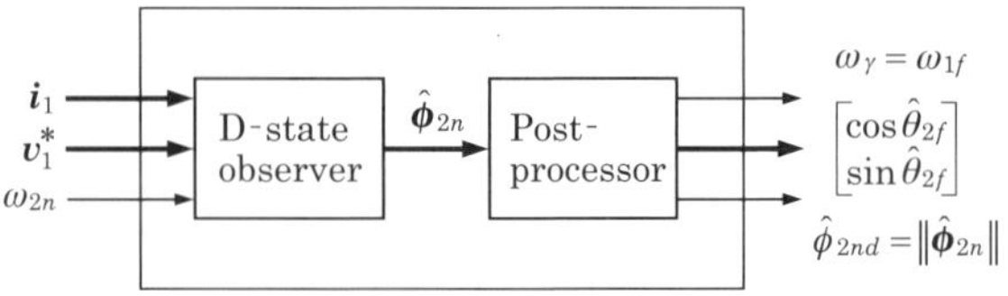

図 5.9 αβ 固定座標系上の回転子磁束推定器の構造

observer）と後処理部（post-processor）とから構成されている。オブザーバ部は，αβ 固定座標系上で評価した正規化回転子磁束推定値 $\hat{\boldsymbol{\phi}}_{2n}$ を出力し，後処理部へ送っている。

オブザーバ部の内部構造を図 5.10 に示した。本オブザーバ部は，αβ 固定座標系上の最小次元 D 因子磁束状態オブザーバ（実用形）により構成されている。式 (5.19) の γδ 一般座標系上の最小次元 D 因子磁束状態オブザーバ（実用形）に対して，γδ 一般座標系を αβ 固定座標系へ帰着させるべく，逆 D 因子に使用した座標系速度を $\omega_\gamma = 0$ としている。具体的には，逆 D 因子を積分器 $1/s$ で置換している。また，固定子電圧情報として固定子電圧指令値を利用している。磁束推定性能の観点からは，固定子電圧情報としては固定子電圧実測値の利用が好ましいが，電力変換器（inverter）による短絡防止期間（dead time）の適切な補償を行っている場合には，電圧指令値を利用しても満足できる実用性能を得ることができる。なお，短絡防止期間の補償に関しては，文献 9) に詳細な説明が与えられている。

後処理部の構成例を図 5.11 に示した。構成の原理を説明する。正規化回転子磁束推定値は，位相を表現した単位ベクトル $\boldsymbol{u}(\hat{\theta}_{2f})$ とノルムとを用い，次のように表現することができる。

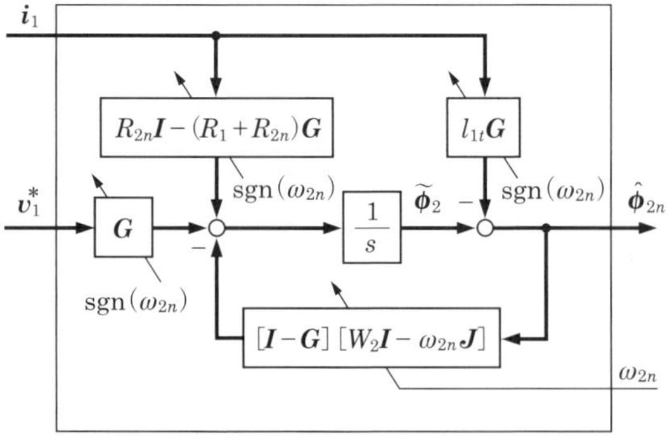

図 5.10 αβ 固定座標系上のオブザーバ部

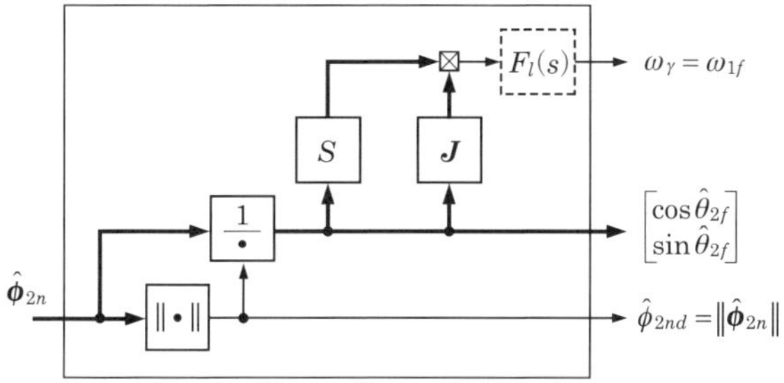

図 5.11　αβ 固定座標系上の後処理部の構成例

$$\hat{\boldsymbol{\phi}}_{2n} = \|\hat{\boldsymbol{\phi}}_{2n}\|\boldsymbol{u}(\hat{\theta}_{2f}) \tag{5.27}$$

正規化回転子磁束の振幅推定値 $\hat{\phi}_{2nd}$ と位相推定値の余弦正弦値は，式 (5.27) より，おのおの次のように得ている。

$$\hat{\phi}_{2nd} = \|\hat{\boldsymbol{\phi}}_{2n}\| \tag{5.28a}$$

$$\boldsymbol{u}(\hat{\theta}_{2f}) = \begin{bmatrix}\cos\hat{\theta}_{2f}\\ \sin\hat{\theta}_{2f}\end{bmatrix} = \frac{\hat{\boldsymbol{\phi}}_{2n}}{\|\hat{\boldsymbol{\phi}}_{2n}\|} \tag{5.28b}$$

正規化回転子磁束の周波数推定値 $\hat{\omega}_{2f}$ は，同位相推定値 $\hat{\theta}_{2f}$ の微分値である。周波数推定値は，位相推定値自体に代わって，位相推定値の余弦正弦値を利用して次のように得ている。

$$\begin{aligned}\hat{\omega}_{2f} &= \frac{[s\hat{\boldsymbol{\phi}}_{2n}]^T \boldsymbol{J}\hat{\boldsymbol{\phi}}_{2n}}{\|\hat{\boldsymbol{\phi}}_{2n}\|^2}\\ &= [s\,\boldsymbol{u}(\hat{\theta}_{2f})]^T \boldsymbol{J}\boldsymbol{u}(\hat{\theta}_{2f})\end{aligned} \tag{5.29}$$

式 (5.29) 右辺の s は微分演算子を意味する。微分処理は，実際的には，近似微分処理で代替することになる。

図 5.11 の最終工程における $F_l(s)$ は，ローパスフィルタを意味する。本フィルタの基本目的は，微分処理に伴い発生する高周波ノイズを除去することにある。高周波ノイズのレベルによっては必要ないこともある。この点を考慮して，ローパスフィルタブロックは破線で表示した。

図 5.11 に与えた後処理部は，信号処理の観点からは，フィードフォワード的である。また，微分処理を必要とする。処理方法を変更することにより，微分処理を回避することも可能である。微分処理の回避には，PMSM のセンサレスベクトル制御法における速度推定に関連して開発された「積分フィードバック形速度推定法」を流用すれ

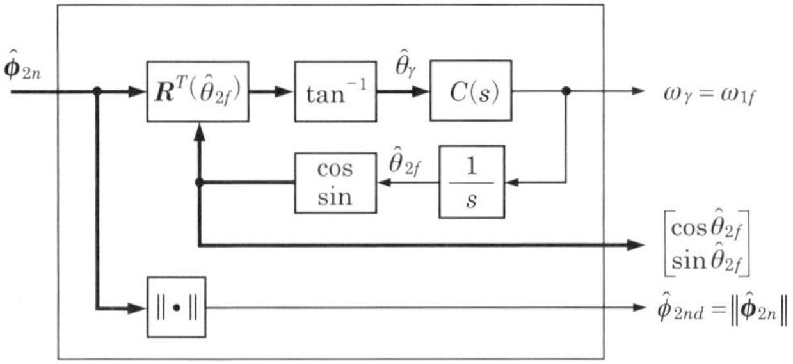

図 5.12　αβ固定座標系上の後処理部の構成例

ばよい[1)]。αβ固定座標系上の信号を処理対象とした積分フィードバック形速度推定法は，γδ準同期座標系上の信号を処理対象とした「一般化積分形PLL法」と双対の関係にあり，αβ固定座標系上の一般化積分形PLL法と捉えることもできる。積分フィードバック形速度推定法を利用した後処理部の構成例を図5.12に与えた。

正規化回転子磁束の振幅推定値は，図5.11と同様にノルム算定より得ている。同図における$1/s$は位相積分器（phase integrator）と呼ばれ，（純粋）積分処理を遂行している。すなわち，位相推定値と周波数推定値の生成は，フィードバック処理を通じて一体的になされており，微分処理に代わって（純粋）積分処理が行われている。

位相制御器（phase controller）と呼ばれる$C(s)$は，次のように，安定ローパスフィルタ$F_C(s)$の分母・分子多項式を利用して定められている。

$$F_C(s) = \frac{F_N(s)}{F_D(s)} = \frac{f_{n,m-1}s^{m-1} + f_{n,m-2}s^{m-2} + \cdots + f_{n,0}}{s^m + f_{d,m-1}s^{m-1} + \cdots + f_{d,0}} \; ; f_{d,0} = f_{n,0} > 0 \tag{5.30a}$$

$$C(s) = \frac{sF_N(s)}{F_D(s) - F_N(s)} \tag{5.30b}$$

多くの場合，$C(s)$をPI制御器とする次のもので十分な性能が得られる。

$$F_C(s) = \frac{F_N(s)}{F_D(s)} = \frac{f_{d,1}s + f_{d,0}}{s^2 + f_{d,1}s + f_{d,0}} \tag{5.31a}$$

$$C(s) = \frac{f_{d,1}s + f_{d,0}}{s} = f_{d,1} + \frac{f_{d,0}}{s} \tag{5.31b}$$

なお，位相制御器に前置された逆正接処理は，$-\pi \sim \pi$の範囲で逆正接値（すなわち位相）を示すものでなくてはならない。本位相は，γ軸から評価した正規化磁束位

相 θ_γ の推定値 $\hat{\theta}_\gamma$ となっている（図 5.7 参照）。図 5.12 には，逆正接処理後の位相推定値 $\hat{\theta}_\gamma$ を明記した。

5. 4. 2　ベクトル制御系の設計例と応答例

提案の設計法に基づくベクトル制御系の具体的な設計例と応答例を示す。図 5.13 に数値実験（シミュレーション）のためのベクトル制御系を示した。制御対象である IM は，図 3.2 の A 形ベクトルブロック線図に従ったベクトルシミュレータを利用した。ただし，αβ 固定座標系上で構成すべく，γδ 一般座標系の速度 ω_γ をゼロに設定し，逆 D 因子は積分器 $1/s$ として実現した。IM には負荷装置を連結し，IM の機械速度を負荷装置により制御できるようにした。電力変換器は，伝達関数が 1 の理想的特性をもつものとした。数値実験用の本ベクトル制御系は，αβ 固定座標系上で回転子磁束推定器を構成した図 5.8 のベクトル制御系に正確に対応している。なお，数値実験に使用した供試 IM の特性は，表 4.1 のとおりである。

電流制御器は，電流制御系の帯域幅 $\omega_{ic} = 2\,000$〔rad/s〕が得られるように設計した。この際，図 4.12 ～図 4.14 に示した検討結果を踏まえ，設計パラメータ $w_1 = 0.1$ として PI 係数を設計し（式 (4.46) 参照），非干渉器は撤去した。

磁束制御器は，磁束制御系の帯域幅 $\omega_{fc} = 10$〔rad/s〕が得られるように，この PI 係数を定めた。具体的には，式 (4.51) に期待帯域幅 $\omega_{fc} = 10$〔rad/s〕と設計パラメータ $w_1 = 0.2$ を用い次の値を利用した。

$$d_{f1} = 227\,, \quad d_{f0} = 443 \tag{5.32}$$

回転子磁束推定器内のオブザーバ部（D 因子磁束状態オブザーバ）の設計は，すなわちオブザーバゲインの設計は，5.3.2 項の検討を踏まえ，次のように行った（式 (5.24) 参照）。

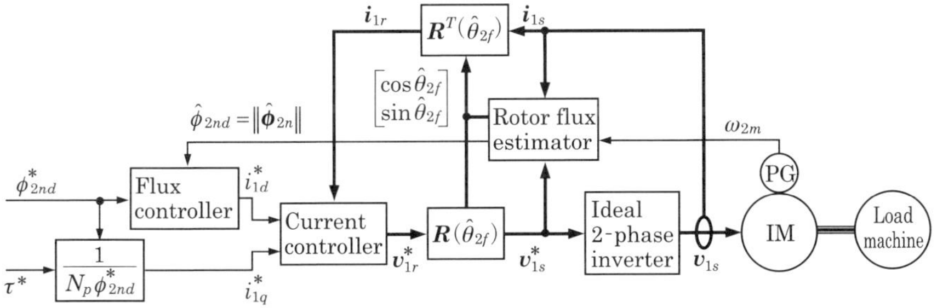

図 5.13　αβ 固定座標系上の回転子磁束推定器を用いた数値実験システムの構成

$$g_1 = 0, \quad g_2 = 2 \tag{5.33}$$

回転子磁束推定器内の後処理部は，静的な（すなわち動特性を有しない）図 5.11 に従い構成した。

ベクトル制御系の基本性能を確認するための実験は，以下のように行った。まず，負荷装置を用い，供試 IM をこの定格機械速度である一定速度 150〔rad/s〕で駆動した。この間，正規化回転子磁束指令値は定格近傍の一定値 $\phi^*_{2nd} = 0.8$〔Vs/rad〕を与えた。トルク指令値には当初ゼロを与えた。このうえで，ある瞬時にトルク指令値に定格近傍の一定値 200〔Nm〕を与えた。正規化回転子磁束指令値は，常時，既定の一定値を維持しており，トルク指令値を与えた時点では，$\gamma\delta$ 準同期座標系は dq 同期座標系への収束を実質完了している。

実験結果を図 5.14 に示す。図 (a) は，トルク指令値（破線），トルク応答値（実線）

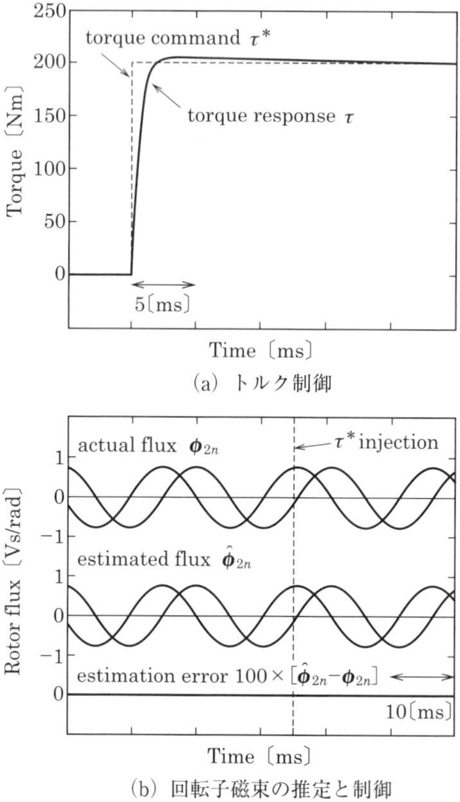

図 5.14　トルク制御におけるステップ応答例

を重ねて描画している。時間軸は，5〔ms/div〕である。正規化回転子磁束が既知とした図 4.14 と同様な良好なトルク応答が得られている。

図 (b) は，トルク指令値の変化前後における正規化回転子磁束の様子を示したものであり，上から，正規化回転子磁束の真値 ϕ_{2n}，回転子磁束推定器で得た正規化回転子磁束の推定値 $\hat{\phi}_{2n}$，推定値と真値との誤差の 100 倍値すなわち $100[\hat{\phi}_{2n}-\phi_{2n}]$ を示している。なお，時間軸は，図 (a) と異なり，10〔ms/div〕としている。図中の縦破線は，トルク指令値をゼロから定格値に瞬時変更した時刻を示している。磁束推定誤差から理解されるように，トルク指令値の変更にもかかわらず，正規化回転子磁束は正確に推定されかつ制御されている。このときの正規化回転子磁束の振幅は，ノルム評価で，一定指令値と同一の $\|\phi_{2n}\|=0.8$〔Vs/rad〕に制御されている。

5.5　準同期座標系上の推定器を用いたベクトル制御

5.5.1　回転子磁束推定器の詳細構成

5.4 節では，最小次元 D 因子磁束状態オブザーバを αβ 固定座標系上で構成して，正規化回転子磁束を推定し，この振幅推定値，位相の正弦余弦値の推定値，および周波数推定値を得た。同様な推定値は，γδ 準同期座標系上で構成された最小次元 D 因子磁束状態オブザーバによる正規化回転子磁束の推定を介して得ることができる。本項では，最小次元 D 因子磁束状態オブザーバを γδ 準同期座標系上で構成した場合のベクトル制御系を説明する。

図 5.15 に，γδ 準同期座標系上で位相推定を行うベクトル制御系の代表的構成例を示した。同図では，電圧，電流に対してこれらが定義された座標系を示す脚符 t（uvw 固定座標系），s（αβ 固定座標系），r（γδ 準同期座標系）を付している。

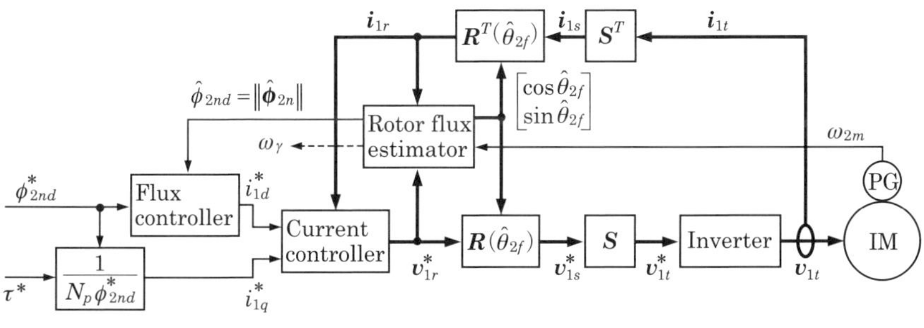

図 5.15　γδ 準同期座標系上の回転子磁束推定器を利用したベクトル制御系の構成例

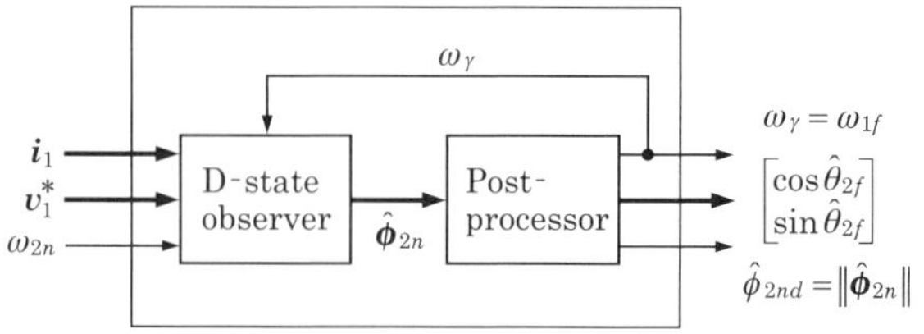

図 5.16　γδ 準同期座標系上の回転子磁束推定器の構造

回転子磁束推定器には，γδ 準同期座標系上で定義された固定子電流の実測値 $\boldsymbol{i}_1$ と固定子電圧の指令値 $\boldsymbol{v}_1^*$，さらには回転子速度（$\omega_{2n} = N_p\omega_{2m}$）が入力され，正規化回転子磁束の位相推定値（すなわち，γδ 準同期座標系の位相）$\hat{\theta}_{2f}$ の余弦正弦値，正規化回転子磁束の振幅推定値としての同ノルム $\hat{\phi}_{2nd} = \|\hat{\boldsymbol{\phi}}_{2n}\|$，電源周波数 $\omega_\gamma = \omega_{1f}$ が出力されている。これら生成推定値の送信先は，αβ 固定座標系上で構成された回転子磁束推定器の場合と同一である。

γδ 準同期座標系上の回転子磁束推定器の構成例を図 5.16 に示した。これは，αβ 固定座標系上での構成例と同様に，オブザーバ部（D-state observer）と後処理部（post-processor）とから構成されている。オブザーバ部は，γδ 準同期座標系上で評価した正規化回転子磁束推定値 $\hat{\boldsymbol{\phi}}_{2n}$ を出力し，後処理部へ送っている。

図 5.17 に，オブザーバ部の内部構造 2 種を示した。本オブザーバ部は，γδ 準同期座標系上の最小次元 D 因子磁束状態オブザーバ（実用形）により構成されている。本オブザーバと式 (5.19) の γδ 一般座標系上の最小次元 D 因子磁束状態オブザーバ(実用形）との違いは，固定子電圧情報としては固定子電圧指令値を利用しているただ 1 点に過ぎない。本構成例では，固定子電圧指令値，固定子電流実測値，回転子速度実測値に加えて，γδ 準同期座標系の速度 ω_γ が，オブザーバ部へ入力されている。

図 5.18 に，後処理部の構成例を示した。本構成例は，PMSM のセンサレスベクトル制御法における位相・速度推定に関連して開発された一般化積分形 PLL 法を無修正で利用している [1)]。

γδ 準同期座標系上の信号のための一般化積分形 PLL 法は，αβ 固定座標系上の信号のための積分フィードバック形速度推定法と双対の関係にある。ひいては，図 5.18 における位相制御器 $C(s)$ は，積分フィードバック形速度推定法における位相制御器と同様に構成・設計される（式 (5.30)，式 (5.31) 参照)。位相制御器に前置された逆正接処理は，$-\pi \sim \pi$ の範囲で逆正接値（すなわち，位相）を示すものでなくてはならない。本位相は，γ 軸から評価した正規化磁束位相 θ_γ の推定値 $\hat{\theta}_\gamma$ となっている（図

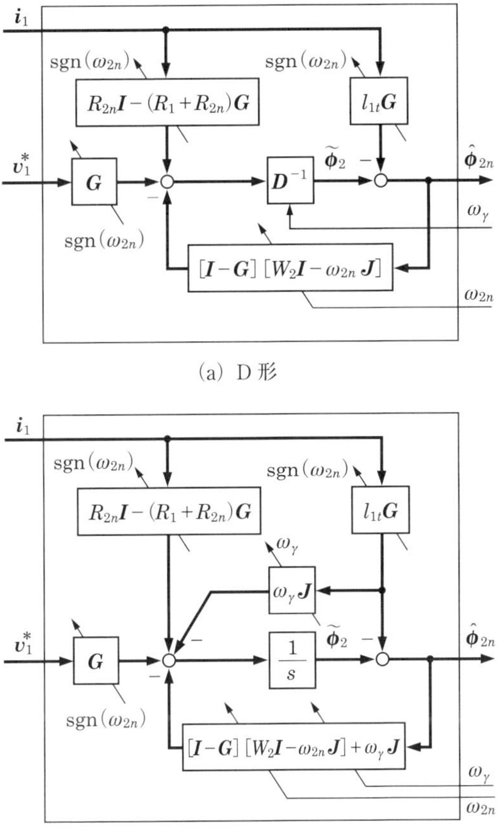

(a) D 形

(b) S 形

図 5.17 γδ 準同期座標系上のオブザーバ部

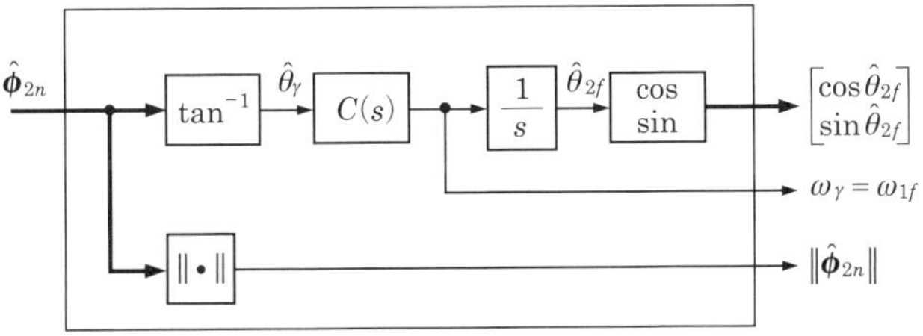

図 5.18 γδ 準同期座標系上の後処理部の構成例

5.7 参照)。位相推定値 $\hat{\theta}_\gamma$ を位相制御器で処理した信号が γ 軸の速度 ω_γ となっている。γ 軸は dq 同期座標系の d 軸への収束（すなわち位相同期）を目指しており，このときの γ 軸速度 ω_γ は d 軸速度 ω_{2f} の推定値 $\hat{\omega}_{2f}$ となる。

図 5.15 の制御系構成においては，ベクトル回転器に利用される位相の微分値が電源周波数 ω_{1f} となる。本微分値は，γ 軸速度 ω_γ にほかならない。γ 軸速度は，正規化回転子磁束推定値の α 軸から見た周波数でもある。これより，図 5.15 の制御系構成においては，基本的に $\hat{\omega}_{2f} = \omega_\gamma = \omega_{1f}$ の関係が成立する。

正規化回転子磁束の振幅推定値 $\hat{\phi}_{2nd}$ は，式 (5.28a) と同様に，正規化回転子磁束推定値のノルム算定を介して得ている。ノルム算定に代わって，次式のように，正規化回転子磁束推定値の γ 軸要素（d 軸要素相当）を振幅推定値 $\hat{\phi}_{2nd}$ としてもよい。

$$\hat{\boldsymbol{\phi}}_{2n} = \begin{bmatrix} \hat{\phi}_{2n\gamma} \\ \hat{\phi}_{2n\delta} \end{bmatrix}, \qquad \hat{\phi}_{2nd} = \left| \hat{\phi}_{2n\gamma} \right| \tag{5.34}$$

5.5.2　ベクトル制御系の設計例と応答例

提案の設計法に基づくベクトル制御系の具体的な設計例と応答例を示す。図 5.19 に数値実験（シミュレーション）のためのベクトル制御系を示した。数値実験用の本ベクトル制御系は，IM を二相モデルで構成している点を除けば，図 5.15 のベクトル制御系に正確に対応している。図 5.13 のベクトル制御系との違いは，回転子磁束推定器が $\gamma\delta$ 準同期座標系上で構成されている点，すなわち回転子磁束推定器がベクトル回転器の左側で構成されている点にある。この点を除く他の構成機器に関しては，図 5.13 のベクトル制御系と同一である。

電流制御器，磁束制御器の設計は，図 5.13 の場合と同一とした。$\gamma\delta$ 準同期座標系上の回転子磁束推定器は，図 5.16 ～図 5.18 に従い構成した。すなわち，回転子磁束

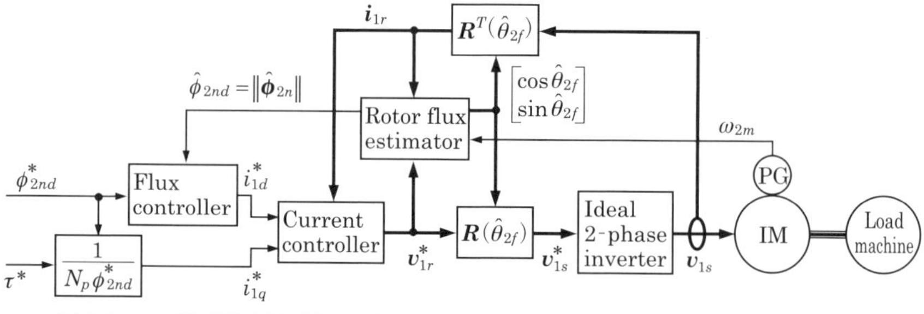

図 5.19　$\gamma\delta$ 準同期座標系上の回転子磁束推定器を用いた数値実験システムの構成

推定器内のオブザーバ部は，図 5.17 の D 因子磁束状態オブザーバを用い構成した。このオブザーバゲインの設計は，式 (5.33) と同一とした。回転子磁束推定器内の後処理部は，一般化積分形 PLL 法に基づく図 5.18 に従い構成した。このときの安定ローパスフィルタ $F_C(s)$，位相制御器 $C(s)$ は，式 (5.31) のものを利用した。位相制御器係数は，次のように定めた。

$$f_{d,1} = 300\,, \qquad f_{d,0} = 22\,500 \tag{5.35}$$

本係数は，安定ローパスフィルタの帯域幅を 300〔rad/s〕，特性根を二重実根 −150 に選定したことを意味する。

ベクトル制御系の基本性能を確認するための実験は，5.4.2 項の場合と同一要領で実施した。実験結果を図 5.20 に示す。図 (a) は，トルク指令値（破線），トルク応答値（実線）を重ねて描画している。時間軸は，5〔ms/div〕である。正規化回転子磁

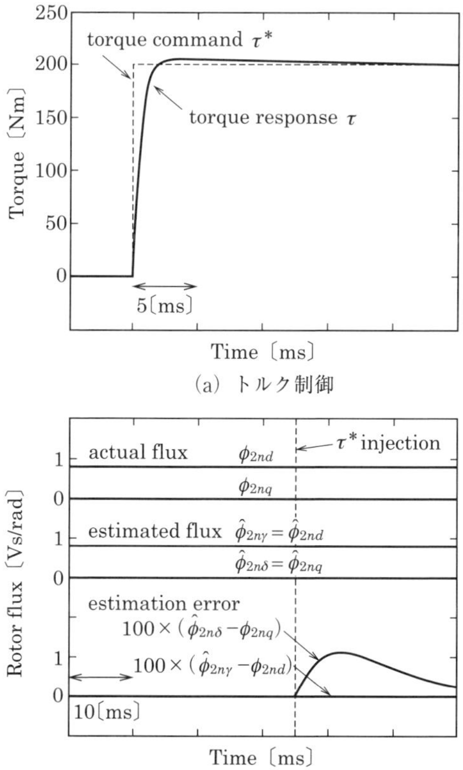

図 5.20　トルク制御におけるステップ応答例

束が既知とした図 4.14 と同様な良好なトルク応答が得られている。図 5.20(a) のトルク応答と図 4.14 のトルク応答との間には，有意な差は見受けられない。同様に，図 5.20(a) のトルク応答と図 5.14(a) のトルク応答との間には，有意な差は見受けられない。

図 (b) は，トルク指令値の変化前後における正規化回転子磁束の様子を示したものであり，上から，正規化回転子磁束の真値（dq 同期座標系上での評価値）ϕ_{2nd}, ϕ_{2nq}, γδ 準同期座標系上の回転子磁束推定器で得た正規化回転子磁束の推定値（γδ 準同期座標系上での評価値）$\hat{\phi}_{2n\gamma}=\hat{\phi}_{2nd}$，$\hat{\phi}_{2n\delta}=\hat{\phi}_{2nq}$，推定値と真値との誤差の 100 倍値すなわち $100(\hat{\phi}_{2n\gamma}-\phi_{2nd})$，$100(\hat{\phi}_{2n\delta}-\phi_{2nq})$ を示している。なお，時間軸は，図 (a) と異なり，10〔ms/div〕である。

図中の縦破線は，トルク指令値をゼロから定格値に瞬時変更した時刻を示している。磁束推定誤差から理解されるように，トルク指令値の変更直後に，γδ 準同期座標系は dq 同期座標系に対し最大で約 0.015〔rad〕（電気角で約 0.8 度相当）の位相推定誤差を発生しているが，本位相推定誤差は約 30〔ms〕でゼロへ収束している。位相推定誤差は，回転子磁束推定器内の後処理部の動特性に起因しており，誤差の収束レイトは，安定ローパスフィルタ $F_C(s)$ の帯域幅 300〔rad/s〕により支配されている。正規化回転子磁束の振幅は，実質的に，指令値と同一の一定値 $\phi^*_{2nd}=\hat{\phi}_{2n\gamma}=0.8$〔Vs/rad〕に制御されている。

図 5.14 の応答と図 5.20 の応答との違いは，正規化回転子磁束の位相推定における若干の相違にあるに過ぎない。回転子磁束推定器の構成において，前者は静的な後処理部を利用し，後者は動的な後処理部を利用した。動特性の有無の相違が，最終的位相推定性能上の若干の相違として出現した。しかしながら，一時的な微小な位相誤差の発生は，トルク応答値から理解されるように，トルク制御性能に有意の差異を与えるものではない。なお，αβ 固定座標系上で構成された回転子磁束推定器の後処理部として，図 5.12 の動的なものを利用する場合には，γδ 準同期座標系上で構成された回転子磁束推定器を用いた場合と同様に，一時的な微小な位相誤差が発生する。

5.6　一般座標系上の同一次元 D 因子磁束状態オブザーバ

以上，2 次最小次元 D 因子磁束状態オブザーバとこれを利用したベクトル制御系を説明した。本節では，4 次同一次元 D 因子磁束状態オブザーバとこれを利用したベクトル制御系を説明する。

式 (2.168)，式 (2.169) のIMの状態方程式が明示しているように，IM自体は4次である。これら状態方程式に対して，同一次元状態オブザーバ理論を適用するならば，IMのための同一次元D因子磁束状態オブザーバを得ることができる。こうして得られた同一次元D因子磁束状態オブザーバの構造は，元の状態方程式が指定した構造となる。

第3章で提案したベクトルブロック線図を利用して，同一次元D因子磁束状態オブザーバを得ることもできる。こうして得られた同一次元D因子磁束状態オブザーバの構造は，元のベクトルブロック線図が示す構造を保存する。以下に，2例を示す。

図3.2に提案したA-2形ベクトルブロック線図を利用するならば，図5.21の$\gamma\delta$一般座標系上の同一次元D因子磁束状態オブザーバ（A-2形）が得られる。状態オブザーバの構造は，元のA-2形ベクトルブロック線図と同一である。この同一性により，3種の内部信号は，固定子磁束推定値$\hat{\boldsymbol{\phi}}_1$，固定子電流推定値$\hat{\boldsymbol{i}}_1$，正規化回転子磁束推定値$\hat{\boldsymbol{\phi}}_{2n}$となる。図中の2種の2×2行列$\boldsymbol{G}_{iA}$，$\boldsymbol{G}_{mA}$はオブザーバゲインである。

図3.3に提案したB-2形ベクトルブロック線図を利用するならば，図5.22の$\gamma\delta$一般座標系上の同一次元D因子磁束状態オブザーバ（B-2形）が得られる。状態オブザーバの構造は，元のB-2形ベクトルブロック線図と同一である。この同一性により，3種の内部信号は，固定子総合漏れ磁束推定値$l_{1t}\hat{\boldsymbol{i}}_1$，固定子電流推定値$\hat{\boldsymbol{i}}_1$，正規化回転子磁束推定値$\hat{\boldsymbol{\phi}}_{2n}$となる。2種の2×2行列$\boldsymbol{G}_{iB}$，$\boldsymbol{G}_{mB}$はオブザーバゲインである。

オブザーバゲインの合理的設計値は，一般には，オブザーバの構造に依存して異なる。しかしながら，A形，B形構造に限っては，$\boldsymbol{G}_{iA}\approx\boldsymbol{G}_{iB}$，$\boldsymbol{G}_{mA}\approx\boldsymbol{G}_{mB}$の選定が可能なようである。

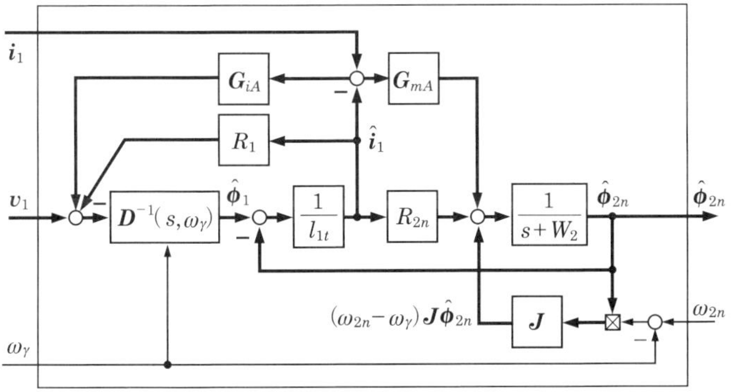

図 5.21 $\gamma\delta$一般座標系上の同一次元D因子磁束状態オブザーバ（A-2形）

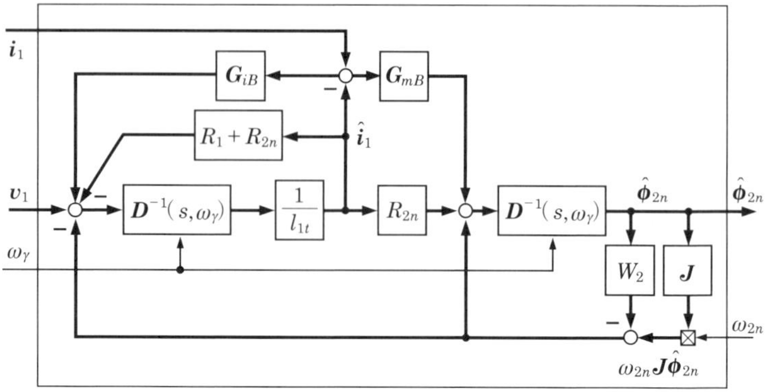

図 5.22 γδ 一般座標系上の同一次元 D 因子磁束状態オブザーバ（B-2 形）

γδ 一般座標系上の同一次元 D 因子磁束状態オブザーバの回転子磁束推定器への利用方法は，5.5 節，5.6 節で説明した γδ 一般座標系上の最小次元 D 因子磁束状態オブザーバの場合と同一である。ベクトル制御系における他の機器の構成も，5.5 節，5.6 節での構成と同一である。

第6章

すべり周波数形ベクトル制御

6.1 目 的

ベクトル制御の基本は，固定子電流を dq 同期座標系上で d 軸電流（励磁分電流）と q 軸電流（トルク分電流）とにベクトル分割し制御することにある。dq 同期座標系上でのベクトル分割には，ベクトル回転器に使用する dq 同期座標系の位相，すなわち正規化回転子磁束の位相 θ_{2f} が必要である。図 4.3 では，回転子磁束推定器（rotor flux estimator）が固定子電圧，固定子電流，回転子速度を用いて正規化回転子磁束を推定する役割を担っている（同図では，推定器へ入力される電圧，電流信号線は省略）。正規化回転子磁束の推定法（振幅と位相の推定方法）は，大きくは，状態オブザーバ形（state observer type）とすべり周波数形（slip frequency type）とに分類される。第 5 章では，状態オブザーバ形正規化回転子磁束推定法を用いた状態オブザーバ形ベクトル制御を与えた。

本章では，すべり周波数形回転子磁束推定法を用いたすべり周波数形ベクトル制御（slip frequency type vector control）を紹介する。すべり周波数形正規化回転子磁束推定法は，状態オブザーバ形正規化回転子磁束推定法に比較し格段に簡単で，アナログ素子での構成が可能であり，従来多用されてきた。IM のベクトル制御といえば，すべり周波数形ベクトル制御を意味することが多い。

6.2 すべり周波数生成を介した電源周波数の決定

6.2.1 回転子磁束推定器の構成原理と実際

5.5 節では，$\gamma\delta$ 準同期座標系上で構成された最小次元 D 因子磁束状態オブザーバを用いて同座標系上の正規化回転子磁束推定値を生成し，これを処理して $\gamma\delta$ 準同期座標系の速度 ω_γ を得た。ベクトル制御系の構成上，座標系速度と電源周波数 ω_{1f} の同

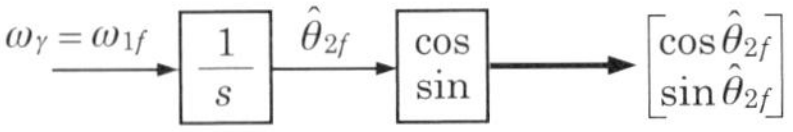

図 6.1　γδ 準同期座標系速度の純粋積分による同座標系位相の決定

一性が基本的に成立した（図 5.15 ～図 5.18 参照）。すなわち，次式が成立した。

$$\omega_\gamma = \omega_{1f} \tag{6.1}$$

このとき，γδ 準同期座標系の位相（すなわち，αβ 固定座標系の α 軸から見た正規化回転子磁束位相の推定値）$\hat{\theta}_{2f}$ は，座標系速度・電源周波数を純粋積分処理して得た（図 5.7，図 5.18 参照）。図 6.1 に，この様子を再掲した。ここでは，所要の座標系速度・電源周波数をより軽易に生成することを考える。

γδ 一般座標系上の電流モデル・式 (2.157b) を次に再掲した。

$$R_{2n}\boldsymbol{i}_1 = \boldsymbol{D}(s,\omega_\gamma)\boldsymbol{\phi}_{2n} + [W_2\boldsymbol{I} - \omega_{2n}\boldsymbol{J}]\boldsymbol{\phi}_{2n} \tag{6.2}$$

式 (6.2) は，次式のように書き改めることができる。

$$(s + W_2)\boldsymbol{\phi}_{2n} = -(\omega_\gamma - \omega_{2n})\boldsymbol{J}\boldsymbol{\phi}_{2n} + R_{2n}\boldsymbol{i}_1 \tag{6.3a}$$

または，

$$\begin{aligned}(s + W_2)&\begin{bmatrix}\phi_{2n\gamma}\\ \phi_{2n\delta}\end{bmatrix}\\ &= \begin{bmatrix} 0 & (\omega_\gamma - \omega_{2n}) \\ -(\omega_\gamma - \omega_{2n}) & 0 \end{bmatrix}\begin{bmatrix}\phi_{2n\gamma}\\ \phi_{2n\delta}\end{bmatrix} + R_{2n}\begin{bmatrix} i_{1\gamma} \\ i_{1\delta}\end{bmatrix}\end{aligned} \tag{6.3b}$$

γδ 準同期座標系が収束すべき座標系は，dq 同期座標系である。したがって，収束完了後の γδ 準同期座標系上では，正規化回転子磁束推定値の δ 軸要素はゼロとなる（式 (4.27) ～式 (4.30) 参照）。この認識のもと，式 (6.3) において正規化回転子磁束の δ 軸要素を強制的にゼロ設定した次式を考える。

$$(s + W_2)\hat{\boldsymbol{\phi}}_{2n} = -(\omega_\gamma - \omega_{2n})\boldsymbol{J}\hat{\boldsymbol{\phi}}_{2n} + R_{2n}\boldsymbol{i}_1 \tag{6.4a}$$

または，

$$\begin{aligned}(s + W_2)&\begin{bmatrix}\hat{\phi}_{2n\gamma}\\ 0\end{bmatrix}\\ &= \begin{bmatrix} 0 & (\omega_\gamma - \omega_{2n}) \\ -(\omega_\gamma - \omega_{2n}) & 0 \end{bmatrix}\begin{bmatrix}\hat{\phi}_{2n\gamma}\\ 0\end{bmatrix} + R_{2n}\begin{bmatrix} i_{1\gamma} \\ i_{1\delta}\end{bmatrix}\end{aligned} \tag{6.4b}$$

式 (6.4) における座標系速度 ω_γ，回転子速度 ω_{2n}，固定子電流 $i_{1\gamma}$，$i_{1\delta}$ は，式 (6.2)，式 (6.3) のものと同一である。δ 軸要素を強制的にゼロ設定した式 (6.4) における γ 軸要素 $\hat{\phi}_{2n\gamma}$ は，真の 2 要素 $\phi_{2n\gamma}$，$\phi_{2n\delta}$ が存在する式 (6.2)，式 (6.3) における γ 軸要素

$\phi_{2n\gamma}$ とは異なる。両者の相違を示すため，式 (6.4) の γ 軸要素 $\hat{\phi}_{2n\gamma}$ には記号「^」を付している。

式 (6.4b) の第 1 式，第 2 式は，おのおの次のように書き改められる（式 (4.28)，式 (4.29) 参照）。

$$\hat{\phi}_{2n\gamma} = \frac{R_{2n}}{s+W_2} i_{1\gamma} \tag{6.5}$$

$$\omega_\gamma = \omega_{2n} + \frac{R_{2n}}{\hat{\phi}_{2n\gamma}} i_{1\delta} \tag{6.6}$$

式 (6.6) は，原式 (6.3b) の第 2 式右辺を強制的にゼロとおき，ω_γ に関し整理したものと同一である。

式 (6.1) の条件下では，式 (6.6) の右辺第 2 項（電源周波数と電気速度の差）は準すべり周波数 ω_s' と捉えることができ，次のように書き改められる（準すべり周波数，すべり周波数の定義に関しては，式 (2.88) とその周辺を参考）。

$$\omega_s' = \frac{R_{2n}}{\hat{\phi}_{2n\gamma}} i_{1\delta} \tag{6.7a}$$

$$\omega_\gamma = \omega_{1f} = \omega_{2n} + \omega_s' \tag{6.7b}$$

式 (6.5) ～式 (6.7) は，正規化回転子抵抗 R_{2n} の相殺処理を考慮すると，以下のように整理される。

◆すべり周波数形回転子磁束推定器（基本形）

$$\hat{\phi}'_{2n\gamma} = \frac{\hat{\phi}_{2n\gamma}}{R_{2n}} = \frac{1}{s+W_2} i_{1\gamma} \tag{6.8a}$$

$$\omega_s' = \frac{1}{\hat{\phi}'_{2n\gamma}} i_{1\delta} \tag{6.8b}$$

$$\omega_\gamma = \omega_{1f} = \omega_{2n} + \omega_s' \tag{6.8c}$$

■

式 (6.8) に従い座標系速度，電源周波数を決定するベクトル制御は，すべり周波数形ベクトル制御（slip frequency type vector control）と呼ばれる。

ベクトル制御の基本は，正規化回転子磁束のノルムを一定に保つことにある（4.3 節参照）。これには，$\gamma\delta$ 準同期座標系上で定義された γ 軸電流（トルク分電流）$i_{1\gamma}$ を一定に制御する必要がある。γ 軸電流一定制御のもとでは，式 (6.8a) は次のように簡略化される。

$$\hat{\phi}'_{2n\gamma} = \frac{1}{W_2} i_{1\gamma} \qquad ; \; i_{1\gamma} = \text{const} \tag{6.9}$$

ひいては，式 (6.8) は次のように簡略化される。

◆すべり周波数形回転子磁束推定器（簡略形）

$$\omega_s' = W_2 \frac{i_{1\delta}}{i_{1\gamma}} \quad ; \quad i_{1\gamma} = \mathrm{const} \tag{6.10a}$$

$$\omega_\gamma = \omega_{1f} = \omega_{2n} + \omega_s' \tag{6.10b}$$

■

すべり周波数形ベクトル制御に使用される座標系速度，電源周波数の決定法を回転子磁束推定器として具現化し，図 6.2 に描画した。図 (a)，(b) は，おのおの式 (6.8)，式 (6.10) に対応している。「一般に，回転子磁束推定器は，正規化回転子磁束の振幅推定値の生成を要請される」ことを考慮して，図 6.2 では $\gamma\delta$ 準同期座標系上における正規化回転子磁束の d 軸要素推定値 $\hat{\phi}_{2nd}$ を出力するようにしている（式 (5.34) 参照）。正規化回転子磁束の d 軸要素推定値の生成原理は，式 (6.5) に基づいている。回転子磁束推定器には，$\gamma\delta$ 準同期座標系上で定義された固定子電流の実測値 $\boldsymbol{i}_1$ と回転子速度 $(\omega_{2n} = N_p\omega_{2m})$ が入力され，正規化回転子磁束の位相推定値（$\gamma\delta$ 準同期座標系の位相）$\hat{\theta}_{2f}$ の余弦正弦値，正規化回転子磁束の振幅推定値 $\hat{\phi}_{2nd}$，同周

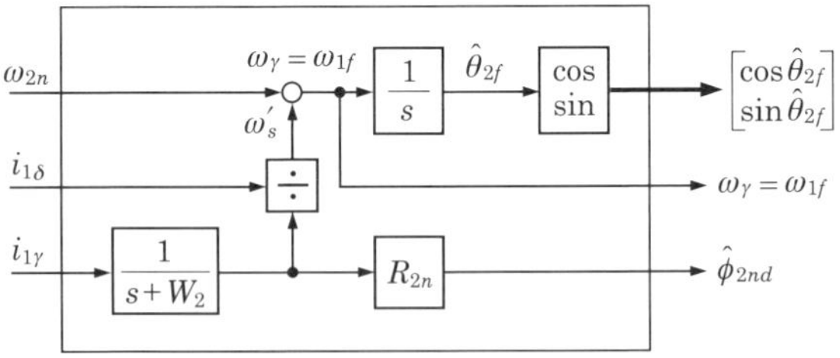

(a) 基本形

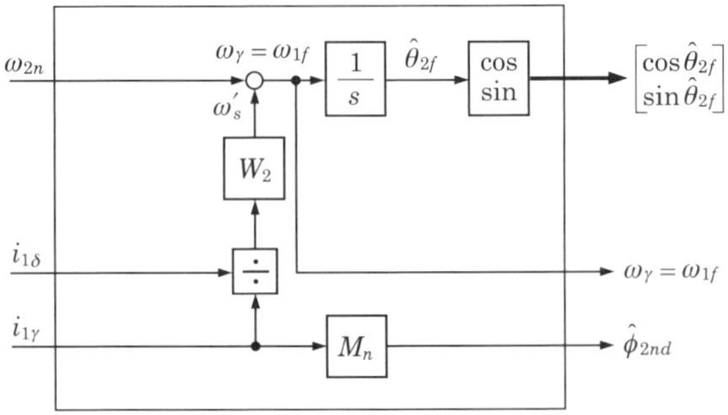

(b) 簡略形

図 6.2　$\gamma\delta$ 準同期座標系上の回転子磁束推定器の構造

波数 $\hat{\omega}_{2f}=\omega_{1f}=\omega_\gamma$ とを出力している。

なお，式 (6.7a) の関係は，正規化回転子磁束推定値 $\hat{\phi}_{2n\gamma}$ の真値への収束後には，一般的関係式 (2.163) の特別の場合としての dq 同期座標系上の関係に帰着する。

図 6.2 に示したように，$\gamma\delta$ 準同期座標系の速度 ω_γ（すなわち，電源周波数 ω_{1f}）は最終的には純粋積分され，$\gamma\delta$ 準同期座標系の位相（正規化回転子磁束の位相推定値）$\hat{\theta}_{2f}$ に変換される。この点を考慮するならば，式 (6.8c)，式 (6.10b) に代わって，回転子位相を用いた次式を利用してもよい。

$$\hat{\theta}_{2f}=\frac{1}{s}\omega_\gamma=\theta_{2n}+\frac{1}{s}\omega_s'=N_p\theta_{2m}+\frac{1}{s}\omega_s' \tag{6.11}$$

ω_{2n}，ω_{2m} を回転子の電気速度，機械速度とし，θ_{2n}，θ_{2m} を回転子の電気位相，機械位相とするとき，次の関係が成立している（式 (2.125) 参照）。

$$\omega_{2n}=N_p\omega_{2m}=N_ps\theta_{2m}=s\theta_{2n} \tag{6.12}$$

式 (6.11) に利用する機械位相の基準点は任意でよく，機械位相検出用の位置・速度センサはインクリメンタル方式のものでよい。エンコーダなどの位置・速度センサで直接検出されるのは，機械位相 θ_{2m} である。図 6.3 に，式 (6.11) に基づく $\gamma\delta$ 準同期座標系位相の余弦正弦値の生成の様子を示した。

図 6.2 などの回転子磁束推定器を利用したベクトル制御系の代表的構成例は，図 5.15 のとおりである。

6.2.2　収束特性

式 (6.8) に従い決定された座標系速度，電源周波数を $\gamma\delta$ 一般座標系に適用するならば，$\gamma\delta$ 一般座標系は dq 同期座標系へ収束すること，すなわち $\gamma\delta$ 一般座標系は $\gamma\delta$ 準同期座標系となることを示す。

$\gamma\delta$ 一般座標系上の正規化回転子磁束の動特性を記述した式 (6.3) の座標系速度 ω_γ に，座標系速度，電源周波数の決定ルールを定めた式 (6.8) を用いることを考える。式 (6.8) の導出過程より明白なように，式 (6.8) と式 (6.4) とは完全等価である。本認識のもと，式 (6.3a) から式 (6.4a) を減ずると，次の誤差方程式を得る。

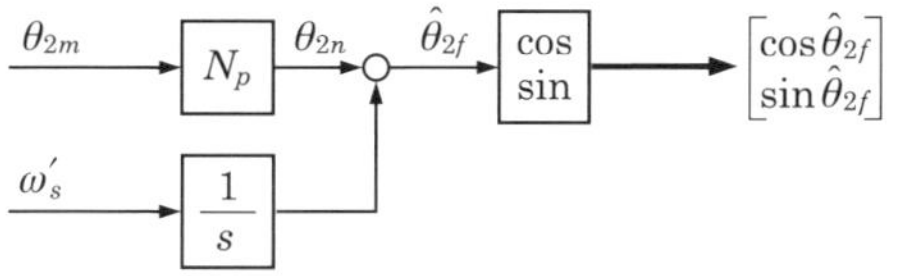

図 6.3　回転子位相を用いた $\gamma\delta$ 準同期座標系位相の決定

$$
\begin{aligned}
(s+W_2)[\boldsymbol{\phi}_{2n}-\hat{\boldsymbol{\phi}}_{2n}] &= -(\omega_\gamma-\omega_{2n})\boldsymbol{J}[\boldsymbol{\phi}_{2n}-\hat{\boldsymbol{\phi}}_{2n}] \\
&= -\omega_s'\boldsymbol{J}[\boldsymbol{\phi}_{2n}-\hat{\boldsymbol{\phi}}_{2n}]
\end{aligned} \tag{6.13a}
$$

$$
\begin{bmatrix} s+W_2 & -\omega_s' \\ \omega_s' & s+W_2 \end{bmatrix}[\boldsymbol{\phi}_{2n}-\hat{\boldsymbol{\phi}}_{2n}]=\boldsymbol{0} \tag{6.13b}
$$

式 (6.13b) 左辺の 2×2 行列の特性多項式 $A(s)$ は，次式で与えられる。

$$
\begin{aligned}
A(s) &= (s+W_2)^2+\omega_s'^2 \\
&= s^2+2W_2 s+(W_2^2+\omega_s'^2)
\end{aligned} \tag{6.14}
$$

式 (6.13)，式 (6.14) における準すべり周波数 ω_s' は，式 (6.8a)，式 (6.8b) に従って生成されたものである。準すべり周波数 ω_s' が有界である限り，この変動いかんにかかわらず，式 (6.14) の特性多項式はフルビッツ多項式（安定多項式，Hurwitz polynomial, stable polynomial）となる。これは，式 (6.13) に従う磁束偏差 $[\boldsymbol{\phi}_{2n}-\hat{\boldsymbol{\phi}}_{2n}]$ のゼロ収束，すなわち $\boldsymbol{\phi}_{2n}\to\hat{\boldsymbol{\phi}}_{2n}$ を意味する。

偏差ノルム $\|\boldsymbol{\phi}_{2n}-\hat{\boldsymbol{\phi}}_{2n}\|$ のゼロへの収束は，指数収束 $\exp(-W_2 t)$ となる。すなわち指数収束のレイトは，一定 W_2 である（定理 5.1(b) 参照）。本成立は，「式 (6.8) に従って生成された準すべり周波数 ω_s' をもつ $\gamma\delta$ 一般座標系は，一定レイト W_2 で dq 同期座標系へ指数収束する $\gamma\delta$ 準同期座標系となる」ことを意味する。

Q 6.1　すべり周波数形ベクトル制御における座標系の指数収束は，一定レイト W_2 の $\exp(-W_2 t)$ であることはわかりました。式 (5.23) の特異な最小次元 D 因子磁束状態オブザーバにおいても，すなわちオブザーバゲイン $\boldsymbol{G}$ をゼロとする最小次元 D 因子磁束状態オブザーバにおいても，同一の収束レイトが示されています。2 種の回転子磁束推定器の間に，特別の関係があるのでしょうか。

A 6.1　両者の共通点は，電流モデルすなわち式 (2.157b) のみに従い，固定子電流情報のみを利用して，正規化回転子磁束を推定する点にあります。このため，収束レイトは，正規化回転子磁束の固有動特性を指定する回転子逆時定数 $W_2=1/T_2$ となっています。

状態オブザーバ形回転子磁束推定器は，位相制御器 $C(s)$，位相積分器 $1/s$ を備えた標準的な PLL の構成を前提としています（図 5.16 ～図 5.18 参照）。すべり周波数形回転子磁束推定器も，位相積分器 $1/s$ を備えたある種の PLL を構成していますが，位相制御器は有しません（図 6.2 参照）。この相違により，状態オブザーバ形回転子磁束推定器をいかように改修しようとも，すべり周波数形回転子磁束推定器には帰着できないと考えます。すなわち，「$\gamma\delta$ 準同期座標系上で

‖　構成された2種の回転子磁束推定器は，互いに異なる」と捉えるべきと思います。

6.3　ベクトル制御系の設計例と応答例

すべり周波数形ベクトル制御系の具体的な設計例と応答例を示す。数値実験（シミュレーション）のためのベクトル制御系の全般構成は，図5.19と同様である。図5.19との若干の相違は，固定子電圧情報が回転子磁束推定器へ入力されない点に過ぎない。

電流制御器，磁束制御器の詳細設計は，5.4.2項，5.5.2項と同一とした。$\gamma\delta$ 準同期座標系上の回転子磁束推定器は，図6.2(a)に従い構成した。

ベクトル制御系の基本性能を確認するための実験は，5.4.2項，5.5.2項の場合と同一要領で実施した。まず，負荷装置を用い，供試IMをこの定格速度である一定速度150〔rad/s〕で駆動した。この間，正規化回転子磁束指令値は定格近傍の一定値 $\phi_{2nd}^* = 0.8$〔Vs/rad〕を与えた。トルク指令値には当初ゼロを与えた。このうえで，ある瞬時にトルク指令値に定格近傍の一定値200〔Nm〕を与えた。正規化回転子磁束指令値は，常時，既定の一定値を維持しており，トルク指令値を与えた時点では，$\gamma\delta$ 準同期座標系はdq同期座標系への収束を実質的に完了している。

実験結果を図6.4に示す。図(a)は，トルク指令値（破線），トルク応答値（実線）を重ねて描画している。時間軸は，5〔ms/div〕である。正規化回転子磁束が既知とした図4.14と同様な良好なトルク応答が得られている。図6.4(a)のトルク応答と図4.14のトルク応答との間には，有意な差は見受けられない。同様に，図6.4(a)のトルク応答と図5.14(a)，図5.20(a)のトルク応答との間には，有意な差は見受けられない。

図6.4(b)は，トルク指令値の変化前後における正規化回転子磁束の様子を示したものであり，上から，正規化回転子磁束のd軸要素真値（dq同期座標系上での評価値）ϕ_{2nd}，$\gamma\delta$ 準同期座標系上の回転子磁束推定器で得た正規化回転子磁束の推定値（$\gamma\delta$ 準同期座標系上での評価値）$\hat{\phi}_{2n\gamma} = \hat{\phi}_{2nd}$，推定値と真値との誤差の100倍値すなわち $100(\hat{\phi}_{2n\gamma} - \phi_{2nd})$ を示している。なお，時間軸は，図6.4(a)と異なり，10〔ms/div〕である。

図中の縦破線は，トルク指令値をゼロから定格値に瞬時変更した時刻を示している。トルク指令値の印加直後においても，正規化回転子磁束の振幅は，指令値と同一の一定値 $\phi_{2nd} = \hat{\phi}_{2n\gamma} = 0.8$〔Vs/rad〕に制御されている。

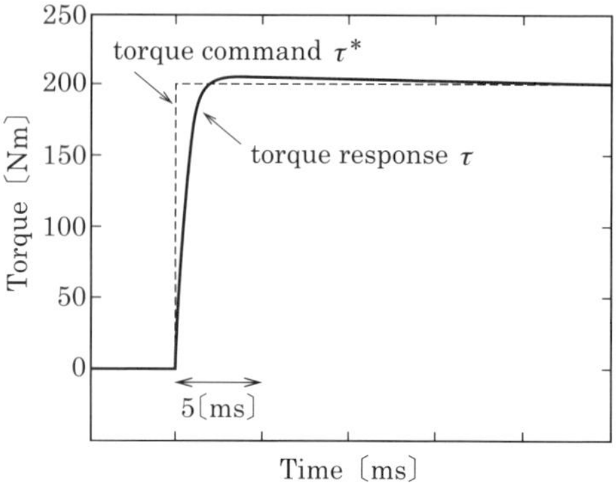

(a) トルク制御

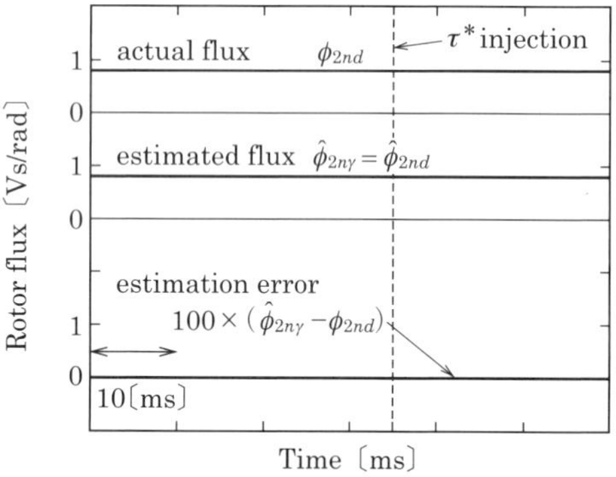

(b) 回転子磁束の推定と制御

図 6.4　トルク制御におけるステップ応答例

第7章

効率駆動と広範囲駆動

7.1 目　的

IMにおける固定子電流と発生トルクとの関係は非線形であり，同一トルクを発生するための固定子電流の解は無数存在する。こうした電流解の中で特に興味深いのが，電磁気的損失を最小にするような最小損失電流解である。

IMへの電圧印加は電力変換器を介して行われる。当然のことながら，電力変換器が発生可能な交流電圧は直流母線電圧（直流バス電圧，直流リンク電圧，dc bus voltage, dc link voltage）により支配され，発生可能な交流電圧は制限される。上記の最小損失電流解が意味をもつのは，IMの回転速度が定格速度以下で，実効的な電圧制限がない場合に限られる。

定格速度を超える高速領域でIMを駆動する場合には，実効的な電圧制限が発生する。高速駆動時には，無数に存在する固定子電流の解の中で，電圧制限を満足する解を優先的に選定することになる。電圧制限を満足する解も種々存在し，工学的に意味のある解は，電圧制限を満足し，そのうえで電磁気的損失を最小にするような最小損失電流解である。本章では，これらの課題を検討する。

本章では，まず，モデル構造に依存しない最小損失解のための簡明かつ一般性に富む統一理論を構築する。この結果を利用して，実効的な電圧制限がない場合の最小損失電流解を導出し，これに基づく，正規化回転子磁束指令値，固定子電流指令値の生成法を与える。次に，実効的な電圧制限下での高速回転のための正規化回転子磁束指令値，固定子電流指令値の生成法を与える。提案の指令値生成法は，簡単で，再帰的かつ指数的に指令値を自動生成するものである。

7.2　非電圧制限下の最小総合銅損駆動

7.2.1　最小損失のための統一理論

まず，文献 1) を参考に，交流モータの効率駆動のための基本的な統一理論を，以下に定理として整理しておく。

≪定理 7.1≫

交流モータのトルク τ は，固定子電流を構成する d 軸電流 i_{1d} と q 軸電流 i_{1q} の積に比例して式 (7.1) のように発生されるものとする。

$$\tau = K_{dq} i_{1d} i_{1q} \tag{7.1}$$

また，モータの電磁気的損失 p_w は，上記 2 電流の 2 次式として式 (7.2) のように記述されるものとする。

$$p_w = R_d\, i_{1d}^2 + R_q\, i_{1q}^2 + R_{dq}\, i_{1d} i_{1q} \tag{7.2}$$

式 (7.1), 式 (7.2) における K_{dq}, R_d, R_q, R_{dq} はモータ依存して決まる一定の係数である。

モータが所要のトルクを発生するうえで，電磁気的損失を最小化するための必要十分条件は，d 軸電流と q 軸電流の各単独による損失がバランスすること，すなわち次式が成立することである。

$$R_d\, i_{1d}^2 = R_q\, i_{1q}^2 \tag{7.3}$$

≪系 7.1≫

トルク τ が最小の電磁気的損失で発生される場合の損失 p_w は次式 (7.4) で与えられる。

$$p_w = \frac{2\operatorname{sgn}(\tau)\sqrt{R_d R_q} + R_{dq}}{K_{dq}}\tau \tag{7.4}$$

≪系 7.2≫

トルク τ が最小の電磁気的損失で発生される場合の d 軸電流 i_{1d} と q 軸電流 i_{1q} は，次式 (7.5) で与えられる。

$$\left.\begin{aligned} i_{1d} &= \frac{1}{\sqrt{K_{dq}}}\left(\frac{R_q}{R_d}\right)^{1/4}\sqrt{|\tau|} \\ i_{1q} &= \frac{\operatorname{sgn}(\tau)}{\sqrt{K_{dq}}}\left(\frac{R_d}{R_q}\right)^{1/4}\sqrt{|\tau|} \end{aligned}\right\} \tag{7.5}$$

<証明>

定理の証明 1[1)]

式 (7.2) の電磁気的損失は，次式のように再評価される。

$$p_w = (\sqrt{R_d}\, i_{1d} \mp \sqrt{R_q}\, i_{1q})^2 + (\pm 2\sqrt{R_d R_q} + R_{dq}) i_{1d} i_{1q} \tag{7.6}$$

式 (7.6) の右辺第 2 項の d 軸電流 i_{1d} と q 軸電流 i_{1q} との積に関し，一定の発生トルクの条件 $\tau = \mathrm{const}$ をトルク発生式 (7.1) に用いると，次の関係を得る。

$$i_{1d}\, i_{1q} = \mathrm{const} \tag{7.7}$$

式 (7.7) と「係数 R_d, R_q, R_{dq} の一定性」は，式 (7.6) の右辺第 2 項は一定であることを意味する。

式 (7.6) 右辺第 2 項の一定性を考慮すると，式 (7.6) の損失 p_w を最小化する必要十分条件は式 (7.6) の右辺第 1 項がゼロとなること，換言するならば，定理 7.1 の式 (7.3) が成立することである。

定理の証明 2[2)]

文献 2) の PMSM のための解析手法を参考にするならば，本定理の課題は，一定トルク $\tau = c_\tau = \mathrm{const}$ を発生しかつ電磁気的損失 p_w を最小化する d 軸電流 i_{1d} と q 軸電流 i_{1q} を決定するという拘束条件付き最適化問題として捉らえることができる。この観点より，ラグランジ乗数 λ と定数 c_τ とを有する次のラグランジアンを構成する[2)]。

$$\begin{aligned} L(i_{1d}, i_{1q}, \lambda) &= p_w + \lambda(\tau - c_\tau) \\ &= R_d\, i_{1d}^2 + R_q\, i_{1q}^2 + R_{dq}\, i_{1d} i_{1q} + \lambda(K_{dq} i_{1d} i_{1q} - c_\tau) \end{aligned} \tag{7.8}$$

上式の両辺を d 軸電流 i_{1d} と q 軸電流 i_{1q} で偏微分してゼロとおくと次式を得る。

$$\left.\begin{aligned} \frac{\partial}{\partial i_{1d}} L(i_{1d}, i_{1q}, \lambda) &= 2R_d\, i_{1d} + R_{dq}\, i_{1q} + \lambda K_{dq} i_{1q} = 0 \\ \frac{\partial}{\partial i_{1q}} L(i_{1d}, i_{1q}, \lambda) &= 2R_q\, i_{1q} + R_{dq}\, i_{1d} + \lambda K_{dq} i_{1d} = 0 \end{aligned}\right\} \tag{7.9}$$

式 (7.9) の第 1 式，第 2 式におのおの i_{1d}, i_{1q} を乗じ，ラグランジ乗数 λ を消去すると，定理 7.1 の式 (7.3) を得る。

系の証明

系 1 の式 (7.4) の関係は，式 (7.7) の符号に注意して式 (7.1)，式 (7.3) を式 (7.6) に用いると，ただちに得られる。

系 2 の式 (7.5) の関係は，式 (7.3) の条件を式 (7.1) に用いると，ただちに得られる。

■

式 (7.3) は，損失を最小化するための軌跡を示している。最小損失軌跡は，次の一

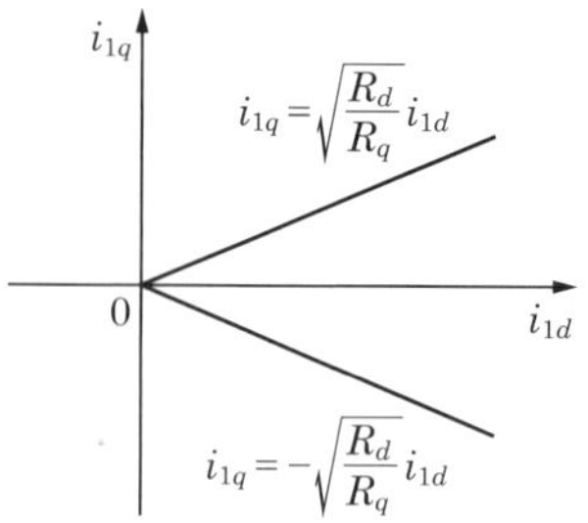

図 7.1　最小総合銅損軌跡の例

定の電流比を意味する。

$$\frac{i_{1q}}{i_{1d}}=\pm\sqrt{\frac{R_d}{R_q}} \tag{7.10}$$

図 7.1 に最小損失軌跡を例示した。

Q 7.1　定理 7.1 では，対象モータを IM に限定せず，広く交流モータとしています。定理 7.1 は，どのような交流モータに適用できるのでしょうか。

A 7.1　定理 7.1 は，鉄損考慮の必要のない IM，鉄損考慮を要する IM に加えて，鉄損考慮の必要のない同期リラクタンスモータ，鉄損考慮を要する同期リラクタンスモータにも適用できます。鉄損考慮の必要のない IM への適用の詳細は次項で，また，鉄損考慮を要する IM への適用の詳細は 13.5 節で説明します。

7. 2. 2　統一理論の IM への適用

前章まで検討してきた IM に，上の定理 7.1 を適用することを考える。ベクトル制御成立時の発生トルクは，式 (4.23) より，次式で記述された。

$$\tau=N_p\boldsymbol{i}_1^T\boldsymbol{J}\boldsymbol{\phi}_{2n}=N_pM_n\,i_{1d}i_{1q} \tag{7.11}$$

一方，ベクトル制御成立時の電磁気的損失（総合銅損）p_w は，固定子銅損と回転子銅損の和として，次のように記述された（式 (2.174)，式 (2.177)，式 (4.21)，図 2.20(b) 参照）。

$$\begin{aligned}p_w&=(R_1\|\boldsymbol{i}_1\|^2+R_{2n}\|\boldsymbol{i}_{2n}\|^2)\\&=R_1(i_{1d}^2+i_{1q}^2)+R_{2n}i_{1q}^2=R_1i_{1d}^2+(R_1+R_{2n})i_{1q}^2\end{aligned} \tag{7.12}$$

式 (7.11)，式 (7.12) を定理 7.1 の式 (7.1)，式 (7.2) におのおの適用すると，次の対応を得る。

$$\left.\begin{aligned} &K_{dq} = N_p M_n \\ &R_d = R_1\ ,\ \ R_q = R_1 + R_{2n}\ ,\ \ R_{dq} = 0 \end{aligned}\right\} \tag{7.13}$$

式 (7.13) を定理 7.1 の式 (7.3)～式 (7.5) に適用すると，所期の解を以下のように得る。

最小総合銅損条件

$$R_1 i_{1d}^2 = (R_1 + R_{2n}) i_{1q}^2 \tag{7.14}$$

所要トルク発生時の最小総合銅損

$$\begin{aligned} p_w &= R_1(i_{1d}^2 + i_{1q}^2) + R_{2n} i_{1q}^2 \\ &= \left(\frac{2R_1}{R_{2n}} + 1\right) R_{2n} i_{1q}^2 + R_{2n} i_{1q}^2 \\ &= \frac{2\sqrt{R_d R_q}}{N_p M_n} |\,\tau\,| = \frac{2R_1 \sqrt{1 + \dfrac{R_{2n}}{R_1}}}{N_p M_n} |\,\tau\,| \end{aligned} \tag{7.15}$$

最小総合銅損のためのトルクと電流の関係

$$\left.\begin{aligned} i_{1d} &= \frac{1}{\sqrt{N_p M_n}} \left(\frac{R_q}{R_d}\right)^{1/4} \sqrt{|\,\tau\,|} \\ &= \frac{1}{\sqrt{N_p M_n}} \left(\frac{R_1 + R_{2n}}{R_1}\right)^{1/4} \sqrt{|\,\tau\,|} \\ i_{1q} &= \frac{1}{N_p M_n} \cdot \frac{\tau}{i_{1d}} \\ &= \frac{\mathrm{sgn}(\tau)}{\sqrt{N_p M_n}} \left(\frac{R_d}{R_q}\right)^{1/4} \sqrt{|\,\tau\,|} \\ &= \frac{\mathrm{sgn}(\tau)}{\sqrt{N_p M_n}} \left(\frac{R_1}{R_1 + R_{2n}}\right)^{1/4} \sqrt{|\,\tau\,|} \end{aligned}\right\} \tag{7.16}$$

■

式 (7.15) の右辺は，一般には，「トルク τ の発生に要する最小限の総合銅損」と理解することもできる。

ところで，すべり周波数 ω_s は式 (2.167) で与えられた。式 (2.167) は，正規化回転子磁束のノルムを一定に制御したベクトル制御時には，d 軸電流と q 軸電流の比となる（式 (4.28b)，式 (4.29b)，式 (4.30b) 参照)。これに式 (7.14) の電流比を適用すると，次の関係式を得る。

$$\begin{aligned}\omega_s &= R_{2n}\frac{i_{1q}}{\phi_{2nd}} = W_2\frac{i_{1q}}{i_{1d}} \\ &= \pm W_2\sqrt{\frac{R_d}{R_q}} = \pm\frac{W_2}{\sqrt{1+\dfrac{R_{2n}}{R_1}}}\end{aligned} \tag{7.17}$$

上式は,「最小総合銅損制御が常時遂行されているときのすべり周波数 ω_s は, 定常的には, 一定である」ことを意味している。

式 (7.17) より, 次の関係を得る。

$$\frac{1}{M_n} = \frac{W_2}{R_{2n}} = \frac{1}{R_{2n}}\sqrt{\frac{R_q}{R_d}}|\omega_s| = \frac{\sqrt{1+\dfrac{R_{2n}}{R_1}}}{R_{2n}}|\omega_s| \tag{7.18}$$

式 (7.18) を式 (7.15) に適用し, すべり周波数 ω_s と発生トルクの同一極性を考慮すると, 最小総合銅損の表現式として次式を得る。

$$\begin{aligned}p_w &= \frac{2(R_1+R_{2n})}{R_{2n}}\left(\frac{\omega_s}{N_p}\tau\right) \\ &= \left(\frac{2R_1}{R_{2n}}+1\right)\left(\frac{\omega_s}{N_p}\tau\right)+\left(\frac{\omega_s}{N_p}\tau\right)\end{aligned} \tag{7.19}$$

式 (2.178) および式 (7.15) の第2式によれば, 最小総合銅損を示した式 (7.19) において, 右辺第1項, 第2項はおのおの固定子銅損, 回転子銅損を意味している。式 (7.19) は, 式 (7.15) の第2式とも整合している。最小総合銅損における回転子銅損の含有比率は, 表 4.1 の供試 IM では次のように約 16% となる。

$$\frac{1}{2\left(\dfrac{R_1}{R_{2n}}+1\right)} \approx 0.162 \qquad ; \ \frac{R_1}{R_{2n}} \approx 2.08 \tag{7.20}$$

Q 7.2　式 (7.20) は,「総合銅損に含まれる回転子銅損の比率低減には, 正規化回転子抵抗を小さくすればよい」ということを意味しているのでしょうか。

A 7.2　そのとおりです。正規化回転子抵抗の低減には, 回転子かごの導電性向上が必要です。これには,「かごを形成する導体バーと短絡環に関し, 高導電率導体の利用, 導体面積の向上」といった対策が, 考えられます。

7.2.3 最小総合銅損駆動のための指令値生成

トルク指令値 τ^* から，最小総合銅損をもたらす正規化回転子磁束指令値の生成法を考える（図 4.15 参照）。これは，式 (7.16) より，次式のように与えられる。

$$\phi_{2nd}^* = \sqrt{\frac{M_n}{N_p}\left(\frac{R_q}{R_d}\right)^{1/4}\sqrt{|\tau^*|}} = \sqrt{\frac{M_n}{N_p}\left(\frac{R_1+R_{2n}}{R_1}\right)^{1/4}\sqrt{|\tau^*|}} \tag{7.21}$$

最小総合銅損制御を期す場合には，正規化回転子磁束のフィードバック制御を目指した図 4.15(a) における正規化回転子磁束指令値として，式 (7.21) を利用すればよい。式 (7.21) に従った正規化回転子磁束指令値と電流指令値の生成の様子を図 7.2 に示した。

正規化回転子磁束の簡略化フィードフォワード制御を目指した図 4.15(b) のシステム構成のための電流指令値は，式 (7.16) より，次式のように与えられる。

$$\left.\begin{aligned}
i_{1d}^* &= \frac{1}{\sqrt{N_p M_n}}\left(\frac{R_q}{R_d}\right)^{1/4}\sqrt{|\tau^*|} \\
&= \frac{1}{\sqrt{N_p M_n}}\left(\frac{R_1+R_{2n}}{R_1}\right)^{1/4}\sqrt{|\tau^*|} \\
i_{1q}^* &= \frac{1}{N_p M_n}\cdot\frac{\tau^*}{i_{1d}^*} \\
&= \frac{\mathrm{sgn}(\tau^*)}{\sqrt{N_p M_n}}\left(\frac{R_d}{R_q}\right)^{1/4}\sqrt{|\tau^*|} \\
&= \frac{\mathrm{sgn}(\tau^*)}{\sqrt{N_p M_n}}\left(\frac{R_1}{R_1+R_{2n}}\right)^{1/4}\sqrt{|\tau^*|}
\end{aligned}\right\} \tag{7.22}$$

式 (7.22) に基づく励磁分電流指令値とトルク分電流指令値に関しては，その相対比は一定であり，本電流指令値に基づく電流制御は「一定電流比制御」とも呼ぶべきものとなる。式 (7.22) に従った電流指令値の生成の様子を図 7.3 に示した。

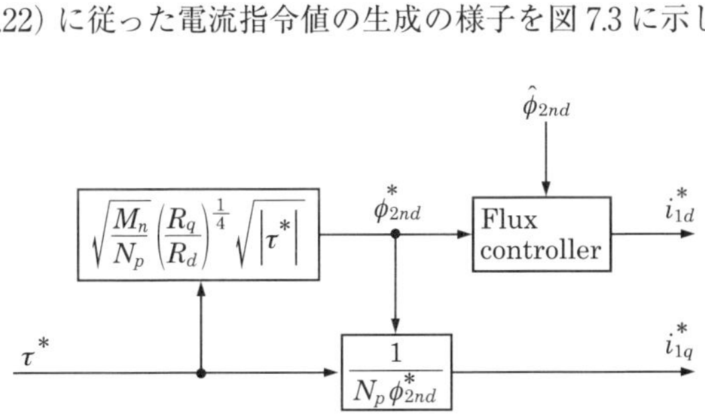

図 7.2 最小総合銅損のための電流指令値の生成例

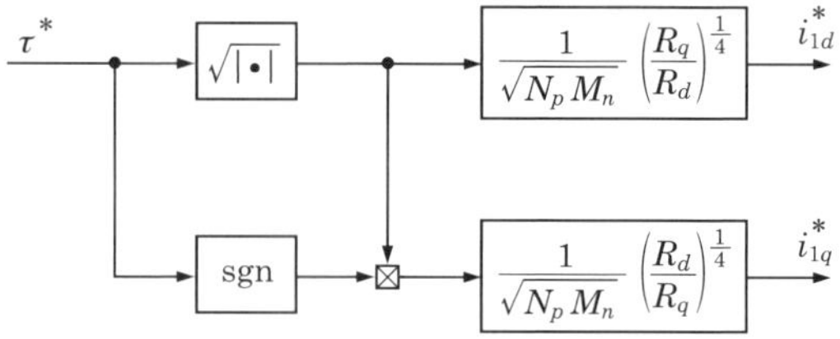

図 7.3　最小総合銅損のための電流指令値の生成例

Q 7.3　式 (7.16) によれば，最小総合銅損を達成している固定子 d 軸電流（励磁分電流）と q 軸電流（トルク分電流）に関しては，一般に，大小関係 $i_{1d} > |i_{1q}|$ が成立していると思います。図 7.1 もこの様子を概略的に表現しているものと思います。ところが，表 4.1 の供試 IM の特性は，定格値ですが，トルク分電流は励磁分電流の 3 倍弱という大きな値を示しています。これはなぜでしょうか。

A 7.3　7.2 節での議論は，式 (7.11) に端的に表現されていますように，「発生トルクは，固定子 d 軸電流と q 軸電流の積に比例する」との前提に立っています。ところが，実際の IM においては，駆動領域，駆動条件などに依存して，本前提が成立しないことがあります。この主原因の第 1 は，固定子磁気回路上の損失である鉄損です。第 2 は，磁気回路における磁束飽和（磁気飽和）です。

無視できない鉄損が存在する場合には，所要のトルクを発生しながら損失を最小化する d 軸電流はより小さくなり，q 軸電流はより大きくなります。この詳細は，13.5 節で詳しく解説します。

IM のコア素材である電磁鋼板は，磁束飽和特性をもっています。d 軸電流がある範囲にある場合には，電流振幅と磁束振幅の間に線形特性が維持されますが，磁束振幅の増加につれ磁束飽和が出現し，線形特性は維持されなくなります。磁束飽和を考慮にいれた場合，所要のトルクを発生しながら損失を最小化する d 軸電流はより小さくなり，q 軸電流はより大きくなります。なお，IM 実機では，磁束飽和特性を考慮のうえ，励磁分電流を定めています。

著者は，広い駆動領域，駆動条件で上述の前提が成立するコア素材の開発を期待しています。

Q 7.4　では，磁束飽和特性は，解析式にどのように取り込まれるのでしょうか。

A 7.4　磁束飽和特性は，インダクタンスに電流依存性をもたせて表現できます。この種のインダクタンスは，簡単には，励磁分電流（常時正）の範囲を限定して，次のように一定係数 a_i, b_i を用いて1次近似されます[3)]。

$$M_n \approx b_1 i_{1d} + b_0 \qquad ; b_0 > 0 \,,\ b_1 < 0$$

$$M_n \approx \frac{b_1 i_{1d} + b_0}{i_{1d} + a_0} \qquad ; a_i \,, b_i > 0$$

単純な線形近似式によるか，または1次有理関数（有理多項式）によるかは，磁束飽和特性によります。文献3)には，PMSMにおける強い磁束飽和に対し，1次有理関数（有理多項式）で広い範囲で良好な近似が得られることが示されています。

正規化相互インダクタンス M_n を励磁分電流 i_{1d} で線形近似できる範囲では，式 (7.14) に対応した最小総合銅損軌跡は，次式となります。

$$b_0 R_1 i_{1d}^2 = (b_0 + b_1 i_{1d})(R_1 + R_{2n}) i_{1q}^2 \qquad ; b_0 < 0 \,,\ b_1 < 0$$

7.3　電圧制限下の最小総合銅損駆動

dq 同期座標系上の回路方程式すなわち式 (4.29) を考える。これは次のように記述された。

$$\begin{aligned} \begin{bmatrix} v_{1d} \\ v_{1q} \end{bmatrix} &= R_1 \begin{bmatrix} i_{1d} \\ i_{1q} \end{bmatrix} + \begin{bmatrix} s & -\omega_{2f} \\ \omega_{2f} & s \end{bmatrix} \begin{bmatrix} \phi_{1d} \\ l_{1t} i_{1q} \end{bmatrix} \\ &= (R_1 + R_{2n}) \begin{bmatrix} i_{1d} \\ i_{1q} \end{bmatrix} + \begin{bmatrix} s & -\omega_{2f} \\ \omega_{2f} & s \end{bmatrix} \begin{bmatrix} l_{1t} i_{1d} \\ l_{1t} i_{1q} \end{bmatrix} + \begin{bmatrix} -W_2 \\ \omega_{2n} \end{bmatrix} \phi_{2nd} \end{aligned} \tag{7.23a}$$

$$\phi_{1d} = l_{1t} i_{1d} + \phi_{2nd} \tag{7.23b}$$

$$\phi_{2nd} = \frac{R_{2n}}{s + W_2} i_{1d} \tag{7.23c}$$

$$\omega_{2f} = \omega_{2n} + \frac{R_{2n}}{\phi_{2nd}} i_{1q} \tag{7.23d}$$

また，上の回路方程式は図4.4のように描画された。

式 (7.23) および図4.4より明白なように，高速回転下の定常状態では，q軸電圧に関し次の関係が成立する。

$$\begin{aligned} v_{1q} &= R_1 i_{1q} + \omega_{2f} \phi_{1d} \\ &= (R_1 + R_{2n}) i_{1q} + \omega_{2f} l_{1t} i_{1d} + \omega_{2n} \phi_{2nd} \\ &\approx \omega_{2f} \phi_{1d} \approx \omega_{2n} \phi_{1d} = \omega_{2n} \frac{L_1}{M_n} \phi_{2nd} \end{aligned} \tag{7.24}$$

上式は，「高速回転時のq軸電圧の主成分は，d軸固定子鎖交磁束 ϕ_{1d} に起因する誘起電圧（速度起電力）であり，速度に比例して増大する」ことを意味している（図4.4参照）。

IMへの電圧印加は電力変換器を介して行われる。当然のことながら，電力変換器が発生可能な交流電圧は直流母線電圧により支配され，発生可能な交流電圧は制限される。制限電圧内で高速回転を行うには，式 (7.24) が示しているように，正規化回転子磁束あるいは励磁分電流の低減を図る必要がある。この種の低減は，弱め磁束制御（弱め界磁制御，flux weakening control）と呼ばれる。

弱め磁束制御は，「IMへの印加電圧が電力変換器の発生可能電圧を超えた場合あるいは超える場合に，正規化回転子磁束指令値あるいは励磁分電流指令値を低減する」ことにより，行う。本趣旨にそった正規化回転子磁束指令値の生成法の中で，簡単で，指令値を再帰的かつ指数的に自動生成する方法は，以下のように与えられる[4), 5)]。

◆磁束指令値の出力ゲイン形調整法

$$u(k)=\begin{cases}0\ ; & \left\|\boldsymbol{v}_1^*(k)\right\|<c_v(k)\\ 1\ ; & \left\|\boldsymbol{v}_1^*(k)\right\|\geq c_v(k)\end{cases} \tag{7.25a}$$

$$x(k)=\alpha_1 x(k-1)-(1-\alpha_1)u(k) \qquad ;0<\alpha_1<1 \tag{7.25b}$$

$$\phi_{2nd}^*(k)=\phi_{\max}+(\phi_{\max}-\phi_{\min})x(k) \tag{7.25c}$$

◆磁束指令値の入力ゲイン形調整法

$$u(k)=\begin{cases}0\ ; & \left\|\boldsymbol{v}_1^*(k)\right\|<c_v(k)\\ 1\ ; & \left\|\boldsymbol{v}_1^*(k)\right\|\geq c_v(k)\end{cases} \tag{7.26a}$$

$$x(k)=\alpha_1 x(k-1)-((1-\alpha_1)(\phi_{\max}-\phi_{\min}))u(k) \qquad ;0<\alpha_1<1 \tag{7.26b}$$

$$\phi_{2nd}^*(k)=\phi_{\max}+x(k) \tag{7.26c}$$

■

式 (7.25) では，制御周期を T_s で表現するとき，時刻 $t=kT_s$ における信号を簡単に (k) を用い表現している。式 (7.25a) は，印加すべき固定子電圧を示す固定子電圧指令値（ノルム値）が電圧制限値 $c_v(k)$ 未満ならば，電圧制限検出信号 $u(k)$ に $u(k)=0$ を設定し，固定子電圧指令値（ノルム値）が電圧制限値 $c_v(k)$ を超える，すなわち電圧制限抵触の場合には，$u(k)=1$ を設定することを意味している。

電圧制限抵触の判定は，三相固定子電圧指令値をPWMスイッチング信号に変換する段階で実施するとよい。この最終段階では，電圧制限抵触の判定に，電力変換器の短絡防止期間（デッドタイム，dead time）なども考慮することが可能である。すなわち，設計者の意図・判定を最も正確に電圧制限検出信号 $u(k)$ に反映することができる。式 (7.25b) は，信号 $u(k)$ を用いて，信号 $x(k)$ を再帰的かつ指数的に算定している。式 (7.25c) は，信号 $x(k)$ を用いて正規化回転子磁束指令値を最終的に定めている。式 (7.25c) における $\phi_{\max}$, $\phi_{\min}$ は正規化回転子磁束の最大値と最小値である。最大値は一般には定格値であり，最小値は電磁鋼板の特性と期待最大速度を考慮してある正値に定める。

式 (7.25) に従えば，$u(k)=0$ が持続する実効的な電圧制限がない状況下では，正規化回転子磁束指令値 ϕ^*_{2nd} は指定最大値 $\phi_{\max}$ へ収束する。一方，電圧制限抵触を検出したならば，これを回避すべく，正規化回転子磁束指令値を指定最小値 $\phi_{\min}$ へ向け減少する。定格速度を超える高速駆動時には，電圧制限抵触の有無に応じた限界的な磁束指令値が自動的かつ指数的に選定される。このような磁束指令値は，電圧制限を満足する磁束指令値の中で最大であり，電磁的損失の準最小化を図るものである。

式 (7.26) は，式 (7.25) を改良して乗算回数を 1 回低減したものである。すなわち，式 (7.26) の利用においては，「式 (7.26b) での一定値 $((1-\alpha_1)(\phi_{\max}-\phi_{\min}))$ をあらかじめ算定しておく」ことを前提としている。式 (7.25) あるいは式 (7.26) を用いた正規化回転子磁束指令値と電流指令値の生成の 1 例を図 7.4 に示した。図中の再帰形自動調整器（recursive self-tuner）に式 (7.25b)，式 (7.25c) あるいは式 (7.26b)，式 (7.26c) が組み込まれている。電圧制限検出信号 u は，外部から得るものとしている。図 7.4 は，式 (4.50) に基づくフィードバック磁束制御器を用いた例であるが（図 7.2 参照），式 (4.53) に基づくフィードフォワード磁束制御器を用いる場合も同様である。

正規化回転子磁束指令値に代わって，弱め磁束のための励磁分電流指令値を静的に（すなわち，簡略化フィードフォワード的に）生成するには，式 (7.25)，式 (7.26) に対して次の形式的置換を行えばよい（図 7.3 参照）。

$$\phi^*_{2nd}(k) \to i^*_{1d}(k), \quad \phi_{\max} \to i_{1d,\max}\ , \quad \phi_{\min} \to i_{1d,\min}$$

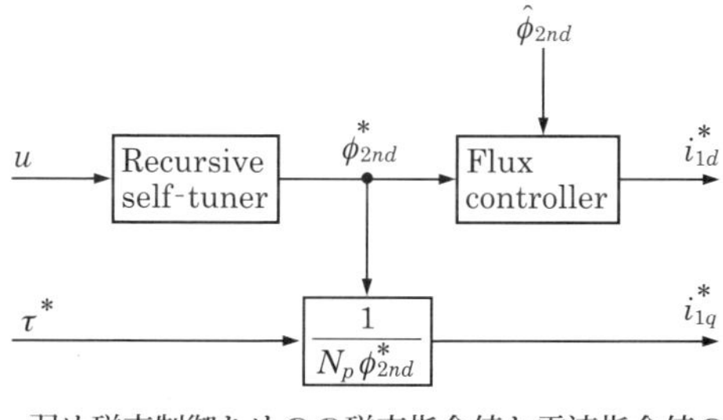

図 7.4 弱め磁束制御ためのの磁束指令値と電流指令値の生成例

第8章

適応ベクトル制御

8.1 目　的

IMのベクトル制御系は，この数学モデルに基づき設計・実現されている。これまでは，「数学モデル上のパラメータは，一定かつ既知である」との前提のもとに，ベクトル制御系の設計・実現を説明してきた。しかし，IMの特性を広い駆動範囲で固定パラメータの数学モデルで精度よく表現することは，一般に困難である。これは，「IMの数学モデルは大胆な近似モデルであり，近似モデル上のパラメータはIMの駆動状態によって変化する」ことに起因している。

ベクトル制御の基本は，正規化回転子磁束を精度よく推定し，$\gamma\delta$準同期座標系をdq同期座標系へ精度よく収束させ，収束後の$\gamma\delta$準同期座標系上で励磁分電流とトルク分電流を独立的に制御し，高い線形性をもつトルク応答を安定的に得ることである。正規化回転子磁束の推定は，数学モデル上のパラメータを用いた回転子磁束推定器によって行われる。このため，正規化回転子磁束の精度よい推定には，一般に，数学モデル上の精度よいパラメータが必要である（図5.4，図6.2参照)。ところが，これらパラメータは，IMの駆動状態に依存して変化する。

上記の問題に対する最も直接的なアプローチは，駆動状態によって変化するモデル上のパラメータを実時間で適応同定し，同定パラメータを用いて回転子磁束推定器を適応的にチューニングすることである。本章では，すべり周波数形ベクトル制御系を対象に，適応同定機能を備えたベクトル制御系（以下，適応ベクトル制御系と呼称）を解説する。

8.2 適応ベクトル制御系の構造と特徴

8.2.1 すべり周波数形ベクトル制御系の問題

IMのベクトル制御系は，図4.3の基本構造例で示したように，固定子電流を制御するためのフィードバック電流制御系（電流制御器を中心とする系）と，正規化回転子磁束の推定を担う回転子磁束推定系（回転子磁束推定器）とから構成されている。

電流制御系においては，電流制御器から見たIMの実特性が数学モデルと異なる場合にも，いわゆるモデリング誤差が存在する場合にも，フィードバック制御の特性により，この誤差を許容し所定の性能を発揮させることができる。本特性は，一般に，安定性を確保しつつ電流制御系の帯域幅を上げることにより，確保できる。

これに対し，すべり周波数形回転子磁束推定器を用いた回転子磁束推定系では，準すべり周波数 ω_s'，電源周波数 $\omega_\gamma = \omega_{1f}$ は，図6.2に示したように，フィードフォワード的に生成されており，生成に使用されるパラメータが適切に選定されていない場合に発生する誤差は，基本的には，補正されることはない。生成に利用されるパラメータは，IMの数学モデル上のパラメータから直接的に決定されており，高精度な生成性能をもつ回転子磁束推定系の実現には，回転子側の2パラメータ，すなわち回転子逆時定数 W_2 と正規化回転子抵抗 R_{2n}，あるいは回転子逆時定数 W_2 と正規化相互インダクタンス $M_n = W_2 R_{2n}$ が，高い精度で必要である。

ところが，正規化回転子抵抗 R_{2n} は，IM駆動中の温度いかんによって初期始動時の200%を超える変動を示すことがある。また，正規化相互インダクタンス M_n は，IM駆動中の励磁分電流に依存した磁束飽和の影響を受け，数～数十%の変動を示すことがある。正規化回転子抵抗 R_{2n}，正規化相互インダクタンス M_n の変動は，とりもなおさず回転子逆時定数 $W_2 = M_n/R_{2n}$ の変動を意味する。

すべり周波数形回転子磁束推定器を用いたベクトル制御系においては，準すべり周波数 ω_s' の生成精度が，固定子電流の励磁分電流，トルク分電流への分離・検出に直接的な影響を与える。このため，仮に高帯域幅の電流制御系を安定に構成できたとしても，準すべり周波数 ω_s' を高精度に生成しえない限り，固定子電流の励磁分電流，トルク分電流を高精度で検出し制御することはできない。ひいては，精度よいあるいは高い線形性をもつトルク応答を得ることはできない。

8.2.2 基本構造

図8.1に，本章で検討する適応ベクトル制御系の構造を示す。この適応ベクトル制

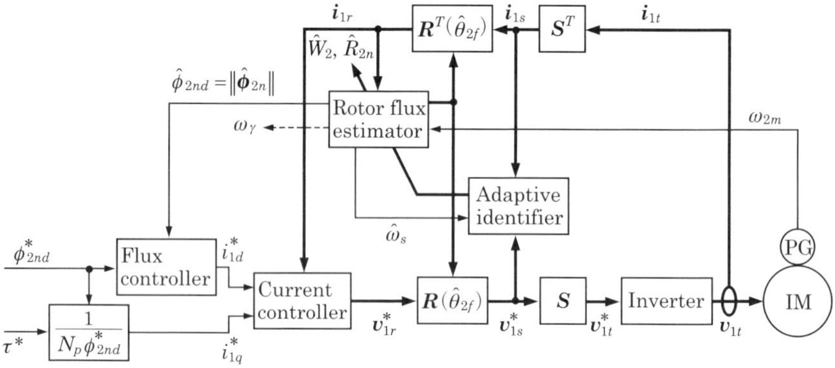

図 8.1　適応ベクトル制御系の基本構造

御系は，次のような構造的特徴を有する。

(a) 適応ベクトル制御系は，大きくは，フィードバック電流制御系，回転子磁束推定系（回転子磁束推定器）に加えて，適応同定系（適応同定器）の３ブロックから構成されている。

(b) 正規化回転子磁束を推定するための回転子磁束推定器は，γδ 準同期座標系上で，かつ，すべり周波数形回転子磁束推定法に基づき構成されている。

(c) すべり周波数形回転子磁束推定器は，γδ 準同期座標系を dq 同期座標系へ収束させる役割を担う。本器において最重要モータパラメータは，回転子逆時定数 W_2 である。適応同定器（adaptive identifier）は，回転子逆時定数 W_2 に加え，正規化回転子抵抗 R_{2n} の２パラメータの適応同定を担っている。適応同定器は回転子磁束推定器とは異なり，αβ 固定座標系上で構成されている。

(d) 適応同定のための源信号は，αβ 固定座標系上の固定子電圧，固定子電流，準すべり周波数 ω_s' の３信号である。なお，固定子電圧信号として，簡易性の観点より，固定子電圧検出値に代わって同指令値を利用している。

(e) パラメータ適応同定のために，トルクセンサなどの特別なセンサを新たに追加していない。

(f) 適応ベクトル制御系は，適応同定機能を停止する場合には，非適応的なすべり周波数形ベクトル制御系として，動作を継続する。

8.3 適応同定系

8.3.1 同定理論と適応アルゴリズム

αβ固定座標系上の回転子磁束形回路方程式は，式 (2.157) より，次のように与えられる。

$$\boldsymbol{v}_1 = R_1\boldsymbol{i}_1 + s[l_{1t}\boldsymbol{i}_1 + \boldsymbol{\phi}_{2n}] \tag{8.1a}$$

$$R_{2n}\boldsymbol{i}_1 = s\boldsymbol{\phi}_{2n} + [W_2\boldsymbol{I} - \omega_{2n}\boldsymbol{J}]\boldsymbol{\phi}_{2n} \tag{8.1b}$$

式 (8.1b) は，正規化回転磁束のノルムが一定に維持されている場合には，次式のように整理される（式 (2.166)，図 2.20(d) 参照）。

$$R_{2n}\boldsymbol{i}_1 = W_2\boldsymbol{\phi}_{2n} + \omega_s\boldsymbol{J}\boldsymbol{\phi}_{2n} \quad ; \|\boldsymbol{\phi}_{2n}\| = \text{const} \tag{8.2}$$

ここで，整形分離フィルタ（shape-separating filter）として次の全極形フィルタ $F(s)$ を考える。

$$F(s) = \frac{g_0}{s^n + f_{n-1}s^{n-1} + f_{n-2}s^{n-2} + \cdots + f_0} \qquad ; n \geq 1 \tag{8.3}$$

式 (8.2) の両辺に左側より $sF(s)$ を乗じると，次式を得る。

$$\begin{aligned} R_{2n}sF(s)\boldsymbol{i}_1 &= W_2 sF(s)\boldsymbol{\phi}_{2n} + sF(s)[\omega_s\boldsymbol{J}\boldsymbol{\phi}_{2n}] \\ &\approx W_2F(s)s\boldsymbol{\phi}_{2n} + \omega_s\boldsymbol{J}[F(s)s\boldsymbol{\phi}_{2n}] \qquad ; \omega_s \approx \text{const} \end{aligned} \tag{8.4}$$

式 (8.4) の第 1 式から第 2 式への展開には，すべり周波数 ω_s は実質的に一定 $\omega_s \approx \text{const}$ との前提を利用した。

式 (8.4) に式 (8.1a) を適用すると，次式を得る。

$$\begin{aligned} &-\omega_s\boldsymbol{J}F(s)[\boldsymbol{v}_1 - (R_1 + sl_{1t})\boldsymbol{i}_1] \\ &\quad = W_2F(s)[\boldsymbol{v}_1 - (R_1 + sl_{1t})\boldsymbol{i}_1] - R_{2n}sF(s)\boldsymbol{i}_1 \end{aligned} \tag{8.5}$$

式 (8.5) は任意の時刻で成立する関係である。当然のことながら，サンプリング周期 T_s で時刻 $t = kT_s$ においてサンプルされた離散時間信号においても，同一の関係が成立する。$\omega_{2f} \approx \omega_{1f}$ の前提のもと，すべり周波数 ω_s を準すべり周波数 ω_s' で置換すると，次式を得る。

$$\begin{aligned} \boldsymbol{z}_0(k) &= W_2\boldsymbol{z}_1(k) + R_{2n}\boldsymbol{z}_2(k) \\ &= \begin{bmatrix} \boldsymbol{z}_1(k) & \boldsymbol{z}_2(k) \end{bmatrix} \begin{bmatrix} W_2 \\ R_{2n} \end{bmatrix} \\ &= \boldsymbol{Z}^T(k)\boldsymbol{\theta} \end{aligned} \tag{8.6}$$

ただし，時刻 $t = kT_s$ においてサンプルされた離散時間信号の時刻は (k) で表現し，信号などは次のように定義している。

$$\left.\begin{aligned}
&\boldsymbol{z}_0(k) = -\omega_s'\boldsymbol{J}\boldsymbol{z}_1(k)\\
&\boldsymbol{z}_1(k) = F(s)[\boldsymbol{v}_1 - (R_1 + sl_{1t})\boldsymbol{i}_1]\big|_{t=kT_s}\\
&\boldsymbol{z}_2(k) = -sF(s)\boldsymbol{i}_1\big|_{t=kT_s}\\
&\boldsymbol{Z}(k) = [\boldsymbol{z}_1(k) \quad \boldsymbol{z}_2(k)]^T\\
&\boldsymbol{\theta} = \begin{bmatrix} W_2 \\ R_{2n} \end{bmatrix}
\end{aligned}\right\} \tag{8.7}$$

適応同定系が同定すべきパラメータは，式 (8.6) の 2×1 ベクトル $\boldsymbol{\theta}$ である。このとき，同定信号 $\boldsymbol{z}_0(k)$，$\boldsymbol{Z}(k)$ は利用可能である。式 (8.6) のパラメータ $\boldsymbol{\theta}$ を適応同定するためのアルゴリズムは，$t = kT_s$ 時点の同定値を $\hat{\boldsymbol{\theta}}(k)$ とするならば，次のシリアルブロック汎一般化適応アルゴリズムとして与えられる[2)]。

◆シリアルブロック汎一般化適応アルゴリズム

$$\hat{\boldsymbol{\theta}}(k) = \hat{\boldsymbol{\theta}}(k-1) - \boldsymbol{\Gamma}(k-1)\boldsymbol{Z}(k)\boldsymbol{\Gamma}_e(k)\boldsymbol{e}(k) \tag{8.8a}$$

$$\boldsymbol{e}(k) = \boldsymbol{Z}^T(k)\hat{\boldsymbol{\theta}}(k-1) - \boldsymbol{z}_0(k) \tag{8.8b}$$

$$\begin{aligned}
\boldsymbol{\Gamma}(k) = \frac{1}{\lambda_1(k)}[&\boldsymbol{\Gamma}(k-1) - \boldsymbol{\Gamma}(k-1)\boldsymbol{Z}(k)\\
&\cdot[\lambda_1(k)\boldsymbol{\Lambda}_2^{-1}(k) + \boldsymbol{Z}^T(k)\boldsymbol{\Gamma}(k-1)\boldsymbol{Z}(k)]^{-1}\boldsymbol{Z}^T(k)\boldsymbol{\Gamma}(k-1)]
\end{aligned} \tag{8.8c}$$

$$\boldsymbol{\Gamma}(-1) > 0, \qquad \boldsymbol{\Gamma}^{-1}(-1) > 0 \tag{8.8d}$$

$$0 < \lambda_1(k) \le 1 \tag{8.8e}$$

$$\boldsymbol{\Lambda}_2(k) = \boldsymbol{\Lambda}_2^T(k), \qquad \boldsymbol{0} \le \boldsymbol{\Lambda}_2(k) < M_2\boldsymbol{I} \quad ; \quad M_2 < \infty \tag{8.8f}$$

$$\boldsymbol{\Gamma}_e(k) = \boldsymbol{\Gamma}_e^T(k) \tag{8.8g}$$

$$\begin{aligned}
&[2\boldsymbol{\Lambda}_2^{-1}(k) + \boldsymbol{Z}^T(k)\boldsymbol{\Gamma}(k-1)\boldsymbol{Z}(k)]^{-1} < \boldsymbol{\Gamma}_e(k)\\
&\quad < [\boldsymbol{Z}^T(k)\boldsymbol{\Gamma}(k-1)\boldsymbol{Z}(k)]^{-1}[4\boldsymbol{\Lambda}_2^{-1}(k) + \boldsymbol{Z}^T(k)\boldsymbol{\Gamma}(k-1)\boldsymbol{Z}(k)]\\
&\qquad \cdot[2\boldsymbol{\Lambda}_2^{-1}(k) + \boldsymbol{Z}^T(k)\boldsymbol{\Gamma}(k-1)\boldsymbol{Z}(k)]^{-1}
\end{aligned} \tag{8.8h}$$

■

シリアルブロック汎一般化適応アルゴリズムに関しては，この漸近収束，指数収束などの収束特性は，すでに解析が完了している[2)]。この解析結果によれば，2×2 行列信号 $\boldsymbol{Z}(k)$ を構成するベクトル信号が継続的に 2 次元空間を張るならば（一般に ps (persistently spanning) 性と呼ばれる），同定値 $\hat{\boldsymbol{\theta}}(k)$ は指数的に真値に収束する[2)]。また，2 つの適応ゲイン $\boldsymbol{\Gamma}(k)$，$\boldsymbol{\Gamma}_e(k)$ を同定信号に応じて適応的に変化する時変ゲインとすることにより，高速な指数収束特性を発揮させることも可能である[2)]。なお，

IMの駆動時のps性は，トルク発生がなされる場合には（すなわち，トルク分電流，正規化回転子電流が存在する場合には)，確保される。

適応同定値$\hat{\boldsymbol{\theta}}(k)=[\hat{\theta}_1(k)\quad \hat{\theta}_2(k)]^T$が得られたならば，次式に従い回転子逆時定数などのモータパラメータを実時間決定し，回転子磁束推定器などに手渡される。

$$\hat{W}_2=\hat{\theta}_1(k) \tag{8.9}$$

$$\hat{R}_{2n}=\hat{\theta}_2(k) \tag{8.10}$$

$$\hat{M}_n=\frac{\hat{R}_{2n}}{\hat{W}_2} \tag{8.11}$$

なお，式(8.5)は，次のように再表現することもできる。

$$\begin{aligned}&-\omega_s \boldsymbol{J}F(s)[\boldsymbol{v}_1-(R_1+sl_{1t})\boldsymbol{i}_1]\\&\quad=W_2F(s)[\boldsymbol{v}_1-R_1\boldsymbol{i}_1]-(W_2L_1)sF(s)\boldsymbol{i}_1\end{aligned} \tag{8.12}$$

式(8.12)の表現に従うならば，2パラメータW_2，(W_2L_1)を同時同定（一斉同定）することもできる。

正規化回転子抵抗などの適切な適応同定には，同定信号のps性の確保が，ひいてはトルク発生が不可欠である。このため，適応同定器の利用に際しては，トルクの発生がないあるいは低い場合には，適応同定を一時停止し，停止後は停止直前の同定値を利用してベクトル制御を続行するといった対策を講ずることが必要である。図8.1の適応ベクトル制御系では，容易に本対策を取ることができる。

8.3.2 同定信号の生成

離散時間適応アルゴリズムの駆動には，式(8.7)における離散時間同定信号$\boldsymbol{z}_0(k)$，$\boldsymbol{Z}(k)$が必要である。式(8.7)が明示しているように，理想的には，まず式(8.7)右辺の連続時間同定信号を生成し，次にこの連続時間信号を同時サンプリングして離散時間同定信号を得ることになる。しかし，本方法は，実現難易度の観点からは，必ずしも適切ではない。

ここでは，これに代わって，まず固定子電圧，固定子電流のサンプル値を得て，次にサンプル値をディジタルフィルタ処理(整形分離ディジタルフィルタによる処理)し，連続時間同定信号のサンプル値に等価な離散時間信号を生成する方法を採用する[3)]。

図8.2は，上記方法による離散時間同定信号生成の様子をブロック図で示したものである。なお，ここでは，電流情報としては電流実測値のサンプル値を，電圧情報としては固定子電圧指令値のサンプル値を用いている。ディジタルフィルタ部DF1～

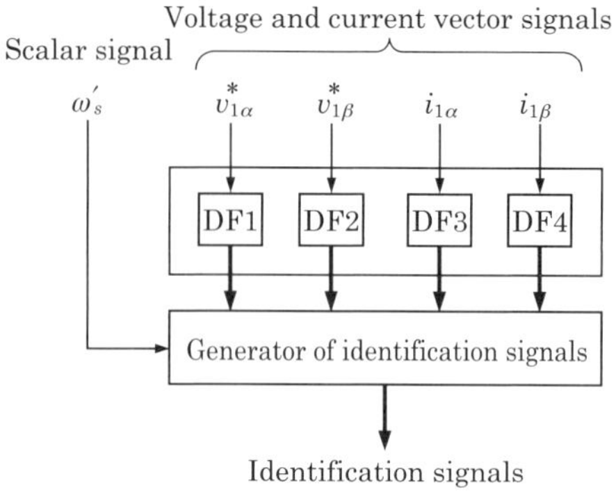

図 8.2　離散時間同定信号の生成

DF4（整形分離ディジタルフィルタ）では，これらの離散時間信号に対しノイズ，高周波成分の除去を目的としたフィルタリング処理を施し，整形された電圧・電流 $\boldsymbol{v}_1$, $\boldsymbol{i}_1$ のサンプル値に等価な信号と，これらの微分値 $s\boldsymbol{v}_1$，$s\boldsymbol{i}_1$ のサンプル値に等価な信号を生成している。

同定信号生成部（generator of identification signals）では上記の処理済み信号を用いて，近似的に式 (8.6) の関係を満足する離散時間信号 $\boldsymbol{z}_0(k)$，$\boldsymbol{Z}(k)$ を式 (8.7) の関係に従い生成している。$\boldsymbol{z}_0(k)$，$\boldsymbol{Z}(k)$ の生成には式 (8.7) が示すように同定対象外の固定子抵抗 R_1，固定子総合漏れインダクタンス l_{1t} が必要とされるが，これには別途用意した公称値などを利用している。

なお，図 8.2 に示した離散時間同定信号生成のためのディジタルフィルタ部の設計・実現法に関しては，文献 3) に詳しい説明が与えられている。

8. 3. 3　複数レイトによる適応同定系の駆動

ベクトル制御系の制御周期は，固定子電流のサンプリング周期と同一の T_s である。すなわち，電流，速度などのベクトル制御遂行上必要な信号の取り込み，電流制御器の出力である固定子電圧指令値の生成，および固定子電圧指令値を PWM 処理した電力変換器用スイッチング信号の生成は，制御周期 T_s ごとになされる。一方，式 (8.8) の適応アルゴリズムに利用される離散時間同定信号 $\boldsymbol{z}_0(k)$，$\boldsymbol{Z}(k)$ の生成は，周期 T_2 ごとに生成される。生成周期 T_2 は，ベクトル制御系の制御周期 T_s と同一である必要はなく，次の関係を満足すればよい。

$$T_2 = N_1 T_s \quad ; N_1 \geq 1 \tag{8.13}$$

ここに，N_1 は正の整数である。すなわち，制御周期 T_s で離散時間的に遂行されるベクトル制御およびPWM処理の N_1 回に1回の割合で，図8.2の同定信号生成部を駆動すればよい。

式(8.13)のような複数レイトの関係は，同定信号 $\boldsymbol{z}_0(k)$，$\boldsymbol{Z}(k)$ と式(8.9)～式(8.11)に示したモータパラメータ同定値に関しても主張できる。すなわち，式(8.9)～式(8.11)に示したモータパラメータ同定値は，必ずしも周期 T_2 と同一周期で生成される必要はない。一般には，次の関係を満足すればよい。

$$T_3 = N_2 T_2 \qquad ; N_2 \geq 1 \tag{8.14}$$

ここで，T_3 は，モータパラメータ同定値の生成周期すなわち回転子磁束推定系のパラメータ更新周期であり，N_2 は正の整数である。なお，上記の周期 T_s，T_2，T_3 は同期が取られている。

$N_2 \geq 2$ の場合には，式(8.9)～式(8.11)に示した同定値の決定は，回転子磁束推定系へモータパラメータ同定値の引き渡しが必要な時点でのみ，行えばよい。モータパラメータ同定値の引き渡しが行われない制御周期では，回転子磁束推定系は，最後に引き渡されたモータパラメータ同定値を継続して利用することになる。

このように，本適応同定系は，電流制御系，回転子磁束推定系の駆動レイトと異なるレイトで駆動できるようにしている。異なったレイトによる適応同定系の駆動は，適応制御系に散見されるモデリング誤差に起因する不安定化現象に対し，一般にロバスト安定化を図る作用がある[2)]。複数レイトの採用により，適応ベクトル制御系は，適応機能を発揮しながらも，モデリング誤差，制御周期と同定パラメータの更新周期の同期などに起因する過敏な不安定化を回避することができる。

8.4 性能評価試験

提案の適応ベクトル制御法の有効性を実用的観点から評価すべく，性能評価試験を実施した。以下，その概要を示す。

8.4.1 試験システムの概要と設計パラメータの選定

提案適応ベクトル制御法で駆動される供試IMの基本特性を表8.1に示した。供試IMのための電力変換器は，定格出力15〔kW〕，短絡防止期間10〔μs〕の特性をもつ試作品を利用した。トルクセンサ（トルク応答値実測用）を介して供試IMに連結されるべき負荷装置としては，定格出力2.2〔kW〕，定格速度209〔rad/s〕（2 000〔r/

表 8.1　供試 IM の特性

R_1	0.68〔Ω〕	定格電流	5.8〔A, rms〕
l_{1t} L_1	0.0077〔H〕 0.056〔H〕	定格励磁分電流	4.5〔A〕
R_{2n}	0.91〔Ω〕	定格トルク分電流	9.0〔A〕
W_2	18.9〔Ω/H〕	定格電圧	150〔V, rms〕
極対数 N_p	2	慣性モーメント J_m	0.0028〔kgm²〕
定格出力	約 800〔W〕	定格速度	209〔rad/s〕 2 000〔r/m〕
定格トルク	3.82〔Nm〕	4 逓倍後の実効エンコーダ分解能	4 × 6 000〔p/r〕

m〕相当)，実効エンコーダ分解能 4 × 2 000〔p/r〕のものを利用した。

電力変換器としては，供試 IM の約 20 倍の容量のものを用いた。これには，浮動小数点演算 DSP が搭載されており，前節で説明した電流制御系，回転子磁束推定系，適応同定系をこの単一の DSP で実現できる。この便宜のため，供試 IM との容量的アンバランスを承知のうえで使用した。

8. 4. 2　主要な試験条件

ベクトル制御系の最重要な性能であるトルク発生性能を評価すべく，供試 IM をトルク制御モードで駆動した。このときの主要設計パラメータは表 8.2 のとおりである。整形分離ディジタルフィルタは，次の 2 次バタワースフィルタ（Butterworth filter）を離散時間化して得た（離散時間化法は文献 3）参照)。

$$F(s)=\frac{200^2}{s^2+\sqrt{2}\cdot 200s+200^2} \tag{8.15}$$

また，適応アルゴリズムの同定性能を支配する 2 種の適応ゲインとしては，同定信号に応じて適応変化する次の時変ゲインを採用した。

$$\begin{aligned}\boldsymbol{\Gamma}(k)=[&\boldsymbol{\Gamma}(k-1)-\boldsymbol{\Gamma}(k-1)\boldsymbol{Z}(k)\\&\cdot[\boldsymbol{I}+\boldsymbol{Z}^T(k)\boldsymbol{\Gamma}(k-1)\boldsymbol{Z}(k)]^{-1}\boldsymbol{Z}^T(k)\boldsymbol{\Gamma}(k-1)]\end{aligned} \tag{8.16a}$$

$$\boldsymbol{\Gamma}_e(k)=[\boldsymbol{I}+\boldsymbol{Z}^T(k)\boldsymbol{\Gamma}(k-1)\boldsymbol{Z}(k)]^{-1} \tag{8.16b}$$

表 8.2　主要設計パラメータ

電流制御系帯域幅	1 400〔rad/s〕	同定信号取得周期 T_2	180〔μs〕
制御周期 T_s	180〔μs〕	パラメータ更新周期 T_3	270〔ms〕

上の時変ゲインは，式 (8.8e)，式 (8.8f) が指定した選定範囲において，特に $\lambda_1(k) = 1$，$\boldsymbol{\Lambda}_2(k) = \boldsymbol{I}$ の選定に当たる。繰り返し計算される適応ゲイン $\boldsymbol{\Gamma}(k)$ は，パラメータ更新周期 T_3 ごとにリセットし，このリセット時の初期値は十分大きな値に設定した。式 (8.14) の N_2 は，表 8.2 に明示しているように，$N_2 = 1\,500$ となる。これは，適応同定系による 1 500 回の同定信号取得に対して，回転子磁束推定系による 1 回のパラメータ更新を意味する。

8. 4. 3 温度変化に対するロバスト性

提案法の適応同定性能を確認すべく，供試 IM の温度変化におけるトルク応答値を評価した。試験は，負荷装置で供試 IM を定格速度 209〔rad/s〕で回転させたのち，定格のトルク指令値を供試 IM に与え，その後の駆動の様子を観察した。図 8.3 は，この試験結果を示す自動記録データである。

図 8.3 の横軸は時間軸（単位は分〔m〕）である。試験開始から終了までの駆動時間は，約 70 分である。同図では，上から，供試 IM のフレーム温度，供試 IM のトルク応答値，供試 IM の三相電流の u 相電流実効値，供試 IM と負荷装置の回転速度をおのおの示している。縦軸の単位としては，応答波形から変化率が読み取れる温度単位（摂氏度）のみを表示している。試験期間中の供試 IM の速度は，負荷装置により基本的に一定に維持されている。

応答波形が示すように，供試 IM の表面温度は，試験開始から終了までの間で，一

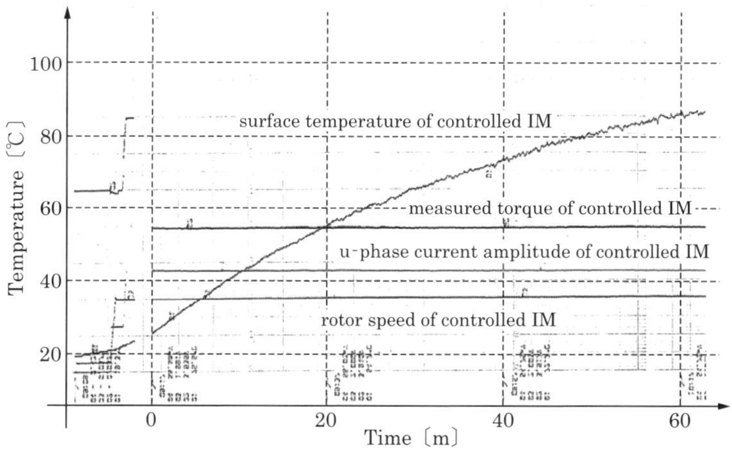

図 8.3 適応ベクトル制御系の温度変化に対する性能

次遅れ系のステップ応答のような形状で 20 ～ 90℃の上昇を示している。この温度変化にもかかわらず，供試 IM のトルク応答値の状況は安定しており，その変化は，開始と終了の間で 1% 未満である。トルク応答値のこの安定性を裏づけるように，供試 IM の電流も安定している。

これらの変化率は，微少のため同図より読み取ることは困難であるので，1 例を紹介する。記録器により同図に自動印字された数値記録によれば，試験開始直後の IM 表面温度 25.5℃に対し，40 分後の IM 表面温度は 72.7℃であり，この間の諸特性の変化率は次のとおりである。

$$\text{負荷装置速度} \qquad \frac{2\,003-1\,991}{1\,991}=0.0060 \tag{8.17a}$$

$$\text{トルク応答値} \qquad \frac{3.917-3.939}{3.939}=-0.0056 \tag{8.17b}$$

$$\text{u 相電流} \qquad \frac{5.479-5.558}{5.558}=-0.0142 \tag{8.17c}$$

すなわち，表面温度変化約 50℃に対するトルク応答値の変動率は，微少の約 –0.5% に過ぎない。

IM 内部の回転子温度はモータフレームの表面温度よりさらに高温化し，温度依存性の高い回転子逆時定数 W_2 は，試験の開始と終了の間では，大きく変化しているものと推測される。これにもかかわらず，安定したトルク発生が達成されている。これは，所期のとおり，回転子側のパラメータ（特に，回転子逆時定数 W_2）が適切に適応同定され，これが準すべり周波数 ω_s' の生成に適切に反映されたためと考えられる（図 6.2 参照）。

8.4.4 電流変化に対するロバスト性

提案適応ベクトル制御法の適応性能を確認する第 2 の方法として，トルク指令値に対するトルク応答値の線形性能を評価した。

試験に際しては，負荷装置で供試 IM を定格速度 209〔rad/s〕で回転させたのち，定格比の 50，100，150，200，250，350% のトルク指令値を供試 IM に与え，トルク応答値を実測した。試験は，供試 IM の温度上昇を考慮にいれ，1 データ取得のための IM 駆動時間は 1 分程度とし，実質的な温度上昇が出現しないうちにデータ取得を完了した。表 8.3 はこの試験結果の実データであり，図 8.4 はこれをグラフ化したものである。同図の直線は，トルク指令値 τ^*，トルク応答値 τ を次式に用い，作図したものである。

表 8.3　適応ベクトル制御系のトルク線形性能

定格比〔%〕	トルク指令値〔Nm〕	トルク応答値〔Nm〕	直線近似値〔Nm〕	偏差〔Nm〕
50	1.91	1.19	1.26	−0.07
100	3.82	2.94	2.91	0.03
150	5.73	4.65	4.56	0.09
200	7.64	6.21	6.20	0.01
250	9.56	7.79	7.85	−0.06
350	13.38	11.48	11.15	0.33

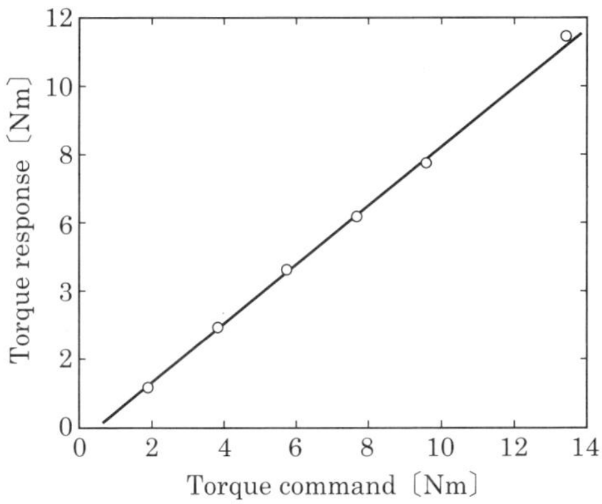

図 8.4　適応ベクトル制御系のトルク線形性能

$$\tau = 0.863\tau^{*} - 0.390 \tag{8.18}$$

図 8.4 より,「トルク応答値は, 定格の 300% 近傍まで高い線形性能を発揮している」ことが理解される。また, 表 8.3 が示すように, 直線性の偏差は 300% 定格近傍までおおむね一様であり, 定格点では約 1% である。この広範囲における高い線形性の達成には, 回転子逆時定数の適応同定のみならず, トルク指令値 τ^{*} から固定子電流指令値の生成に必要とされる正規化回転子抵抗 R_{2n} あるいは正規化相互インダクタンス M_n の適応的決定が大きく寄与しており, これなくしては達成不可能であった（図 4.14, 図 6.2 参照)。

なお, 図 8.4 によれば, トルク指令値とトルク応答値の比例係数（0.863）が 1 でなく, また加法的なオフセット（−0.39）が存在している。これは, 使用した電力変換器の電流検出器の精度, 鉄損, 機械損などの影響によると推測される。使用の電力変換器は 15〔kW〕用であり, 0.8〔kW〕の供試 IM の性能評価試験には, 応答時間, 精度,調整などに関し，不利なものとなっている。

実験的ではあるが，適応同定値によれば，インダクタンス関連のモータパラメータは，励磁分電流，トルク分電流の相互の関係で複雑に変化することが確認されている。この現象は，IMの数学モデルの導出に際し，インダクタンスに関し大胆な近似を実施していることを考慮するならば，容易に推測される。

図8.3，図8.4は，定格速度での試験データであるが，「提案の適応ベクトル制御法は，回転子の回転速度がゼロの場合にも，所要のトルク分電流が存在しさえすれば，動作しうる」ことが，実験的に確認されている。なお，低速時の正常動作には，固定子抵抗の補正，電力変換器の短絡防止期間の補償などの追加処理が必要である。

以上のように，広範な温度範囲と広範なトルク指令範囲で高い安定性と線形性を有するトルク発生が確認できた。これら異なった次元の駆動範囲を考慮するならば，「適応ベクトル制御法は，広範な駆動範囲で安定したトルク発生を達成している」といえる。

Q 8.1　回転子逆時定数 W_2 と正規化回転子抵抗 R_{2n} が温度依存性をもつことは，抵抗の温度依存性より，当然と思います。図8.1の適応ベクトル制御系はこれらモータパラメータを適切に適応同定でき，ひいては温度変化に対してロバストであることは，わかりました。ところで，回転子逆時定数と正規化回転子抵抗の同定原理は，式(8.6)，式(8.7)に与えられています。式(8.7)に基づく同定信号の生成には，固定子抵抗が必要です。固定子抵抗は温度依存性を有しますので，固定子抵抗の温度も同定信号に反映されると思います。回転子逆時定数，正規化回転子抵抗の同定値に固定子抵抗温度の影響が出現しないのは，なぜですか。

A 8.1　鋭い質問ですね。固定子抵抗の温度の影響は，厳密には回転子側の同定値に出現します。しかし，高速回転時には，固定子側のインピーダンス $(R_1 + sl_{1t})$ の主成分は固定子総合漏れインダクタンス分 sl_{1t} となり，固定子抵抗分は微小です。このため，温度変化に起因した固定子抵抗変動は同定値に大きな影響を与えません。しかし，低速回転時には，同定値は固定子抵抗の影響を受けることになります。これに対する実際的対策の1つは，「正規化回転子抵抗の同定値を利用して固定子抵抗を補正し，補正した固定子抵抗を利用して正規化回転子抵抗を同定する」という循環的処理を追加することです。

第9章

状態オブザーバ形センサレスベクトル制御

9.1 目　的

第5章では，最小次元D因子磁束状態オブザーバ，あるいは同一次元D因子磁束状態オブザーバを利用して正規化回転子磁束を推定し，同推定値に基づきベクトル制御を遂行する状態オブザーバ形ベクトル制御法を説明した。D因子磁束状態オブザーバの利用には，回転子速度情報が必要であった。これは，エンコーダなどの位置・速度センサにより検出できるものとした。

回転子への位置・速度センサの装着は，機械的・電気的・熱的な信頼性の低下，モータ体格の軸方向の増大，センサケーブルの引き回しなどの問題を起こすことがある。IMの応用によっては，位置・速度センサの装着が機構的に不可能なこともある。この課題を根源から解決するのが，回転子速度を推定しつつベクトル制御を遂行するセンサレスベクトル制御である。

センサレスベクトル制御法の構築原理の多くは，センサ利用ベクトル制御法に速度推定機能を追加してセンサレス化を達成するものである。最小次元あるいは同一次元磁束状態オブザーバを用いた状態オブザーバ形ベクトル制御法においては，従来，適応アルゴリズムを使用した「速度の適応同定」により速度推定値を得て，センサレス化を達成していた[1)～8)]。たとえば，$\alpha\beta$固定座標系上の最小次元磁束状態オブザーバを利用したベクトル制御のセンサレス化に関して，田島・堀は，モデル規範形適応システム（model reference adaptive system, MARS）を別途構築して速度を適応同定する手法を提案している[1)]。田島・堀の手法では，速度の適応同定に要する演算量は，本来の磁束推定のための演算量と同程度であり，実質的な演算量は倍増した。適応同定による速度推定の収束性能は，採用の適応アルゴリズムの収束性能に支配される[9)]。状態オブザーバ形ベクトル制御法は，従来，原理・技術上の制約から，収束性能としては最下位クラスの比例積分形あるいは積分形アルゴリズムを採用してきた[1)～9)]。

位相（位置）と周波数（速度）は，微積分の不変関係にある。この不変関係を利用するならば，位相推定値から周波数推定値を簡単かつ迅速に生成でき，高性能なセンサレスベクトル制御系が構成されうることが，PMSM に関し，示されている[10)]。本章は，最小次元 D 因子磁束状態オブザーバと「微積分関係に基づく速度推定」とを組み合わせた新規なセンサレスベクトル制御法を提案する[11), 12)]。

提案法は，最小次元 D 因子磁束状態オブザーバを用いて正規化回転子磁束の位相推定値を得たうえで，微積分関係を利用して正規化回転子磁束の周波数推定値を得る。また，同一の正規化回転子磁束推定値からすべり周波数推定値を得て，これと正規化回転子磁束周波数推定値とを用いて，回転子速度を瞬時推定（静的推定）するもの[11)〜14)]，あるいはこれに準じた動的推定するものである。提案法は，従前と異なり，最小次元 D 因子磁束状態オブザーバは $\alpha\beta$ 固定座標系，$\gamma\delta$ 準同期座標系のいずれの座標系上でも構成可能という一般性を有する。また，使用する動的推定器は基本的に単一の最小次元 D 因子磁束状態オブザーバのみであり，すべての推定量は単一オブザーバによる磁束推定値から生成されるという統一性・一貫性も有する。

9.2　一般座標系上の推定器

9.2.1　最小次元 D 因子磁束状態オブザーバ

位置・速度センサを用いないセンサレスベクトル制御に利用される最小次元 D 因子磁束状態オブザーバは，センサ利用ベクトル制御に利用されるものと，基本的に同一である。あえて違いを主張するならば，D 因子磁束状態オブザーバに利用する回転子速度（電気速度）を，真値（検出値）ω_{2n} に代わって推定値 $\hat{\omega}_{2n}$ を利用することにある。以降では，速度推定値には，他推定値と同様に，記号「^」を付して表記する。

センサレスベクトル制御のための $\gamma\delta$ 一般座標系上の最小次元 D 因子磁束状態オブザーバは，式 (5.19) と同様の次式で与えられる。

◆ $\gamma\delta$ 一般座標系上の最小次元 D 因子磁束状態オブザーバ

$$\left.\begin{aligned}
&\boldsymbol{D}(s,\omega_\gamma)\tilde{\boldsymbol{\phi}}_2\\
&\quad=\boldsymbol{G}[\boldsymbol{v}_1-R_1\boldsymbol{i}_1]+[\boldsymbol{I}-\boldsymbol{G}]R_{2n}\boldsymbol{i}_1+[\boldsymbol{I}-\boldsymbol{G}][\hat{\omega}_{2n}\boldsymbol{J}-W_2\boldsymbol{I}]\hat{\boldsymbol{\phi}}_{2n}\\
&\quad=\boldsymbol{G}\,\boldsymbol{v}_1+[R_{2n}\boldsymbol{I}-(R_1+R_{2n})\boldsymbol{G}]\boldsymbol{i}_1+[\boldsymbol{I}-\boldsymbol{G}][\hat{\omega}_{2n}\boldsymbol{J}-W_2\boldsymbol{I}]\hat{\boldsymbol{\phi}}_{2n}\\
&\hat{\boldsymbol{\phi}}_{2n}=\tilde{\boldsymbol{\phi}}_2-l_{1t}\boldsymbol{G}\,\boldsymbol{i}_1
\end{aligned}\right\}\tag{9.1a}$$

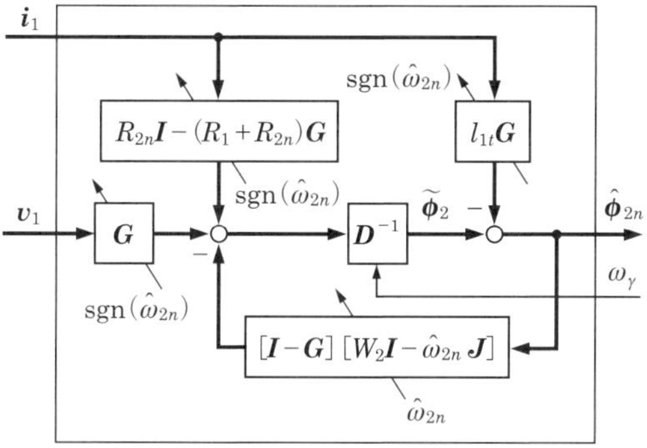

図 9.1　γδ 一般座標系上の最小次元 D 因子磁束状態オブザーバ

$$\left.\begin{array}{ll} \boldsymbol{G}=-g_1\boldsymbol{I}-\mathrm{sgn}(\hat{\omega}_{2n})g_2\boldsymbol{J} & -1<g_1<\infty \\ \boldsymbol{I}-\boldsymbol{G}=(1+g_1)\boldsymbol{I}+\mathrm{sgn}(\hat{\omega}_{2n})g_2\boldsymbol{J} \quad ; & 0\le g_2<\infty \end{array}\right\} \tag{9.1b}$$

■

図 9.1 に，式 (9.1) の最小次元 D 因子磁束状態オブザーバを描画した。本図は，回転子速度として真値 ω_{2n} に代わって推定値 $\hat{\omega}_{2n}$ が利用されている点を除けば，図 5.4 と同一である。なお，シグナム関数$\mathrm{sgn}(\hat{\omega}_{2n})$の定義は，式 (5.19c) と同様な変更を想定している。

速度推定値 $\hat{\omega}_{2n}$ が同真値と異なる場合にも，式 (5.14) が示しているように，D 因子磁束状態オブザーバは不安定化することはない。図 9.1 からも本特性が確認される。速度誤差（速度真値と同推定値との差）がある場合には，正規化回転子磁束推定値が同真値と異なり，ひいてはノルム推定値，位相推定値が誤差をもつ。ベクトル制御遂行上，特に重要な推定信号は正規化回転子磁束の位相推定値である。

最小次元 D 因子磁束状態オブーバを用いた PMSM の場合には，速度誤差に起因する位相誤差（位相真値と同推定値との差）は，たかだか $\pm\pi/4$〔rad〕であった[10]。IM の場合も，速度誤差に起因する位相誤差は，同程度と推測される。センサレスベクトル制御では，速度誤差にロバストな位相推定法を採用することが重要である。

9. 2. 2　速度推定器

回転子速度 ω_{2n} の推定原理は，次のとおりである。

◆ γδ 一般座標系上の回転子速度推定原理

$$\omega_{2n}=\omega_{2f}-\omega_s \tag{9.2a}$$

$$\omega_s = R_{2n}\frac{\boldsymbol{i}_1^T \boldsymbol{J}\boldsymbol{\phi}_{2n}}{\|\boldsymbol{\phi}_{2n}\|^2} = \frac{R_{2n}}{N_p}\frac{\tau}{\|\boldsymbol{\phi}_{2n}\|^2} \tag{9.2b}$$

■

式 (9.2a) は，すべり周波数 ω_s の定義式である式 (2.88a) と同一である。式 (9.2b) は，すべり周波数と正規化回転子磁束，発生トルクの関係を示した式 (2.167)，式 (2.173b) と同一である。式 (9.2b) 右辺における固定子電流，正規化回転子磁束は，γδ 一般座標系上で定義されている。

実際の速度推定法は，原理式における諸信号を推定値で置換することにより，得られる。これは，以下のように整理される。

◆ γδ 一般座標系上の回転子速度推定法Ⅰ

$$\begin{aligned}
\hat{\omega}_{2n} &= F_l(s)(\hat{\omega}_{2f} - \hat{\omega}_s) \\
&= F_l(s)\left(\omega_\gamma + \frac{[s\hat{\boldsymbol{\phi}}_{2n}]^T \boldsymbol{J}\hat{\boldsymbol{\phi}}_{2n}}{\|\hat{\boldsymbol{\phi}}_{2n}\|^2} - \frac{R_{2n}}{N_p}\frac{\tau}{\|\hat{\boldsymbol{\phi}}_{2n}\|^2}\right) \\
&= F_l(s)\left(\omega_\gamma + \frac{[s\hat{\boldsymbol{\phi}}_{2n}]^T \boldsymbol{J}\hat{\boldsymbol{\phi}}_{2n}}{\|\hat{\boldsymbol{\phi}}_{2n}\|^2} - R_{2n}\frac{\boldsymbol{i}_1^T \boldsymbol{J}\hat{\boldsymbol{\phi}}_{2n}}{\|\hat{\boldsymbol{\phi}}_{2n}\|^2}\right) \\
&= F_l(s)\left(\omega_\gamma + [s\hat{\boldsymbol{\phi}}_{2n} - R_{2n}\boldsymbol{i}_1]^T \boldsymbol{J}\frac{\hat{\boldsymbol{\phi}}_{2n}}{\|\hat{\boldsymbol{\phi}}_{2n}\|^2}\right)
\end{aligned} \tag{9.3}$$

■

◆ γδ 一般座標系上の回転子速度推定法Ⅱ

$$\begin{aligned}
\hat{\omega}_{2n} &= F_l(s)(\hat{\omega}_{2f} - \hat{\omega}_s) \\
&\approx F_l(s)(\omega_{1f} - \hat{\omega}_s) \\
&= F_l(s)\left(\omega_{1f} - \frac{R_{2n}}{N_p}\frac{\tau}{\|\hat{\boldsymbol{\phi}}_{2n}\|^2}\right) \\
&= F_l(s)\left(\omega_{1f} - R_{2n}\frac{\boldsymbol{i}_1^T \boldsymbol{J}\hat{\boldsymbol{\phi}}_{2n}}{\|\hat{\boldsymbol{\phi}}_{2n}\|^2}\right)
\end{aligned} \tag{9.4}$$

■

速度推定法Ⅰ・式 (9.3) における ω_γ は，2×1 固定子電流，正規化回転子磁束推定値が定義されたγδ 一般座標系の速度である。正規化回転子磁束の周波数推定値 $\hat{\omega}_{2f}$ の生成は，αβ 固定座標系上の関係式である式 (5.29) 第1式と同一原理に基づいている。$F_l(s)$ はローパスフィルタである。このフィルタは，図 5.11 において電源周波数生成に利用したものと同一に選定してよい。

速度推定法 II・式 (9.4) は，式 (9.3) における正規化回転子磁束の周波数推定値 $\hat{\omega}_{2f}$ を電源周波数 ω_{1f} で置換し，簡略化したものである。他は，同一である。

9.3　固定座標系上の推定器を用いたセンサレスベクトル制御

9.3.1　回転子磁束推定器の詳細構成

前節で説明した最小次元 D 因子磁束状態オブザーバは，γδ 一般座標系上で構成されていた。本節では，γδ 一般座標系に包含される αβ 固定座標系の上で，最小次元 D 因子磁束状態オブザーバを構成し，これを利用してセンサレスベクトル制御系を構成することを考える。

図 9.2 に，αβ 固定座標系上で位相推定を行うセンサレスベクトル制御系の代表的構成例を示した。同図では，電圧，電流に対してこれらが定義された座標系を示す脚符 t（uvw 固定座標系），s（αβ 固定座標系），r（γδ 準同期座標系）を付している。回転子磁束推定器（rotor flux estimator）には，αβ 固定座標系上で定義された固定子電流の実測値 $\boldsymbol{i}_1$ と固定子電圧の指令値 $\boldsymbol{v}_1^*$ が入力され，正規化回転子磁束の位相推定値（すなわち γδ 準同期座標系の位相）$\hat{\theta}_{2f}$ の余弦正弦値，正規化回転子磁束の振幅推定値としての同ノルム $\hat{\phi}_{2nd} = \|\hat{\boldsymbol{\phi}}_{2n}\|$，電源周波数 $\omega_\gamma = \omega_{1f}$，回転子速度（電気速度）推定値 $\hat{\omega}_{2n}$ とを出力している。位相推定値の余弦正弦値はベクトル回転器へ，ノルム推定値は磁束制御器へ送られている。周波数推定値，速度推定値は，必要に応じ，電流制御器などで利用される。図 5.8 の位置・速度センサ利用の回転子磁束推定器との相違は，センサレス用の回転子磁束推定器へ速度真値（検出値）が入力されず，反対に，回転子磁束推定器から同推定値が出力されている点にある。

図 9.2 のシステム構成においては，ベクトル回転器に利用される位相の微分値が電

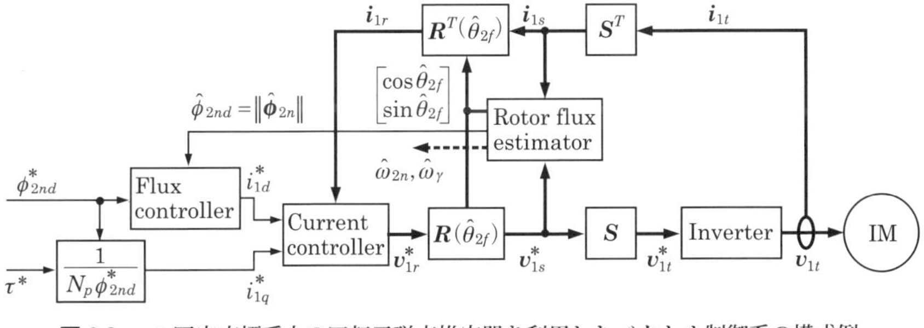

図 9.2　αβ 固定座標系上の回転子磁束推定器を利用したベクトル制御系の構成例

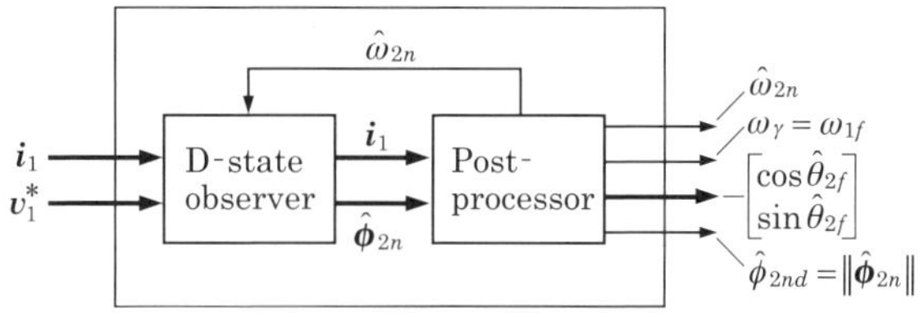

図 9.3　αβ 固定座標系上の回転子磁束推定器の構造

源周波数 ω_{1f} となる。本微分値は，γδ 準同期座標系の速度 ω_γ にほかならない。γδ 準同期座標系の位相は，正規化回転子磁束の位相推定値である。これより，γδ 準同期座標系の速度は，正規化回転子磁束の αβ 固定座標系上での周波数推定値の 1 つとなる。ひいては，図 9.2 のシステム構成においては，基本的に $\omega_\gamma = \omega_{1f} \approx \hat{\omega}_{2f}$ の関係が成立する。この特性は，図 5.8 の位置・速度センサを利用する場合と同一である。

回転子磁束推定器の構成例を図 9.3 に示した。これはオブザーバ部（D-state observer）と後処理部（post-processor）とから構成されている。オブザーバ部は，入力信号として，外部より固定子電流の実測値 $\boldsymbol{i}_1$ と固定子電圧の指令値 $\boldsymbol{v}_1^*$ を，また後処理部から速度推定値 $\hat{\omega}_{2n}$ を受け，αβ 固定座標系上で評価した正規化回転子磁束推定値 $\hat{\boldsymbol{\phi}}_{2n}$ と固定子電流 $\boldsymbol{i}_1$ とを出力し，後処理部へ送っている。なお，入力された固定子電流は，一部を分岐して無処理のまま出力している。

オブザーバ部の内部構造を図 9.4 に示した。本オブザーバ部は，速度真値 ω_{2n} に代わって同推定値 $\hat{\omega}_{2n}$ を利用している点を除けば，図 5.10 のオブザーバ部と基本的に同一である。

このオブザーバ部のための後処理部の 1 構成例を図 9.5 に示した。後処理部は，セ

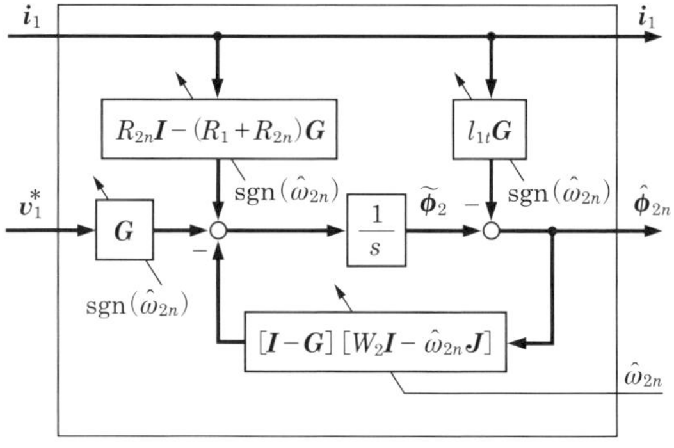

図 9.4　αβ 固定座標系上のオブザーバ部

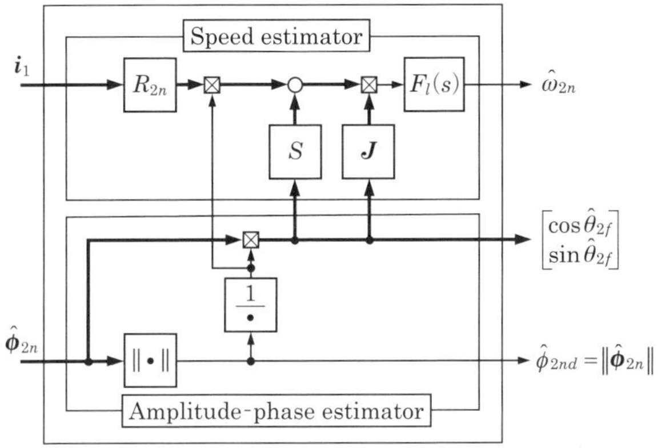

図 9.5　αβ 固定座標系上の後処理部の構成例

ンサ利用・センサレスのいかんを問わず必要とされる振幅・位相推定器（amplitude-phase estimator）とセンサレスの場合のみ必要とされる速度推定器（speed estimator）とから構成されている。振幅・位相推定器は，正規化回転子磁束の振幅推定値，位相推定値，必要に応じて電源周波数を出力している。これは，式 (5.28) のとおりである（図 5.11 参照）。

速度推定器の役割は，回転子速度（電気速度）推定値の生成である。αβ 固定座標系上の信号を用いた速度推定器は，γδ 一般座標系上の回転子速度推定法 I・式 (9.3) に αβ 固定座標系の条件 $\omega_\gamma=0$ を付与すれば，ただちに構成される。これは，以下のように整理される[13), 14)]。

◆ αβ 固定座標系上の回転子速度推定法 I

$$
\begin{aligned}
\hat{\omega}_{2n} &= F_l(s)(\hat{\omega}_{2f}-\hat{\omega}_s)\\
&= F_l(s)\left([s\,\boldsymbol{u}(\hat{\theta}_{2f})]^T\boldsymbol{J}\boldsymbol{u}(\hat{\theta}_{2f})-R_{2n}\frac{\boldsymbol{i}_1^T\boldsymbol{J}\hat{\boldsymbol{\phi}}_{2n}}{\|\hat{\boldsymbol{\phi}}_{2n}\|^2}\right)\\
&= F_l(s)\left(\left[s\,\boldsymbol{u}(\hat{\theta}_{2f})-\frac{R_{2n}}{\|\hat{\boldsymbol{\phi}}_{2n}\|}\boldsymbol{i}_1\right]^T\boldsymbol{J}\boldsymbol{u}(\hat{\theta}_{2f})\right)
\end{aligned}
\tag{9.5}
$$

■

後処理部の第 2 構成例を示す。積分フィードバック形速度推定法（αβ 固定座標系上の一般化積分形 PLL 法）に基づく図 5.12 の後処理部に，速度推定機能を付加すると，センサレス駆動のための後処理部を得る。この種の後処理部も，図 9.5 と同様に振幅・位相推定器と速度推定器とから構成され，1 例は図 9.6 のように描画される。同図では，

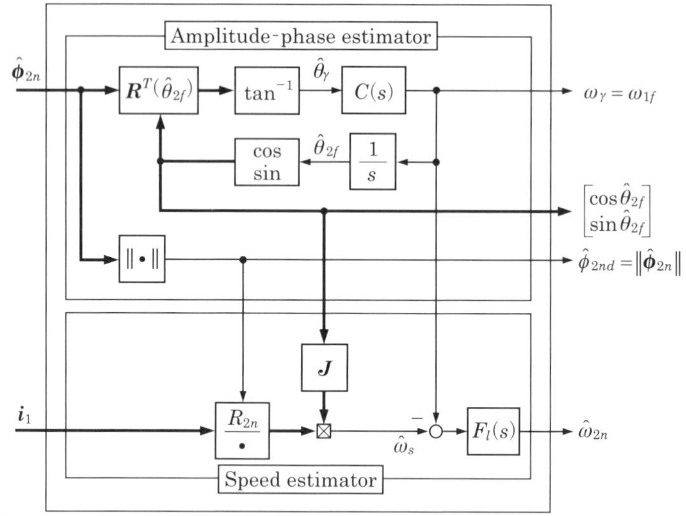

図 9.6　αβ 固定座標系上の後処理部の構成例

電源周波数 $\omega_\gamma = \omega_{1f}$ と回転子速度推定値 $\hat{\omega}_{2n}$ とを同時に出力するようにしている。同図の速度推定器は，式 (9.4) を αβ 固定座標系上の信号を用いて実現したものである。

9. 3. 2　センサレスベクトル制御系の設計例と応答例

提案の設計法に基づくセンサレスベクトル制御系の具体的な設計例と応答例を示す。図 9.7 に数値実験（シミュレーション）のためのセンサレスベクトル制御系を示した。本センサレスベクトル制御系は，位置・速度センサから速度検出値（真値）を取り入れていない点を除けば，図 5.13 のセンサ利用ベクトル制御系と基本的に同一である。

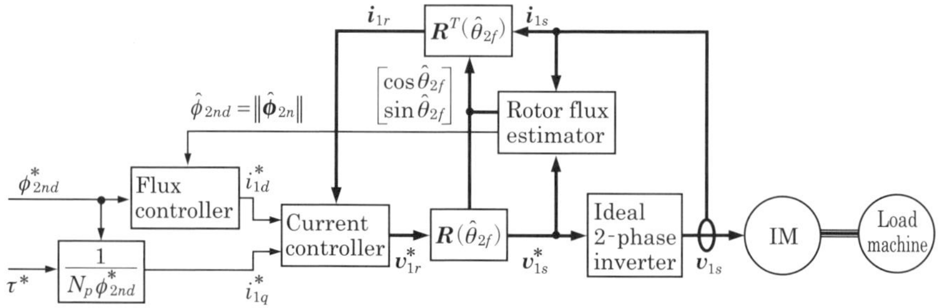

図 9.7　αβ 固定座標系上の回転子磁束推定器を用いた数値実験システムの構成

数値実験条件は，図 5.13 の場合と同一とした。すなわち，数値実験に使用した供試 IM，電流制御器の設計，磁束制御器の設計，回転子磁束推定器内のオブザーバ部（D 因子磁束状態オブザーバ）の設計は，図 5.13 の場合と同一とした。磁束制御器内の後処理部は，静的な（すなわち動特性を有しない）図 9.5 に従い構成した。なお，速度推定のためのローパスフィルタ $F_l(s)$ としては，次の 1 次フィルタを利用した。

$$F_l(s)=\frac{300}{s+300} \tag{9.6}$$

センサレスベクトル制御系の基本性能を確認するための実験は，図 5.14 の実験の場合と同様に実施した。すなわち，まず，供試 IM に連結した負荷装置を速度制御モードで駆動し，供試 IM を定格機械速度である一定速度 150〔rad/s〕に維持した。この間，供試 IM のための正規化回転子磁束指令値は，定格近傍の一定値 $\phi^*_{2nd}=0.8$〔Vs/rad〕とした。供試 IM へのトルク指令値としては，当初ゼロを与え，ある瞬時にトルク指令値に定格近傍の一定値 200〔Nm〕を与えた。正規化回転子磁束指令値は，常時，既定の一定値を維持しており，トルク指令値を与えた時点では，γδ 準同期座標系は dq 同期座標系への収束を実質的に完了している。

実験結果を図 9.8 に示す。図 (a) は，左縦軸は，トルク指令値（破線）τ^*，トルク応答値（真値，実線）τ を示し，右縦軸は，回転子速度推定値 $\hat{\omega}_{2n}$，すべり周波数推定値の 10 倍値 $10\hat{\omega}_s$ を示している。時間軸は，5〔ms/div〕である。図 (b) は，トルク指令値の変化前後における正規化回転子磁束の様子を示したものであり，上から，正規化回転子磁束の真値 ϕ_{2n}，回転子磁束推定器で得た正規化回転子磁束の推定値 $\hat{\phi}_{2n}$，推定値と真値との誤差の 100 倍値すなわち $100[\hat{\phi}_{2n}-\phi_{2n}]$ を示している。なお，時間軸は，図 (a) と異なり，10〔ms/div〕である。図中の縦破線は，トルク指令値をゼロから定格値に瞬時変更した時刻を示している。

図 9.8 のセンサレスベクトル制御の応答は，トルク応答に関しては，図 5.14 の位置・速度センサ利用のベクトル制御の応答に実質的な相違のない良好な応答を示している。すべり周波数推定値 $\hat{\omega}_s$ は，トルク応答値 τ に高い相似性を示しおり，これに応じて，速度推定値はトルク指令印加前後においても同真値に正しく収束している。すべり周波数推定値とトルク応答値との高い波形相似性は，式 (2.173) の特性を裏づけるものでもある。また，図 (b) が示すように，トルク一定の定常状態のみならず，トルク指令変化前後においても，正規化回転子磁束は正しく推定されている。

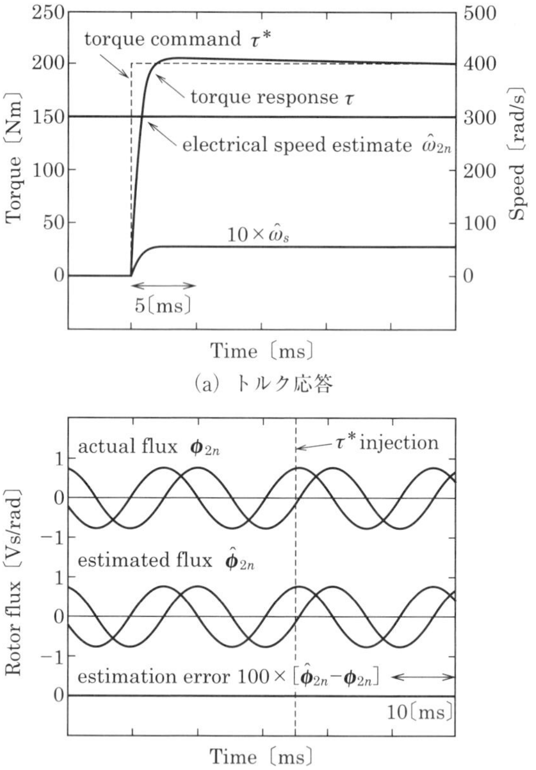

(a) トルク応答

(b) 回転子磁束の推定と制御

図 9.8　トルク制御におけるステップ応答例

9. 4　準同期座標系上の推定器を用いたセンサレスベクトル制御

9. 4. 1　回転子磁束推定器の詳細構成

前節では，最小次元 D 因子磁束状態オブザーバを $\alpha\beta$ 固定座標系上で構成して，正規化回転子磁束を推定し，この振幅推定値，位相の正弦余弦値の推定値，および周波数推定値，速度推定値を得た。本項では，最小次元 D 因子磁束状態オブザーバを $\gamma\delta$ 準同期座標系上で構成した場合のセンサレスベクトル制御系を説明する。このセンサレスベクトル制御系は，5.5 節のセンサ利用ベクトル制御系のセンサレス化といえるものである。

図 9.9 に，$\gamma\delta$ 準同期座標系上で位相推定を行うセンサレスベクトル制御系の代表的

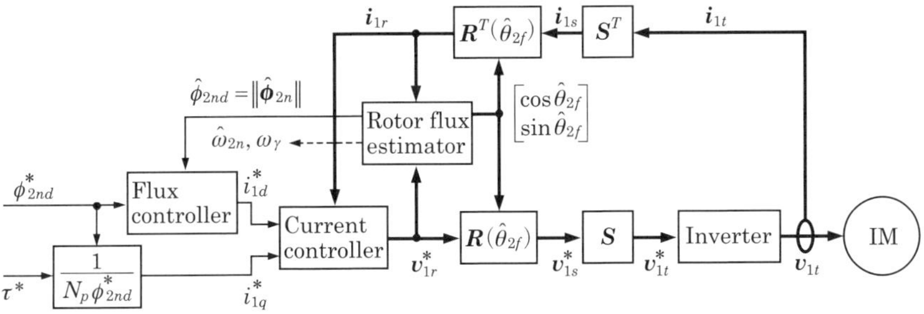

図 9.9 γδ 準同期座標系上の回転子磁束推定器を利用した センサレスベクトル制御系の構成例

構成例を示した。回転子磁束推定器には，γδ 準同期座標系上で定義された固定子電流の実測値 $\boldsymbol{i}_1$ と固定子電圧の指令値 $\boldsymbol{v}_1^*$ が入力され，正規化回転子磁束の位相推定値（すなわち γδ 準同期座標系の位相）$\hat{\theta}_{2f}$ の余弦正弦値，正規化回転子磁束の振幅推定値としての同ノルム $\hat{\phi}_{2nd} = \|\hat{\boldsymbol{\phi}}_{2n}\|$，電源周波数 $\omega_\gamma = \omega_{1f}$，回転子速度（電気速度）推定値 $\hat{\omega}_{2n}$ を出力している。図 5.15 の位置・速度センサ利用の場合との相違は，速度真値（検出値）が入力されず，反対に，同推定値が出力されている点にある。

γδ 準同期座標系上の回転子磁束推定器の構成例を図 9.10 に示した。これは，αβ 固定座標系上での構成例と同様に，オブザーバ部（D-state observer）と後処理部（post processor）とから構成されている。オブザーバ部は，γδ 準同期座標系上で評価した正規化回転子磁束推定値 $\hat{\boldsymbol{\phi}}_{2n}$ と固定子電流 $\boldsymbol{i}_1$ とを出力し，後処理部へ送っている。なお，オブザーバ部へ入力された固定子電流は，一部を分岐して無処理のまま出力している。この点も，αβ 固定座標系上での構成例と同様である。

図 9.11 に，オブザーバ部の内部構造の 1 例を示した。本オブザーバ部（D 形）は，回転子速度真値 ω_{2n} に代わって同推定値 $\hat{\omega}_{2n}$ を利用している点を除けば，図 5.17(a) のオブザーバ部（D 形）と基本的に同一である。S 形のオブザーバ部も図 5.17(b) と同様に構成される。オブザーバ部に入力される γδ 準同期座標系の速度 ω_γ，回転子速

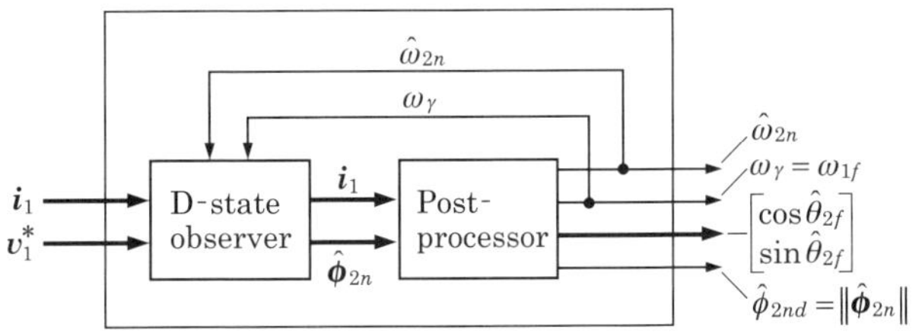

図 9.10 γδ 準同期座標系上の磁束推定器の構造

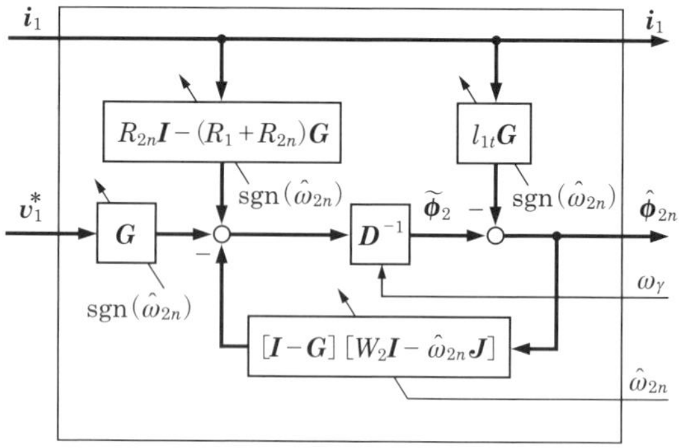

図 9.11　γδ 準同期座標系上のオブザーバ部（D 形）

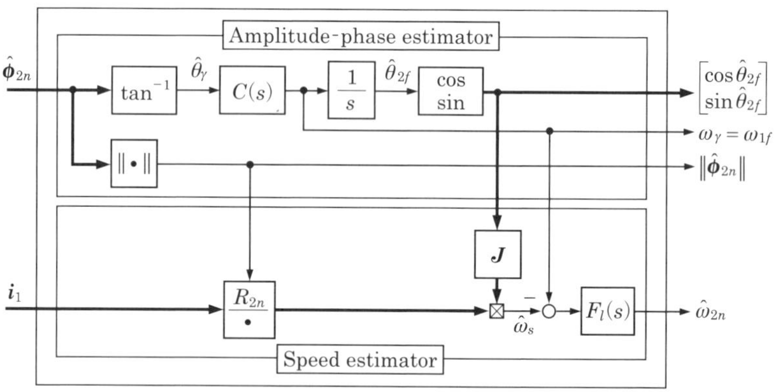

図 9.12　γδ 準同期座標系上の後処理部の構成例

度推定値 $\hat{\omega}_{2n}$ は，後処理部から得ている（図 9.10 参照）。

図 9.12 に，後処理部の構成例を示した。本構成例は，図 5.18 の後処理部に，速度推定器を追加したものであり，センサレス化された後処理部は，振幅・位相推定器（図 5.18 と同一）と速度推定器とから構成される。速度推定器は，式 (9.4) を γδ 準同期座標系上の信号を用いて実現している。

9. 4. 2　センサレスベクトル制御系の設計例と応答例

提案の設計法に基づくセンサレスベクトル制御系の具体的な設計例と応答例を示す。図 9.13 に数値実験のためのセンサレスベクトル制御系を示した。本センサレスベクトル制御系は，位置・速度センサから速度検出値（真値）を取り入れていない点

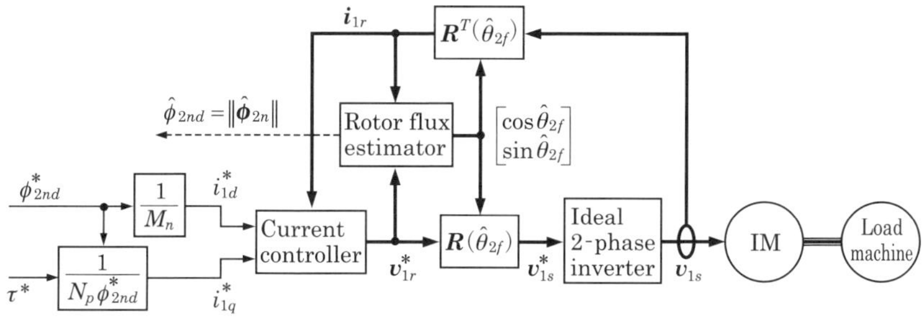

図 9.13 γδ 準同期座標系上の回転子磁束推定器を用いた数値実験システムの構成

を除けば，図 5.19 のセンサ利用ベクトル制御系と基本的に同一である。ただし，磁束制御器は簡略化したフィードフォワード形とし，d 軸電流指令値は正規化回転子磁束指令値 ϕ^*_{2nd} を正規化相互インダクタンス M_n で除して生成した（図 4.15(b) 参照）。

数値実験条件は，1 点を除き，図 5.19 の場合と同一とした。すなわち，数値実験に使用した供試 IM，電流制御器の設計，回転子磁束推定器内のオブザーバ部（D 因子磁束状態オブザーバ）の設計は，図 5.19 の場合と同一とした。ただし，速度情報は，速度真値に代わって後処理部で生成した速度推定値を利用した。磁束制御器内の後処理部における位相制御器 $C(s)$ は，センサレス駆動を考慮し，低めの PLL 帯域幅 150〔rad/s〕が得られるように再設計した。すなわち，位相制御器係数は，次のように定めた。

$$f_{d,1}=150\,, \quad f_{d,0}=5\,625 \tag{9.7}$$

また，速度推定のためのローパスフィルタ $F_l(s)$ は，式 (9.6) と同一とした。

センサレスベクトル制御系の基本性能を確認するための実験は，5.5.2 項，9.3.2 項の場合と同一要領で実施した。実験結果を図 9.14 に示す。図 (a) の意味は，図 9.8(a) と同一である。同図には，参考までに，すべり周波数真値の 10 倍値 $10\omega_s$，準すべり周波数真値 $\omega'_s=\omega_\gamma-\omega_{2n}$ の 10 倍値 $10(\omega_\gamma-\omega_{2n})$ を与えた。すべり周波数と準すべり周波数との波形図は，「電源周波数 ω_{1f} と正規化回転子磁束の周波数 ω_{2f} は，過渡時には，必ずしも等しくない」ことを示している。トルク応答は，結果的には，良好な応答が得られている。トルク応答の良好性は，すべり周波数真値とトルク応答値との相似性からも確認される。トルク指令値の急変直後にすべり周波数推定値に比較的大きな振動が出現したが，トルク応答値（真値）は波形図のように安定している。

図 9.14(b) は，トルク指令値の変化前後における正規化回転子磁束の様子を示したものである。波形の意味は，図 5.20 と同一である。ただし，γδ 準同期座標系上の回転子磁束推定器で得た正規化回転子磁束の推定値（γδ 準同期座標系上での評価値）

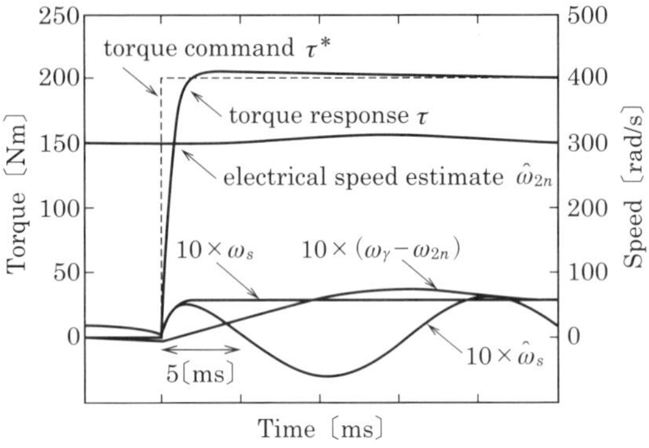

(a) トルク応答

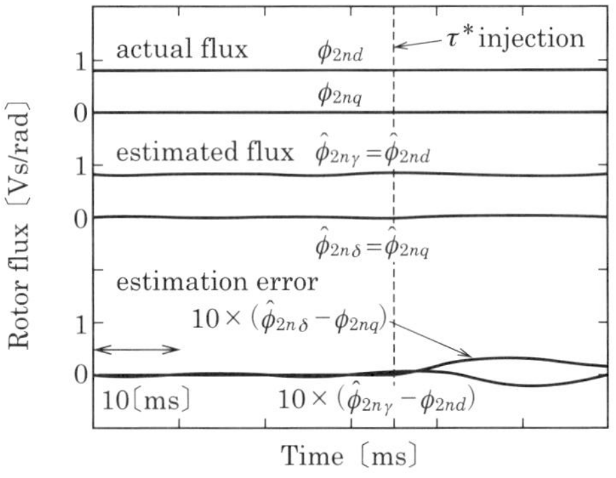

(b) 正規化回転子磁束の推定と制御

図 9.14　トルク制御におけるステップ応答例

と真値との誤差に関しては，その 10 倍値すなわち $10(\hat{\phi}_{2n\gamma}-\phi_{2nd})$，$10(\hat{\phi}_{2n\delta}-\phi_{2nq})$ を示している。

トルク指令値のステップ変化直後に，極性の異なる磁束推定誤差が発生しているが，約 30〔ms〕でおおむねゼロへ収束している。位相推定誤差は，磁束制御器内の後処理部の動特性に起因している。収束後の正規化回転子磁束振幅は，実質的に，指令値と同一の一定値 $\phi_{2nd}^*=\hat{\phi}_{2n\gamma}=0.8$〔Vs/rad〕に制御されている。

極性の異なる磁束推定誤差の発生は，一時的な微小軸誤差（dq 同期座標系と $\gamma\delta$ 準同期座標系の間の軸誤差）の発生を示すものでもある。図 9.14(a) によれば，この程度の軸誤差はすべり周波数真値ひいてはトルク応答値にほとんど影響を与えないことがわかる。

なお，本数値実験を通じ，以下の特性が確認された。

(a) 位相推定のためのPLL帯域幅の過大な選定は，センサレスベクトル制御系を不安定化する。位置・速度センサ利用の場合に比較し，帯域幅は低めに選定する必要がある。

(b) 速度推定のためのローパスフィルタ $F_l(s)$ の帯域幅向上は，速応性の向上をもたらす反面，定常時で磁束推定値の振幅のリプルを大きくする。ローパスフィルタの帯域幅は，PLL帯域幅の2倍程度が，一応の設計目安である。

(c) センサレスベクトル制御系の安定性向上の観点からは，磁束制御器はフィードバック形よりもフィードフォワード形が好ましい。

図9.8の応答と図9.14の応答との違いは，正規化回転子磁束の位相推定，回転子速度推定における若干の相違に起因している。回転子磁束推定器の構成において，前者は静的な後処理部に「正規化回転子磁束の周波数推定値」を用いて速度推定値を得た。一方，後者は動的な後処理部に「電源周波数」を用いて速度推定値を得た。すべり周波数推定値，速度推定値の相違が，正規化回転子磁束の最終推定性能に有意な相違として出現した。速度推定に関しては，速度推定法Ⅰ・式(9.3)が速度推定法Ⅱ・式(9.4)より良好な性能を引き出すようである。

Q 9.1 γδ一般座標系上の速度推定法Ⅰ・式(9.3)に関して，質問があります。速度推定法Ⅰのαβ固定座標系上の利用方法は，式(9.5)に与えられており，よく理解できました。では，速度推定法Ⅰのγδ準同期座標系上での利用方法はどのようになるのでしょか。

A 9.1 速度推定法Ⅰのγδ準同期座標系上での利用に際しては，式(9.3)における座標系速度 ω_γ にγδ準同期座標系の速度を付与することになります。γδ準同期座標系の速度は，電源周波数 ω_{1f} でもありますので，式(9.3)はγδ準同期座標系上では次式に帰着されます。

$$\begin{aligned}
\hat{\omega}_{2n} &= F_l(s)(\hat{\omega}_{2f}-\hat{\omega}_s)\\
&= F_l(s)\left(\omega_{1f}+\frac{[s\hat{\boldsymbol{\phi}}_{2n}]^T\boldsymbol{J}\hat{\boldsymbol{\phi}}_{2n}}{\|\hat{\boldsymbol{\phi}}_{2n}\|^2}-\frac{R_{2n}}{N_p}\frac{\tau}{\|\hat{\boldsymbol{\phi}}_{2n}\|^2}\right)\\
&= F_l(s)\left(\omega_{1f}+\frac{[s\hat{\boldsymbol{\phi}}_{2n}]^T\boldsymbol{J}\hat{\boldsymbol{\phi}}_{2n}}{\|\hat{\boldsymbol{\phi}}_{2n}\|^2}-R_{2n}\frac{\boldsymbol{i}_1^T\boldsymbol{J}\hat{\boldsymbol{\phi}}_{2n}}{\|\hat{\boldsymbol{\phi}}_{2n}\|^2}\right)\\
&= F_l(s)\left(\omega_{1f}+[s\hat{\boldsymbol{\phi}}_{2n}-R_{2n}\boldsymbol{i}_1]^T\boldsymbol{J}\frac{\hat{\boldsymbol{\phi}}_{2n}}{\|\hat{\boldsymbol{\phi}}_{2n}\|^2}\right)
\end{aligned}$$

上式における固定子電流 $\boldsymbol{i}_1$，正規化回転子磁束推定値 $\hat{\boldsymbol{\phi}}_{2n}$ は，γδ 準同期座標系上で定義されたものでなくてはなりません。

簡略化した回転子速度推定法 II・式 (9.4) は，一切の変更なく γδ 準同期座標系上で成立します。γδ 準同期座標系上の式 (9.4) と上式との比較は，「上式の第2式以降において括弧内の第2項を省略したものが，簡略化した回転子速度推定法 II となる」ことを示しています。

第10章

直接周波数形ベクトル制御

10.1 目　的

代表的なセンサ利用ベクトル制御法として，状態オブザーバ形ベクトル制御法とすべり周波数形ベクトル制御法を説明した。いずれのベクトル制御法も，「回転子速度は利用可能」との前提に基づくものであった。本前提が成立しない場合には，基本的に，回転子速度を推定しつつベクトル制御を遂行することになる。

センサ利用の状態オブザーバ形ベクトル制御法は，速度推定機能を新たに追加させることにより，このセンサレス化が可能であった。前章では，代表的な状態オブザーバ形センサレスベクトル制御法として，最小次元D因子磁束状態オブザーバを用いた方法を提案した。速度推定機能の追加に伴う演算負荷の増加は，「追加」にふさわしい軽微なものであった。

同様なアプローチで，すべり周波数形ベクトル制御法のセンサレス化を図ることは可能であろうか。技術的には可能である。しかしながら，速度推定機能の追加に伴う演算負荷の増加は，概して大きく，センサ利用のすべり周波数形ベクトル制御法の最大特長であった簡易性を失うことなる。すべり周波数形ベクトル制御法のセンサレス化の代表的方法は，次のようなものである[9]。まず，速度推定機能を備えた最小次元あるいは同一次元磁束状態オブザーバを $\alpha\beta$ 固定座標系上で構成する。この構成には，たとえば第9章の結果を利用すればよい。次に，磁束状態オブザーバで生成した諸推定値の中で速度推定値のみを取得し，他の推定値は棄却する。続いて，取得した速度推定値を真値と見なし，これに準すべり周波数指令値を加算して，最終的な電源周波数とする。

センサ利用のすべり周波数形ベクトル制御法は，回転子側の動特性のみに立脚して，換言するならば電流モデルのみに立脚して構築されている。回転子速度は回転子側の情報であり，電流モデルの利用を前提とする限り，センサレス化に速度推定は欠くことができない。一方，電圧モデルは，固定子側の動特性に立脚して構築されており，これには速度情報は存在しない。本事実は，「電圧モデルのみに立脚して，回転子磁束位相を推定できるならば，または$\gamma\delta$準同期座標系の速度ω_γ，電源周波数ω_{1f}を決定できるならば，本質的に速度情報を必要としないベクトル制御が可能である」，換言するならば，「回転子速度の推定を必要としないセンサレスベクトル制御が可能である」ことを示唆するものである。

この示唆を具現化したセンサレスベクトル制御法が，新中によって提案された「直接周波数形ベクトル制御法（direct frequency type vector control method）」である[1)~7)]。直接周波数形ベクトル制御法は，ベクトル制御の成立に，すなわちトルク制御の遂行に回転子速度情報を一切必要としない。当然のことながら，回転子速度自体の制御を目的とした速度制御には，制御量たる回転子速度情報は必須である。この場合には，回転子速度特性を記述した回転子側の電流モデルを用い速度推定を行うことになる。

本章では，文献1)～7)を参考に，直接周波数形ベクトル制御法の原理，安定収束特性，実機実験性能の詳細を紹介する。実機実験は，小型機から大型機，さらには標準機のみならず電気スクータ用特殊機にまで及んでいる。実験結果によれば，以下の諸課題が解決されている。

（i）　ゼロ速度を含む低速域でのトルク発生能力の向上

（ii）　回生状態でのトルク発生能力の向上

（iii）　大慣性負荷に対する駆動能力の向上

（iv）　速度制御モードにおける急加減速指令に対する追従能力の向上

（v）　ゼロ速度での振動を伴わない安定制御，あるいはインパクト負荷に耐えうる安定制御の確立

（vi）　駆動速度領域の拡大

なお，駆動速度領域の拡大に，周波数ハイブリッド法（frequency hybrid method）が利用されている[1)~3)]。本章では，IMのための周波数ハイブリッド法に関しても詳説する。

10.2　直接周波数形回転子磁束推定器

10.2.1　回転子磁束推定器の構成原理

第6章では，位置・速度センサを利用したすべり周波数形ベクトル制御法を説明し

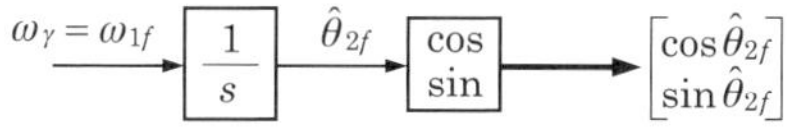

図 10.1 γδ 準同期座標系速度の純粋積分による同座標系位相の決定

た。すべり周波数形ベクトル制御法で利用された回転子磁束推定器は，次の特徴を有した。

(a) γδ 準同期座標系上で，回転子磁束推定器を構成する。

(b) 特徴 (a) に関連して，まず γδ 準同期座標系の速度 ω_γ を得て，次に座標系速度を純粋積分処理し，正規化回転子磁束位相の推定値 $\hat{\theta}_{2f}$ を得る（図 10.1 参照）。

(c) 正規化回転子磁束位相推定値 $\hat{\theta}_{2f}$ の生成を担う回転子磁束推定器の構成原理は，回転子側の動特性を記述した電流モデルのみに基づく。

(d) 回転子磁束推定器の構成は，簡単である。

特徴 (c) が明示しているように，すべり周波数形ベクトル制御法は，電流モデルのみに基づき回転子磁束推定器を構成した。電流モデルは回転子速度を内包しており，回転子磁束推定器は，回転子速度が別途入手されることを前提とした。この結果，すべり周波数形ベクトル制御法のセンサレス化は，次の諸問題をもつことになる。

(i) トルク制御を遂行する場合にも，速度推定を避けることはできない。

(ii) 速度情報は，固定子側の特性を記述した電圧モデルにはなく，回転子側の特性を記述した電流モデルのみに存在する。

(iii) 電流モデルのみに基づく，正規化回転子磁束の位相推定器とこれに必要な速度推定器との同時構築には，大きな困難が推測される。仮に，これら同時構築が可能な場合にも，位相推定器と速度推定器とからなる回転子磁束推定器は複雑化し，さらには推定器の安定性確保に困難を伴うことが推測される。

上記の問題認識のもと，回転子速度の要なく，正規化回転子磁束位相の推定を可能とする回転子磁束推定器の構築を考える。考察の回転子磁束推定器には，すべり周波数形ベクトル制御法で利用された回転子磁束推定器の特徴 (a)，(b)，(d) を取り込んだものとする。特徴 (c) の取り込みは，回転子速度の利用を必須とするので，これを放棄する。

正規化回転子磁束は，電流モデル同様に，電圧モデルにも出現している。まず，これら数学モデルを再検討する。IM の数学モデルの第 1 基本式（回路方程式）は式 (2.157) で与えられた。式 (2.157) は，正規化回転子磁束に着目すると，以下のように再整理される。

$$\boldsymbol{D}(s,\omega_\gamma)\boldsymbol{\phi}_{2n}=\boldsymbol{v}_1-R_1\boldsymbol{i}_1-\boldsymbol{D}(s,\omega_\gamma)l_{1t}\boldsymbol{i}_1 \tag{10.1a}$$

$$(s+W_2)\boldsymbol{\phi}_{2n}=-(\omega_\gamma-\omega_{2n})\boldsymbol{J}\boldsymbol{\phi}_{2n}+R_{2n}\boldsymbol{i}_1 \tag{10.1b}$$

または，

$$\begin{bmatrix} s & -\omega_\gamma \\ \omega_\gamma & s \end{bmatrix}\begin{bmatrix} \phi_{2n\gamma} \\ \phi_{2n\delta} \end{bmatrix}=\begin{bmatrix} v_{1\gamma} \\ v_{1\delta} \end{bmatrix}-R_1\begin{bmatrix} i_{1\gamma} \\ i_{1\delta} \end{bmatrix}-\begin{bmatrix} s & -\omega_\gamma \\ \omega_\gamma & s \end{bmatrix}l_{1t}\begin{bmatrix} i_{1\gamma} \\ i_{1\delta} \end{bmatrix} \tag{10.2a}$$

$$\begin{aligned}(s+W_2)&\begin{bmatrix} \phi_{2n\gamma} \\ \phi_{2n\delta} \end{bmatrix} \\ &=\begin{bmatrix} 0 & (\omega_\gamma-\omega_{2n}) \\ -(\omega_\gamma-\omega_{2n}) & 0 \end{bmatrix}\begin{bmatrix} \phi_{2n\gamma} \\ \phi_{2n\delta} \end{bmatrix}+R_{2n}\begin{bmatrix} i_{1\gamma} \\ i_{1\delta} \end{bmatrix}\end{aligned} \tag{10.2b}$$

式 (10.2a) の電圧モデルは，正規化回転子磁束の δ 軸要素に関し，以下のように書き改められる。

$$\begin{aligned}\omega_\gamma\phi_{2n\delta}&=-v_{1\gamma}+R_1i_{1\gamma}+sl_{1t}i_{1\gamma}-\omega_\gamma l_{1t}i_{1\delta}+s\phi_{2n\gamma} \\ &=-(v_{1\gamma}-R_1i_{1\gamma}-s\phi_{1\gamma})-\omega_\gamma l_{1t}i_{1\delta}\end{aligned} \tag{10.3a}$$

$$\begin{aligned}s\phi_{2n\delta}&=v_{1\delta}-R_1i_{1\delta}-\omega_\gamma l_{1t}i_{1\gamma}-sl_{1t}i_{1\delta}-\omega_\gamma\phi_{2n\gamma} \\ &=(v_{1\delta}-R_1i_{1\delta}-sl_{1t}i_{1\delta})-\omega_\gamma\phi_{1\gamma}\end{aligned} \tag{10.3b}$$

ただし，

$$\begin{bmatrix} \phi_{1\gamma} \\ \phi_{1\delta} \end{bmatrix}=\begin{bmatrix} \phi_{2n\gamma}+l_{1t}i_{1\gamma} \\ \phi_{2n\delta}+l_{1t}i_{1\delta} \end{bmatrix} \tag{10.3c}$$

ここで，正値のゲイン $g_3>0$ の新規導入を考える。正値ゲイン $g_3>0$ を式 (10.3) に用いるならば，次の微分方程式を新たに構築することができる。

$$\begin{aligned}(s+g_3|\omega_\gamma|)\phi_{2n\delta}=&(v_{1\delta}-R_1i_{1\delta}-sl_{1t}i_{1\delta})-\omega_\gamma\phi_{1\gamma} \\ &-g_3\,\mathrm{sgn}(\omega_\gamma)(v_{1\gamma}-R_1i_{1\gamma}-s\phi_{1\gamma}) \\ &-g_3\,\mathrm{sgn}(\omega_\gamma)\omega_\gamma l_{1t}i_{1\delta}\quad ;g_3>0\end{aligned} \tag{10.4}$$

式 (10.4) の γδ 一般座標系速度 ω_γ に関しては，これを以下のように直接的に定めるものとする。

$$\omega_\gamma=\frac{(v_{1\delta}-R_1i_{1\delta}-sl_{1t}i_{1\delta})-g_3\,\mathrm{sgn}(\omega_\gamma)(v_{1\gamma}-R_1i_{1\gamma}-s\phi_{1\gamma})}{\phi_{1\gamma}+g_3\,\mathrm{sgn}(\omega_\gamma)l_{1t}i_{1\delta}}\quad ;g_3>0 \tag{10.5}$$

式 (10.5) で定めた γδ 一般座標系の速度 ω_γ を式 (10.4) に適用すると，次式を得る。

$$(s+g_3|\omega_\gamma|)\phi_{2n\delta}=0\quad ;g_3>0 \tag{10.6}$$

式 (10.6) は，正規化回転子磁束の δ 軸要素が，レイト $g_2|\omega_\gamma|$ でゼロに収束することを意味する。換言するならば，γδ 一般座標系は，収束レイト $g_2|\omega_\gamma|$ をもつ γδ 準同期座標系となることを意味する。γδ 準同期座標系の位相は，式 (10.5) の座標系速

度 ω_γ を単純積分して定めればよい（図 10.1 参照）。このときの位相は，正規化回転子磁束の位相推定値 $\hat{\theta}_{2f}$ ともなる。

式 (10.5) には，回転子速度は使用されていない。したがって，式 (10.5) を利用するならば，回転子速度の要なく，$\gamma\delta$ 準同期座標系の位相，正規化回転子磁束の位相推定値 $\hat{\theta}_{2f}$ を得ることができる。以上が，直接周波数形ベクトル制御法における正規化回転子磁束位相推定の原理である。

10. 2. 2 回転子磁束推定器の実際構成と収束特性

式 (10.5) に従った $\gamma\delta$ 準同期座標系の速度 ω_γ の直接決定には，固定子磁束の γ 軸要素 $\phi_{1\gamma}$ が必要である。しかし，これは未知である。実際的には，固定子磁束 γ 軸要素真値 $\phi_{1\gamma}$ に代わって，同推定値 $\hat{\phi}_{1\gamma}$ を用い座標系速度 ω_γ を決定せざるをえない。固定子磁束 γ 軸要素推定値 $\hat{\phi}_{1\gamma}$ は，電流モデル・式 (10.2b) の第 1 式と式 (10.3c) の第 1 式とを用い，容易に生成できる。

提案の固定子磁束 γ 軸要素推定値 $\hat{\phi}_{1\gamma}$ を用いた $\gamma\delta$ 準同期座標系速度 ω_γ の直接決定法は，次の直接周波数形回転子磁束推定器として整理される。

◆直接周波数形回転子磁束推定器

$$\hat{\phi}_{2n\gamma} = \frac{R_{2n}}{s + W_2} i_{1\gamma} \tag{10.7a}$$

$$\hat{\phi}_{1\gamma} = \hat{\phi}_{2n\gamma} + l_{1t} i_{1\gamma} \tag{10.7b}$$

$$\begin{aligned} \omega_\gamma &= \frac{(v_{1\delta} - R_1 i_{1\delta} - s l_{1t} i_{1\delta}) - g_3 \operatorname{sgn}(\omega_\gamma)(v_{1\gamma} - R_1 i_{1\gamma} - s\hat{\phi}_{1\gamma})}{\hat{\phi}_{1\gamma} + g_3 \operatorname{sgn}(\omega_\gamma) l_{1t} i_{1\delta}} \\ &\approx \frac{(v_{1\delta} - R_1 i_{1\delta} - g_3 \operatorname{sgn}(\omega_\gamma)(v_{1\gamma} - R_1 i_{1\gamma})) - s l_{1t} i_{1\delta}}{\hat{\phi}_{1\gamma} + g_3 \operatorname{sgn}(\omega_\gamma) l_{1t} i_{1\delta}} \end{aligned} \tag{10.7c}$$

■

式 (10.7c) の第 1 式から第 2 式への近似には，「原則として，励磁分電流は一定に制御される」とのベクトル制御の基本に従った。すなわち，通常維持される次の関係に従った。

$$\begin{aligned} \hat{\phi}_{1\gamma} &= \hat{\phi}_{2n\gamma} + l_{1t} i_{1\gamma} \\ &= (M_n + l_{1t}) i_{1\gamma} = L_1 i_{1\gamma} \quad ; i_{1\gamma} = \text{const} \end{aligned} \tag{10.8}$$

式 (10.7) の直接周波数形回転子磁束推定器は，実際的には，離散時間的に実現することになる。離散時間実現においては，同式右辺のシグナム関数処理 $\operatorname{sgn}(\omega_\gamma)$ は，1 制御周期前の座標系速度 ω_γ を利用して行えばよい。

$\gamma\delta$ 準同期座標系速度 ω_γ は，基本的に式 (10.7) に基づき決定される。決定に際しては，駆動制御系の実際的諸特性を考慮し，たとえば，次のような補足的処理を追加することもある。

(a) $\gamma\delta$ 準同期座標系速度 ω_γ の変化率に制限を設ける。この1例は，制御周期を T_s とし，時刻 $t=kT_s$ に対応した離散時刻を簡単に (k) と表現する場合，次のようなものである。

$$\left|\omega_\gamma(k)-\omega_\gamma(k-1)\right| \le W_2 \left|\frac{i_{1\delta}(k)}{i_{1\gamma}(k)}\right| \tag{10.9}$$

(b) 式 (10.7c) の分子信号，分母信号をおのおの広帯域ローパスフィルタ処理し，フィルタ処理済み信号に対して除算処理を行い，$\gamma\delta$ 準同期座標系速度 ω_γ を決定する。

直接周波数形ベクトル制御法では，上述の直接周波数形回転子磁束推定器によって定められた $\gamma\delta$ 準同期座標系速度 ω_γ を純粋積分し，同座標系の位相とする。

固定子磁束 γ 軸要素真値 $\phi_{1\gamma}$ が既知と仮定した場合の安定収束条件は，式 (10.6) が示すように，ゲイン g_3 は正値すなわち $g_3>0$ という単純なものであった。γ 軸要素真値に代わって同推定値を利用する直接周波数形ベクトル制御においては，この単純条件は必ずしも成立しない。固定子磁束 γ 軸要素推定値の利用を前提とした安定収束の解析が必要である。これに関しては，次の定理が成立する。

◆定理 10.1（ゲイン定理）

(a) 次の式 (10.10) の関係を維持して式 (10.7) を利用する場合には，直接周波数形ベクトル制御における $\gamma\delta$ 一般座標系は，dq 同期座標系への収束を目指した $\gamma\delta$ 準同期座標系となる。

$$\left.\begin{aligned} -\frac{W_2}{g_3} < \omega_{2n} < \omega_\gamma + g_3 W_2 \quad &; \ \omega_\gamma > 0 \\ \omega_\gamma - g_3 W_2 < \omega_{2n} < \frac{W_2}{g_3} \quad &; \ \omega_\gamma < 0 \end{aligned}\right\} \tag{10.10}$$

(b) 特に，次の式 (10.11) が成立する場合には，平均指数収束レイトは，応速の $(W_2+g_3|\omega_{2n}|)/2$ となる。

$$\mathrm{sgn}(\omega_\gamma \omega_{2n}) > 0 \tag{10.11}$$

<証明>

(a) 式 (10.7) は，次の式 (10.12) に書き改められる。

$$(s+W_2)\hat{\phi}_{2n\gamma}=R_{2n}i_{1\gamma} \tag{10.12a}$$

$$\hat{\phi}_{1\gamma}=\hat{\phi}_{2n\gamma}+l_{1t}i_{1\gamma} \tag{10.12b}$$

$$\begin{aligned}0=&(v_{1\delta}-R_1 i_{1\delta}-sl_{1t}i_{1\delta})-\omega_\gamma\hat{\phi}_{1\gamma}\\&-g_3\,\mathrm{sgn}(\omega_\gamma)(v_{1\gamma}-R_1 i_{1\gamma}-s\hat{\phi}_{1\gamma})-g_3\,\mathrm{sgn}(\omega_\gamma)\omega_\gamma l_{1t}i_{1\delta}\end{aligned} \tag{10.12c}$$

式 (10.2b) の第 1 式より式 (10.12a) を減ずると，次式を得る。

$$(s+W_2)(\phi_{2n\gamma}-\hat{\phi}_{2n\gamma})=(\omega_\gamma-\omega_{2n})\phi_{2n\delta} \tag{10.13a}$$

$$s(\phi_{2n\gamma}-\hat{\phi}_{2n\gamma})=-W_2(\phi_{2n\gamma}-\hat{\phi}_{2n\gamma})+(\omega_\gamma-\omega_{2n})\phi_{2n\delta} \tag{10.13b}$$

同様に，式 (10.4) から式 (10.12c) を減じ，式 (10.3c) の第 1 式と式 (10.12b) とを考慮すると，次式を得る。

$$\begin{aligned}&(s+g_3|\omega_\gamma|)\phi_{2n\delta}\\&=(-\omega_\gamma(\phi_{1\gamma}-\hat{\phi}_{1\gamma}))+g_3\,\mathrm{sgn}(\omega_\gamma)(s(\phi_{1\gamma}-\hat{\phi}_{1\gamma}))\\&=(-\omega_\gamma(\phi_{2n\gamma}-\hat{\phi}_{2n\gamma}))+g_3\,\mathrm{sgn}(\omega_\gamma)(s(\phi_{2n\gamma}-\hat{\phi}_{2n\gamma}))\end{aligned} \tag{10.14a}$$

式 (10.14a) に式 (10.13b) を用いると，これは以下のように整理される。

$$\begin{aligned}(s+g_3|\omega_\gamma|)\phi_{2n\delta}=&-(\omega_\gamma+g_3\,\mathrm{sgn}(\omega_\gamma)W_2)(\phi_{2n\gamma}-\hat{\phi}_{2n\gamma})\\&+g_3\,\mathrm{sgn}(\omega_\gamma)(\omega_\gamma-\omega_{2n})\phi_{2n\delta}\end{aligned} \tag{10.14b}$$

$$s\phi_{2n\delta}=-(\omega_\gamma+g_3\,\mathrm{sgn}(\omega_\gamma)W_2)(\phi_{2n\gamma}-\hat{\phi}_{2n\gamma})-g_3\,\mathrm{sgn}(\omega_\gamma)\omega_{2n}\phi_{2n\delta} \tag{10.14c}$$

式 (10.13b) と式 (10.14c) は，以下のように行列表記される。

$$\begin{aligned}&s\begin{bmatrix}\phi_{2n\gamma}-\hat{\phi}_{2n\gamma}\\ \phi_{2n\delta}\end{bmatrix}\\&=\begin{bmatrix}-W_2 & (\omega_\gamma-\omega_{2n})\\ -(\omega_\gamma+g_3\,\mathrm{sgn}(\omega_\gamma)W_2) & -g_3\,\mathrm{sgn}(\omega_\gamma)\omega_{2n}\end{bmatrix}\begin{bmatrix}\phi_{2n\gamma}-\hat{\phi}_{2n\gamma}\\ \phi_{2n\delta}\end{bmatrix}\end{aligned} \tag{10.15a}$$

$$\begin{bmatrix}s+W_2 & -(\omega_\gamma-\omega_{2n})\\ (\omega_\gamma+g_3\,\mathrm{sgn}(\omega_\gamma)W_2) & s+g_3\,\mathrm{sgn}(\omega_\gamma)\omega_{2n}\end{bmatrix}\begin{bmatrix}\phi_{2n\gamma}-\hat{\phi}_{2n\gamma}\\ \phi_{2n\delta}\end{bmatrix}=\mathbf{0} \tag{10.15b}$$

式 (10.15b) 左辺の 2×2 行列の特性多項式 $A(s)$ は，次式となる。

$$
\begin{aligned}
A(s) &= (s+W_2)(s+g_3\,\mathrm{sgn}(\omega_\gamma)\omega_{2n}) \\
&\quad +(\omega_\gamma+g_3\,\mathrm{sgn}(\omega_\gamma)W_2)(\omega_\gamma-\omega_{2n}) \\
&= s^2+(W_2+g_3\,\mathrm{sgn}(\omega_\gamma)\omega_{2n})s \\
&\quad +({\omega_\gamma}^2-\omega_\gamma\omega_{2n}+g_3|\omega_\gamma|W_2) \\
&= s^2+(W_2+g_3\,\mathrm{sgn}(\omega_\gamma)\omega_{2n})s \\
&\quad +\omega_\gamma((\omega_\gamma-\omega_{2n})+g_3\,\mathrm{sgn}(\omega_\gamma)W_2) \\
&= s^2+(W_2+g_3\,\mathrm{sgn}(\omega_\gamma)\omega_{2n})s \\
&\quad +\omega_\gamma(\mathrm{sgn}(\omega_\gamma)(|\omega_\gamma|+g_3W_2)-\omega_{2n})
\end{aligned}
\tag{10.16}
$$

上の2次特性多項式 $A(s)$ がフルビッツ多項式（安定多項式）となるための必要十分条件は，すべての係数が正であること，すなわち次式が成立することである。

$$
\left.
\begin{aligned}
&W_2+g_3\,\mathrm{sgn}(\omega_\gamma)\omega_{2n}>0 \\
&{\omega_\gamma}^2-\omega_\gamma\omega_{2n}+g_3|\omega_\gamma|W_2>0
\end{aligned}
\right\}
\tag{10.17}
$$

式 (10.17) を座標系速度 ω_γ の極性に留意して整理すると，式 (10.10) を得る。特性多項式 $A(s)$ がフルビッツ多項式となる場合には，式 (10.15) の自律系は安定となる。同自律系の安定な動作は，磁束偏差 $(\phi_{2n\gamma}-\hat{\phi}_{2n\gamma})$，δ軸要素 $\phi_{2n\delta}$ のゼロへ収束，すなわち $(\phi_{2n\gamma}-\hat{\phi}_{2n\gamma})$，$(\phi_{2n\gamma}\to 0)$ を意味する。この収束は，とりもなおさず，γδ一般座標系が，dq同期座標系への収束を目指したγδ準同期座標系となることを意味する。

(b) 指数収束レイトは，2個の特性根（特性多項式の根）の実数部により支配される。平均的収束レイトは，2個の実数部の中間値となる。式 (10.11) が成立する場合には，式 (10.16) の特性根の中間値は，$(W_2+g_3|\omega_{2n}|)/2$ となる。これは，定理の後半を意味する。

■

図10.2に，式 (10.10) に従い，安定収束が維持される座標系速度，回転子速度，ゲインの関係を，ゼロ速度近傍を中心に概略的に例示した。同図は，ゲイン $g_3>1$ の例となっている。図中の薄いハッチ部分が安定収束の領域を意味する。式 (10.17) が示しているように，力行・回生のいかなる状態であれ，座標系速度 ω_γ が持続的にゼロの場合には，安定収束は維持されない。反対に，座標系速度 ω_γ が持続的にゼロでなければ，たとえ回転子速度 ω_{2n} が持続的にゼロであっても，安定収束を確保することはできる。

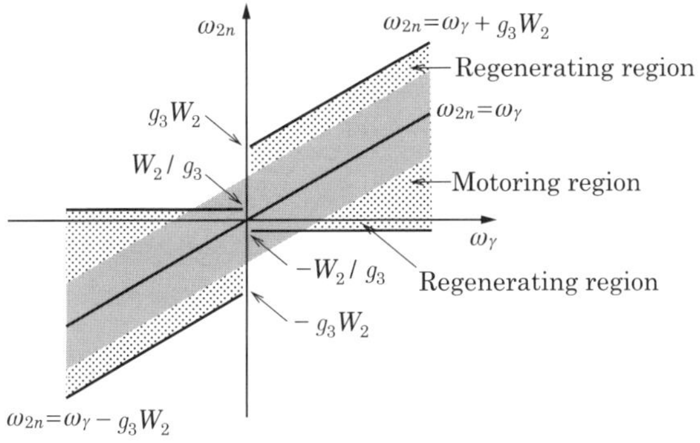

図 10.2 安定収束領域の例

式 (10.10) は，次のように書き改めることもできる。

$$\left.\begin{aligned} g_3 &> -\frac{(\omega_\gamma-\omega_{2n})}{W_2} \qquad ; \omega_\gamma>0,\ \omega_{2n}>-\frac{W_2}{g_3} \\ g_3 &> \frac{\omega_\gamma-\omega_{2n}}{W_2} \qquad ; \omega_\gamma<0,\ \omega_{2n}<\frac{W_2}{g_3} \end{aligned}\right\} \tag{10.18}$$

上式より，力行状態においては，ゲイン g_3 がゼロまたは負値の場合にも，安定収束が達成されることがわかる。このとき，安定収束が維持される座標系速度と回転子速度の範囲は，式 (10.18) 右端に示したとおりである。

通常の IM 駆動では，準すべり周波数 $\omega_s'\equiv\omega_\gamma-\omega_{2n}$ はある範囲に収まる。座標系速度 ω_γ と回転子速度 ω_{2n} とが，通常の IM 駆動において取りうる領域を，図 10.2 では灰色部分（中心線部分）として概略的に示した。安定収束領域が通常の駆動領域を常時含むように，ゲイン g_3 を設計できれば，理想的である。しかし，このようなゲインは，ゲインを一定とする選定では達成が困難のようである。図 10.2 より，簡略ゲイン設計法として，以下を得る。

◆簡略ゲイン設計法

$$\begin{aligned} g_3 &> \frac{|\omega_\gamma-\omega_{2n}|}{W_2} \\ &\ge \frac{\max|\omega_\gamma-\omega_{2n}|}{W_2} \approx \max\left|\frac{i_{1q}^*}{i_{1d}^*}\right| \qquad ; \begin{matrix}\operatorname{sgn}(\omega_\gamma\,\omega_{2n})\ge 0 \\ \omega_\gamma\ne 0\end{matrix} \end{aligned} \tag{10.19}$$

$$g_3 \le \left|\frac{i_{1d}^*}{i_{1q}^*}\right| \approx \frac{W_2}{|\omega_\gamma-\omega_{2n}|} < \frac{W_2}{|\omega_{2n}|} \qquad ; \operatorname{sgn}(\omega_\gamma\,\omega_{2n})<0 \tag{10.20}$$

■

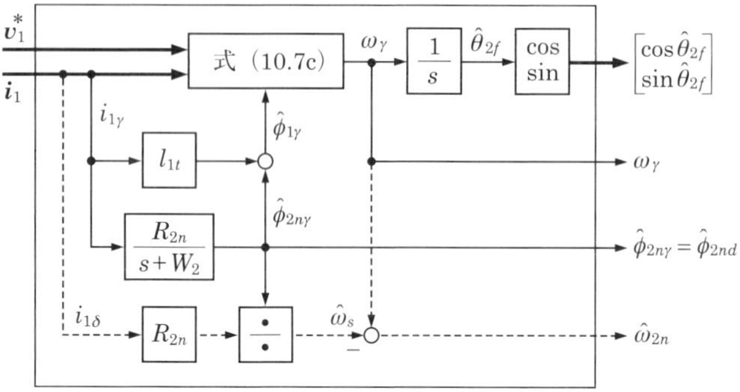

図 10.3　直接周波数形回転子磁束推定器の構成

式 (10.19) は,「座標系速度 ω_γ と回転子速度 ω_{2n} の極性が一致している駆動領域（図 10.2 の第 1, 第 3 象限）では，ゲイン g_3 を大きめの一定値に選定しさえすれば，力行・回生のいずれの駆動モードでも，安定推定が確保される」ことを示している。一方，式 (10.20) は,「座標系速度 ω_γ と回転子速度 ω_{2n} の極性が異なる駆動領域（図 10.2 の第 2, 第 4 象限）では，回転子速度 ω_{2n} の絶対値の増大に応じて，簡単にはトルク分電流の絶対値の増加に応じて，ゲイン g_3 を小さく選定する必要性」を示している。

図 10.3 に，式 (10.7) の直接周波数形回転子磁束推定器を概略的に描画した。同図には，次式に従って速度を瞬時推定（動的要素のない推定）し，出力する様子も破線で示した。

$$\hat{\omega}_s = \frac{R_{2n}}{\hat{\phi}_{2n\gamma}} i_{1\delta} \tag{10.21a}$$

$$\hat{\omega}_{2n} = \omega_\gamma - \hat{\omega}_s \tag{10.21b}$$

上式は，位置・速度センサ利用のすべり周波数形ベクトル制御法における基本式 (6.8) と同一である（図 6.2 参照）。提案法では，速度情報を利用することなく回転子磁束推定器を安定的に構成でき，ひいては速度推定値も安定的に生成することができる。

Q 10.1　本章で提案された直接周波数形回転子磁束推定器による場合には，安定収束の領域は図 10.2 のように限定されていました。位置・速度センサ利用のすべり周波数形ベクトル制御において用いられた回転子磁束推定器による場合，安定収束の領域はどのようになるのでしょうか。

A 10.1　図 10.2 のような座標系速度 ω_γ と回転子速度 ω_{2n} を 2 軸とする空間を

考えます。位置・速度センサ利用のすべり周波数形ベクトル制御において用いられた回転子磁束推定器による場合には，推定の安定収束の領域は全空間に及びます。すなわち，いかなる状態から推定を開始しても，安定収束が保証されます。

一方，本書提案の回転子磁束推定器による場合には，推定は，図 10.2 でたとえるならば，ハッチ部分から開始する必要があります。ハッチ部分以外から推定を開始する場合，推定の安定収束は保証されません。「位置・速度センサ撤去の代償が，安定収束領域の限定」と理解することもできます。安定収束領域が限定されたといえども，力行・回生の定格トルク領域を含む広い領域が確保されています。

すべり周波数制御の式 (6.13) と直接周波数制御の式 (10.15) との対比は，興味深いものです。形式的には，2×2 行列の第 2 行に関し，次のような変更が発生しています。

$$(\omega_\gamma - \omega_{2n}) \leftrightarrow (\omega_\gamma + g_3 \operatorname{sgn}(\omega_\gamma) W_2)$$
$$(s + W_2) \leftrightarrow (s + g_3 \operatorname{sgn}(\omega_\gamma)\omega_{2n})$$

10.3 周波数ハイブリッド法

概して，IM のセンサレスベクトル制御法においては，ゼロ速度から定格速度を超える広い速度領域にわたり，単一の位相推定法で回転子位相を適切に推定することは困難である。この対策として，「低速域用（低周波領域用）の位相推定法と高速域用（高周波領域用）の位相推定法との 2 種の位相推定法を用い，おのおの位相推定値を生成し，低速域用の位相推定法で生成された位相推定値と高速域用の位相推定法で生成された位相推定値とを周波数的に加重平均して，IM のセンサレスベクトル制御に利用する位相推定値とする方法」の採用が実際的である。位相推定工程における上記の推定値生成法は周波数ハイブリッド法と呼ばれる。

10.3.1 静的な周波数重みによる実現

上述の周波数ハイブリッド法に関する最も直接的かつ簡易な実現は，次式で表現された静的周波数重みを利用するものである。

$$\hat{\theta}_{2f} = w_1(\omega_\gamma)\hat{\theta}_{2f1} + w_2(\omega_\gamma)\hat{\theta}_{2f2} \tag{10.22a}$$

$$w_1(\omega_\gamma) + w_2(\omega_\gamma) = 1 \tag{10.22b}$$

ここに，$\hat{\theta}_{2f1}$，$\hat{\theta}_{2f2}$は，おのおの，低速域用位相推定法，高速域用位相推定法で得られた位相推定値である。また，$w_1(\omega_\gamma)$，$w_2(\omega_\gamma)$は，周波数的加重平均のための重み（以下，周波数重み（frequency weight）と略記）であり，$\gamma\delta$準同期座標系の最終的な速度ω_γすなわち電源周波数$\omega_{1f}=\omega_\gamma$の静的関数である。

式(10.22)における推定値$\hat{\theta}_{2f1}$，$\hat{\theta}_{2f2}$は，$\alpha\beta$固定座標系のα軸から見た位相であってもよいし，また，$\gamma\delta$準同期座標系のγ軸から見た位相（すなわち，θ_γ相当値）であってもよい。図10.1のような積分器の利用を前提とした構成においては，推定値$\hat{\theta}_{2f1}$，$\hat{\theta}_{2f2}$は積分器の入力信号，すなわち$\alpha\beta$固定座標系のα軸から見た位相の微分値ω_{1f1}，ω_{1f2}あるいはこの相当値であってもよい。この場合，ω_{1f1}，ω_{1f2}は，厳密には推定値$\hat{\theta}_{2f1}$，$\hat{\theta}_{2f2}$の速度あるいは周波数と捉えられるが，周波数ハイブリッド法においては，周波数ハイブリッド結合の対象信号を，総じて「位相」と呼ぶ。

式(10.22)に基づく周波数ハイブリッド法は，周波数重みの選定により種々のバリエーションが存在する。以下に，代表的な周波数重みを紹介する。

A.　1-0形周波数重み

1-0形周波数重みは，周波数重み$w_1(\omega_\gamma)$，$w_2(\omega_\gamma)$に対し1，0のいずれかを付与するものであり，図10.4(a)のように図示することができる。また，これは次式のように記述される。

加速時

$$\left.\begin{array}{ll} w_1(\omega_\gamma)=1\,,\ w_2(\omega_\gamma)=0 & ;\ |\omega_\gamma|\le\omega_h \\ w_1(\omega_\gamma)=0\,,\ w_2(\omega_\gamma)=1 & ;\ |\omega_\gamma|>\omega_h \end{array}\right\} \tag{10.23a}$$

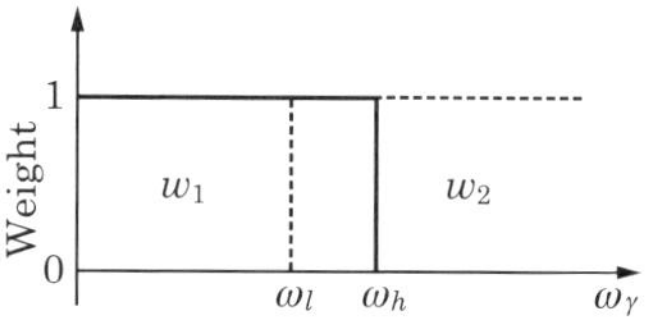

(a) 1-0形周波数重み

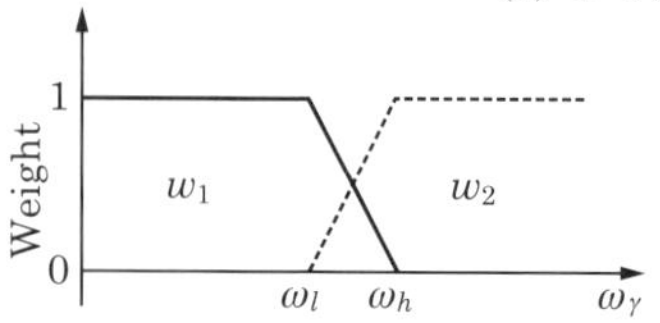

(b) 直線形周波数重み

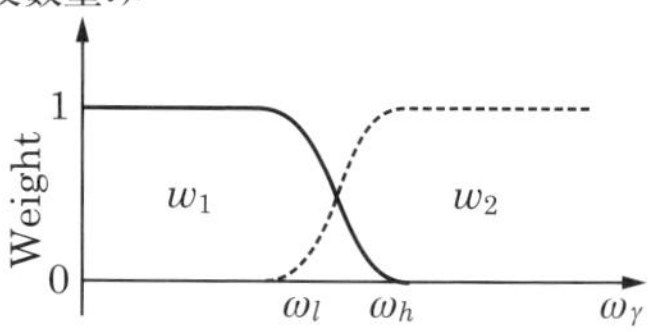

(c) S字形周波数重み

図10.4　静的周波数重みを用いた周波数ハイブリッド法の実現例

減速時

$$\left.\begin{array}{ll} w_1(\omega_\gamma)=1\,,\, w_2(\omega_\gamma)=0 & ;\,|\,\omega_\gamma\,|\le\omega_l \\ w_1(\omega_\gamma)=0\,,\, w_2(\omega_\gamma)=1 & ;\,|\,\omega_\gamma\,|>\omega_l \end{array}\right\} \tag{10.23b}$$

ここに，ω_l，ω_h は，次の関係をもつ周波数重みの切り換え点を意味する。

$$0<\omega_l<\omega_h \tag{10.23c}$$

座標系速度が $\omega_l \le |\,\omega_\gamma\,| \le \omega_h$ の間に存在する場合には，加速時と減速時では切り換え点が異なるため，周波数重みは同一とはならない。たとえば，低速域用の推定値は，加速時には $|\,\omega_\gamma| \le \omega_h$ まで使用され，減速時には $|\,\omega_\gamma| \le \omega_l$ から使用されることになる。$\omega_l \le |\,\omega_\gamma| \le \omega_h$ の間は，周波数重みは式 (10.22b) の関係を維持しながらも，ヒステリシス的に変化することになる。

ヒステリシス特性をもたせた主要な理由は，周波数重み切り換え点近傍で起こりうる持続振動現象（ハンティング現象，hunting phenomenon）の回避である。たとえば，$\omega_l=\omega_h$ と選定し，座標系速度 $|\,\omega_\gamma|$ がこの前後 $\omega_l=\omega_h$ で行き来する場合には，2 個の位相推定値 $\hat{\theta}_{2f1}$，$\hat{\theta}_{2f2}$ の瞬時切り換えが $\omega_l=\omega_h$ の前後で頻繁に起きる。2 個の位相推定値 $\hat{\theta}_{2f1}$，$\hat{\theta}_{2f2}$ が高い精度で一致していれば問題ないが，これに相違がある場合には，最終位相推定値 $\hat{\theta}_{2f}$ が持続振動を起こし，ひいてはセンサレスベクトル制御系を持続振動に陥れることがある。上記のようなヒステリシス特性を設けておけば，このような持続振動現象を回避することができる。

スイッチにより位相推定値を瞬時選択するような方法は，また，スイッチにより位相推定法を瞬時に切り換えるような方法は，1-0 形周波数重みの周波数ハイブリッド法を採用していると考えてよい。

B. 直線形周波数重み

持続振動現象の発生原因は，異なる値をもつ 2 個の位相推定値の不連続な瞬時切り換えにある。これを根本的に回避するには，2 個の位相推定値 $\hat{\theta}_{2f1}$，$\hat{\theta}_{2f2}$ をスムーズに結合して，連続的な最終位相推定値 $\hat{\theta}_{2f}$ を得るようにすればよい。直線形周波数重みは，周波数重み $w_1(\omega_\gamma)$，$w_2(\omega_\gamma)$ を $\omega_l \le |\,\omega_\gamma\,| \le \omega_h$ の区間では直線的に変化させ，これ以外の区間では 1，0 のいずれかを付与するものであり，図 10.4(b) のように図示することができる。区間 $\omega_l \le |\,\omega_\gamma\,| \le \omega_h$ では，2 個の位相推定値 $\hat{\theta}_{2f1}$，$\hat{\theta}_{2f2}$ はスムーズに周波数ハイブリッド結合され，最終位相推定値 $\hat{\theta}_{2f}$ は連続的に生成されることになる。

図 10.4(b) の関係は，式 (10.23c) を条件に，次式のように記述される。

$$\left.\begin{aligned} &w_1(\omega_\gamma)=1 &&;|\omega_\gamma|\le\omega_l \\ &w_1(\omega_\gamma)=\frac{1}{\omega_l-\omega_h}(|\omega_\gamma|-\omega_h) &&;\omega_l<|\omega_\gamma|\le\omega_h \\ &w_1(\omega_\gamma)=0 &&;|\omega_\gamma|>\omega_h \end{aligned}\right\} \tag{10.24a}$$

$$\left.\begin{aligned} &w_2(\omega_\gamma)=0 &&;|\omega_\gamma|\le\omega_l \\ &w_2(\omega_\gamma)=\frac{1}{\omega_h-\omega_l}(|\omega_\gamma|-\omega_l) &&;\omega_l<|\omega_\gamma|\le\omega_h \\ &w_2(\omega_\gamma)=1 &&;|\omega_\gamma|>\omega_h \end{aligned}\right\} \tag{10.24b}$$

C. S字形周波数重み

直線形周波数重みによる場合には，周波数ハイブリッド結合の開始終了点 ω_l, ω_h における周波数重みの微分値は，不連続である。周波数ハイブリッド結合の開始終了点 ω_l, ω_h における周波数重みの微分値の一致を図ったものがS字形周波数重みであり，これは，図10.4(c) のように図示することができる。S字形周波数重みによれば，直線形周波数重みに比較し，さらにスムーズな周波数ハイブリッド結合が可能となる。

10. 3. 2 動的な周波数重みによる実現

10.3.1項における周波数重みは，すべて静的な周波数重みの例であった。静的周波数重みを採用する場合には，周波数ハイブリッド法を直接的かつ簡易に実現できるというメリットがある。反面，実現には座標系速度，あるいはこの相当値が不可欠であった。速度情報を必要としない形で周波数ハイブリッド法を実現するには，少々手の込んだ方法となるが，周波数重みとして次の式 (10.25a) の動的周波数重みを採用すればよい。

$$w_1(s)=F_w(s)\ ,\ w_2(s)=1-F_w(s) \tag{10.25a}$$

ここに，$F_w(s)$ は $F_w(0)=1$ の特性をもつ次の安定な全極形ローパスフィルタである。

$$F_w(s)=\frac{f_0}{s^n+f_{n-1}s^{n-1}+\cdots+f_1s+f_0} \tag{10.25b}$$

当然のことながら，$1-F_w(s)$ はハイパスフィルタとなり，また，式 (10.25c) に示した周波数重みの基本特性は維持されている。

$$w_1(s)+w_2(s)=F_w(s)+(1-F_w(s))=1 \tag{10.25c}$$

動的周波数重みを採用する場合には，スムーズな周波数ハイブリッド結合が自ずと達成されるというメリットもある。なお，動的周波数重みの働きを担う全極形ローパスフィルタ $F_w(s)$ の次数は，実験によれば，たかだか3次程度でよいようである。

動的周波数重みを利用する場合には，位相推定値の余弦正弦値に動的周波数重みを作用させ，周波数ハイブリッド結合を行うのが一般的である。すなわち，

$$\begin{aligned}\begin{bmatrix}\cos\hat{\theta}_{2f}\\ \sin\hat{\theta}_{2f}\end{bmatrix}&=w_1(s)\begin{bmatrix}\cos\hat{\theta}_{2f1}\\ \sin\hat{\theta}_{2f1}\end{bmatrix}+w_2(s)\begin{bmatrix}\cos\hat{\theta}_{2f2}\\ \sin\hat{\theta}_{2f2}\end{bmatrix}\\ &=F_w(s)\begin{bmatrix}\cos\hat{\theta}_{2f1}\\ \sin\hat{\theta}_{2f1}\end{bmatrix}+(1-F_w(s))\begin{bmatrix}\cos\hat{\theta}_{2f2}\\ \sin\hat{\theta}_{2f2}\end{bmatrix}\\ &=\begin{bmatrix}\cos\hat{\theta}_{2f2}\\ \sin\hat{\theta}_{2f2}\end{bmatrix}+F_w(s)\left[\begin{bmatrix}\cos\hat{\theta}_{2f1}\\ \sin\hat{\theta}_{2f1}\end{bmatrix}-\begin{bmatrix}\cos\hat{\theta}_{2f2}\\ \sin\hat{\theta}_{2f2}\end{bmatrix}\right]\end{aligned}\tag{10.26}$$

式 (10.26) の第 3 式から理解されるように，周波数ハイブリッド結合に必要とされるフィルタは，2 種のフィルタ $F_w(s)$, $1-F_w(s)$ ではなく，単一フィルタ $F_w(s)$ のみである。

特に，ローパスフィルタ $F_w(s)$ を式 (10.27) の 1 次フィルタとする場合には，

$$F_w(s)=\frac{f_0}{s+f_0}\tag{10.27}$$

式 (10.26) は式 (10.28) のように書き改めることができる。

$$\begin{aligned}\begin{bmatrix}\cos\hat{\theta}_{2f}\\ \sin\hat{\theta}_{2f}\end{bmatrix}&=\frac{f_0}{s+f_0}\begin{bmatrix}\cos\hat{\theta}_{2f1}\\ \sin\hat{\theta}_{2f1}\end{bmatrix}+\frac{s}{s+f_0}\begin{bmatrix}\cos\hat{\theta}_{2f2}\\ \sin\hat{\theta}_{2f2}\end{bmatrix}\\ &=\frac{1}{s+f_0}\left[f_0\begin{bmatrix}\cos\hat{\theta}_{2f1}\\ \sin\hat{\theta}_{2f1}\end{bmatrix}+s\begin{bmatrix}\cos\hat{\theta}_{2f2}\\ \sin\hat{\theta}_{2f2}\end{bmatrix}\right]\end{aligned}\tag{10.28a}$$

または，

$$\begin{aligned}\begin{bmatrix}\cos\hat{\theta}_{2f}\\ \sin\hat{\theta}_{2f}\end{bmatrix}&=\frac{1}{s}\left[f_0\left[\begin{bmatrix}\cos\hat{\theta}_{2f1}\\ \sin\hat{\theta}_{2f1}\end{bmatrix}-\begin{bmatrix}\cos\hat{\theta}_{2f}\\ \sin\hat{\theta}_{2f}\end{bmatrix}\right]+s\begin{bmatrix}\cos\hat{\theta}_{2f2}\\ \sin\hat{\theta}_{2f2}\end{bmatrix}\right]\\ &=\frac{f_0}{s}\left[\begin{bmatrix}\cos\hat{\theta}_{2f1}\\ \sin\hat{\theta}_{2f1}\end{bmatrix}-\begin{bmatrix}\cos\hat{\theta}_{2f}\\ \sin\hat{\theta}_{2f}\end{bmatrix}\right]+\begin{bmatrix}\cos\hat{\theta}_{2f2}\\ \sin\hat{\theta}_{2f2}\end{bmatrix}\end{aligned}\tag{10.28b}$$

図 10.5(a) は，動的周波数重みを式 (10.27) とした場合の周波数ハイブリッド法の 1 実現例を示したものである（式 (10.28b) 第 2 式参照）。高速域用の位相推定法によ

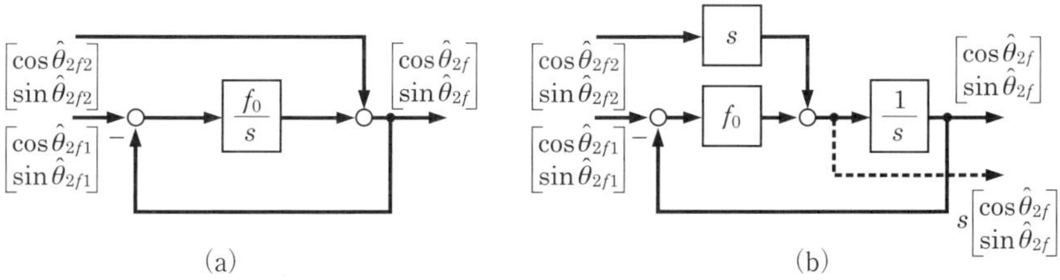

図 10.5 1 次特性をもつ動的周波数重みを利用した周波数ハイブリッド法の実現例

っては，位相推定値の余弦正弦値の微分値を簡単に得ることができる。この場合には，図 10.5(b) のような実現が効果的である（式 (10.28b) 第 1 式参照)。また，高速域用の位相推定法によっては，図 10.5(a)，(b) の両者を併用した実現が効果的となることもある。

動的周波数重みを利用する場合の周波数ハイブリッド結合の中心点は，ローパスフィルタの帯域幅と同一と考えてよい。動的周波数重みを式 (10.27) とする場合には，ローパスフィルタの帯域幅は f_0〔rad/s〕であるので，周波数ハイブリッド結合の中心点は f_0〔rad/s〕となる。

10. 4　センサレスベクトル制御系の設計例と応答例

10. 4. 1　実験システムの構成

図 10.6 に，センサレスベクトル制御系の全構成を示す。図中の回転子磁束推定器は，γδ 準同期座標系上の電圧，電流信号に加えて，αβ 固定座標系上の電圧，電流信号が入力されている。これは，回転子磁束推定器が，周波数ハイブリッド法に基づき構成されていることによる。

図 10.7 に，回転子磁束推定器の内部構成を概略的に示した。下段ブロックが低周波（低速）領域用位相推定部を，上段ブロックが高周波（高速）領域用位相推定部を，おのおの示している。低周波領域用位相推定部は，図 10.3 の直接周波数形回転子磁束推定器を無修正で実現している。高周波領域用位相推定部は，式 (2.157a) の電圧モデルを αβ 固定座標系上の信号を用い次式のように実現している。

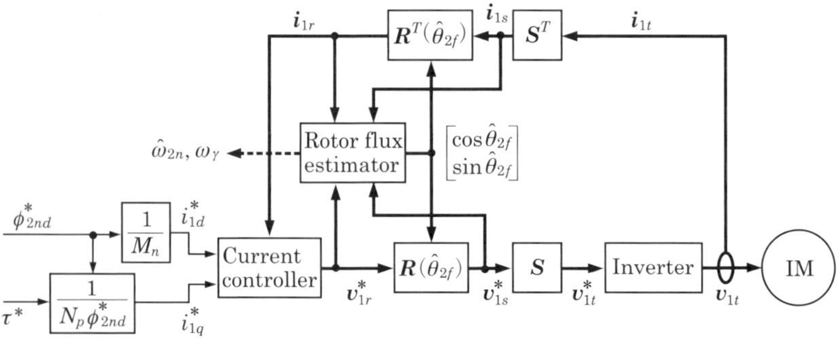

図 10.6　センサレスベクトル制御系

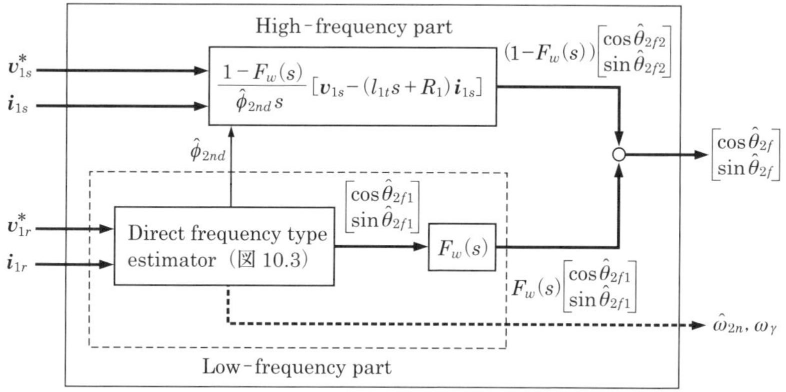

図 10.7 周波数ハイブリッド法に基づく回転子磁束推定器の概略構成

$$
\begin{aligned}
w_2(s)\begin{bmatrix}\cos\hat{\theta}_{2f2}\\ \sin\hat{\theta}_{2f2}\end{bmatrix} &= (1-F_w(s))\begin{bmatrix}\cos\hat{\theta}_{2f2}\\ \sin\hat{\theta}_{2f2}\end{bmatrix}\\
&\approx \frac{1}{\hat{\phi}_{2nd}}(1-F_w(s))\hat{\boldsymbol{\phi}}_{2n}\\
&= \frac{1}{\hat{\phi}_{2nd}}\frac{(1-F_w(s))}{s}[\boldsymbol{v}_1-(l_{1t}s+R_1)\boldsymbol{i}_1]
\end{aligned}
\tag{10.29a}
$$

上式においては，次の関係が成立し，純粋積分は回避されることになる。

$$
\frac{1-F_w(s)}{s} = \frac{s^{n-1}+f_{n-1}s^{n-2}+\cdots+f_1}{s^n+f_{n-1}s^{n-1}+\cdots+f_1 s+f_0}
\tag{10.29b}
$$

図 10.7 に与えた概略構成図では，動的周波数重みとしてのローパスフィルタ $F_w(s)$ を低周波領域用位相推定部と高周波領域用位相推定部とで個別に用意する形を取った。これは，周波数ハイブリッド法の概念を明示するためのものであり，実際の構成では，単一のフィルタが利用される。動的周波数重みとして式 (10.27) の 1 次ローパスフィルタを利用した場合の回転子磁束推定器の実際的構成例を図 10.8 に示した。

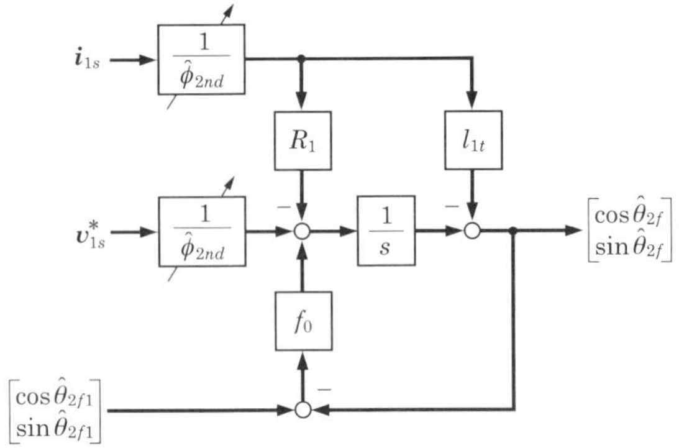

図 10.8 1次フィルタによる周波数ハイブリッド結合の例

10. 4. 2 大型供試 IM によるトルク制御

A. 実験システムの概要

図 10.9 に実験システムの外観を示す。供試 IM は，30〔kW〕大型 IM であり，その基本特性は表 4.1 のとおりである。供試 IM に装着されているエンコーダは，回転子の実速度を計測するためのものであり，制御には使用されていない。同表より明らかなように，供試 IM は 400〔V, rms〕系であり，このための電力変換器の直流母線電圧は約 600〔V, dc〕である。なお，使用した電力変換器の短絡防止期間は 10〔μs〕である。負荷装置としては，すべり周波数形ベクトル制御法で制御した 75〔kW〕IM を使用した。発生トルクは，トルクセンサを利用して計測した。

図 10.9 30〔kW〕用実験システムの外観

実験に際し選定した主要設計パラメータは以下のとおりである。

動的周波数重み	$F_w(s)=\dfrac{50}{s+50}$
制御周期	167〔μs〕
電流制御系の帯域幅	$\omega_{ic}=2\,000$〔rad/s〕

B. 力行状態での定常応答特性

図 10.10(a) は，負荷装置によりゼロ速度状態を保ち，供試 IM に 225% 定格トルク指令値 441〔Nm〕（45〔kgf·m〕相当）を与えた場合の定常応答である。図中の信号は，上から，u 相電圧指令値 v_{1u}^*，生成された γδ 準同期座標系の速度（電源周波数）$\omega_\gamma=\omega_{1f}$，回転子機械速度 ω_{2m}，u 相電流 i_{1u} を示している。時間軸は 0.2〔s/div〕である。回転子機械速度がゼロであるこの場合には，γδ 準同期座標系の速度（電源周波数）が準すべり周波数 ω_s' そのものとなっている。準すべり周波数は，定常時ではすべり周波数と同一である。すべり周波数より所期のトルク発生が理解されるが，これはトルクセンサにより確認されている。

図 10.10(b) は，負荷装置を用いて回転子速度を 131〔rad/s〕（1 250〔r/m〕）に維持した状態で，200% 定格トルク指令値 392〔Nm〕（40〔kgf·m〕相当）を与えた場合の定常応答である。図中の信号は，上から，q 軸電流指令値（トルク分電流指令値），回転子機械速度，u 相電圧指令値，u 相電流を示している。時間軸は 0.01〔s/div〕である。図 10.10(a) と同様，良好なトルク発生が確認されている。

図 10.11(a) は，第 1 象限（正回転・正トルクの力行モード）の種々の速度におけるトルク指令値とトルク応答値の関係を示したものである。データは，定格（定格速度，定格トルク）近傍を基準に，トルクに関して 5 分割，速度に関して 6 分割と整数分割できる動作点で取得した。なお速度に関してはゼロ速度も対象とした。同図は，上から，速度 0，26，52，79，105，131，157〔rad/s〕（0，250，500，750，1 000，1 250，1 500〔r/m〕）の場合の特性を示している。同図が示すように，一定速度では，良好な直線性が観察された。

速度領域の観点から力行トルク発生状況を比較する場合，速度の増加に応じたトルク応答値の低下現象が見られる。この主原因は電圧指令値の算出に要する演算時間（制御周期と同一）にあるものと思われる。

各速度において直線性の傾きに違いがあり，定格トルクを超える領域ではトルク発生の絶対的乖離は相当大きくなるように推測されるが，この乖離は予想より小さいよ

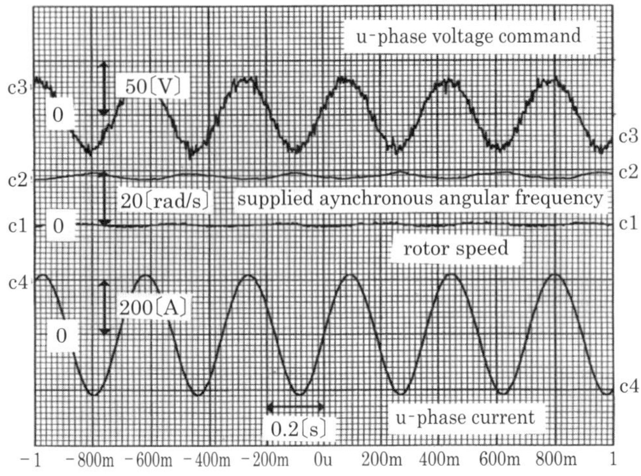

(a) ゼロ速度状態での 225%定格トルク発生の様子

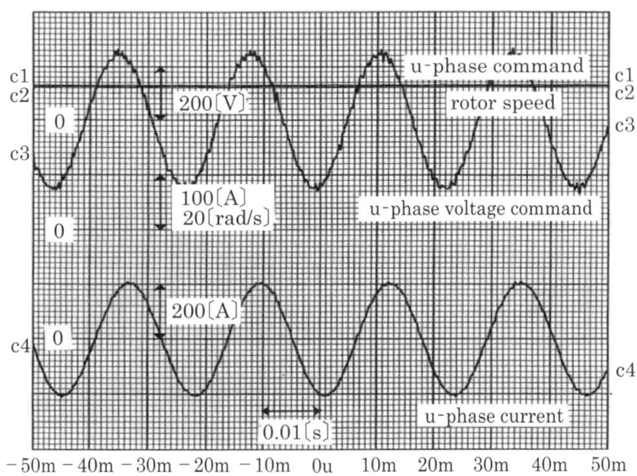

(b) 速度 131〔rad/s〕での 200%定格トルク発生の様子

図 10.10　力行トルクの応答特性例

うである。図 10.11(b) は，この確認のために行った 200% 定格までの応答特性を示している。なお，同図では，速度 157〔rad/s〕(1 500〔r/m〕) での 200% トルク応答は，所要電圧が電圧制限領域に入ったため，示していない。

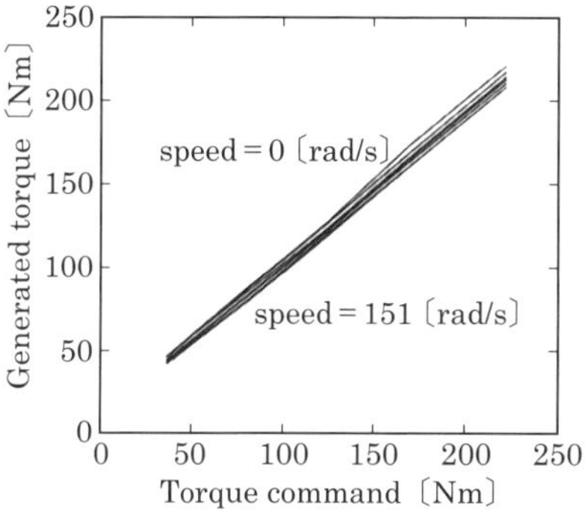

(a) 100%定格

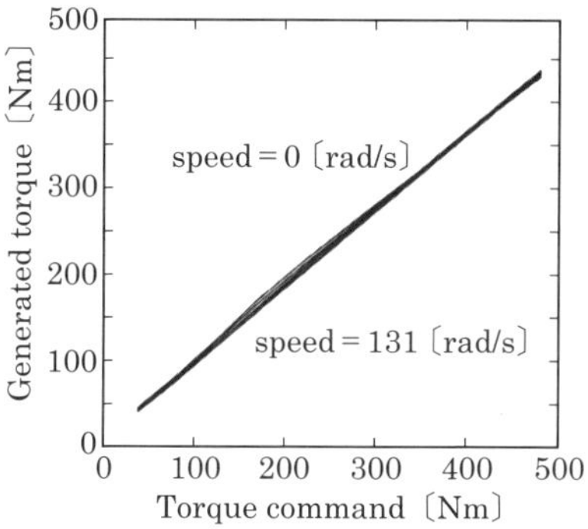

(b) 200%定格

図 10.11　力行状態でのトルク応答の直線性

C.　回生状態での定常応答特性

図 10.12 は，負荷装置で回転子速度を 5〔rad/s〕(50〔r/m〕) に維持し，供試 IM 側から見て約 100% 定格回生トルク指令値 −192〔Nm〕(−19.6〔kgf·m〕相当) を与えた場合の定常応答である。同図の信号の意味は，力行トルク発生の図 10.10(a) と同様である。すなわち，上から回転子機械速度（単位は 5〔(rad/s)/div〕），生成された γδ 準同期座標系の速度（電源周波数）（単位は 10〔(rad/s)/div〕），u 相電圧指令値，u 相電流を示している。時間軸は 0.2〔s/div〕である。回転子機械速度を単位 5〔(rad/s)/div〕に代わって γδ 準同期座標系の速度（電源周波数）の単位 10〔(rad/

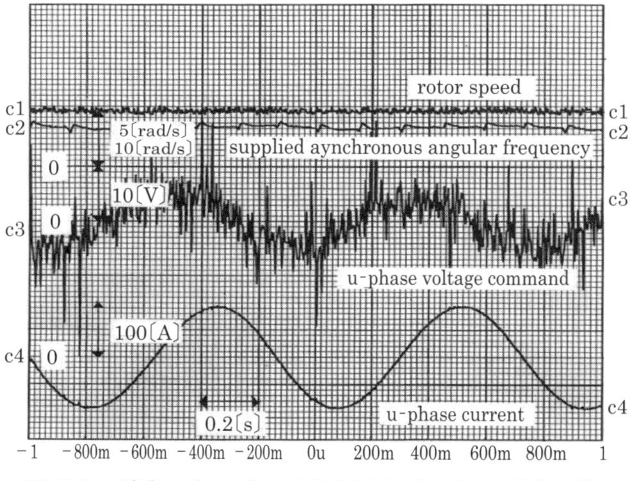

図 10.12　速度 5〔rad/s〕における定格回生トルクの発生の様子

s)/div〕で正規化（極対数は2）して評価するならば（すなわち，電気速度として再評価するならば），回転子速度と $\gamma\delta$ 準同期座標系の速度（電源周波数）の差は，準すべり周波数（定常状態ではすべり周波数と同一）を意味する。図より理解されるように準すべり周波数はほぼ一定であり，一定のトルク指令値との整合性が確認される。なお，所期のトルク発生はトルクセンサにより確認されている。

同図より，「この場合のu相電圧指令値は約4.5〔V, rms〕，定格比0.015未満相当であり，これに大小のスパイク状ノイズが重畳されている」のが観察される。スパイク状ノイズは大きいもので約10〔V〕である。実際は，他の電圧指令値にも同様なノイズが重畳しているが，u相電圧指令値を10〔V〕レンジで拡大表示した本図において一見大きく見えているに過ぎない（後掲の図10.16(a)のu相電圧指令値参照)。「電力変換器の600〔V, dc〕母線電圧を基準とするならば，1.5%程度の本ノイズの混入はシステム的にやむをえない」と考えられる。

図10.13は，第4象限（正回転・負トルクの回生モード）での種々の速度におけるトルク指令値とトルク応答値の関係を示したものである。データ取得の動作点の選定は，図10.11(a)の力行モードの場合と同様である。同図は，上から，速度0，26，52，79，105，131，157〔rad/s〕（0，250，500，750，1 000，1 250，1 500〔r/m〕）の場合の特性を示している。同図より明らかなように，一定速度では，良好な直線性が観察される。

速度領域の観点から回生トルク発生状況を比較する場合，速度の増加に応じトルク応答値の増加現象が見られる。この主原因は，電圧指令値の算出に要する演算時間にあるものと思われる。

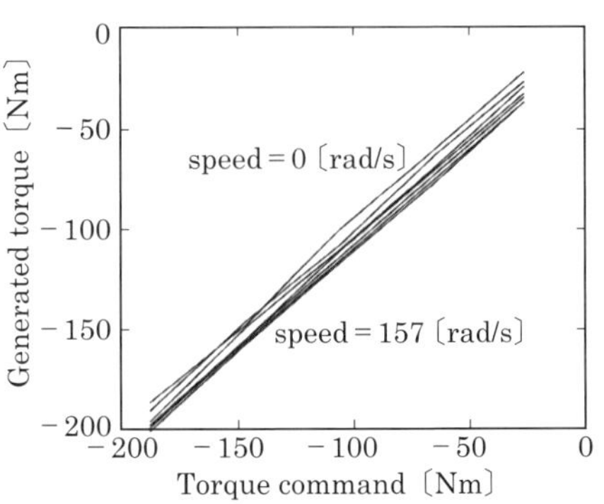

図10.13　回生状態でのトルク応答の直線性

D.　極低速域での過渡応答特性

図 10.14(a) は，供試 IM に対し 100% 定格トルク相当の一定トルク指令値（一定の q 軸電流指令値 120〔A〕）を与えたうえで，負荷装置を用いて回転子の速度を ±2〔rad/s〕(±20〔r/m〕) の間でランプ状に変化させた場合の応答を示したものである。この場合の回転子速度の変化率は，±4〔rad/s²〕である。本応答は，定格トルク発生

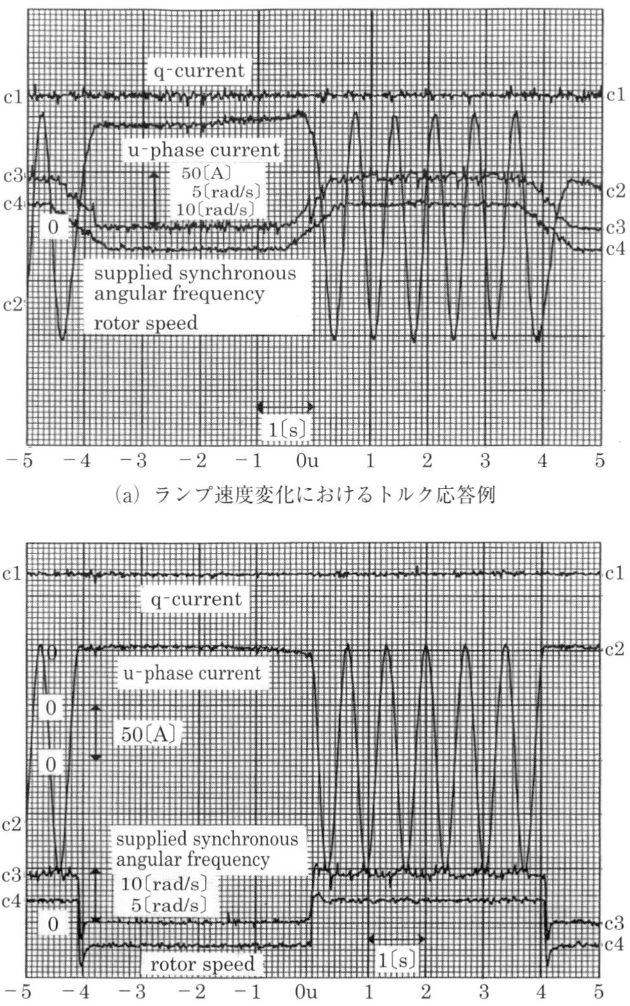

(a) ランプ速度変化におけるトルク応答例

(b) ステップ速度変化におけるトルク応答例

図 10.14　極低速域における力行・回生の定格トルクの安定発生の様子

を伴う第1・第2象限（正トルク，正負回転）駆動時の応答であり，当然のことながら，力行と回生の両モードにおける過渡応答となっている。図中の各信号は，上から，q 軸電流（δ 軸電流），u 相電流，生成された γδ 準同期座標系の速度（電源周波数）（単位は 10〔(rad/s)/div〕），回転子速度（単位は 5〔(rad/s)/div〕）を示している。時間軸は，1〔s/div〕である。本応答は，瞬時のゼロ速度応答のみならず，ほぼゼロの電源周波数を含む応答となっている。回転子機械速度を単位 5〔(rad/s)/div〕に代わって γδ 準同期座標系の速度（電源周波数）の単位 10〔(rad/s)/div〕で正規化（極対数は 2）して評価するならば，回転子速度と γδ 準同期座標系の速度（電源周波数）の差は，準すべり周波数を意味する。図より理解されるように準すべり周波数はほぼ一定である。これは一定の q 軸電流（δ 軸電流）と良好な一致性を示しており，u 相電流を併せて考慮するならば，適切なトルク発生を裏づけるものである。なお，所期のトルク発生はトルクセンサにより確認されている。

図 10.14(b) は，図 10.14(a) のランプ状の速度変化に代わって，回転子速度を ±2〔rad/s〕（±20〔r/m〕）の間でスッテプ的に変化させた場合の応答である。他は，図 10.14(a) の場合と同様である。負荷装置により回転子速度が変化した瞬時に，これに高速応答して供試 IM へ入力される電源周波数（γδ 準同期座標系の速度）が瞬時に変化している様子が確認される。準すべり周波数はほぼ一定であり，一定の q 軸電流（δ 軸電流）と良好な一致性も確認される。理想的ともいえる応答である。当然のことながら，γδ 準同期座標系の速度（電源周波数）の生成には，回転子の速度情報は一切使用されていない。

定理 10.1 が示すように，γδ 準同期座標系の速度（電源周波数）がゼロの場合には，長時間にわたる安定推定は保証されない。しかし，図 10.14 の実験結果が示すように，短時間での安定推定は確保可能である。以上の実験結果より，提案法は，「ゼロ速度を含む低速域でのトルク発生」，「回生状態でのトルク発生」を含むトルク制御において高い性能を有していることが理解される。

10. 4. 3　大型供試 IM による速度制御

A.　実験システムの概要

電流制御系，トルク制御系の上位に，速度制御系を追加構成した。電流制御系，トルク制御系の構成は図 10.6 のとおりであり，設計値はトルク制御の場合と同一である。追加構成した速度制御系のための速度制御器は，式 (1.4) の PI 制御器とした。ただし，速度応答値に関しては，次式のように同真値に代わって同推定値を利用した。

$$\tau^* = \frac{d_{s1}s + d_{s0}}{s}(\omega_{2m}^* - \hat{\omega}_{2m}) = \frac{d_{s1}s + d_{s0}}{s}\left(\omega_{2m}^* - \frac{\hat{\omega}_{2n}}{N_p}\right) \tag{10.30}$$

速度制御器のPI係数 d_{s1}，d_{s0} は，式 (1.5) に従い，速度制御系帯域幅 ω_{sc} が $\omega_{sc} = 60$〔rad/s〕となるように設計した。また，速度推定値は，低周波領域用位相推定部で瞬時生成されたものを利用した（図 10.3 参照）。

B.　力行時の定常応答特性

図 10.15(a) は，負荷装置で 100% 定格トルク 196〔Nm〕(20〔kgf·m〕) の負荷を与えたうえで，速度指令値として低速の 10〔rad/s〕を与えた場合の定常応答である。図中の信号は，上から，速度指令値，速度応答値，u 相電圧指令値，u 相電流，速度指令値に対する速度応答値の偏差を示している。時間軸は 0.05〔s/div〕である。この場合の平均速度偏差は，ほぼゼロ〔rad/s〕である。

図 10.15(b) は，ほぼ定格の速度指令値 150〔rad/s〕を供試 IM に与えた場合の定常応答である。図中の信号は，図 10.15(a) の場合と同様であるが，時間軸は，0.01〔s/div〕となっている。この場合の平均的な速度偏差は図が示すように約 +1〔rad/s〕である。

C.　回生時の定常応答特性

図 10.16(a) は，負荷装置で 100% 定格トルクの回生負荷を与えたうえで，供試 IM に速度指令値として低速の 10〔rad/s〕を与えた場合の定常応答である。図中の信号の意味は，図 10.15(a) の場合と同様である。時間軸は 0.05〔s/div〕となっている。この場合の平均速度偏差は，約 −0.5〔rad/s〕である。図が示すように，回生低速域では，電圧指令値のレベルは著しく低下する。

図 10.16(b) は，供試 IM にほぼ定格の 150〔rad/s〕の速度指令値を与えた場合の定常応答である。図中の信号は，図 10.15(a) の場合と同様であるが，時間軸は，0.01〔s/div〕である。この場合，平均速度偏差はほぼゼロ〔rad/s〕である。u 相電圧指令値が u 相電流に対し π〔rad〕に近い位相進みを示しており，本動作状態が供試 IM にとって回生状態にあることが明白である。

図 10.15，図 10.16 を用いた力行・回生の定格負荷時の速度制御定常応答より，「提案法によれば，低速を含む定格速度領域内での速度制御が可能である」ことが理解される。速度制御における最低駆動制御速度は IM と電力変換器の組合せに依存する。本実験では定格速度比で約 1/150 であった（後掲の図 10.17(a)，および同説明を参

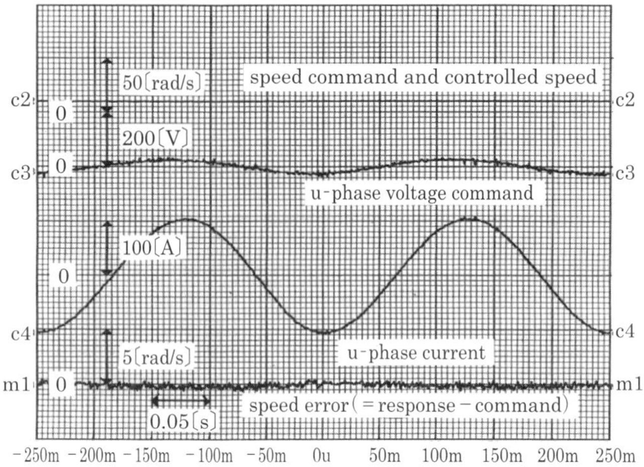

(a) 速度指令値 10〔rad/s〕に対する応答

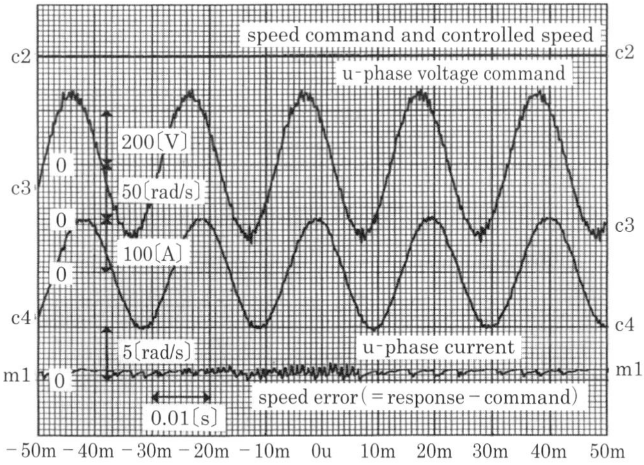

(b) 速度指令値 150〔rad/s〕に対する応答

図 10.15　力行定格負荷状態での速度応答

照)。なお，本実験における 1/150 は，速度指令値のアナログ発生において，可変抵抗，AD 変換器を介した最小分解能であった点を特記しておく。

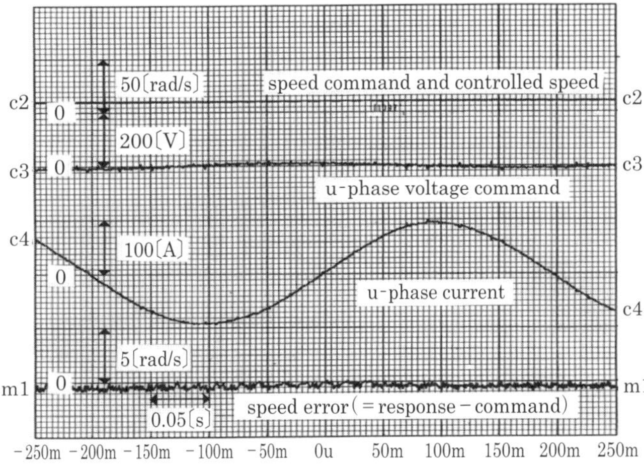

(a) 速度指令値 10〔rad/s〕に対する応答

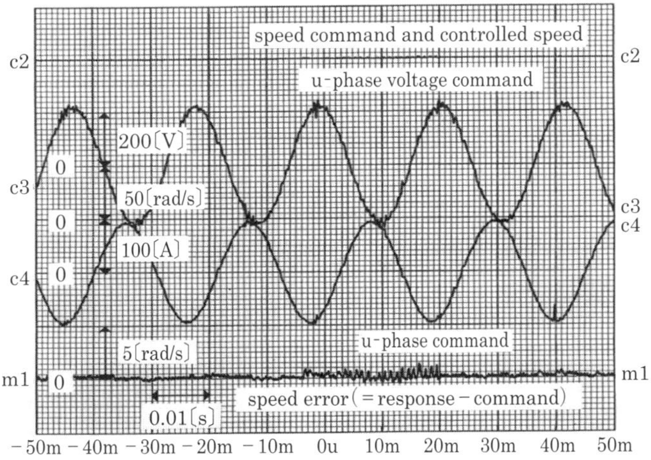

(b) 速度指令値 150〔rad/s〕に対する応答

図 10.16　回生定格負荷状態での速度応答

D.　負荷の瞬時印加・除去に対する抑圧特性

図 10.17(a) は，ゼロ速度指令値の速度制御状態で定格負荷を瞬時に印加し，負荷外乱抑圧に関する過渡応答を調べたものである。図中の上部の波形は速度指令値と速度応答値を，下部の波形は速度指令値に対する速度応答値の偏差（speed error）を示している。時間軸は，0.1〔s/div〕である。図より，瞬時負荷に対しても安定した

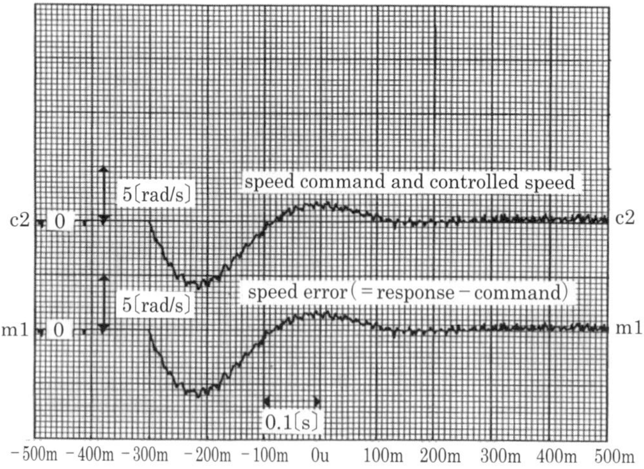

(a) ゼロ速度での定格負荷の瞬時印加に対する特性

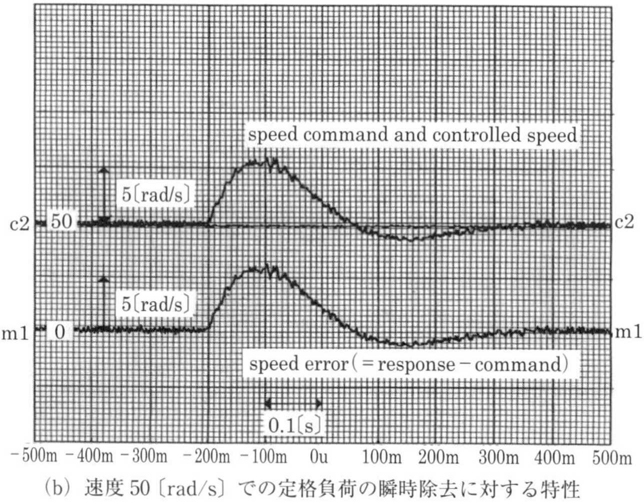

(b) 速度 50〔rad/s〕での定格負荷の瞬時除去に対する特性

図 10.17　定格負荷の瞬時印加除去に対する速度制御特性

ゼロ速度の制御を維持し，かつこの影響を排除していることが理解される。

同図を詳細に観察すると，整定時間は約 0.45〔s〕であり，整定後の速度偏差は最大で 0.5〔rad/s〕をわずかに超える程度であることが理解される。ゼロ速度指令値に対する偏差 0.5〔rad/s〕は，速度指令値を正確に与えうるならば，定格速度 157〔rad/s〕に対し速度比 1/200 ～ 1/300 の速度制御が実現可能であることを示すものでもある。

図 10.17(b) は，定格負荷を伴った速度指令値 50〔rad/s〕による速度制御の状態で，負荷を瞬時に除去した際の過渡応答を調べたものである。図中の各信号の意味は，図 (a) と同一である。本過渡応答は，図 (a) のものと速度応答値の上昇下降の逆を除けば基本的に同様な特性を示している。

本応答のみならず，瞬時負荷外乱に対し，全速度領域において，類似性の高い外乱抑圧特性が確認されている。図 10.17 に例示した実験より，「提案法は，負荷の瞬時印加・除去に対する抑圧特性を兼備している」ことが理解される。

E. ゼロ速度を伴う急加減速指令に対する追従特性

図 10.18(a) は，正負の定格速度 ±150〔rad/s〕の間を（角）加速度 ±667〔rad/s^2〕で変化する可変速度指令値に対する，無負荷時の追従応答の様子を示したものである。図中の信号は速度指令値，速度応答値，u 相電流であり，また，時間軸は 0.5〔s/div〕である。本図より，ゼロ速度通過に際しても，速度はゼロ速度を含めて連続的に推定されており，特別問題となるような応答が出ていないことが確認される。図を細部にわたり観察すると，低速域と高速域のハイブリッド結合前後（結合の中心は $\gamma\delta$ 準同期座標系の速度（電源周波数）の換算で 50〔rad/s〕）で速度応答値の乱れが見受けられる。また，これに応ずるように u 相電流の乱れも観察される。この遠因は，近傍での速度推定の誤差ではないかと推測される。若干の乱れはあるものの，全般的には，良好な追従特性が得られている。なお，本応答例は無負荷での応答であるが，第 1 ～第 4 象限連続駆動の例にもなっている。

センサレスベクトル制御においては，厳密には方法に依存するが，一般には，ゼロ速度瞬時通過の速度制御の成功はゼロ速度発進・停止の速度制御の成功を意味するものではない。また，この逆もいえる。本認識に立ち，このための実験を行った。

図 10.18(b) は，（角）加速度 ±1 000〔rad/s^2〕をもつゼロ速度発進停止の速度指令値に対する無負荷時の追従応答を示したものである。図中の信号は速度指令値，速度応答値，u 相電流であり，また，時間軸は 0.5〔s/div〕である。u 相電流が部分的に直流状態になっている。無負荷状態での相電流の直流化は，IM が無振動の静止状態となっていることを意味している。本応答例は，急加減速のゼロ速度発進・停止においても，提案法は連続的に安定制御が可能であることを示すものである。

ゼロ速度への減速の直前で，速度応答値の振動が見られるが，この主原因は，急減速下での安定性を維持すべくリミッタを用いた非線形速度制御器が動作し，これが速度制御系のモードを刺激したためと推測される。この推測の妥当性は，(a) 可変速

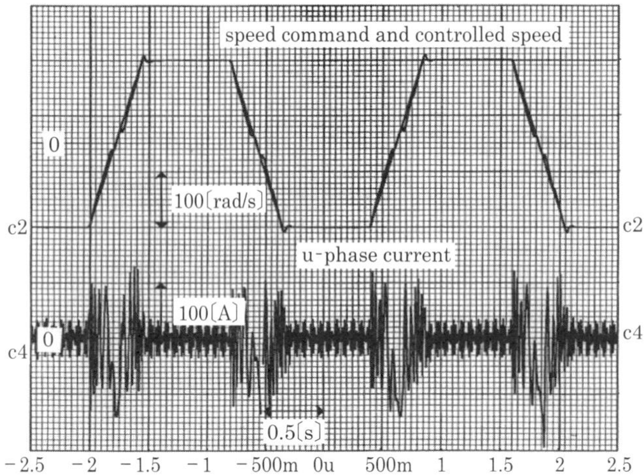

(a) 角加速度 ±667〔rad/s^2〕かつゼロクロスをもつ速度指令値に対する追従特性

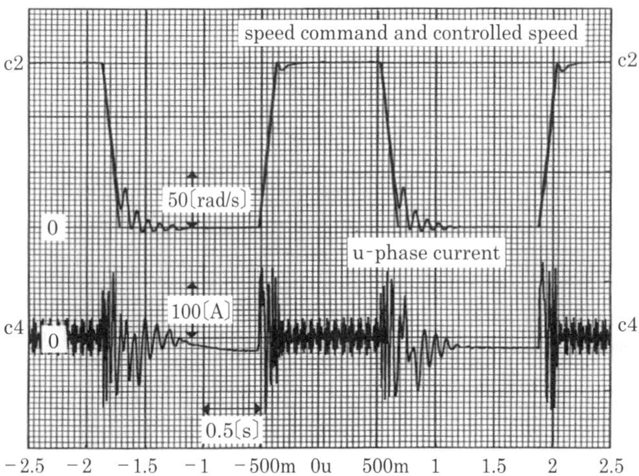

(b) 角加速度 ±1 000〔rad/s^2〕をもつゼロ速度発信・停止の速度指令値に対する追従特性

図 10.18　急可変速度指令値に対する追従特性

度指令値の加速度を，リミッタを刺激しない程度に低減させれば，振動は消滅する，(b) 発生した振動の周波数は，速度制御系の帯域（本例では 60〔rad/s〕）に対応したモードと同一である，などにより理解される。なお，速度制御器に付加したリミッタは，過電流防止の観点より q 軸電流指令値を制限する機能も併せ担っており，上記 (a) 項は線形な電流制御が確保できれば振動は消滅するといい換えることもできる。

以上の実験より，提案法は，高い速度追従性能を有していることが理解される。

Q 10.2 提示の諸応答は，加減速応答はもとより，低速域のトルク応答が特にすばらしいと思います。一般論ですが，センサレスベクトル制御において低速域で良好な応答を得るには，精度の高い固定子抵抗 R_1 が必要と思います。本実験では，どのようにして固定子抵抗を得たのでしょうか。

A 10.2 固定子抵抗 R_1 は，座標系速度 ω_γ を決定する式 (10.7c) が示していますように，式 (10.7c) の分子側の値に低速域で大きな影響を与えます。実は，これら実験では，固定子抵抗 R_1 を適応同定し，同定値を常時使用するようにしています。同定原理を以下に説明します。

γδ 準同期座標系上の電圧モデルは，式 (10.1a) のとおりですが，これは，次のように再記述されます。

$$R_1\boldsymbol{i}_1 = \boldsymbol{v}_1 - \boldsymbol{D}(s,\omega_\gamma)\boldsymbol{\phi}_{2n} - \boldsymbol{D}(s,\omega_\gamma)l_{1t}\boldsymbol{i}_1$$

上式の両辺に左側から固定子電流を乗じます。この際，「γδ 準同期座標系上において，実質的に，正規化回転子磁束の γ 軸要素は一定，δ 軸要素はゼロ」との条件を付与すると，次の同定基本式を得ます。

$$\begin{aligned} R_1\|\boldsymbol{i}_1\|^2 &= \boldsymbol{i}_1^T\boldsymbol{v}_1 - \omega_\gamma\phi_{2n\gamma}i_{1\delta} - l_{1t}\boldsymbol{i}_1^T[s\boldsymbol{i}_1] \\ &= \boldsymbol{i}_1^T\boldsymbol{v}_1 - \omega_\gamma\phi_{2n\gamma}i_{1\delta} - 0.5l_{1t}\,[s\|\boldsymbol{i}_1\|^2] \end{aligned}$$

同定基本式に基づく実際の適応同定には，正規化回転子磁束として同推定値を，固定子電圧として同指令値を利用しています。また，ある種の最小二乗形適応アルゴリズムを用いて，同定値を自動更新しています[8)]。なお，上式は，エネルギー伝達式でもあります（式 (2.177) 参照）。左辺は固定子銅損を，右辺は，第1項より順次，固定子への印加電力，固定子から回転子へ伝達される電力（回転子銅損と出力としての機械的電力との和），固定子総合漏れインダクタンス l_{1t} に蓄積された磁気エネルギーの瞬時変化を意味しています。いずれの項も瞬時値です。

10. 4. 4 中型供試 IM による速度制御

A. 実験システムの概要

図 10.19 に実験システムの外観を示す。供試 IM は，3.7〔kW〕中型 IM である。本供試IMの特性は表10.1のように整理される。供試IMに装着されているエンコーダは，回転子の実速度を正確に測定するためのものであり，制御には使用されていない。供

図 10.19　3.7〔kW〕用実験システムの外観
（第 18 回モータ技術展（2000.4.19 ～ 21），日本コンベンションセンター（幕張メッセ））

表 10.1　供試 IM の特性

R_1	0.3〔Ω〕	定格電流	19〔A, rms〕
l_{1t} L_1	0.0018〔H〕 0.0321〔H〕	定格励磁分電流	18〔A〕
R_{2n}	0.115〔Ω〕	定格トルク分電流	27.5〔A〕
W_2	3.8〔Ω/H〕	定格電圧	180〔V, rms〕
極対数 N_p	2	慣性モーメント J_m	0.0163〔kgm^2〕
定格出力	3.7〔kW〕	定格速度	150〔rad/s〕
定格トルク	24.7〔Nm〕	4 逓倍後のエンコーダ分解能	4 × 2 048〔p/r〕

試 IM 用電力変換器の直流母線電圧は約 300〔V, dc〕，短絡防止期間は 5〔μs〕である。
　実験に際し選定した主要設計パラメータは以下のとおりである。

動的周波数重み　$F_w(s) = \dfrac{50}{s+50}$

制御周期　167〔μs〕

電流制御系の帯域幅　$\omega_{ic} = 2\,000$〔rad/s〕

電流制御系の帯域幅　$\omega_{sc} = 120$〔rad/s〕

上の設計パラメータは，速度制御系の帯域幅を除けば，30〔kW〕供試 IM の場合と同一である。

B.　ゼロ速度を伴う急加減速指令に対する追従特性

　30〔kW〕大型 IM の応答に対する 3.7〔kW〕中型 IM の応答特性の大きな違いは，IM の内部状態（速度など）が急変する急加減速追従性能を除けば，見受けられなか

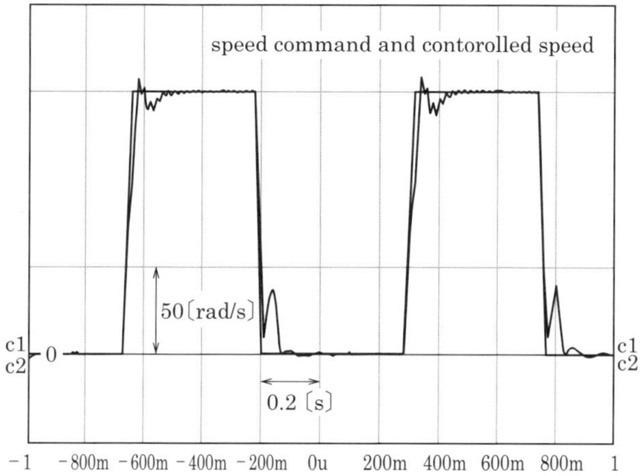

図 10.20　（角）加速度 ±5 000〔rad/s^2〕をもつゼロ速度発進・停止の速度指令値に対する 3.7〔kW〕IM による追従特性

った。このため, 図 10.18(b) に対応した急加減速指令値に対する追従性能のみを示す。

図 10.20 は，本供試 IM に対する（角）加速度 ±5 000〔rad/s^2〕をもつ速度指令値に対する無負荷追従応答を示したものである。加速度は，30〔kW〕IM の場合の 5 倍である。図中の信号は速度指令値と速度応答値であり, 時間軸は 0.2〔s/div〕である。この場合も，センサレスベクトル制御としては高加速度の追従性能を達成していることが確認される。本例では，図 10.18(b) の 30〔kW〕IM の場合と同様な非線形制御器が引き金となった振動的応答が観察される。同図より，この場合の振動周波数も速度制御帯域幅に対応した約 120〔rad/s〕であることがわかる。

10. 4. 5　小型供試 IM による速度制御

A.　実験システムの概要

図 10.21 に実験システムの外観を示す。供試 IM は，0.3〔kW〕小型 IM である。本供試 IM の特性は表 10.2 のように整理される。供試 IM に装着されているエンコーダは，回転子の実速度を正確に測定するためのものであり，制御には使用されていない。供試 IM 用電力変換器の直流母線電圧は約 300〔V, dc〕である。なお，使用した電力変換器の短絡防止期間は 2.6〔μs〕である。

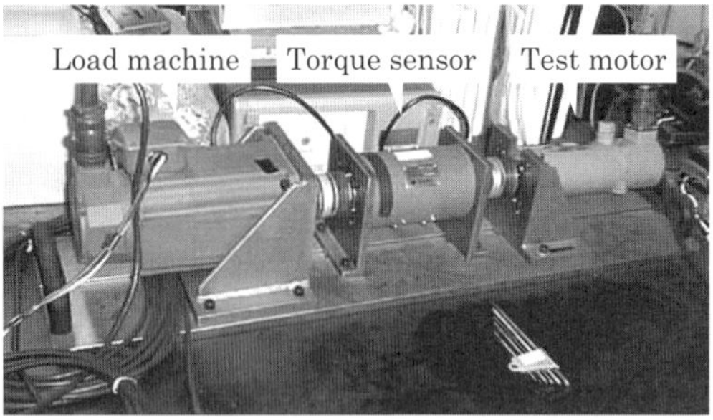

図 10.21　0.3〔kW〕用実験システムの外観

表 10.2　供試 IM の特性

R_1	3.7〔Ω〕	定格電流	2.26〔A, rms〕
l_{1t} L_1	0.023〔H〕 0.21〔H〕	定格励磁分電流	1.4〔A〕
R_{2n}	4.3〔Ω〕	定格トルク分電流	3.6〔A〕
W_2	23〔Ω/H〕	定格電圧	120〔V, rms〕
極対数 N_p	1	慣性モーメント J_m	0.75 × 10^{-4}〔kgm^2〕
定格出力	0.3〔kW〕	定格速度	300〔rad/s〕
定格トルク	0.955〔Nm〕	4 逓倍後のエンコーダ分解能	4 × 2 000〔p/r〕

実験に際し選定した主要設計パラメータは以下のとおりである。

動的周波数重み　$F_w(s) = \dfrac{50}{s+50}$

制御周期　130〔μs〕

電流制御系の帯域幅　$\omega_{ic} = 2\,000$〔rad/s〕

電流制御系の帯域幅　$\omega_{sc} = 120$〔rad/s〕

上の設計パラメータは，制御周期を除けば，3.7〔kW〕供試 IM の場合と同一である。

B.　ゼロ速度を伴う急加減速指令に対する追従特性

30〔kW〕大型 IM，3.7〔kW〕中型 IM の応答に対する 0.3〔kW〕小型 IM の応答特性の大きな違いは，IM の内部状態（速度など）が急変する急加減速追従性能を除けば，見受けられなかった。このため，図 10.18(b)，図 10.20 に対応した急加減速指令値に対する追従性能のみを示す。

図 10.22 は，本供試 IM に対する（角）加速度 ±5 000〔rad/s^2〕をもつ速度指令値

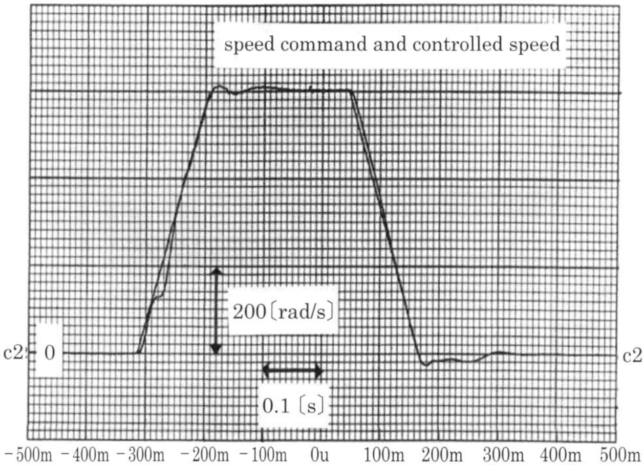

図 10.22　（角）加速度 ±5 000〔rad/s^2〕をもつゼロ速度発進・停止の速度指令値に対する 0.3〔kW〕IM による追従特性

に対する無負荷追従応答を示したものである。加速度は，3.7〔kW〕IM の場合と同一である。図中の信号は速度指令値と速度応答値であり，時間軸は 0.1〔s/div〕である。

本例では減速時の振動は消滅しほぼ理想的な応答を示しているが，反面，加速時に 110 ～ 120〔rad/s〕速度近傍でわずかながら一時的な追従性低下の現象が見受けられる。これは急加速時の速度推定値に重畳した振動的な推定誤差に起因していることを確認している。幸いにもこの種の振動的推定誤差の振幅は速度増加に応じて小さくなり，さらには減速時にはこの種の推定振動誤差は発生していないことが確認された。

上記のような加速特性を有しているものの，高速域 600〔rad/s〕およびゼロ速域 0〔rad/s〕での整定性能も極めて良好であり，提案法は，センサレスベクトル制御として高加速度の追従性能を達成している。

10. 4. 6　低電圧供試 IM によるトルク制御

A.　実験システムの概要

低電圧供試 IM としては，電気スクータ用として開発された 2.0〔kW〕IM とした。負荷装置は，供試 IM の電気スクータ応用を考慮し，3.7〔kW〕直流モータとした。図 10.23 に実験システムの外観を示す。表 10.3 に供試 IM の特性概要を示す。本表より理解されるように，供試 IM は，軸出力に対し低電圧・大電流の特殊モータである。直流モータの慣性モーメント J_m は $J_m = 0.085$〔kgm^2〕すなわち供試 IM の約 260 倍

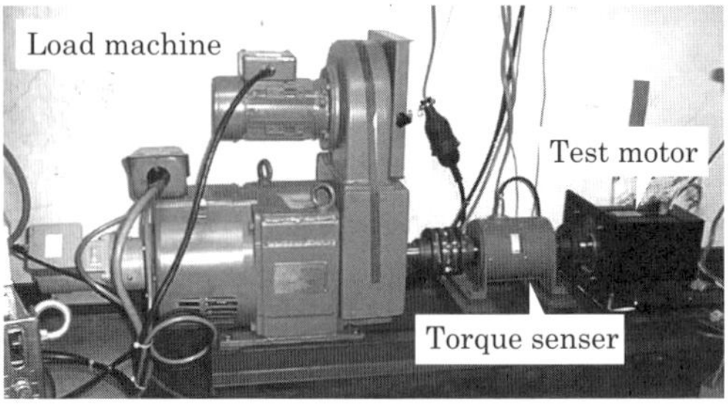

図 10.23 低電圧供試 IM 用実験システムの外観

表 10.3 供試 IM の特性

R_1	0.055〔Ω〕	定格電流	32〔A, rms〕
l_{1t} L_1	0.00026〔H〕 0.00249〔H〕	定格励磁分電流	33〔A〕
R_{2n}	0.043〔Ω〕	定格トルク分電流	44〔A〕
W_2	19.3〔Ω/H〕	定格電圧	60〔V, rms〕
極対数 N_p	2	慣性モーメント J_m	0.325×10^{-3}〔kgm^2〕
定格出力	2.0〔kW〕	定格速度	314〔rad/s〕
定格トルク	6.4〔Nm〕	4逓倍後のエンコーダ分解能	4×2 000〔p/r〕

であり，応用にふさわしい十分に大きい慣性モーメントを有している。低電圧供試IM の電力変換器としては，約 300〔V, dc〕の直流母線電圧と 5〔μs〕の短絡防止期間をもつ汎用的なもので代用した。

実験に際し選定した主要設計パラメータは以下のとおりである。

動的周波数重み　$F_w(s) = \dfrac{50}{s+50}$

制御周期　200〔μs〕

電流制御系の帯域幅　$\omega_{ic} = 2\,000$〔rad/s〕

B. トルク制御

電気スクータ応用の観点からは，負荷状況のいかんにかかわらず所期のトルク発生の成否が重要である。特に，駆動初期のゼロ速度でのトルク発生が重要である。図10.24 は，これを確認すべく実施した実験の結果である。

図 10.24(a) は，ゼロ速度状態で，定格トルク指令値を与えた場合の応答である。同図では，上から，u 相電流，q 軸電流（δ 軸電流），γδ 準同期座標系の速度（電源

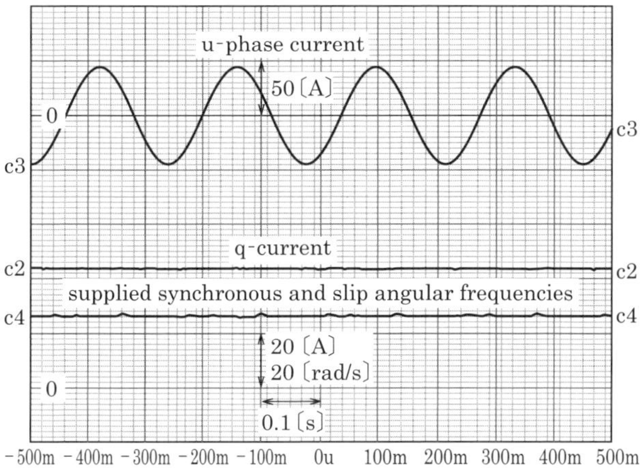

(a) ゼロ速度での定格トルク発生の様子

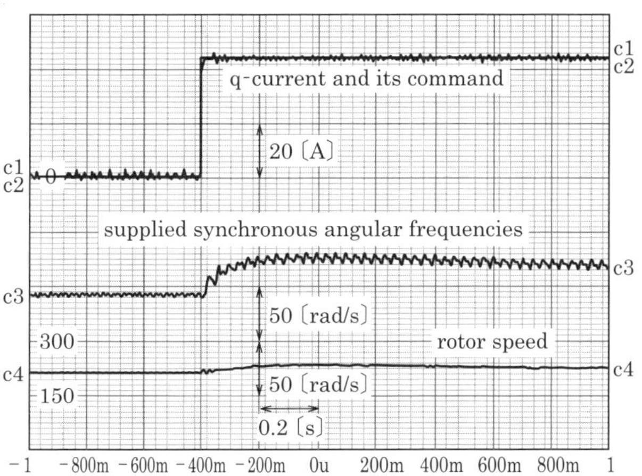

(b) 速度 172〔rad/s〕での定格トルク発生の様子

図 10.24　低電圧供試 IM によるトルク発生特性

周波数），準すべり周波数の推定値（約 26〔rad/s〕）である。ゼロ速度状態の本例では，$\gamma\delta$ 準同期座標系の速度（電源周波数）と準すべり周波数推定値は重なっており，単一の直線信号のように見えている。時間軸は，0.1〔s/div〕である。準すべり周波数から所定のトルク発生が行われていることがわかる。

図 10.24(b) は，50％定格速度におけるトルク発生の様子である。本速度は，負荷装置の定格速度におおむね該当する。波形は，上から，q 軸電流指令値（定格）とそ

の応答，$\gamma\delta$ 準同期座標系の速度（電源周波数），回転子の機械速度である。回転子速度は，大慣性の負荷装置で基本的に 172〔rad/s〕一定に制御されているが，q 軸電流指令値印加に伴うトルク発生により，印加直後に多少の変動が見られる。印加後の準すべり周波数の変化は，図 10.24 の場合とほぼ同一の約 26〔rad/s〕であることも確認される。

図 10.24 は，「提案法は，低電圧 IM に対しても適用可能であり，所期のセンサレス駆動性能を発揮する」ことを示している。

第11章

モータパラメータの同定

11.1 目　的

これまでの説明では，「基本的にIMの4基本モータパラメータ R_1，l_{1t}，R_{2n}，W_2，あるいはこれと一意の関係にあるパラメータは既知である」とした。これらパラメータは，モータメーカよりIM本体とともに公称値として提供されることもあれば，不明なこともある。また，提供された公称値が，必ずしも真値とは限らない。本章では，固定子電圧，固定子電流のみを用いた4基本モータパラメータの同定法を説明する。

11.2節では，パラメータ同定の一般原理を説明する。IMのパラメータ同定は，一般的なパラメータ同定の特別な場合に過ぎず，一般的な同定原理が適用される。11.3節では，固定子の電圧と電流の直接的関係を，定常状態を条件に，導出する。IMのパラメータ同定は，固定子の電圧と電流のみを用いて行う。これには，固定子の電圧と電流の直接的関係が必要である。11.4節では，無負荷試験と拘束試験を介したパラメータ同定を説明する。本同定法は，無負荷試験を介して固定子側の2パラメータを，拘束試験を介して回転子側の2パラメータを分割同定するものである。無負荷試験と拘束試験を介したIMパラメータの同定は伝統的原理に則している。しかしながら，提案の同定法は，可変振幅と可変周波数の電圧を印加できる電力変換器，演算素子の利用を前提とした実践的なものとなっている。11.5節では，4パラメータの同時同定法（一斉同定法）を説明する。IMは本質的にスローとファーストの2モードを有しており，両者は時定数比で数十倍の乖離がある。4パラメータの同時同定には，本特性を考慮に入れた電圧印加と関連諸信号の処理が必要である。この要点を説明する。

センサレスベクトル制御においては，一般に，回転子速度の精度よい推定に，精度よい正規化回転子抵抗が必要とされる。この課題解決の有力な方策が，回転子速度と正規化回転子抵抗との同時同定である。11.6節では，この種の同時同定について説明する。

11.2 同定の一般原理

物理パラメータの同定方法を具体的に説明すべく，具体的な同定対象として，入力信号，出力信号を $u(t)$，$y(t)$ とする次の 1 入出力の連続時間動的系（continuous time dynamic system）を考える。

$$A(s)y(t) = B(s)u(t) + n(t) \tag{11.1a}$$

ただし，$A(s)$，$B(s)$ は次の s に関する 2 次多項式とする。

$$A(s) = s^2 + a_1 s + a_0 \tag{11.1b}$$

$$B(s) = b_2 s^2 + b_1 s + b_0 \tag{11.1c}$$

上記の系に関しては，入出力信号 $u(t)$，$y(t)$ は利用可能であるが，パラメータ（係数）a_i，b_i は未知とする。また，式 (11.1a) の右辺第 2 項の $n(t)$ は，連続時間系に混入した外乱（ノイズ，寄生要素応答，高調波成分など）を意味しており，これも基本的には未知とする。

ここで考える課題は，利用可能な入出力信号 $u(t)$，$y(t)$ を用いて，未知パラメータ a_i，b_i を同定することである。以下に，課題解決のための一般的な同定原理を示す。

外乱 $n(t)$ を除去可能な整形分離フィルタ（shape-separating filter）$F(s)$ を考える。ここでは，簡単のため，次の相対次数 2 次以上の全極形フィルタがこの仕様を満足するものとする。

$$F(s) = \frac{g_0}{s^n + f_{n-1}s^{n-1} + f_{n-2}s^{n-2} + \cdots + f_0} \quad ; n \geq 2 \tag{11.2}$$

式 (11.1a) の両辺に左辺から式 (11.2) を乗ずると，次式を得る。

$$\begin{aligned} F(s)A(s)y(t) &= F(s)B(s)u(t) + F(s)n(t) \\ &\approx F(s)B(s)u(t) \end{aligned} \tag{11.3}$$

式 (11.3) は，次のように書き改めることができる。

$$A(s)y_F(t) = B(s)u_F(t) \tag{11.4a}$$

ただし，

$$y_F(t) = F(s)y(t) \quad , \quad u_F(t) = F(s)u(t) \tag{11.4b}$$

式 (11.4a) は，パラメータを有する多項式 $A(s)$，$B(s)$ に関しては式 (11.1a) と同一であるが，外乱 $n(t)$ が消滅している。整形分離フィルタ $F(s)$ 導入の主要理由の 1 つが，同定値に誤差を誘引する外乱 $n(t)$ の除去である。

式 (11.4) は，さらに次式のように書き改めることができる。

$$x_{y2}(t) + a_1 x_{y1}(t) + a_0 x_{y0}(t) = b_2 x_{u2}(t) + b_1 x_{u1}(t) + b_0 x_{u0}(t) \tag{11.5a}$$

ただし，

$$x_{yj}(t) \equiv s^j y_F(t) \quad , \quad x_{uj}(t) \equiv s^j u_F(t) \tag{11.5b}$$

フィルタ $F(s)$ の相対次数は 2 次以上であるので，式 (11.5) を構成するすべての信号 $x_{uj}(t)$，$x_{yj}(t)$ の生成には，直接微分処理は必要としない。特に，フィルタ $F(s)$ の次数を 3 次以上に選定する場合には，すなわち $n \geq 3$ の場合には，すべての信号はローパスフィルタリング処理を一様に受けて，生成されることになる。整形分離フィルタ $F(s)$ 導入の主要理由の 1 つが，源信号 $u(t)$，$y(t)$ の直接微分の回避である。

式 (11.5) は，ベクトル表記を採用するならば，次のように簡潔に記述することができる。

$$\zeta_0(t) = \boldsymbol{\zeta}^T(t)\boldsymbol{\theta} \tag{11.6a}$$

ただし，$\boldsymbol{\theta}$，$\boldsymbol{\zeta}(t)$，$\zeta_j(t)$ は，おのおの以下のように定義された 5×1 ベクトルパラメータ，5×1 ベクトル信号，スカラ信号である。

$$\boldsymbol{\theta} \equiv [a_1, a_0, b_2, b_1, b_0]^T \tag{11.6b}$$

$$\boldsymbol{\zeta}(t) \equiv [\zeta_1(t), \zeta_2(t), \zeta_3(t), \zeta_4(t), \zeta_5(t)]^T \tag{11.6c}$$

$$\left.\begin{aligned} &\zeta_0(t) \equiv x_{y2}(t) \\ &\zeta_j(t) \equiv -x_{y2-j}(t) \quad ; \ j = 1, 2 \\ &\zeta_j(t) \equiv x_{u5-j}(t) \quad ; \ j = 3, 4, 5 \end{aligned}\right\} \tag{11.6d}$$

式 (11.6) は，次の特徴を有している。

(a) 同定すべき未知パラメータは，フィルタ処理後の信号 $\zeta_j(t)$ に対して線形関係を維持している。

(b) 外乱の影響は排除されている。

(c) すべての信号 $\zeta_j(t)$ の生成に，入出力信号 $u(t)$，$y(t)$ の直接的な微分処理は必要とされない。

未知連続時間系に関する式 (11.6) の関係は，任意の時刻で成立する。当然，サンプル時点 $t = kT_s$ でも成立する。この点を考慮すると，次の離散時間同定基本式を得る。

$$\zeta_0(k) = \boldsymbol{\zeta}^T(k)\boldsymbol{\theta} \tag{11.7a}$$

上式では，サンプル時点 $t = kT_s$ の信号を，簡単のため次のようにサンプリング周期 T_s を省略して，記述している。

$$\boldsymbol{\zeta}(k) \equiv \boldsymbol{\zeta}(kT_s) \quad , \quad \zeta_j(k) \equiv \zeta_j(kT_s) \tag{11.7b}$$

整形分離フィルタの出力信号のサンプル値 $\boldsymbol{\zeta}(k)$，$\zeta_0(k)$ を入手できれば，これを同定信号として離散時間適応同定アルゴリズムを駆動でき，ひいては未知パラメータ $\boldsymbol{\theta}$ を同定することができる。入出力信号 $u(t)$，$y(t)$ のサンプル値 $u(k)$，$y(k)$ を利用した離散時間同定信号 $\boldsymbol{\zeta}(k)$, $\zeta_0(k)$ の直接生成法は文献 1) に，また，これを利用した離散時間適応同定アルゴリズムは文献 2) に詳しく説明されている。このため，これらの説明は省略する。

続いて，上記の一般的なパラメータ同定原理を利用した IM の電気パラメータの同定を説明する。

11.3　電圧と電流の直接関係

式 (2.157) に与えた $\gamma\delta$ 一般座標系上の回転子磁束形回路方程式を以下に再記する。

◆ $\gamma\delta$ 一般座標系上の回転子磁束形回路方程式

$$\boldsymbol{v}_1 = R_1\boldsymbol{i}_1 + \boldsymbol{D}(s,\omega_\gamma)[l_{1t}\boldsymbol{i}_1 + \boldsymbol{\phi}_{2n}] \tag{11.8a}$$

$$R_{2n}\boldsymbol{i}_1 = \boldsymbol{D}(s,\omega_\gamma)\boldsymbol{\phi}_{2n} + [W_2\boldsymbol{I} - \omega_{2n}\boldsymbol{J}]\boldsymbol{\phi}_{2n} \tag{11.8b}$$

■

本節では，速度一定条件 $\omega_{2n} = \mathrm{const}$ のもとで上記回路方程式を利用して，IM パラメータ同定のための基本式（式 (11.1) に対応した式）の導出を図る。

まず，次の 2×2 行列を用意する。

$$\boldsymbol{D}(s,\omega_\gamma) + [W_2\boldsymbol{I} - \omega_{2n}\boldsymbol{J}] = (s + W_2)\boldsymbol{I} + (\omega_\gamma - \omega_{2n})\boldsymbol{J} \tag{11.9}$$

式 (11.8a) の両辺に対して左側から式 (11.9) を乗じ，式 (11.8b) を用いると，次式を得る。

$$\begin{aligned}
&[\boldsymbol{D}(s,\omega_\gamma) + [W_2\boldsymbol{I} - \omega_{2n}\boldsymbol{J}]]\boldsymbol{v}_1 \\
&\quad = R_1[\boldsymbol{D}(s,\omega_\gamma) + [W_2\boldsymbol{I} - \omega_{2n}\boldsymbol{J}]]\boldsymbol{i}_1 \\
&\qquad + l_{1t}[\boldsymbol{D}(s,\omega_\gamma) + [W_2\boldsymbol{I} - \omega_{2n}\boldsymbol{J}]]\boldsymbol{D}(s,\omega_\gamma)\boldsymbol{i}_1 \\
&\qquad + [\boldsymbol{D}(s,\omega_\gamma) + [W_2\boldsymbol{I} - \omega_{2n}\boldsymbol{J}]]\boldsymbol{D}(s,\omega_\gamma)\boldsymbol{\phi}_{2n} \\
&\quad = R_1[\boldsymbol{D}(s,\omega_\gamma) + [W_2\boldsymbol{I} - \omega_{2n}\boldsymbol{J}]]\boldsymbol{i}_1 \\
&\qquad + l_{1t}[\boldsymbol{D}(s,\omega_\gamma) + [W_2\boldsymbol{I} - \omega_{2n}\boldsymbol{J}]]\boldsymbol{D}(s,\omega_\gamma)\boldsymbol{i}_1 \\
&\qquad + R_{2n}\boldsymbol{D}(s,\omega_\gamma)\boldsymbol{i}_1 \\
&\quad = [l_{1t}\boldsymbol{D}^2(s,\omega_\gamma) + [(R_1 + R_{2n} + l_{1t}W_2)\boldsymbol{I} - l_{1t}\omega_{2n}\boldsymbol{J}]\boldsymbol{D}(s,\omega_\gamma) \\
&\qquad + R_1[W_2\boldsymbol{I} - \omega_{2n}\boldsymbol{J}]]\boldsymbol{i}_1 \\
&\quad = [l_{1t}\boldsymbol{D}^2(s,\omega_\gamma) + [(R_1 + L_1W_2)\boldsymbol{I} - l_{1t}\omega_{2n}\boldsymbol{J}]\boldsymbol{D}(s,\omega_\gamma) \\
&\qquad + R_1[W_2\boldsymbol{I} - \omega_{2n}\boldsymbol{J}]]\boldsymbol{i}_1
\end{aligned} \tag{11.10}$$

上式の整理には，次のパラメータ関係を利用した。

$$R_{2n} + l_{1t}W_2 = M_nW_2 + l_{1t}W_2 = L_1W_2 \tag{11.11}$$

式 (11.10) の 2 次 D 因子多項式は，2×1 入力としての固定子電圧 $\boldsymbol{v}_1$ と 2×1 出力と

しての固定子電流 $\boldsymbol{i}_1$ との関係を直接的に示した，IM パラメータ同定のための基本式となっている。

式 (11.10) は，αβ 固定座標系上では次式となる。

$$
\begin{aligned}
&[s\boldsymbol{I}+[W_2\boldsymbol{I}-\omega_{2n}\boldsymbol{J}]]\boldsymbol{v}_1\\
&\quad=[l_{1t}s^2\boldsymbol{I}+[(R_1+L_1W_2)\boldsymbol{I}-l_{1t}\omega_{2n}\boldsymbol{J}]s\boldsymbol{I}\\
&\qquad+R_1[W_2\boldsymbol{I}-\omega_{2n}\boldsymbol{J}]]\boldsymbol{i}_1
\end{aligned}
\tag{11.12}
$$

$s\boldsymbol{I}$ の 2 次多項式である式 (11.12) は，電圧と電流の関係を示しており，入力信号と出力信号におけるスカラとベクトルの相違を除けば，式 (11.1) に対応している。

11. 4 無負荷試験と拘束試験とによる分割同定

11. 4. 1 無負荷試験

A. 第 1 無負荷試験同定法

無負荷かつ一定速度で回転している定常状態下の IM を考える。本状態下での電圧，電流を用いたパラメータ同定は，一般に，無負荷試験（no-load test）と呼ばれる。

上記の定常状態のもとでは，発生トルクはゼロであり，固定子電流は励磁分電流のみからなり，トルク分電流，正規化回転子電流は存在しない。また，すべり周波数もゼロとなる。すなわち，同期速度での駆動となる。この状態下では，式 (11.8b) に関し，次の関係が成立する。

$$\boldsymbol{D}(s,\omega_\gamma)\boldsymbol{\phi}_{2n}=\omega_{2n}\boldsymbol{J}\boldsymbol{\phi}_{2n} \tag{11.13a}$$

$$\boldsymbol{\phi}_{2n}=M_n\boldsymbol{i}_1 \tag{11.13b}$$

式 (11.13) を式 (11.8a) に用いると，無負荷試験での基本式である次式を得る。

$$
\begin{aligned}
\boldsymbol{v}_1&=R_1\boldsymbol{i}_1+L_1\boldsymbol{D}(s,\omega_\gamma)\boldsymbol{i}_1\\
&=R_1\boldsymbol{i}_1+\omega_{1f}L_1\boldsymbol{J}\boldsymbol{i}_1\\
&=R_1\boldsymbol{i}_1+\omega_{2n}L_1\boldsymbol{J}\boldsymbol{i}_1
\end{aligned}
\tag{11.14}
$$

式 (11.14) は，「αβ 固定座標系上で評価した固定子電圧，固定子電流は，周波数 $\omega_{1f}=\omega_{2n}$ をもつ純正弦的な回転信号である」との前提に基づいている。本式は，実質的に固定子側のみの関係式となっている。式 (11.14) の基本式に 11.2 節で紹介した同定法を適用すれば，固定子抵抗 R_1 と固定子インダクタンス L_1 を同時同定することができる。

なお，固定子抵抗 R_1 と固定子インダクタンス L_1 の同時同定のための印加電圧周波数 ω_{1f} の選定目安は，同定すべき抵抗とインダクタンスのインピーダンス寄与率がおおむね等しくなる次のものである。

$$\omega_{1f} \approx \frac{R_1}{L_1} = W_1 \tag{11.15}$$

上式右辺のパラメータは未知であるので，周波数 ω_{1f} の決定に際しては，公称値あるいは通常モータの平均的概略値を利用することになる。

以上が，本書が提案する第1の無負荷試験同定法である。

B. 第2無負荷試験同定法

第1の無負荷試験同定法に代わって，伝統的方法に準じた方法を以下に示す。式 (11.14) は，αβ固定座標系上では，次式のように書き改めることができる。

$$\begin{aligned} \boldsymbol{v}_1 &= [\boldsymbol{i}_1 \quad s\boldsymbol{i}_1] \begin{bmatrix} R_1 \\ L_1 \end{bmatrix} \\ &= [\boldsymbol{i}_1 \quad \boldsymbol{J}\boldsymbol{i}_1] \begin{bmatrix} R_1 \\ \omega_{1f} L_1 \end{bmatrix} \end{aligned} \tag{11.16}$$

式 (11.16) より，ただちに次の瞬時同定式を得る。

$$\begin{bmatrix} \hat{R}_1 \\ \omega_{1f} \hat{L}_1 \end{bmatrix} = \frac{1}{\|\boldsymbol{i}_1\|^2} \begin{bmatrix} \boldsymbol{i}_1^T \boldsymbol{v}_1 \\ \boldsymbol{i}_1^T \boldsymbol{J}^T \boldsymbol{v}_1 \end{bmatrix} \tag{11.17}$$

瞬時同定式である式 (11.17) による同定では，同定値は，ノイズなどに起因する瞬時誤差の影響を強く受ける。これに対処すべく，平均化処理を追加することを考える。式 (11.17) に平均化処理を追加した実用的同定式は，次式となる。

$$\begin{bmatrix} \hat{R}_1 \\ \omega_{1f} \hat{L}_1 \end{bmatrix} = \frac{1}{\sum_{k=1}^{N} \|\boldsymbol{i}_1(k)\|^2} \begin{bmatrix} \sum_{k=1}^{N} \boldsymbol{i}_1^T(k) \boldsymbol{v}_1(k) \\ \sum_{k=1}^{N} \boldsymbol{i}_1^T(k) \boldsymbol{J}^T \boldsymbol{v}_1(k) \end{bmatrix} \tag{11.18}$$

ここに，(k) はサンプル時点 $t = kT_s$ を意味している。式 (11.18) は，式 (11.16) の第2式に立脚した最小二乗解ともなっている。

式 (11.17) 右辺のベクトルの第1要素，第2要素は，おのおの，瞬時有効電力，瞬時無効電力を意味する。これらは，瞬時皮相電力に対し次の等式関係を維持している。

$$(\|\boldsymbol{i}_1\| \|\boldsymbol{v}_1\|)^2 = (\boldsymbol{i}_1^T \boldsymbol{v}_1)^2 + (\boldsymbol{i}_1^T \boldsymbol{J}^T \boldsymbol{v}_1)^2 \tag{11.19a}$$

$$\|\boldsymbol{v}_1\|^2 = \left(\frac{\boldsymbol{i}_1^T \boldsymbol{v}_1}{\|\boldsymbol{i}_1\|} \right)^2 + \left(\frac{\boldsymbol{i}_1^T \boldsymbol{J}^T \boldsymbol{v}_1}{\|\boldsymbol{i}_1\|} \right)^2 \tag{11.19b}$$

すでに明らかなように，式 (11.18) は，瞬時有効電力，瞬時無効電力の N 個の平均化による固定子抵抗，固定子インダクタンスの同定法となっている。

式 (11.17) の第 2 式に式 (11.19a) を適用するならば，測定し易い有効電力と皮相電力を用いて，固定子インダクタンスを次のように同定することもできる。

$$
\begin{aligned}
(\omega_{1f}\hat{L}_1)^2 &= \frac{(\boldsymbol{i}_1^T\boldsymbol{J}^T\boldsymbol{v}_1)^2}{\|\boldsymbol{i}_1\|^4} = \frac{\|\boldsymbol{i}_1\|^2\|\boldsymbol{v}_1\|^2-(\boldsymbol{i}_1^T\boldsymbol{v}_1)^2}{\|\boldsymbol{i}_1\|^4} \\
&\approx \frac{\displaystyle\sum_{k=1}^{N}(\|\boldsymbol{i}_1(k)\|^2\|\boldsymbol{v}_1(k)\|^2-(\boldsymbol{i}_1^T(k)\boldsymbol{v}_1(k))^2)}{\displaystyle\sum_{k=1}^{N}\|\boldsymbol{i}_1(k)\|^4}
\end{aligned}
\tag{11.20}
$$

上式の第 2 式は平均化処理の追加を示している。

式 (11.14) に関しては，式 (11.19b) と同義の次の関係が成立している。

$$
\|\boldsymbol{v}_1\|^2 = (R_1^2+(\omega_{1f}L_1)^2)\|\boldsymbol{i}_1\|^2 \tag{11.21}
$$

直流などの非回転信号を用いて固定子抵抗をあらかじめ単独同定しておき，抵抗同定値を式 (11.21) に適用して，固定子インダクタンスを同定することも可能である。この場合には，次のように，固定子電圧，固定子電流のノルム値のみを用いて固定子インダクタンスを同定することができる。

$$
(\omega_{1f}\hat{L}_1)^2 = \frac{\|\boldsymbol{v}_1\|^2}{\|\boldsymbol{i}_1\|^2}-\hat{R}_1^2 \approx \frac{\displaystyle\sum_{k=1}^{N}\|\boldsymbol{v}_1(k)\|^2}{\displaystyle\sum_{k=1}^{N}\|\boldsymbol{i}_1(k)\|^2}-\hat{R}_1^2 \tag{11.22}
$$

上式の右辺は平均化処理の追加を示している。

なお，式 (11.22) のようにインダクタンスのみを単独同定する場合には，印加電圧の周波数 ω_{1f} としては，摩擦の影響が大きく出現しない範囲で，式 (11.15) より高い値を利用してよい。

11. 4. 2 拘束試験

A. 第 1 拘束試験同定法

IM を機械的に拘束しゼロ速度に保持した状態を考える。本状態下の電圧，電流を用いたパラメータ同定は，一般に，拘束試験（lock test）と呼ばれる。

式 (11.12) を考える。同式にゼロ速度条件 $\omega_{2n}=0$ を適用すると，次式を得る。

$$
(s+W_2)\boldsymbol{v}_1 = (l_{1t}s^2+(R_1+L_1W_2)s+R_1W_2)\boldsymbol{i}_1 \tag{11.23}
$$

上式は，次のように書き改められる。

$$\begin{aligned} s[\boldsymbol{v}_1 - R_1\boldsymbol{i}_1] &= l_{1t}s^2\boldsymbol{i}_1 - W_2[\boldsymbol{v}_1 - (L_1 s + R_1)\boldsymbol{i}_1] \\ &= [-\boldsymbol{v}_1 + (L_1 s + R_1)\boldsymbol{i}_1 \quad s^2\boldsymbol{i}_1]\begin{bmatrix} W_2 \\ l_{1t} \end{bmatrix} \end{aligned} \tag{11.24}$$

式 (11.24) における固定子抵抗 R_1，固定子インダクタンス L_1 は，すでに無負荷試験を通じ同定済みである。したがって，式 (11.24) の左辺および右辺の 2×2 行列は合成可能である。当然のことながら，これらのサンプル値も合成可能である。ひいては，式 (11.24) に 11.2 節で紹介した同定法を適用すれば，固定子総合漏れインダクタンス l_{1t} と回転子逆時定数 W_2 を同時同定することができる。

以上が，本書が提案する第1の拘束試験同定法である。

B.　第2拘束試験同定法

続いて，本書が提案する第2の拘束試験同定法を示す。αβ固定座標系上で評価した固定子電圧，固定子電流は周波数 $\omega_{1f} = \omega_s$ をもつ純正弦的な回転信号であると仮定するならば，式 (11.24) は，次のように書き改められる。

$$\boldsymbol{z}_0(k) = [\boldsymbol{z}_1(k) \quad \boldsymbol{z}_2(k)]\begin{bmatrix} W_2 \\ l_{1t} \end{bmatrix} \tag{11.25a}$$

ただし，

$$\left.\begin{aligned} \boldsymbol{z}_0(k) &\equiv \omega_{1f}\boldsymbol{J}[\boldsymbol{v}_1 - \hat{R}_1\boldsymbol{i}_1]\Big|_{t=kT_s} \\ \boldsymbol{z}_1(k) &\equiv -\boldsymbol{v}_1 + [\omega_{1f}\hat{L}_1\boldsymbol{J} + \hat{R}_1\boldsymbol{I}]\boldsymbol{i}_1\Big|_{t=kT_s} \\ \boldsymbol{z}_2(k) &\equiv -\omega_{1f}^2\boldsymbol{i}_1\Big|_{t=kT_s} \end{aligned}\right\} \tag{11.25b}$$

式 (11.25) に平均化処理を追加考慮するならば，次の同定式を得る。

$$\begin{bmatrix} \hat{l}_{1t} \\ \hat{W}_2 \end{bmatrix} = \begin{bmatrix} \sum_{k=1}^{N}\|\boldsymbol{z}_1(k)\|^2 & \sum_{k=1}^{N}\boldsymbol{z}_1^T(k)\boldsymbol{z}_2(k) \\ \sum_{k=1}^{N}\boldsymbol{z}_1^T(k)\boldsymbol{z}_2(k) & \sum_{k=1}^{N}\|\boldsymbol{z}_2(k)\|^2 \end{bmatrix}^{-1} \begin{bmatrix} \sum_{k=1}^{N}\boldsymbol{z}_1^T(k)\boldsymbol{z}_0(k) \\ \sum_{k=1}^{N}\boldsymbol{z}_2^T(k)\boldsymbol{z}_0(k) \end{bmatrix} \tag{11.26}$$

式 (11.26) は，式 (11.25) の最小二乗解でもある。

IM の 4 パラメータ R_1，L_1，l_{1t}，W_2 が同定できれば，これより，回転子正規化抵抗 R_{2n} を含む 4 基本モータパラメータは，式 (11.11) に従いただちに決定される。

以上が，本書が提案する第2の拘束試験同定法である。

C. 第3拘束試験同定法

式 (11.23) を直接利用した上記同定法に代わって，式 (11.23) の近似を利用した簡略方法を以下に示す。本簡略法は，伝統的方法に準じた方法である。

IMへ印加する固定子電圧の周波数 $\omega_{1f}=\omega_s$ が十分に高い場合には，式 (11.23) 右辺の多項式は，次式のように近似される。

$$\begin{aligned} & l_{1t}s^2+(R_1+L_1W_2)s+R_1W_2 \\ & \quad =(s+W_2)(l_{1t}s+R_1+R_{2n})-R_{2n}W_2 \\ & \quad \approx(s+W_2)(l_{1t}s+R_1+R_{2n}) \end{aligned} \tag{11.27}$$

式 (11.27) の近似を式 (11.23) 右辺に適用すると，十分に高い周波数 $\omega_{1f}=\omega_s$ に関し，次の近似式を得る。

$$\boldsymbol{v}_1\approx(l_{1t}s+(R_1+R_{2n}))\boldsymbol{i}_1 \tag{11.28}$$

上式は，次のように書き改められる。

$$\boldsymbol{v}_1\approx[\boldsymbol{i}_1 \quad s\boldsymbol{i}_1]\begin{bmatrix} R_1+R_{2n} \\ l_{1t} \end{bmatrix} \tag{11.29}$$

「αβ 固定座標系上で評価した固定子電流は，周波数 $\omega_{1f}=\omega_s$ をもつ純正弦信号である」と仮定するならば，式 (11.29) は，次のように書き改められる。

$$\boldsymbol{v}_1\approx[\boldsymbol{i}_1 \quad \boldsymbol{J}\boldsymbol{i}_1]\begin{bmatrix} R_1+R_{2n} \\ \omega_{1f}l_{1t} \end{bmatrix} \tag{11.30}$$

式 (11.30) は，形式的には，無負荷試験のための式 (11.16) の第2式と同一である。したがって，無負荷試験と同様な処理を施すことにより，換言するならば，有効電力，無効電力の算定を介して，所期のパラメータ同定値を得ることができる。たとえば，無負荷試験のための式 (11.18) に対応した同定式は次式となる。

$$\begin{bmatrix} \hat{R}_1+\hat{R}_{2n} \\ \omega_{1f}\hat{l}_{1t} \end{bmatrix}=\frac{1}{\displaystyle\sum_{k=1}^{N}\|\boldsymbol{i}_1(k)\|^2}\begin{bmatrix} \displaystyle\sum_{k=1}^{N}\boldsymbol{i}_1^T(k)\boldsymbol{v}_1(k) \\ \displaystyle\sum_{k=1}^{N}\boldsymbol{i}_1^T(k)\boldsymbol{J}^T\boldsymbol{v}_1(k) \end{bmatrix} \tag{11.31}$$

式 (11.31) の左辺が決定されたならば，無負荷試験で得られている固定子抵抗同定値 $\hat{R}_1$ を左辺決定値に適用すれば，正規化回転子抵抗同定値 $\hat{R}_{2n}$，固定子総合漏れインダクタンス同定値 $\hat{l}_{1t}$ が得られる。正規化回転子抵抗同定値 $\hat{R}_{2n}$ に固定インダクタンス同定値 $\hat{L}_1$，固定子総合漏れインダクタンス同定値 $\hat{l}_{1t}$ を適用すれば，回転子逆時定数同定値 $\hat{W}_2$ が次のように得られる。

$$\hat{W}_2 = \frac{\hat{R}_{2n}}{\hat{M}_n} = \frac{\hat{R}_{2n}}{\hat{L}_1 - \hat{l}_{1t}} \tag{11.32}$$

なお，式 (11.28) の関係は，「図 2.19 の仮想ベクトル回路において，正規化相互インダクタンス M_n への流入電流 $\boldsymbol{i}_{2f}$ が，正規化回転子抵抗への流入電流 $\boldsymbol{i}_{2n}$ に比較し無視できる程度に小さい」とした関係と等価である。図 2.20 より理解されるように，本関係の成立には $\omega_s = \omega_{1f} \gg W_2$ が必須の要件となる。

印加電圧の周波数 $\omega_s = \omega_{1f}$ の一応の選定目安は，同定値がおおむね等しくなる次のものである。

$$\omega_{1f} \approx \frac{R_1 + R_{2n}}{l_{1t}} \gg W_1 \tag{11.33}$$

式 (11.33) 右辺のパラメータは未知であるので，周波数 ω_{1f} の決定に際しては，公称値あるいは通常モータの平均的概略値を利用することになる。

無負荷試験が，比較的低い周波数を利用したスローモードの同定を目指しているのに対して，拘束試験は，比較的高い周波数を利用したファーストモードの同定を目指したものとなっている。スローモード，ファーストモードに関しては，改めて 11.5.3 項で説明する。

Q 11.1 「伝統的無負荷試験，伝統的拘束試験に準じた方法」が説明されていますが，「伝統的無負荷試験，伝統的拘束試験」とはどのようなものでしょうか。

A 11.1 「伝統的無負荷試験，伝統的拘束試験」は，IM の固定子端子に三相電力，線間電圧，相電流が計測可能な計器を接続し，これら計器の計測値より，IM 等価回路上のパラメータを同定するものです。なお，IM への印加電力には，商業電源が利用されています。

これに対し，本書が提示した「伝統的無負荷試験，伝統的拘束試験に準じた方法」は，同一の原理に基づきながらも，固定子の電圧（または電圧指令値），電流のみから，数学モデル上のパラメータを同定するものです。本書では，IM への印加電力には，可変電圧・可変周波数が可能な電力変換器の使用を想定しています。また，電力変換器への電圧指令値生成のための演算素子，電流検出器などの利用を想定しています。

Q 11.2 無負荷試験同定法，拘束試験同定法で，注意すべきことはありますか。

A 11.2 無負荷試験は，同期速度での駆動を前提としたものです。すなわち，無負荷試験では，摩擦損などの機械的損失は存在せず，IMのトルク発生はゼロとの仮定のもとで，パラメータ同定を遂行しています。実際は，機械的損失は程度によりますが存在します。この影響が，固定子抵抗同定値に誤差をもたらす可能性があります。誤差を低減するには，試験には低速駆動が望まれます。また，直流などの非回転信号を用いて固定子抵抗をあらかじめ同定するのも効果的と思います。

拘束試験において，特に簡易な式 (11.27) に立脚した同定を遂行する場合には，印加電圧の周波数 ω_{1f} は十分に高いものでなくてはなりません。周波数が低い場合には，式 (11.27) の近似が成立しなくなります。周波数 ω_{1f} の選定目安は式 (11.33) のとおりですが，簡単には，固定子逆時定数の約 10 倍 $\omega_{1f} \approx 10\,W_1$ でもよいでしょう。

Q 11.3　拘束試験同定法においては，非近似同定法（第 1，第 2 拘束試験同定法）と近似同定法（第 3 拘束試験同定法）のいずれが同定精度がよいでしょうか。

A 11.3　もちろん，非近似同定法です。非近似同定法を利用してしかるべき同定精度を維持するには，同定信号 $z_i(k)$ を注意深く生成する必要があります。同定信号生成法の詳細は，文献 1) を参照してください。

11.5 同時同定

前節では，無負荷試験を通じて固定子抵抗，固定子インダクタンスを，拘束試験を通じて固定子総合漏れインダクタンスと正規化回転子抵抗を，同定した。換言するならば，1 あるいは 2 パラメータごとに，パラメータを分割同定した。ここでは，これに代わって，4 パラメータを同時同定することを考える[3), 4)]。

11.5.1 4 パラメータの同時同定

IM のパラメータ同定のための基本式は，式 (11.10) で与えられた。本式は，速度一定条件 $\omega_{2n} = \mathrm{const}$ のもとで得られた。したがって，本式を利用してパラメータ同定を遂行する場合には，速度一定条件を維持する必要がある。IM に別途用意した負荷装置（駆動装置付きモータ）を連結するならば，IM の速度を任意の一定値に保持することは可能である。しかしながら，負荷装置を連結できない場合もある。また，IM が機械装置に組み込まれている場合には，速度一定条件の維持が不可能なこともある。IM の設置環境をも考慮するならば，速度一定条件としては，ゼロ速度が最も達成し易いように思われる。本項では，高い汎用性が期待されるゼロ速度での4パラメータの同時同定法を考える[3),4)]。

ゼロ速度でのIMの特性は，式(11.23)で与えられた。これは，次式のように書き改められる。

$$s\boldsymbol{v}_1 = -\theta_1 \boldsymbol{v}_1 + (\theta_2 s^2 + \theta_3 s + \theta_4)\boldsymbol{i}_1 \tag{11.34a}$$

ただし，

$$\begin{bmatrix} \theta_1 \\ \theta_2 \\ \theta_3 \\ \theta_4 \end{bmatrix} \equiv \begin{bmatrix} W_2 \\ l_{1t} \\ R_1 + L_1 W_2 \\ R_1 W_2 \end{bmatrix} \tag{11.34b}$$

式(11.34a)の両辺に，式(11.2)で定義した整形分離フィルタ $F(s)$ を作用させると次式を得る。

$$\boldsymbol{x}_{v1} = -\theta_1 \boldsymbol{x}_{v0} + \theta_2 \boldsymbol{x}_{i2} + \theta_3 \boldsymbol{x}_{i1} + \theta_4 \boldsymbol{x}_{i0} \tag{11.35a}$$

ただし，

$$\boldsymbol{x}_{vj} = s^j F(s)\boldsymbol{v}_1 \quad , \quad \boldsymbol{x}_{ij} = s^j F(s)\boldsymbol{i}_1 \tag{11.35b}$$

式(11.35)は，次のように簡潔に表現することができる。

$$\begin{aligned} \boldsymbol{z}_0(t) &= [-\boldsymbol{x}_{v0} \quad \boldsymbol{x}_{i2} \quad \boldsymbol{x}_{i1} \quad \boldsymbol{x}_{i0}]\boldsymbol{\theta} \\ &= \boldsymbol{Z}^T(t)\boldsymbol{\theta} \end{aligned} \tag{11.36a}$$

ただし，$\boldsymbol{\theta}$, $\boldsymbol{Z}(t)$, $\boldsymbol{z}_0(t)$ は，おのおの以下のように定義された4×1ベクトルパラメータ，4×2行列信号，2×1ベクトル信号である。

$$\boldsymbol{\theta} \equiv [\theta_1 \quad \theta_2 \quad \theta_3 \quad \theta_4]^T \tag{11.36b}$$

$$\begin{aligned} \boldsymbol{Z}(t) &\equiv [\boldsymbol{z}_1 \quad \boldsymbol{z}_2 \quad \boldsymbol{z}_3 \quad \boldsymbol{z}_4]^T \\ &\equiv [-\boldsymbol{x}_{v0} \quad \boldsymbol{x}_{i2} \quad \boldsymbol{x}_{i1} \quad \boldsymbol{x}_{i0}]^T \end{aligned} \tag{11.36c}$$

$$\boldsymbol{z}_0(t) \equiv \boldsymbol{x}_{v1} \tag{11.36d}$$

式(11.36)の関係は，任意の時刻で成立しており，当然，サンプル時点 $t = kT_s$ でも成立する。この点を考慮すると，式(11.36)より次の離散時間同定基本式を得る。

$$\boldsymbol{z}_0(k) = \boldsymbol{Z}^T(k)\boldsymbol{\theta} \tag{11.37a}$$

ただし，

$$\boldsymbol{Z}(k) \equiv \boldsymbol{Z}(kT_s) \quad , \quad \boldsymbol{z}_0(k) \equiv \boldsymbol{z}_0(kT_s) \tag{11.37b}$$

整形分離フィルタの出力信号のサンプル値 $\boldsymbol{Z}(k)$, $\boldsymbol{z}_0(k)$ を入手することができれば，これら行列信号，ベクトル信号を同定信号として離散時間シリアルブロック適応同定アルゴリズムを駆動して，未知パラメータ $\boldsymbol{\theta}$ を同定することができる[2)]。固定子電圧，

電流 $\boldsymbol{v}_1$，$\boldsymbol{i}_1$ のサンプル値 $\boldsymbol{v}_1(k)$，$\boldsymbol{i}_1(k)$ を利用した離散時間同定信号 $\boldsymbol{Z}(k)$，$\boldsymbol{z}_0(k)$ の直接生成法は，文献 1) に詳しく説明されている。離散時間シリアルブロック適応同定アルゴリズムの概要は式 (8.8) のとおりである。その詳細は文献 2) に詳しく説明されている。なお，離散時間シリアルブロック適応同定アルゴリズムに代わって，通常の離散時間適応同定アルゴリズムを利用しても 4 パラメータ $\boldsymbol{\theta}$ を同定することができる。この詳細は文献 2) に詳しく説明されている。

式 (11.37) に対する解は，最小二乗法により得ることもできる。これは，4 次正規方程式（normal equation）の解として次式で与えられる。

$$\begin{aligned}\hat{\boldsymbol{\theta}} &= \left[\sum_{k=1}^{N} \boldsymbol{Z}(k)\boldsymbol{Z}^T(k)\right]^{-1}\left[\sum_{k=1}^{N} \boldsymbol{Z}(k)\boldsymbol{z}_0(k)\right] \\ &= \left[\sum_{k=1}^{N} \boldsymbol{z}_i^T(k)\boldsymbol{z}_j(k)\right]^{-1}\left[\sum_{k=1}^{N} \boldsymbol{z}_i^T(k)\boldsymbol{z}_0(k)\right] \quad ; \begin{matrix} i=1,2,3,4 \\ j=1,2,3,4 \end{matrix}\end{aligned} \tag{11.38}$$

上式の第 2 式における i，j は，第 1 式における 4×4 行列あるいは 4×1 ベクトルの i 行要素，j 列要素を意味している。式 (11.38) が示すように，最小二乗解を得るには 4×4 相関行列（correlation matrix）の逆行列計算が必要とされる。逆行列計算の精度向上には，行列分解，スケーリングなどの工夫が必要である。

式 (11.34a) を構成するパラメータの同定値 $\hat{\theta}_i$ が得られたならば，式 (11.34b) の逆関係である次式に従い，4 パラメータの同定値を得ることができる。

$$\begin{bmatrix} \hat{W}_2 \\ \hat{l}_{1t} \\ \hat{L}_1 \\ \hat{R}_1 \end{bmatrix} = \begin{bmatrix} \hat{\theta}_1 \\ \hat{\theta}_2 \\ (\hat{\theta}_1\hat{\theta}_3 - \hat{\theta}_4)/\hat{\theta}_1^2 \\ \hat{\theta}_4/\hat{\theta}_1 \end{bmatrix} \tag{11.39}$$

11. 5. 2 3 パラメータの同時同定

固定子抵抗 R_1 は，直流信号により，比較的精度よく単独同定できる。IM の 4 パラメータの内の固定子抵抗は既知であるとして，残りの 3 パラメータの同時同定を検討する。本同定は，次のような特徴を有する。

(a) 同定速度を向上させることができる。

(b) 同定の安定性すなわち計算の安定性を向上させることができる。

(c) 計算量を約 35% 低減できる。

式 (11.23) を次式のように書き改める。

$$s[\boldsymbol{v}_1 - R_1\boldsymbol{i}_1] = -W_2[\boldsymbol{v}_1 - R_1\boldsymbol{i}_1] + (l_{1t}s + L_1W_2)s\,\boldsymbol{i}_1$$
$$= -\theta_1[\boldsymbol{v}_1 - R_1\boldsymbol{i}_1] + (\theta_2 s + \theta_3)s\,\boldsymbol{i}_1 \tag{11.40a}$$

ただし，

$$\begin{bmatrix} \theta_1 \\ \theta_2 \\ \theta_3 \end{bmatrix} \equiv \begin{bmatrix} W_2 \\ l_{1t} \\ L_1W_2 \end{bmatrix} \tag{11.40b}$$

式 (11.40) の両辺に，式 (11.2) で定義した整形分離フィルタ $F(s)$ を作用させると次式を得る。

$$\boldsymbol{x}_{r1} = -\theta_1\,\boldsymbol{x}_{r0} + \theta_2\boldsymbol{x}_{i2} + \theta_3\boldsymbol{x}_{i1} \tag{11.41a}$$

ただし，

$$\boldsymbol{x}_{rj} \equiv s^j F(s)[\boldsymbol{v}_1 - R_1\boldsymbol{i}_1] \quad , \quad \boldsymbol{x}_{ij} \equiv s^j F(s)\boldsymbol{i}_1 \tag{11.41b}$$

式 (11.41) は，次のように簡潔に表現することができる。

$$\boldsymbol{z}_0(t) = [-\boldsymbol{x}_{r0} \quad \boldsymbol{x}_{i2} \quad \boldsymbol{x}_{i1}]\boldsymbol{\theta}$$
$$= \boldsymbol{Z}^T(t)\boldsymbol{\theta} \tag{11.42a}$$

ただし，$\boldsymbol{\theta}$，$\boldsymbol{Z}(t)$，$\boldsymbol{z}_0(t)$ は，おのおの次のように定義された 3×1 ベクトルパラメータ，3×2 行列信号，2×1 ベクトル信号である。

$$\boldsymbol{\theta} \equiv [\theta_1 \quad \theta_2 \quad \theta_3]^T \tag{11.42b}$$

$$\boldsymbol{Z}(t) \equiv [\boldsymbol{z}_1 \quad \boldsymbol{z}_2 \quad \boldsymbol{z}_3]^T$$
$$\equiv [-\boldsymbol{x}_{r0} \quad \boldsymbol{x}_{i2} \quad \boldsymbol{x}_{i1}]^T \tag{11.42c}$$

$$\boldsymbol{z}_0(t) \equiv \boldsymbol{x}_{r1} \tag{11.42d}$$

式 (11.42) の関係は，任意の時刻で成立しており，当然，サンプル時点 $t = kT_s$ でも成立する。この点を考慮すると，次の離散時間同定基本式を得る。

$$\boldsymbol{z}_0(k) = \boldsymbol{Z}^T(k)\boldsymbol{\theta} \tag{11.43}$$

以下，4 パラメータ同定の場合と同様にして，3 パラメータ $\boldsymbol{\theta}$ を同時同定することができる。式 (11.40a) を構成するパラメータの同定値 $\hat{\theta}_i$ が得られたならば，式 (11.40b) の逆関係である次式に従い，3 パラメータの同定値を得る。

$$\begin{bmatrix} \hat{W}_2 \\ \hat{l}_{1t} \\ \hat{L}_1 \end{bmatrix} = \begin{bmatrix} \hat{\theta}_1 \\ \hat{\theta}_2 \\ \hat{\theta}_3 / \hat{\theta}_1 \end{bmatrix} \tag{11.44}$$

11.5.3　同時同定のための印加電圧

印加した固定子電圧に対する電流応答の伝達関数 $G(s)$ を考える。これは，式

(11.23) より，次式で与えられる。

$$G(s)=\frac{s+W_2}{l_{1t}s^2+(R_1+L_1W_2)s+R_1W_2} \tag{11.45}$$

上の伝達関数に関しては，次の定理が成立する。

≪定理 11.1（モード定理）≫

(a) IM は，次のスローとファーストの 2 種のモードをもち，それらの近似時定数は次式で与えられる。

$$T_{sl}\approx T_1+T_2 \tag{11.46a}$$

$$T_{fr}\approx\frac{\sigma}{W_1+W_2} \tag{11.46b}$$

また，その相対比は，次式となる。

$$\frac{T_{sl}}{T_{fr}}\approx\frac{2+T_1W_2+T_2W_1}{\sigma} \tag{11.47}$$

(b) 2 モードは，おおむね同程度に総合応答に寄与する。

＜証明＞

(a) 式 (11.45) の伝達関数は，次式のように近似される。

$$\begin{aligned}G(s)&=\frac{s+W_2}{l_{1t}s^2+(R_1+L_1W_2)s+R_1W_2}\\&\approx\frac{s+W_2}{l_{1t}s^2+(R_1+L_1W_2)s+R_1W_2-l_{1t}\left(\dfrac{R_1W_2}{R_1+L_1W_2}\right)^2}\\&=\frac{s+W_2}{\left(l_{1t}s+R_1+L_1W_2-l_{1t}\dfrac{R_1W_2}{R_1+L_1W_2}\right)\left(s+\dfrac{R_1W_2}{R_1+L_1W_2}\right)}\\&=G_{sl}(s)+G_{fr}(s)\end{aligned} \tag{11.48a}$$

ただし，

$$\left.\begin{aligned}G_{sl}(s)&=\frac{\dfrac{L_1W_2^2}{(R_1+L_1W_2)^2-2l_{1t}R_1W_2}}{s+\dfrac{R_1W_2}{R_1+L_1W_2}}\\G_{fr}(s)&=\frac{\dfrac{(R_1+L_1W_2)^2-l_{1t}(2R_1W_2+L_1W_2^2)}{(R_1+L_1W_2)^2-2l_{1t}R_1W_2}}{l_{1t}s+R_1+L_1W_2-l_{1t}\dfrac{R_1W_2}{R_1+L_1W_2}}\end{aligned}\right\} \tag{11.48b}$$

式 (11.48b) より，スローモードの近似伝達関数 $G_{sl}(s)$ の時定数 T_{sl} は，次式となる。

$$T_{sl} = \frac{R_1 + L_1 W_2}{R_1 W_2} = T_1 + T_2 \tag{11.49a}$$

一方，ファーストモードの近似伝達関数 $G_f(s)$ の時定数 T_{fr} は，次式となる。

$$\begin{aligned} T_{fr} &= \frac{l_{1t}}{R_1 + L_1 W_2 - l_{1t} \dfrac{R_1 W_2}{R_1 + L_1 W_2}} \\ &= \frac{\sigma}{W_1 + W_2 - \sigma \left(\dfrac{1}{T_1 + T_2} \right)} \\ &\approx \frac{\sigma}{W_1 + W_2} \end{aligned} \tag{11.49b}$$

式 (11.49) は定理の式 (11.46) を意味する。式 (11.47) は，式 (11.46) より明らかである。

(b) 2 モードの近似伝達関数に関しては，式 (11.48b) より，次式を得る。

$$\begin{aligned} G_{sl}(0) &= \frac{\dfrac{L_1 W_2^2}{(R_1 + L_1 W_2)^2 - 2 l_{1t} R_1 W_2}}{\dfrac{R_1 W_2}{R_1 + L_1 W_2}} \\ &\approx \frac{W_2}{(R_1 + L_1 W_2) W_1} \end{aligned} \tag{11.50a}$$

$$\begin{aligned} G_{fr}(0) &= \frac{\dfrac{(R_1 + L_1 W_2)^2 - l_{1t}(2 R_1 W_2 + L_1 W_2^2)}{(R_1 + L_1 W_2)^2 - 2 l_{1t} R_1 W_2}}{R_1 + L_1 W_2 - l_{1t} \dfrac{R_1 W_2}{R_1 + L_1 W_2}} \\ &\approx \frac{1}{R_1 + L_1 W_2} \end{aligned} \tag{11.50b}$$

式 (11.50) は，「総合応答への 2 モードの寄与率はおおむね等しい」ことを意味する。

■

定理 11.1(b) に関し，補足しておく。正確には個々の IM に依存するが，おおむね次の関係が成立するようである。

$$0.5 \le \frac{G_{sl}(0)}{G_{fr}(0)} \le 2 \tag{11.51}$$

定理 11.1 に関する実際例を示す。第 1 供試モータとして，表 4.1 の 30〔kW〕IM を考える。本 IM に関しては，次の特性を得る。

$$G(s) = \frac{s+1.78}{0.0017s^2+0.1142s+0.1335} = \frac{5.3535}{s+1.1905} + \frac{582.8818}{s+65.9624}$$

本例の伝達関数は，零点として $-1.78 = -W_2$ を，極として $-1.19 = -0.67\,W_2$，$-66.0 = -37\,W_2$ をもつ。この結果，スローとファーストの 2 モードの時定数は次式となる。

$$T_{sl} \approx \frac{1}{1.1905} \approx 0.84 \quad , \quad T_{fr} \approx \frac{1}{65.9624} \approx 0.0152$$

時定数の相対比は約 55 である。また，$G_{sl}(0) = 4.5$，$G_{fr}(0) = 8.8$ であり，応答への寄与の相対比は $G_{sl}(0)/G_{fr}(0) \approx 0.5$ である（式 (11.51) 参照）。

第 2 供試モータとして，表 8.1 の 800〔W〕IM を考える。本 IM に関しては，次の特性を得る。

$$G(s) = \frac{s+18.9}{0.0077s^2+1.7384s+12.852} = \frac{6.9406}{s+7.6524} + \frac{122.9295}{s+218.1138}$$

本例の伝達関数は，零点として $-18.9 = -W_2$ を，極として $-7.65 = -0.4\,W_2$，$-66.0 = -12\,W_2$ をもつ。この結果，スローとファーストの 2 モードの時定数は次式となる。

$$T_{sl} \approx \frac{1}{7.6524} \approx 0.131 \quad , \quad T_{fr} \approx \frac{1}{218.1138} \approx 0.00458$$

時定数の相対比は約 28 である。また，$G_{sl}(0) = 0.91$，$G_{fr}(0) = 0.56$ であり，応答への寄与の相対比は $G_{sl}(0)/G_{fr}(0) \approx 1.6$ である（式 (11.51) 参照）。

同定理論によれば，単一の周波数成分をもつ信号で同定できるパラメータはたかだか 2 個である [2)]。4 パラメータあるいは 3 パラメータの同時同定には，少なくとも 2 個の周波数成分をもつ信号を利用しなければならない。IM パラメータの精度よい同定を期すには，これら 2 周波数成分は，スローとファーストの 2 モードを適切に励振するものでなくてはならない。すなわち，印加電圧は次の 2 周波数成分 ω_{sl}，ω_{fr} を含む必要がある。

$$\left| \omega_{sl} - \frac{1}{T_{sl}} \right| \le \Delta\omega_{sl} \quad , \quad \left| \omega_{fr} - \frac{1}{T_{fr}} \right| \le \Delta\omega_{fr} \tag{11.52}$$

A.　回転形固定子電圧

パラメータ同定のための印加電圧としては，回転形と非回転形の２種が考えられる。回転形固定子電圧 $\boldsymbol{v}_1$ としては，スローとファーストの２モードの対応した周波数成分をもつ次のものが候補となる。

$$\boldsymbol{v}_1 = V_{sl}\begin{bmatrix}\cos\omega_{sl}t\\ \sin\omega_{sl}t\end{bmatrix} + V_{fr}\begin{bmatrix}\cos\omega_{fr}t\\ \sin\omega_{fr}t\end{bmatrix} \tag{11.53a}$$

$$\boldsymbol{v}_1 = V_{sl}\begin{bmatrix}\cos\omega_{sl}t\\ \sin\omega_{sl}t\end{bmatrix} - V_{fr}\begin{bmatrix}\cos\omega_{fr}t\\ \sin\omega_{fr}t\end{bmatrix} \tag{11.53b}$$

式 (11.53a) に対する式 (11.53b) の特徴は，スローとファーストの２モードに対応した周波数の極性を反転させた点にある。スローモード電圧が正相であるのに対して，ファーストモード電圧は逆相となる。正相・逆相の両成分を含む電圧を印加することにより，発生トルクの低減あるいは相殺が可能となる。IM の静止状態が維持できる程度に発生トルクの低減ができれば，特別な回転子拘束装置を用意することなく，パラメータ同定が可能となる。

印加電圧の振幅 V_{sl}，V_{fr} に関しては，定理 11.1 に従うならば，同レベルの２モード電流をもたらす次式の条件を満たすものでよい（式 (11.51) 参照）。

$$0.5 \le \frac{V_{sl}}{V_{fr}} \le 2 \tag{11.54}$$

式 (11.53) に定めた固定子電圧は，電力変換器を介して，印加されることになる。電力変換器を介して印加された固定子電圧は，式 (11.53) の２基本成分に加えて，多数の高調波成分を含むので，整形分離フィルタを利用してこれら外乱的成分を除去することになる。

B.　非回転形固定子電圧

IM の静止状態を平易に維持するには，トルク発生を伴わない電圧を印加すればよい。この種の最も簡単な電圧は，αβ 固定座標系上で非回転な電圧である。換言するならば，各周波数において，同一レベルの正相成分と逆相成分を有する電圧である。以下に，非回転の条件を与えておく。

印加電圧の非回転条件は，αβ 固定座標系上では，次式で与えられる。

$$\boldsymbol{v}_1 = \begin{bmatrix} v_{1\alpha} \\ v_{1\beta}\end{bmatrix} = \begin{bmatrix} v_{1\alpha} \\ K\,v_{1\alpha}\end{bmatrix} ;\ K = \text{const} \tag{11.55}$$

上式の α 軸電圧は，周波数的には，式 (11.53) のようにスローとファーストの２モードに対応した成分をもつ必要がある。この1例は，式(11.53a)の第1行を用いた次式のようなものである。

$$v_{1\alpha} = V_{sl}\cos\omega_{sl}t + V_{fr}\cos\omega_{fr}t \tag{11.56}$$

uvw 固定座標系上の電圧に関しては，式(11.55)の条件は次のように書き改められる。

$$\left.\begin{array}{l} \boldsymbol{v}_1' = \begin{bmatrix} v_{1u} \\ v_{1v} \\ v_{1w} \end{bmatrix} = \begin{bmatrix} v_{1u} \\ K_v v_{1u} \\ K_w v_{1w} \end{bmatrix} \quad ; \begin{array}{l} K_v = \text{const} \\ K_v = \text{const} \end{array} \\ 1 + K_v + K_w = 0 \end{array}\right\} \tag{11.57}$$

式(11.57)は，相電圧に関する条件式である。これは，次の線間電圧の条件式に改められる。

$$\left.\begin{array}{l} \dfrac{v_{1vw}}{v_{1uv}} = K_{vw} = \text{const} \\ \dfrac{v_{1wu}}{v_{1uv}} = K_{wu} = \text{const} \\ 1 + K_{vw} + K_{wu} = 0 \end{array}\right\} \tag{11.58a}$$

ただし，

$$\left.\begin{array}{l} v_{1uv} \equiv v_{1u} - v_{1v} \\ v_{1vw} \equiv v_{1v} - v_{1w} \\ v_{1wu} \equiv v_{1w} - v_{1u} \end{array}\right\} \tag{11.58b}$$

Q 11.4　パラメータの同時同定には，スローとファーストの2モードを刺激するような周波数成分をもった電圧を印加する必要性は理解できました。特別な拘束装置を用いることなくIMを静止状態に保持するには，平均的な発生トルクをゼロにする必要があります。この場合，回転形と非回転形にいずれの電圧がより好ましいのでしょうか。

A 11.4　IMを静止状態に保持するだけの目的であれば，非回転形電圧が優れていると思います。IMの静止要請は，IMのパラメータ同定のためのものです。パラメータ同定の観点からは，回転形が好ましいと思います。IMの数学モデルは，大胆な近似のもとに構築されています。実際のIMは，回転子の導体かごの空間的非一様性などに起因する種々の非線形特性を有しています。非線形特性を平均的に低減させた同定信号を得るには，回転形が好ましいと思います。「式(11.53b)を利用する場合，印加電圧の振幅 V_{sl}, V_{fr} の調整を通じ，特別な拘束装置を用いなくとも，IM の静止保持は可能」と考えています。

11.6 回転子の抵抗と速度の同時同定

11.6.1 同時同定の必要性

第9章では，状態オブザーバ形センサレスベクトル制御法を説明した。本センサレスベクトル制御法は，トルク制御を行う場合にも，速度情報を必要とし，速度推定が不可欠であった。第10章では，直接周波数形ベクトル制御法を説明した。本センサレスベクトル制御法は，トルク制御を行う場合には，速度情報を必要とせず，速度推定の要なく実現された。いずれのセンサレスベクトル制御法を利用する場合にも，速度制御を行う場合には，速度推定は不可欠である。この点は，他のいかなるセンサレスベクトル制御法においても同様である。

回転子速度は，回転子側の情報である。回転子速度推定を数学モデルに立脚して遂行する場合，回転子側パラメータの利用は避けることができない。一般に，速度推定値は正規化回転子抵抗 R_{2n} の影響を強く受け，速度推定値の精度よい生成には精度よい正規化回転子抵抗が必要とされる。この問題を直接的に解決する一方策として，「正規化回転子抵抗と速度の同時同定」が考えられる。本節では，文献5) を参考に，この問題を検討する。

11.6.2 同時同定の可能性

式 (2.155) に与えた $\gamma\delta$ 一般座標系上の回路方程式（第1基本式）を，以下に再記する。

$$\boldsymbol{v}_1 = R_1\boldsymbol{i}_1 + \boldsymbol{D}(s,\omega_\gamma)\boldsymbol{\phi}_1 \tag{11.59a}$$

$$\boldsymbol{0} = R_{2n}\boldsymbol{i}_{2n} + \boldsymbol{D}(s,\omega_\gamma)\boldsymbol{\phi}_{2n} - \omega_{2n}\boldsymbol{J}\boldsymbol{\phi}_{2n} \tag{11.59b}$$

式 (11.59b) は，「正規化回転子抵抗と速度の同時同定」に適した次式に書き改めることができる。

$$\boldsymbol{D}(s,\omega_\gamma)\boldsymbol{\phi}_{2n} = [-\boldsymbol{i}_{2n} \quad \boldsymbol{J}\boldsymbol{\phi}_{2n}]\begin{bmatrix} R_{2n} \\ \omega_{2n} \end{bmatrix} \tag{11.60}$$

式 (11.60) に関しては，次の定理が成立する5)。

≪定理 11.2（同時同定定理）≫

式 (11.60) 右辺における 2×2 データ行列の正則性と正規化回転子磁束ノルム $\|\boldsymbol{\phi}_{2n}\|$ の時変性とは完全等価である。すなわち，次の関係が成立する。

$$s\|\boldsymbol{\phi}_{2n}\|^2 = 2R_{2n}\det[-\boldsymbol{i}_{2n} \quad \boldsymbol{J}\boldsymbol{\phi}_{2n}] \tag{11.61}$$

<証明>

式 (11.59b) に関しては，式 (2.161) すなわち次式が成立した。

$$\boldsymbol{\phi}_{2n}^T \boldsymbol{i}_{2n} = -\frac{1}{2R_{2n}} s \|\boldsymbol{\phi}_{2n}\|^2 \tag{11.62}$$

一方，式 (11.60) 右辺における 2×2 データ行列の行列式は，次のように評価される。

$$\det[-\boldsymbol{i}_{2n} \quad \boldsymbol{J}\boldsymbol{\phi}_{2n}] = -\boldsymbol{\phi}_{2n}^T \boldsymbol{i}_{2n} \tag{11.63}$$

式 (11.62) を式 (11.63) に用いると，定理の式 (11.61) を得る。

■

式 (11.60)，式 (11.61) は，ともに回路方程式（第 1 基本式）である式 (11.59b) のみから導出されたものであり，IM の制御法，正規化回転子抵抗 R_{2n} と回転子速度 ω_{2n} の同定法にまったく依存せず，しかも，各瞬時に成立する関係である。

式 (11.60)，式 (11.61) より，以下の諸点が明白である[5)]。

(a) 式 (11.60) は連立方程式そのものである。また，R_{2n} と ω_{2n} は，方程式上は対等の立場にある。

(b) 正規化回転子磁束ノルム $\|\boldsymbol{\phi}_{2n}\|$ の時変性が維持できれば，データ行列 $[-\boldsymbol{i}_{2n} \quad \boldsymbol{J}\boldsymbol{\phi}_{2n}]$ の正則性が維持され，この方程式の何らかの求解を通じ，R_{2n} と ω_{2n} とを一意かつ同時に同定することは可能である。

(c) $\|\boldsymbol{\phi}_{2n}\| = \mathrm{const}$ の場合には，データ行列 $[-\boldsymbol{i}_{2n} \quad \boldsymbol{J}\boldsymbol{\phi}_{2n}]$ は特異となり，同定法のいかんにかかわらず，R_{2n} と ω_{2n} とを一意かつ同時に同定することは不可能である。

(d) $\|\boldsymbol{\phi}_{2n}\| = \mathrm{const}$ を強制するようなベクトル制御においては，R_{2n} と ω_{2n} との同時同定は，同定法のいかんにかかわらず不可能である。

(e) $\|\boldsymbol{\phi}_{2n}\| = \mathrm{const}$ の定常状態においては，R_{2n} と ω_{2n} との同時同定は，同定法のいかんにかかわらず不可能である。

なお，上記では，直接測定が困難な回転子側信号 $\boldsymbol{i}_{2n}$，$\boldsymbol{\phi}_{2n}$ を用いて議論したが，R_{2n} と ω_{2n} の実際の同定においては，これら回転子側信号あるいはこれと同定上同等な信号が，直接測定可能な固定子側信号 $\boldsymbol{v}_1$，$\boldsymbol{i}_1$ より形を変えて，生成使用される。

「回転子の正規化回転子抵抗と速度の同時同定」を目指す場合には，正規化回転子磁束の制御を前提に，たとえば以下のように，同指令値を時変させることが要請される（図 9.2，図 9.9，図 10.6 参照）。

$$\phi_{2nd}^* = \varPhi_0 + \varPhi_1 \cos\omega_1 t \quad ; \varPhi_i = \mathrm{const},\ \omega_1 = \mathrm{const} \tag{11.64}$$

第12章

センサレス・トランスミッションレス電気自動車

12.1 目　的

電気自動車（electric vehicle, EV）のための最も重要な技術の1つは，主駆動モータの駆動制御技術である。EV用モータとしては，一般には，IM，PMSMなどの交流モータが利用されている。これら交流モータの駆動制御技術には，以下の特性が求められている。

(a) モータの駆動制御に，回転子に装着される位置・速度センサを必要としない。
(b) 高速かつ効率的なトルク発生を可能とするベクトル制御法に立脚している。
(c) 広い動作領域を有し，変速機（トランスミッション）を必要としないEVの実現を可能とする。
(d) 良好な回生特性を有し，回生ブレーキの実現を可能とする。

センサ利用のベクトル制御法は，(b)～(d)項の特性を有する。当然のことながら，これには位置・速度センサが不可欠である。EV用の位置・速度センサとしては，信頼性の観点からレゾルバ（resolver）が多用されている。しかしながら，機構的制約で，レゾルバの装着が困難あるいは不可能なことがある。上記4特性の同時達成には，高性能なセンサレスベクトル制御法が不可欠である。(a)項の達成は，軸方向の体格の縮小，センサケーブルの撤去，センサに付随した種々のコストの削減などのメリットをもたらす。センサ利用のベクトル制御法を活用する場合にも，センサ故障に対しEV駆動上の最低限の信頼性は確保されねばならない。センサレスベクトル制御法は，センサ利用ベクトル制御法の信頼性バックアップ手段としても有用である。

本章では，21世紀の初年に，国内外で先駆けて開発された位置・速度センサも変速機も必要としないEV（sensorless and transmissionless EV, ST-EV）を，文献1)～10)を参考に，紹介する。

12.2 システムの基本設計

12.2.1 駆動制御系の基本設計

ST-EV の駆動制御系の中核部分は，第 10 章で説明した直接周波数形ベクトル制御法に基づき構成した。この際，周波数ハイブリッド法を併用した。センサレス駆動の性能・特性は「比較法」により把握するものとし，比較のための基準値を得るべく，第 6 章で説明したセンサ利用のすべり周波数形ベクトル制御法も構成した。センサレス駆動制御系とセンサ利用駆動制御系は，スイッチで切り換えられる構成とした。図 12.1 に駆動制御系の概略構成を示す。

同図より明らかなように，センサレス回転子磁束推定器（sensorless rotor flux estimator），センサ利用回転子磁束推定器（sensor-used rotor flux estimator）を除く諸機器は，両駆動制御系で共有されている。これにより両ベクトル制御法による正確な性能比較が可能となる。共有されている指令変換器（command converter）には，第 7 章で説明した技術が利用されている。本器が，定格速度を超える速度領域（定出力領域）での弱め磁束制御を担当している。同じく共有されている電流制御器（current controller）には，第 4 章で説明した技術が利用されている。なお，非干渉器は使用されていない。

本駆動制御系は，トルク制御駆動と速度制御駆動の 2 モードを有し，両モードのスイッチによる切り換えが可能な構成ともなっている。速度制御駆動モードは，将来（20 世紀末時点から見た将来）の自動走行を想定して用意したものである。

変速機を有しない ST-EV の前進・後進は，トルク指令値あるいは速度指令値の極性をスイッチで切り換え，スイッチの指示に従い IM の回転方向を定めることにより，

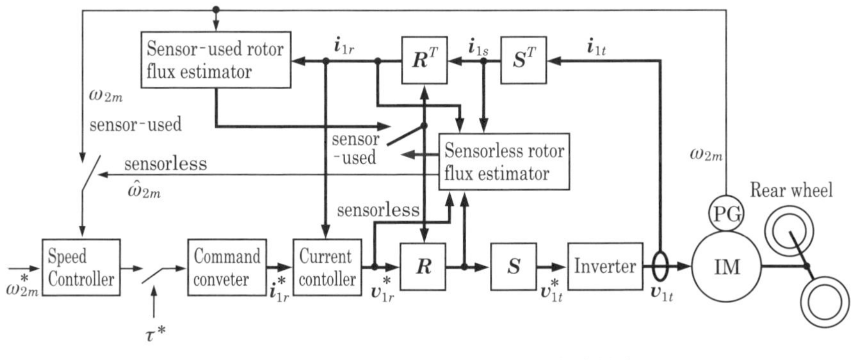

図 12.1 ST-EV のための駆動制御系の基本構造

行っている。なお，図12.1の概略構成図では，図の輻輳を避けるべく，スイッチを用いた前進・後進切り換え機能は描画していない。

12. 2. 2　電気パワー系と信号伝達系の基本設計

図12.2に電気パワー系と信号伝達系のブロック図を示した。図中のすべての信号線は，物理的配線に対応している。図12.1の駆動制御系において，インバータ（inverter）の左側に描画されている諸機器は，図12.2の単一DSPの内部で実現されている。

電源は単一，すなわち高圧の蓄電池（battery）のみである。これをdc/dcコンバータで降圧し，低電圧の諸電気・電子回路の電源としている。また，安全確保の観点から，コンタクタ，サーキットブレーカ，イナーシャスイッチ，緊急遮断スイッチを要所に配し，最悪時の電源遮断を行えるようにしている。電源は直流であるのでコンバータ（converter）は回路的に不要であるが，これに内蔵している突入電流防止回路を流用すべく，意図的に設置した。突入電流防止回路により，電源投入時の突入電流を制限した。

使用電気量，電流，走行モードなどは，Eメータ，電流計，モードモニタを通じ，監視できるようにした。図中のPCは，フィールドでのDSPへのプログラムダウンロード用パソコンを示しており，通常の走行時には撤去されている。なお，図中のIFは，インタフェイスボードを意味する。

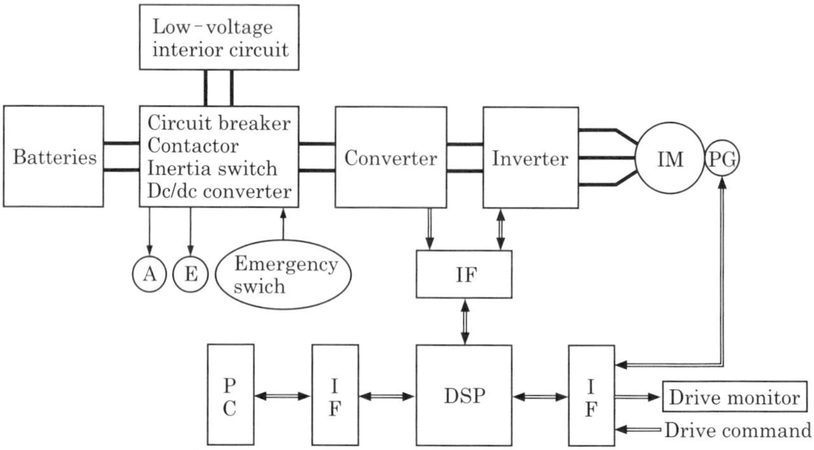

図12.2　ST-EVの電気パワー系と信号伝達系

12. 2. 3 機械パワー系の基本設計

本 ST-EV は，位置・速度センサレスに加えて，トランスミッションレスでもある。すなわち，主駆動 IM から車輪までの駆動パワートレインは，すべての速度領域においてギヤ比一定の減速機を介してなされる。トランスミッションレスで，すなわち一定ギヤ比の減速機で合理的な走行性能を得るには，一定ギヤ比の設計が特に重要となる。

一定の総合ギヤ比を r_t とすると，これは，走行開始のゼロ速度から巡航速度，最高速度に至るまで，車輪が所要のトルクを確保できるよう設計されねばならない。すなわち，駆動力，走行抵抗をおのおの f_c，f_d とするとき，所期の車速範囲において，次の関係が維持できるように総合ギヤ比 r_t を定めなければならない。

$$f_c \geq f_d \tag{12.1}$$

試作 ST-EV では，次式に従い，駆動力，走行抵抗を評価した。

$$f_c = \frac{\tau r_t e_t}{r_w} \tag{12.2}$$

$$f_d = f_a + f_r + f_s \tag{12.3}$$

ただし，

$$f_a = 9.8 K_a v_c^2 s_c \tag{12.4a}$$

$$f_r = 9.8 K_r w_c \cos\theta_s \tag{12.4b}$$

$$f_s = 9.8 w_c \sin\theta_s \tag{12.4c}$$

上式における τ，r_t，e_t，r_w は，IM による発生トルク，モータ軸から車輪軸までの総合ギヤ比，機械パワーの伝達効率，車輪の有効半径である。また，v_c，s_c，w_c は，車速，前面投影面積，車輌総重量であり，f_a，f_r，f_s は，空気抵抗，転がり抵抗および勾配抵抗である。K_a，K_r は，空気抵抗係数，転がり抵抗係数である。また，θ_s は，路面の勾配である。

式 (12.1) ～式 (12.4) に基づく，総合ギヤ比 r_t の具体的設計については，ST-EV の実現を扱う 12.4 節で説明する。

12. 3 駆動制御装置の開発

ST-EV の開発では，この主要構成部である駆動制御装置の開発から着手した。装置開発の第 1 ステップとして，図 12.1 の駆動制御系をテストベンチ上で構築した。

ST-EV 主駆動モータとしては，車輌躯体（後掲の図 12.5 参照）を考慮し，連続定

表 12.1　ST-EV 用主駆動 IM の基本特性

R_1	0.016〔Ω〕	定格電流	80〔A, rms〕
l_{1t} L_1	0.00024〔H〕 0.0024〔H〕	定格励磁分電流	58〔A〕
R_{2n}	0.022〔Ω〕	定格トルク分電流	126〔A〕
W_2	10.1〔Ω/H〕	定格電圧	60〔V, rms〕
極対数 N_p	2	慣性モーメント J_m	0.0075〔kgm^2〕
定格出力	5.5〔kW〕	定格速度	200〔rad/s〕
定格トルク 最大トルク	27.0〔Nm〕 65.0〔Nm〕	4 逓倍後の実効エンコーダ分解能	4 × 2 000〔p/r〕

格 5.5〔kW〕の IM を用意した。表 12.1 に本 IM の基本特性を示す。本 IM は，短時間では，連続定格の約 250% トルクを出すことができる。また，4 逓倍後の実効分解能 8 000〔p/r〕を有するエンコーダを装着しているが，もちろんこれは，比較法のために用意したセンサ利用ベクトル制御を動作させるものであり，センサレスベクトル制御には一切使用されていない。図 12.3 に，テストベンチ上の ST-EV 用 IM を示した。テストベンチ上の IM には，発生トルク確認のためのトルクセンサを介して，負荷装置が連結されている。

図 12.4(a) に，開発システムを示した。コンバータ，インバータを除く諸機器は，開発の便宜性を重視して機能中心に構成した。このため，DSP をはじめとする諸機器は容積・重量を度外視した大きなものとなっている。なお，インバータとしては，表 12.1 のモータ特性を考慮のうえ，連続定格電流 94〔A, rms〕，短時間電流 141〔A, rms〕を問題なく許容できるものを用意した。

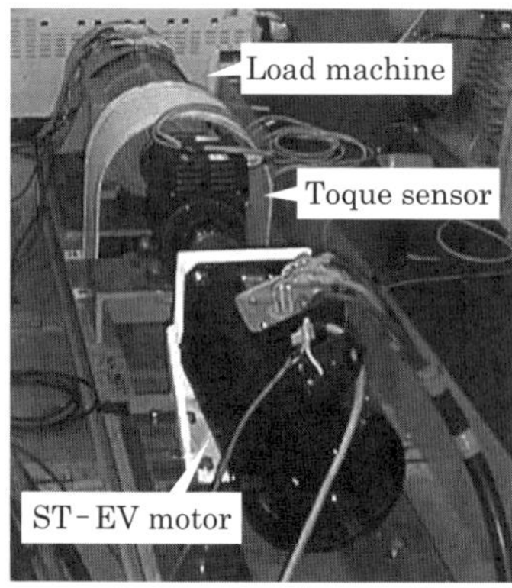

図 12.3　テストベンチ上の ST-EV 用モータ

(a) 性能確認システム

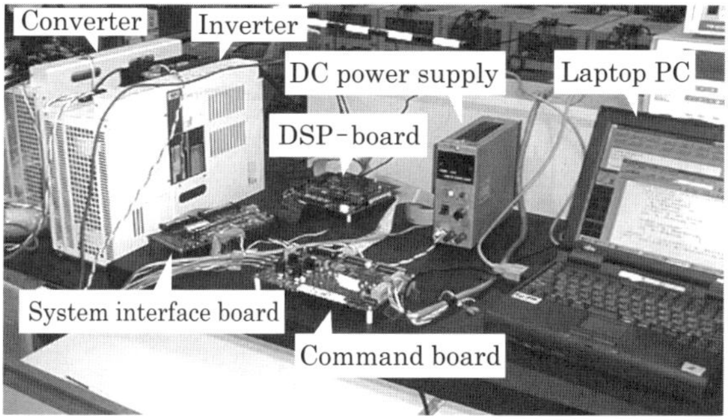

(b) 縮小軽量化システム

図 12.4 開発システム

所期の性能確認が完了した時点で，ST-EV への搭載を目的に，諸機器を縮小軽量化した。縮小軽量化した諸機器を用いて，所期の性能が得られることを再度確認した。図 12.4(b) に，縮小軽量化システムを示した。コンバータ，インバータを除く諸機器は，縮小軽量化されている。

12. 4 ST-EV の実現

12. 4. 1 車輛躯体

図 12.5 に，ST-EV への改造に利用したターゲット車輛を示す。本車輛は，運転手 1 人のみが乗車可能な，市内近距離走行を想定して開発された小型ガソリン車である。

ターゲット車輛は，躯体のみを利用した。すなわち，エンジン，変速機などを撤去し，主駆動 IM，一定ギヤ比の減速機などを搭載するための機構的改造を行った。ヘッドライト，テールランプなどの主要電装品も，制御装置を中心に改装した。

図 12.5　ST-EV のための改造用小型車輌

12. 4. 2　機械パワー系

撤去した変速機に代わって，一定ギヤ比の減速機を搭載した。試作 ST-EV の総合ギヤ比 r_t は次式のように記述される。

$$r_t = 5.285 r_g \tag{12.5}$$

上式右辺における係数 5.285 は，ターゲット車輌のデファレンシャルギヤに付随した減速ギヤ比である。したがって，減速機により調整可能なギヤ比は r_g となる。ギヤ比を $r_g = 1.5$ とし，次の条件下での駆動力（実線）f_c と走行抵抗（破線）f_d の関係を図 12.6 に示した。

$$e_t = 0.95,\quad r_w = 0.254\ \text{〔m〕},\quad s_c = 1.74\ \text{〔m}^2\text{〕}$$
$$K_a = 0.0031,\quad K_r = 0.03,\quad w_c = 760\ \text{〔kg〕}$$

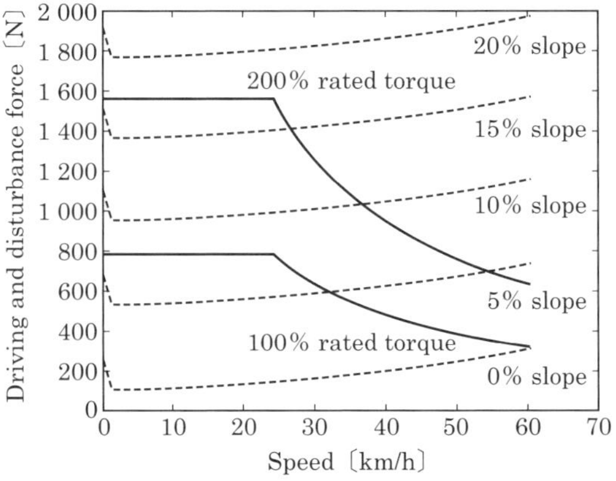

図 12.6　ギヤ比 $r_g = 1.5$ の減速機を用いた場合の ST-EV の駆動特性

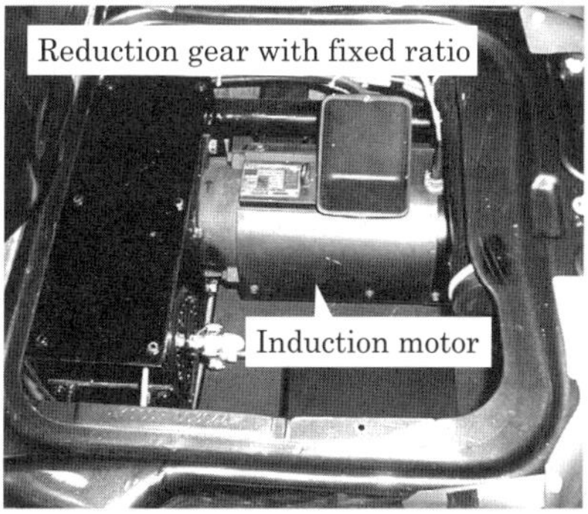

図 12.7　主駆動 IM とこれに接続された減速機の搭載の様子

なお，図 12.6 においては，坂道の勾配は，伝統に従い，勾配 θ_s そのものに代わって，$100 \times \tan\ \theta_s$ で評価している。本図より明白なように，約 150% 定格トルクをある期間発生可能であれば，15% 坂道（約 10 度の坂道）がゼロ速発進の限界であり，このとき最大巡航速度として 60〔km/h〕が期待されることがわかる。

図 12.7 に，主駆動 IM とこれに連接された減速機の実装の様子を示した。減速機の左端にはプロペラシャフトが連接されているが，同図には写し出されていない。

12. 4. 3　二重ブレーキ系

電気的な回生ブレーキ（regenerating brake）と機械的な油圧ブレーキ（hydraulics brake）からなる二重ブレーキ系（double braking system）を構築した。両ブレーキは，完全に独立して動作可能であり，互いに個別に，また同時に，動作させることができる。油圧ブレーキのための倍力装置は，別途用意したモータで駆動した。

回生ブレーキは，ブレーキ時の回生電力を蓄電池側へ回収できるので，エネルギーの効率利用上好ましい。しかし，急停止能力が必須な ST-EV においては，油圧ブレーキは不可欠である。回生ブレーキは，進行方向と逆の方向へモータトルクを能動的に発生して車輛を停止するものであり，その減速能力は加速能力と同一である。このブレーキ能力は，緊急時の車輛急停止には不十分である。急停止に対応できる大トルク発生が可能なモータ，インバータを搭載することも考えられるが，これは，通常の車輛駆動にはあまりに巨大過ぎ，効率的かつ現実的でない。

図 12.8 に，二重ブレーキ系のペダル周辺の様子を示した。図中の右ペダルが油圧ブレーキ用であり，左ペダルが回生ブレーキ用である。回生ブレーキの踏み込み量は，直上のポテンショメータで線形的に電圧変換され，AD 変換器を介して，駆動制御系

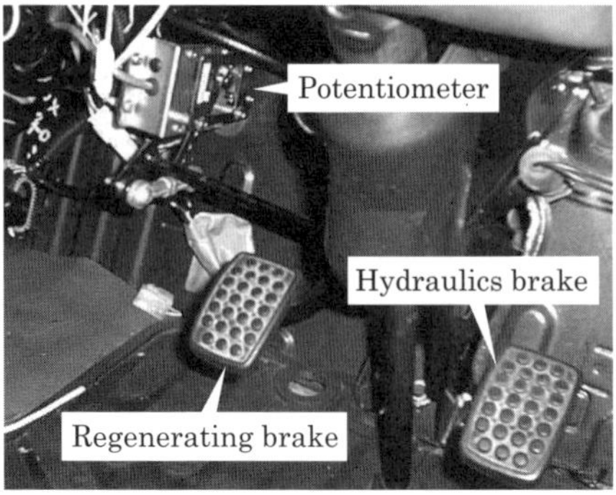

図 12.8　二重ブレーキ系

へ伝達されている。

図 12.9 は，ST-EV に搭載した回生ブレーキの動作原理を概略的に示したものである。動作の概要は，以下のとおりである。図 12.1 におけるトルク指令値 τ^* として，アクセルペダルの踏み込み量をポテンショメータで線形変換して得た駆動トルク指令値 τ_d^* が出力されているとする。このとき，回生ブレーキペダルが踏み込まれると，これはポテンショメータで線形変換されて初期ブレーキトルク指令値 $\tau_{b,ini}^*$ となる。初期ブレーキトルク指令値は不感処理され，最終ブレーキトルク指令値 $\tau_{b,fin}^*$ となる。不感処理は，軽微な初期ブレーキトルク指令値を無視するためのものであり，この値はたとえば定格トルクの 10% 程度に設定すればよい。

不感処理後の最終トルク指令値 $\tau_{b,fin}^*$ はゼロまたは正である。正の最終トルク指令値が生成されたならば，図 12.9 における貫徹破線で示した信号線上にある 2 個のスイッチが動作し，リミッタ付き速度制御器（speed controller with limiter）の入出力

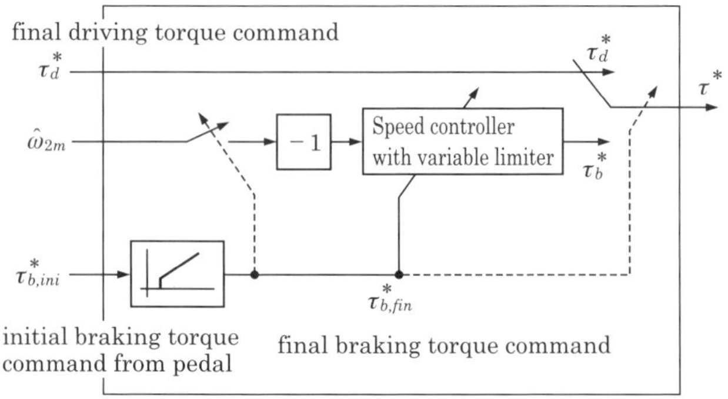

図 12.9　回生ブレーキの構成原理

が開始される。リミッタ付き速度制御器への入力信号はモータ速度相当値であり，同図ではモータの機械速度推定値としている。リミッタ付き速度制御器のリミッタ値(正負値）は，最終トルク指令値 $\tau^*_{b,fin}$ に従って変化するようになっている。リミッタ処理後の出力信号 τ^*_b は，図 12.1 の駆動制御系のトルク指令値 τ^* として出力される。

最終トルク指令値 $\tau^*_{b,fin}$ が検出されたならば，駆動トルク指令値 τ^*_d の有無にかかわらず，駆動制御系は回生ブレーキモードに突入し，トルク指令値 $\tau^*=\tau^*_b$ に従って，ST-EV を停止する方向へトルクが発生される。この際，トルク指令値は，リミッタ付き速度制御器の作用により減速に応じ小さくなり，停止時にはゼロとなる。

なお，リミッタ付き速度制御器は，P 制御器あるいはこれを中核とした簡単なものでよい。

12. 4. 4 電気パワー系

直流電源 120〔V, dc〕を確保すべく，10 個のシール形鉛畜電池（日本電池, SEB35）を用意した。本蓄電池は，1 個につき約 15.0〔kg〕の重量を有し，エネルギー密度 35〔Wh/kg〕などの観点からは必ずしも ST-EV 向きとはいえない。しかし，充電などの平易さから本蓄電池を採用した。図 12.2 のブロック線図で示した電気パワー系の ST-EV への搭載の様子を図 12.10 に示した。手前が蓄電池群であり，奥がインバータ，コンバータ，および安全確保のためのスイッチ群である。

図 12.10　電気パワー系の搭載の様子

12. 4. 5 DSP 系

図 12.1 に示した駆動制御系における電流の検出から電圧指令値の発生に至る一連の演算処理は，図 12.2 に示しているように，インタフェイスボードを付随した単一

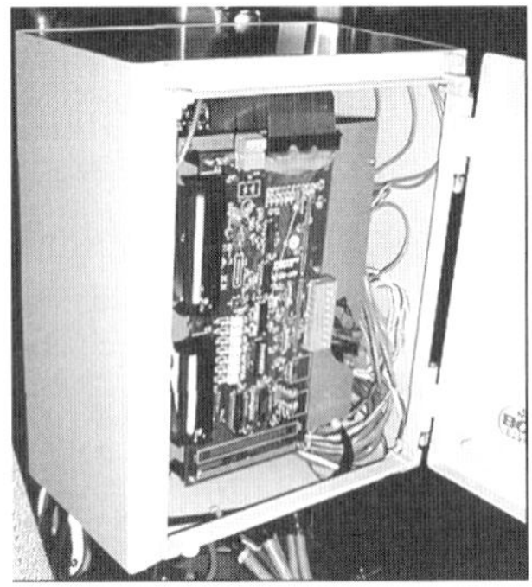

図 12.11　DSP 系の搭載の様子

の DSP により遂行されている。3 インタフェイスの内の 1 つは，ノート PC からのプログラムダウンロード用であり，通常の走行時には利用されていない。なお，プログラムダウンロードは，約 5 分で完了する（2000 年時点）。図 12.11 は，ST-EV の心臓部ともいうべき DSP 系（DSP ボードと周辺インタフェイスボードからなる系）の搭載の様子である（運転席の左横に設置）。

12. 4. 6　モード系

駆動制御系の基本設計において説明したように，本駆動制御系は，センサレスベクトル制御法とセンサ利用ベクトル制御法とのスイッチ切り換えが可能な形で，構成している。また，トルク制御駆動と速度制御駆動の両モードのスイッチ切り換えが可能な形で，構成している。

EV は，変速機を有しない ST-EV として設計実現されている。すなわち主駆動 IM と車輪が減速機を介して直結されており，その前進・中立・後進は，主駆動 IM の駆動制御のみで行われる。当然，前進・中立・後進の指示が必要であるが，これもスイッチで行うように構成している。

上記の種々のモードの指示と確認は，運転席前のダッシュボードにモード指示器とモードモニタとを用意し，行うようにした。図 12.12 に，モード指示器とモードモニタからなるモード系の搭載の様子を示した。モード指示器の左 4 番の可変ボリュームが明示しているように，駆動時の最高速度を指示・制限する機能も搭載されている。なお，図 12.12 の左上部の計器は，蓄電池の充放電状態をモニタするための E メータである（図 12.2 参照）。

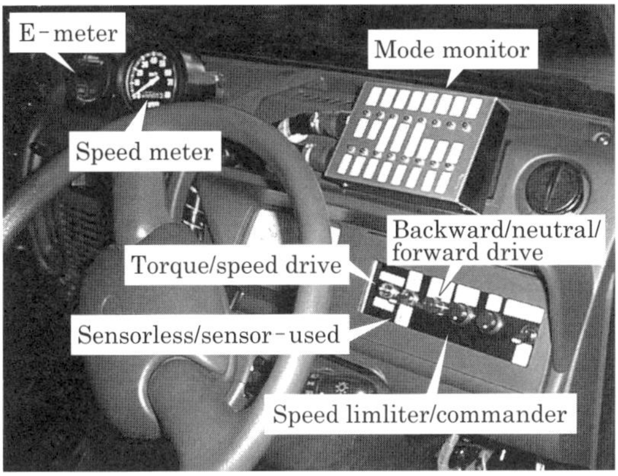

図 12.12　モード系の搭載の様子

12.5 フィールド試験

ST-EV の一応の完成後，神奈川大学・横浜キャンパス内のグランドで試験走行を繰り返し，細部にわたり調整を行った。図 12.13 は，試験走行の様子である。

試験走行を繰り返したのちに，性能を評価すべくフィールド試験を行った。性能評価は比較法によるものとし，センサレスベクトル制御法とセンサ利用ベクトル制御法（実効分解能 8 000〔p/r〕のエンコーダを利用）とにより同一内容の試験を同一条件下で実施した。

トルク分電流のリミッタは定格 150% を 30〔s〕維持できるように設定した。トル

図 12.13　試験走行の様子（神奈川大学・横浜キャンパス，2000 年晩夏）

ク分電流は，本来，定格150%を60〔s〕の間，定格230～250%を15〔s〕の間，問題なく達成しうる能力を有しているが，安定したデータ取得を継続的に得るべく，十分な余裕を見込みリミッタを設定した。

12. 5. 1　平坦加速試験

2種類の平坦加速試験を実施した。第1試験は，平坦な非舗装グランド上で，ゼロ速度スタートで50〔m〕通過に要する時間を測定するものである。センサ利用ベクトル制御法とセンサレスベクトル制御法とによる多数測定値の平均値は以下のとおりであった。

センサ利用　　9.78〔s〕

センサレス　　9.73〔s〕

第2試験は，ゼロ速度スタートで50〔m〕通過時の速度を測定するものである。多数測定値の平均値は以下のとおりであった。

センサ利用　　29〔km/h〕

センサレス　　30〔km/h〕

図12.6より明らかなように，変速機を有しない試作ST-EVにおいては，約25〔km/h〕を超える速度での走行は，IMの観点からは定出力領域（弱め磁束制御の領域）での駆動を意味する。

12. 5. 2　登坂・坂道発進試験

キャンパス内の舗装坂道を利用して，登坂性能を比較法により検討した。図12.14は，利用した坂道の断面図である。センサ利用ベクトル制御法とセンサレスベクトル制御

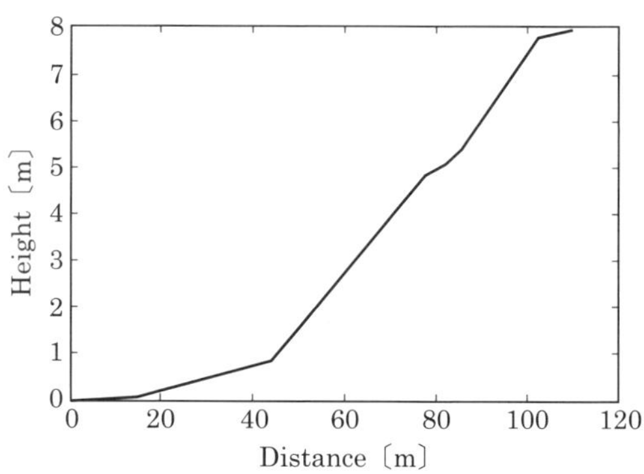

図12.14　試験用坂道の断面

法とにより，麓から頂上までの登坂時間を測定した。多数測定値の平均値は以下のとおりであった。

センサ利用　19.16〔s〕

センサレス　18.97〔s〕

図 12.6 を用いて説明したように，トルク分電流に対し 150% 定格のリミッタ処理を行う場合には，坂道発進可否の臨界勾配は，約 15%（約 10 度）となる。図 12.14 に示した坂道は，最後の 20〔m〕がちょうどこの臨界勾配となっている。15% 坂道を利用して坂道発進試験を実施した。試験結果は以下のとおりであった。

センサ利用　発進不可

センサレス　発進可能

12. 5. 3 回生ブレーキ試験

比較法による回生ブレーキの試験を，非舗装グランド上で 30〔km/h〕の走行状態で回生ブレーキを動作させ，完全停止までの距離を測定することにより，実施した。センサ利用ベクトル制御法とセンサレスベクトル制御法とによる多数測定値の平均値は以下のとおりであった。

センサ利用　21.3〔m〕

センサレス　17.8〔m〕

参考までに，油圧ブレーキによる試験を行った。グランドと舗装道路での測定値は以下のとおりであった。

グランド　10.3〔m〕

舗装道路　3.3〔m〕

これより，概略ながら，油圧ブレーキは回生ブレーキの約 2 倍の制動能力を有していることが理解された。

本フィールド試験を通じ，採用のセンサレスベクトル制御法は，実効 8 000〔p/r〕のエンコーダを利用したすべり周波数形ベクトル制御法と同等の性能を発揮することが確認された。厳密には，センサレスベクトル制御法はすべり周波数形ベクトル制御法より若干良好な性能を示しているといえるが，差異は微小である。この程度の差異は，使用したモータパラメータにより容易に左右され，制御法評価の意味ある差異とはいえないと考えている。両ベクトル制御法では，同一のモータパラメータが利用されているが，パラメータに対する感度は異なる。たとえば，採用のセンサレスベクトル制御法は，磁束一定下では回転子逆時定数 W_2 に完全不感であり，W_2 は重要なパラメータではない。一方，すべり周波数形ベクトル制御法では，W_2 は電源周波数の生成に不可欠な最重要なパラメータであり，電源周波数はこれに直接的な影響を受ける。

12.6 公道走行と公開展示

法令適合に必要な機能・性能を確認したうえで，2001年2月16日に公道走行の公式認可を得た。自動車登録番号票（ナンバープレート）上の番号は，「納得いくEV」を意味する「7919」となった。公式認可を機会に，試作車輌を「ST-EV 新（シン）」と命名した。図12.15(a) は，横浜みなとみらい地区での公開走行の様子である(2001.3.25)。

センサレス・トランスミッションレス駆動を実現したST-EVとしては，21世紀初頭時点で，産業界を含め世界初のようであり，ST-EVの開発可能性をはじめて実際的に示しえた点に歴史的意義を評価された。評価の例として，公開展示の様子を以下に紹介する。

図12.15(b) は，東京代々木公園で開催されたエコカーワールド2001に，環境省の要請を受け参加した様子である（2001.6.2～3）。図12.15(c) は，東京ビッグサイトで開催されたINTERMAC 2001（International Measurement and Control）に，主催者の要請を受け参加した様子である（2001.11.7～9）。図12.15(d) は，幕張メッセで開催されたTechno-Frontier 2002に，主催者の要請を受け参加した様子である（2002.4.17～19）。図12.15(e) は，パシフィコ横浜で開催されたEVS 22（the 22nd International Battery, Hybrid and Fuel Cell Electric Vehicle Symposium and Exposition）に，神奈川大学の協力のもと，参加した様子である（2006.10.23～28）。同図では，右端EVが「ST-EV 新」，左端EVが，主駆動モータにPMSMを用いた「ST-EV 新Ⅱ」（2004年3月開発）である。

（a）公開走行
（横浜みなとみらい，2001. 3. 25）

（b）エコカーワールド 2001
（東京代々木公園，2001. 6. 2～3）

（c）INTERMAC 2001
（東京ビッグサイト，2001. 11. 7～9）

（d）Techno－Frontier 2002
（幕張メッセ，2002. 4. 17～19）

（e）EVS22
（パシフィコ横浜，2006. 10. 23～28）

図 12.15　公道走行と公開展示

第13章

鉄損考慮を要するIMのための諸技術

13.1 目 的

これまでの章では，IMの損失は銅損のみであるとして，IMの動的数学モデル，ベクトル制御法などを説明してきた。IMの速度領域によっては，IMの損失として，銅損に加え，固定子コアに発生する磁気損失を考慮する必要がある。本磁気損失は一般に鉄損（core loss，iron loss）と呼ばれ，その主たる成分は周波数あるいは二乗周波数に比例して増減する特性をもつ。このため，同一のIMに対しても，低速駆動では考慮の必要がなかった鉄損を，高速駆動では考慮する必要が発生することがある。

本章の目的は，鉄損考慮を要するIMに関する諸技術の理解にある。本章では，鉄損考慮を要しないIMに対してこれまでの章で説明した課題と同様な課題を，鉄損考慮を要するIMを対象に説明する。本章は，前章の理解を前提に説明を圧縮している。磁気回路上の損失である鉄損は，電気回路上の等価的な抵抗による損失としてモデル化される。本抵抗は，等価鉄損抵抗と呼ばれる。シミュレータ，ベクトル制御系の構成においては，この等価鉄損抵抗の具体値が必要とされる。等価鉄損抵抗同定法の理解も本章の目的である。

本章は以下のように構成されている。次の13.2節では，鉄損考慮を要するIMを対象に，$\gamma\delta$一般座標系上の動的数学モデルを構築する。13.3節では，ベクトルブロック線図とこれと表裏一体の関係にある動的ベクトルシミュレータを構築する。13.4節では，鉄損を考慮に入れたセンサ利用およびセンサレスのベクトル制御法を説明する。提案のベクトル制御法によれば，鉄損考慮を要するIMに対してもトルク指令値に従ったトルク発生が可能となる。13.5節では，13.4節で構築したベクトル制御系において，所定のトルクを発生しながら高効率・広範囲駆動を行うための正規化回転子磁束指令値，電流指令値の生成法を説明する。13.6節では，鉄損考慮を要するIMの固有課題である等価鉄損抵抗の同定方法を与える。

なお，本章は，鉄損考慮を要するIMのためのベクトル制御に関する著者の一連の原著[1)～11)]に，改良を加え再構成したものであることを断っておく。

13. 2 動的数学モデル

13. 2. 1 目的と準備

A. 目的

2.1節では，鉄損を無視できるIMを対象に，IMの動的数学モデルの必要性を解説した。また，動的数学モデルは，挙動の再現性と解析・設計の容易性との両面から検討のうえ，構築される必要があることも説明した。鉄損考慮を要するIMの動的数学モデルの構築においても，これら必要性と要請は変わりない。

本節では，文献1)，2)，4)を参考に，より高精度でより高効率なIMの駆動制御を目指し，固定子鉄損を考慮に入れた動的数学モデルの構築を行う。本動的数学モデルは，鉄損を無視した動的数学モデルと同様に，γδ一般座標系上で構築する。また，本動的数学モデルは，IMの電気磁気的動特性を表現した回路方程式（第1基本式），トルク発生の瞬時関係を表現したトルク発生式（第2基本式），エネルギー伝達の動特性を表現したエネルギー伝達式（第3基本式）の3基本式を用い，3基本式の整合性を堅持した形で，構築する。

B. 準備

上記の動的数学モデルの構築に入る前に，この準備として，素材としての電磁鋼板のモデリングについて考える。

固定子コアに使用される電磁鋼板の素材としての鉄損モデル化は，固定子巻線の等価回路上で鉄損に対応した抵抗として表現するのが適当である[1),2),4),12)～14)]。本抵抗は，等価鉄損抵抗（equivalent core loss resistance, equivalent iron loss resistance），あるいは簡単に鉄損抵抗と呼ばれる。図13.1は，鉄損を無視してインダクタンスのみによってモデル化した例（左端）と，等価鉄損抵抗を導入した例（右端の3例）とを示したものである。図(a)は等価鉄損抵抗を関連インダクタンスに対し直列状態でモデル化し，一方図(b)は等価鉄損抵抗を並列状態でモデル化している。図(c)は，あるインダクタンスL_s部分には等価鉄損抵抗は存在せず，特定のインダクタンスL_{cm}部分にのみ並列に存在すると仮定したもので，図(b)の変形と捉えることができる。鉄損の主成分は渦電流損（eddy current loss）とヒステリシス損（hysteresis loss）

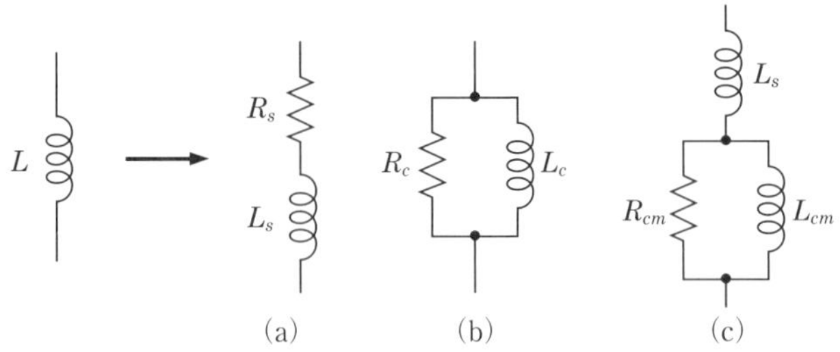

図 13.1　等価鉄損抵抗を用いた固定子コアの等価回路

であり，渦電流損は二乗磁束と二乗周波数の積に比例し，またヒステリシス損は二乗磁束と周波数の積に比例することが，知られている。開道は，最新技術で製造された電磁鋼板の素材としての鉄損を等価回路上で直列あるいは並列配置の等価鉄損抵抗を用いて表現した場合には，並列形の方が広い周波数領域において良好な近似を与えうることを明らかにしている[12)]。

13. 2. 2　固定子の統一数学モデル

A.　統一固定子モデル

図 13.2 に示した γδ 一般座標系を考える。以下に扱う電圧，電流，磁束を表現した 2×1 ベクトルは，瞬時速度 ω_γ で回転している γ 軸を基軸とする γδ 一般座標系上で定義されているものとし，基軸 γ 軸から副軸 δ 軸への回転方向を正方向とする。制御系設計のための数学モデル構築に必要な合理的な前提として，以下の諸項を採用する。

(a)　固定子における u，v，w 各相の電気磁気的特性は同一である。また，回転子における u，v，w 各相の電気磁気的特性は同一である。相互誘導を特徴づける相互インダクタンスは，固定子各相間，回転子各相間，固定子回転子の各相

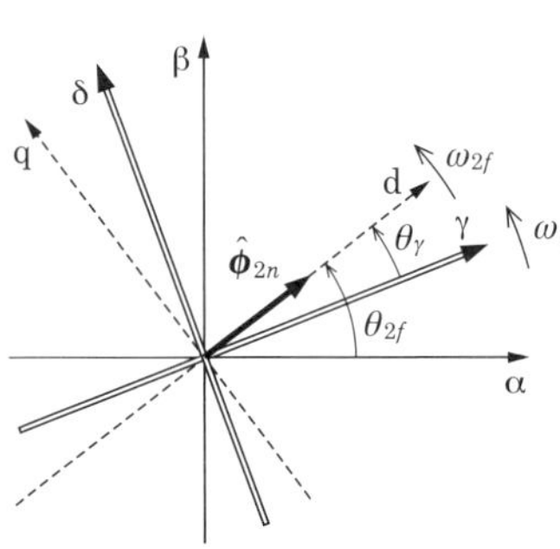

図 13.2　γδ 一般座標系と位相の関係

間で同一である。

(b) 電流，磁束の高調波成分は無視できる。

(c) 磁気回路の飽和特性などの非線形特性は無視できる。

(d) 磁気回路における鉄損は静的近似できる。

(e) 固定子電流は，固定子鉄損を担う固定子鉄損電流と磁束およびトルク発生に寄与する固定子負荷電流に等価的に分離される。

上記前提の中で，前提 (a) ～ (c) は第2章で採用した前提と同一であり，(d)，(e) が鉄損導入のための新たな前提となっている。

前提 (a) ～ (e) のもとでは，固定子のベクトル信号に関し次の関係が成立する。

$$\boldsymbol{i}_1 = \boldsymbol{i}_R + \boldsymbol{i}_L \tag{13.1}$$

$$\boldsymbol{v}_1 = R_1 \boldsymbol{i}_1 + R_c \boldsymbol{i}_R \tag{13.2}$$

$$R_c \boldsymbol{i}_R = \boldsymbol{D}(s, \omega_\gamma) \boldsymbol{\phi}_1 \tag{13.3}$$

$\gamma\delta$ 一般座標系上の 2×1 ベクトル信号 $\boldsymbol{v}_1$，$\boldsymbol{i}_1$，$\boldsymbol{i}_R$，$\boldsymbol{i}_L$，$\boldsymbol{\phi}_1$ は，それぞれ固定子電圧，固定子電流，固定子鉄損電流（固定子電流の鉄損側等価流入分），固定子負荷電流（固定子電流の負荷側等価流入分），固定子磁束（固定子鎖交磁束）を意味している。また，R_1，R_c はおのおの固定子の銅損抵抗（巻線抵抗），等価鉄損抵抗である。

任意の瞬時速度 ω_γ で回転する $\gamma\delta$ 一般座標系上のベクトル信号を回路上の信号として扱うことのできる仮想ベクトル回路の概念を導入するならば [1), 2)]，式 (13.1)～式 (13.3) の関係は，図 13.3(a) のように作図することもできる。同図のD因子に用いられた ω_γ は，設計者が頭に描いた $\gamma\delta$ 一般座標系の瞬時速度である点，ひいては，$\gamma\delta$ 一般座標系上のベクトル信号を扱う本回路は仮想的なベクトル回路である点には注意を要する。仮想ベクトル回路は，式 (13.2) を表現した固定子損失回路（stator loss circuit）と式 (13.3) を表現した負荷回路（load circuit）とから構成される。図 13.3(a) では，破線ブロックで，この様子を示している。

前提 (a) ～ (e) のもとでは，IM，PMSM，同期リラクタンスモータなどを含む交流モータ固定子の共通の数学モデルとして，以下を構築することができる [1), 2)]。

◆交流モータの統一固定子モデル

回路方程式（第1基本式）

$$\boldsymbol{v}_1 = (R_1 + R_c)\boldsymbol{i}_1 - R_c \boldsymbol{i}_L \tag{13.4}$$

$$\boldsymbol{v}_1 = R_1 \boldsymbol{i}_L + \left(\frac{R_1 + R_c}{R_c} \right) \boldsymbol{D}(s, \omega_\gamma) \boldsymbol{\phi}_1 \tag{13.5}$$

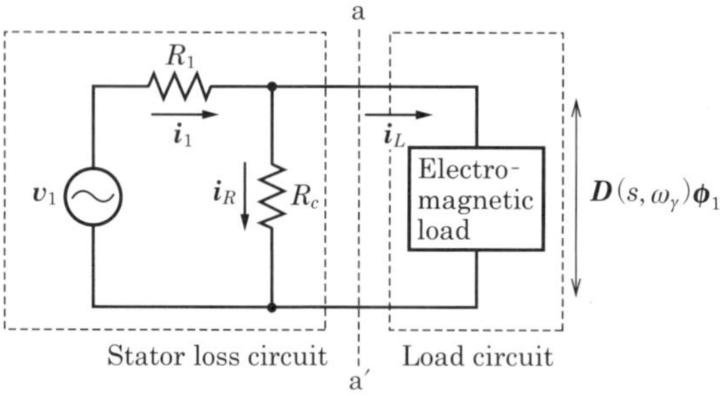

(a) 基本回路

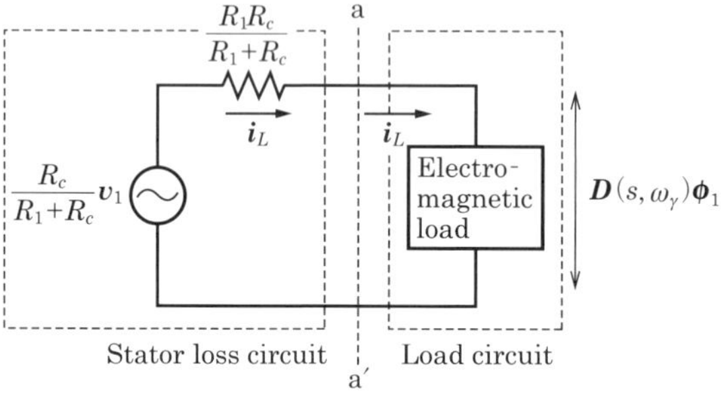

(b) 簡略回路

図 13.3　固定子鉄損を有する交流モータの γδ 一般座標系上の仮想ベクトル回路

トルク発生式（第2基本式）

$$\tau = N_p \boldsymbol{i}_L^T \boldsymbol{J}\boldsymbol{\phi}_1 \tag{13.6}$$

エネルギー伝達式（第3基本式）

$$\begin{aligned}\boldsymbol{i}_1^T\boldsymbol{v}_1 &= R_1\|\boldsymbol{i}_1\|^2 + R_c\|\boldsymbol{i}_R\|^2 + \boldsymbol{i}_L^T\boldsymbol{D}(s,\omega_\gamma)\boldsymbol{\phi}_1 \\ &= R_1\|\boldsymbol{i}_1\|^2 + R_c\|\boldsymbol{i}_1-\boldsymbol{i}_L\|^2 + \boldsymbol{i}_L^T\boldsymbol{D}(s,\omega_\gamma)\boldsymbol{\phi}_1\end{aligned} \tag{13.7}$$

■

回路方程式の式 (13.4) は，式 (13.1)，式 (13.2) に基づく次式を固定子電圧 $\boldsymbol{v}_1$ で整理し，得ている。

$$\begin{aligned}\boldsymbol{i}_L &= \boldsymbol{i}_1 - \boldsymbol{i}_R = \boldsymbol{i}_1 - \frac{1}{R_c}[\boldsymbol{v}_1 - R_1\boldsymbol{i}_1] \\ &= \frac{1}{R_c}[-\boldsymbol{v}_1 + (R_1+R_c)\boldsymbol{i}_1]\end{aligned} \tag{13.8}$$

また，回路方程式の式 (13.5) は，式 (13.2) を用いて式 (13.1) を次のように展開し，

$$\boldsymbol{v}_1 = R_1\boldsymbol{i}_L + (R_1+R_c)\boldsymbol{i}_R \tag{13.9}$$

この式 (13.9) に式 (13.3) の関係を利用し，得ている。

トルク発生式は，式 (2.170c) によっている。すなわち，式 (2.170c) の固定子電流 $\boldsymbol{i}_1$ を前提 (e) に従い固定子負荷電流 $\boldsymbol{i}_L$ に置換したものが，式 (13.6) である。エネルギー伝達式 (13.7) は，式 (13.2) の両辺に左より $\boldsymbol{i}_1^T$ を乗じ，式 (13.1)，式 (13.3) の関係を利用し得ている。

B. 統一固定子モデルの簡略化

回路方程式（第 1 基本式）を構成する式 (13.5) は，次式のように書き改めることもできる。

$$\left(\frac{R_c}{R_1+R_c}\right)\boldsymbol{v}_1=\left(\frac{R_1R_c}{R_1+R_c}\right)\boldsymbol{i}_L+\boldsymbol{D}(s,\omega_\gamma)\boldsymbol{\phi}_1 \tag{13.10}$$

式 (13.10) より，γδ 一般座標系上の仮想ベクトル回路として，図 13.3(b) を得る。図 13.3 の 2 図において，a-a′の右側回路は，同一である。本事実は，図 (b) の a-a′の左側回路は，図 (a) の a-a′の左側回路と等価であることを意味する。これより，以下が認識される。

(a) 図 13.3(b) において，a-a′の左側にある回路は単一の電圧源とこれに直列の単一の総合抵抗から構成されている。

(b) γδ 一般座標系上の仮想ベクトル回路においても，任意の可変電圧 $\boldsymbol{v}_1$ に対して，「ヘルムホルツ・テブナンの定理（Helmholtz-Thevenin's theorem）」が成立する（本項末尾の Q/A 13.1 参照)。

C. 等価鉄損抵抗の鉄損表現能力

提案モデルにおける等価鉄損抵抗が，単なる損失ではなく，固定子鉄損の特性を備えた損失を適切に表現しうるか否かの確認は，モデルの妥当性を検証するうえで欠くことができない。ここでは，この観点より等価鉄損抵抗の損失表現能力を検証する。

まず，若干の準備をしておく。固定子磁束（固定子鎖交磁束）のノルムが一定の場合，すなわち $\|\boldsymbol{\phi}_1\|=\text{const}$ が成立する場合には，固定子磁束の瞬時周波数を ω_{1f} とすると，次の関係が成立する。

$$\boldsymbol{D}(s,\omega_\gamma)\boldsymbol{\phi}_1=\omega_{1f}\boldsymbol{J}\boldsymbol{\phi}_1 \quad ; \quad \|\boldsymbol{\phi}_1\|=\text{const} \tag{13.11}$$

$$\|\boldsymbol{D}(s,\omega_\gamma)\boldsymbol{\phi}_1\|=|\omega_{1f}|\|\boldsymbol{\phi}_1\| \quad ; \quad \|\boldsymbol{\phi}_1\|=\text{const} \tag{13.12}$$

また，等価鉄損抵抗を次式のように 2 種の抵抗で，より詳細に表現するものとする。

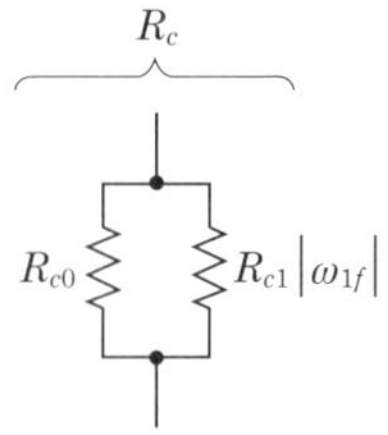

図 13.4　等価鉄損抵抗の詳細

$$\frac{1}{R_c}=\frac{1}{R_{c0}}+\frac{1}{R_{c1}|\omega_{1f}|} \quad ; \quad \begin{matrix} R_{c0}=\text{const} \\ R_{c1}=\text{const} \end{matrix} \tag{13.13}$$

図 13.4 が示すように，上式は「等価鉄損抵抗 R_c の 2 種の抵抗の並列配置による構成」を意味し，また「上式右辺第 2 項に対応する抵抗は周波数比例特性をもつ抵抗」を意味する。

以上の準備のもとに，損失表現の詳細検証に入る。式 (13.7) の右辺第 2 項として示された等価鉄損抵抗による損失は，式 (13.3) を用い次式のように評価することもできる。

$$R_c\|\boldsymbol{i}_R\|^2=\frac{1}{R_c}\|\boldsymbol{D}(s,\omega_\gamma)\boldsymbol{\phi}_1\|^2 \tag{13.14}$$

条件 $\|\boldsymbol{\phi}_1\|=\text{const}$ のもとに，上式に式 (13.12) を用いると次式を得る。

$$R_c\|\boldsymbol{i}_R\|^2=\frac{\omega_{1f}^2}{R_c}\|\boldsymbol{\phi}_1\|^2 \tag{13.15}$$

さらに，式 (13.13) を用いると興味深い次式を得る。

$$R_c\|\boldsymbol{i}_R\|^2=\frac{\omega_{1f}^2}{R_{c0}}\|\boldsymbol{\phi}_1\|^2+\frac{|\omega_{1f}|}{R_{c1}}\|\boldsymbol{\phi}_1\|^2 \tag{13.16}$$

式 (13.16) の右辺第 1 項は固定子渦電流損を，第 2 項は固定子ヒステリシス損を示すものとなっている。すなわち，IM の固定子コアを構成する電磁鋼板に発生する鉄損の主成分である渦電流損とヒステリシス損との定常値に関しては，渦電流損は二乗磁束と二乗周波数の積に比例し，またヒステリシス損は二乗磁束と周波数の積に比例することが知られている。式 (13.16) は，電磁鋼板のこの鉄損特性を適切に表現しており，しかも，このときの等価鉄損抵抗 R_{c0}，R_{c1} は磁束に依存しない定数となっている。鉄損が顕在化する高速域では渦電流損が支配的になるが，提案モデルによれば，基本的にこの等価鉄損抵抗を定数 $R_{c0}=\text{const}$ として表現できる。また，鉄損は上記のように二乗磁束などに比例するが，等価鉄損抵抗の逆数が物理的意味の高い損失比例係数になっている。

Q 13.1　「ヘルムホルツ・テブナンの定理」は，「テブナンの定理」のことでしょうか。

A 13.1　定理の呼称は，少々曖昧な点があります。1883年にフランス人のシャルル・テブナンによって発表された定理は，直流電源を備えた直流回路を対象としたものでした。同様な定理は，30年前の1853年にドイツ人のヘルマン・フォン・ヘルムホルツによって構築提示されており，本事実に基づき，直流回路の定理は「ヘルムホルツ・テブナンの定理」と呼ばれています。これに対して，1922年に鳳秀太郎は，交流電源を備えた交流回路においても，同様の定理が成立することを示しています。日本では，鳳の貢献をたたえ「鳳・テブナンの定理」とも呼ばれます。なお，最近の国内の電気回路テキストは，交流回路の場合にも「テブナンの定理」と呼ぶことが多いようです。

$\gamma\delta$一般座標系上の仮想ベクトル回路は，任意の形状・周波数の固定子電圧をもち，過渡・定常を含む任意状態を対象としています。接続される負荷は$\boldsymbol{D}(s,\ \omega_\gamma)\boldsymbol{\phi}_1$であり，交流です（後掲の図13.5参照）。しかしながら，仮想ベクトル回路において，等価的に簡略化された部分の素子は抵抗です。この観点で，図13.4(b)の仮想ベクトル回路に関する定理呼称としては，「ヘルムホルツ・テブナンの定理」がより適当であると，判断しました。

13. 2. 3　誘導モータの動的数学モデル

IM，PMSM，同期リラクタンスモータなどの交流モータの固定子は基本的に同一であり，これら交流モータ個々の相違は回転子によって特色づけられる。数学モデル上では，この同一性は，これら交流モータに共通して適用可能な統一固定子モデル・式(13.4)～式(13.7)として具現化されている。一方，回転子に起因する相違は，回転子の影響を受けた固定子磁束の個々のモデル化を介し具現化できる。

第2章の成果を活用し，IMの固定子磁束を，特に等価鉄損抵抗に並列的な固定子磁束$\boldsymbol{\phi}_1$を次式でモデル化する（式(2.155)～式(2.157)参照）。

◆ IMの固定子磁束モデル

$$\boldsymbol{\phi}_1 = l_{1t}\boldsymbol{i}_L + \boldsymbol{\phi}_{2n} \tag{13.17}$$

$$R_{2n}\boldsymbol{i}_L = \boldsymbol{D}(s,\omega_\gamma)\boldsymbol{\phi}_{2n} + [W_2\boldsymbol{I} - \omega_{2n}\boldsymbol{J}]\boldsymbol{\phi}_{2n} \tag{13.18}$$

■

固定子磁束$\boldsymbol{\phi}_1$，これを構成する固定子総合漏れ磁束$l_{1t}\boldsymbol{i}_L$，正規化回転子磁束$\boldsymbol{\phi}_{2n}$の工学的意味は，鉄損考慮を要しない第2章の場合と同様である。

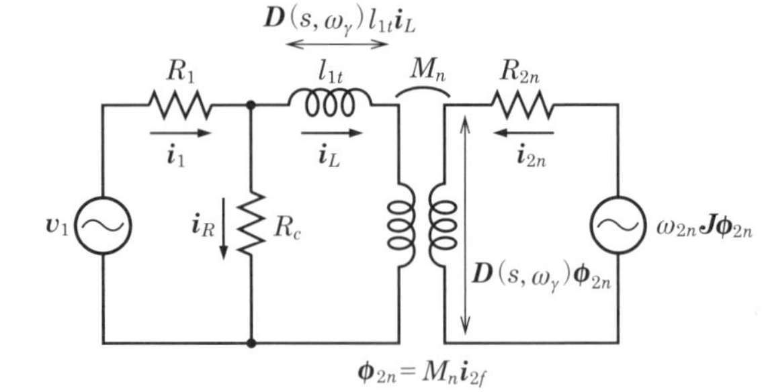

(a) 基本回路

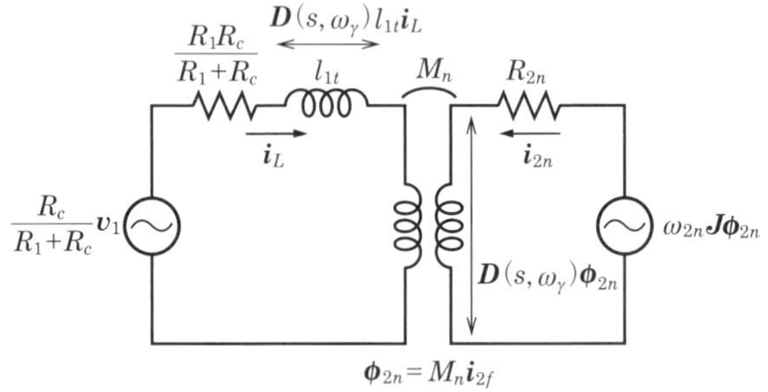

(b) 簡略回路

図 13.5　鉄損考慮を要する IM の γδ 一般座標系上の仮想ベクトル回路

固定子磁束 $\boldsymbol{\phi}_1$，固定子総合漏れ磁束 $l_{1t}\boldsymbol{i}_L$，正規化回転子磁束 $\boldsymbol{\phi}_{2n}$ の工学的意味の同様性を考慮のうえ，図 2.19 の鉄損考慮を要しない IM の仮想ベクトル回路を図 13.3 に適用すると，鉄損考慮を要する IM の仮想ベクトル回路として図 13.5 を得る。

また，回転子特性を反映した固定子磁束モデルの式 (13.17)，式 (13.18) を式 (13.4)～式 (13.7) の統一固定子モデルに用いることにより，IM の動的数学モデルを次のように得る。

◆ γδ 一般座標系上の動的数学モデル

回路方程式（第 1 基本式）

$$\boldsymbol{v}_1 = (R_1 + R_c)\boldsymbol{i}_1 - R_c\boldsymbol{i}_L \tag{13.19}$$

$$\boldsymbol{v}_1 = R_1\boldsymbol{i}_L + \left(\frac{R_1 + R_c}{R_c}\right)\boldsymbol{D}(s, \omega_\gamma)[l_{1t}\boldsymbol{i}_L + \boldsymbol{\phi}_{2n}] \tag{13.20}$$

$$R_{2n}\boldsymbol{i}_L = \boldsymbol{D}(s,\omega_\gamma)\boldsymbol{\phi}_{2n} + [W_2\boldsymbol{I} - \omega_{2n}\boldsymbol{J}]\boldsymbol{\phi}_{2n} \tag{13.21}$$

トルク発生式（第2基本式）

$$\tau = N_p \boldsymbol{i}_L^T \boldsymbol{J} \boldsymbol{\phi}_{2n} \tag{13.22}$$

エネルギー伝達式（第3基本式）

$$\begin{aligned} \boldsymbol{i}_1^T \boldsymbol{v}_1 = & R_1 \|\boldsymbol{i}_1\|^2 + R_c \|\boldsymbol{i}_1 - \boldsymbol{i}_L\|^2 + s\left(\frac{1}{2l_{1t}}\|l_{1t}\boldsymbol{i}_L\|^2 + \frac{W_2}{2R_{2n}}\|\boldsymbol{\phi}_{2n}\|^2\right) \\ & + R_{2n}\left\|\frac{W_2}{R_{2n}}\boldsymbol{\phi}_{2n} - \boldsymbol{i}_L\right\|^2 + \omega_{2m}\tau \end{aligned} \tag{13.23}$$

■

式 (13.19)～式 (13.21) の回路方程式は，固定子負荷電流を状態変数とする状態方程式の形でも表現可能である。これは，次式のように与えられる。

◆ γδ 一般座標系上の状態方程式

$$\begin{aligned} \boldsymbol{D}(s,\omega_\gamma)\boldsymbol{i}_L = & -\frac{1}{l_{1t}}\left(\frac{R_1 R_c}{R_1 + R_c} + R_{2n}\right)\boldsymbol{i}_L \\ & + \frac{1}{l_{1t}}[W_2 \boldsymbol{I} - \omega_{2n}\boldsymbol{J}]\boldsymbol{\phi}_{2n} + \frac{R_c}{l_{1t}(R_1 + R_c)}\boldsymbol{v}_1 \end{aligned} \tag{13.24}$$

$$\boldsymbol{D}(s,\omega_\gamma)\boldsymbol{\phi}_{2n} = R_{2n}\boldsymbol{i}_L - [W_2 \boldsymbol{I} - \omega_{2n}\boldsymbol{J}]\boldsymbol{\phi}_{2n} \tag{13.25}$$

$$\boldsymbol{i}_1 = \frac{R_c}{R_1 + R_c}\boldsymbol{i}_L + \frac{1}{R_1 + R_c}\boldsymbol{v}_1 \tag{13.26}$$

■

式 (13.23) のエネルギー伝達式は，IM に入力された瞬時有効電力が，いかに IM 内部で消費・蓄積され，さらには瞬時機械的電力（回転子軸から出力される機械的エネルギーの微分値）として伝達・出力されるかを示している。すなわち，同式右辺第1項は瞬時固定子銅損（常時正），第2項は瞬時固定子鉄損（常時正），第3項はインダクタンスに蓄積された磁気エネルギー（常時正）の瞬時変化（増減に応じて正負），第4項は瞬時回転子銅損（常時正），第5項は軸出力の瞬時機械的電力（力行・回生に応じて正負）を意味している。式 (13.23) は，このように物理的意味不明な因子はいっさい含んでいない，すなわち閉じた形をしている。

また，式 (13.23) の構築には，回路方程式（第1基本式）およびトルク発生式（第2基本式）も利用されている。以下に，これを示しておく。式 (13.7) に式 (13.17) を用いると，次の固定子側の電力関係式を得る。

$$
\begin{aligned}
\boldsymbol{i}_1^T\boldsymbol{v}_1 &= R_1\|\boldsymbol{i}_1\|^2+R_c\|\boldsymbol{i}_R\|^2+\boldsymbol{i}_L^T\boldsymbol{D}(s,\omega_\gamma)[l_{1t}\boldsymbol{i}_L+\boldsymbol{\phi}_{2n}] \\
&= R_1\|\boldsymbol{i}_1\|^2+R_c\|\boldsymbol{i}_1-\boldsymbol{i}_L\|^2+\boldsymbol{i}_L^T\boldsymbol{D}(s,\omega_\gamma)[l_{1t}\boldsymbol{i}_L+\boldsymbol{\phi}_{2n}] \\
&= R_1\|\boldsymbol{i}_1\|^2+R_c\|\boldsymbol{i}_1-\boldsymbol{i}_L\|^2+\frac{s}{2l_{1t}}\|l_{1t}\boldsymbol{i}_L\|^2 \\
&\quad +\frac{W_2 s}{2R_{2n}}\|\boldsymbol{\phi}_{2n}\|^2+\boldsymbol{i}_L^T\boldsymbol{D}(s,\omega_\gamma)\boldsymbol{\phi}_{2n}
\end{aligned}
\tag{13.27a}
$$

式 (13.21) に正規化回転子電流を乗ずると，次の回転子側の電力関係式を得る。

$$
\begin{aligned}
\mathbf{0} &= \left[\frac{W_2}{R_{2n}}\boldsymbol{\phi}_{2n}-\boldsymbol{i}_L\right]^T\boldsymbol{D}(s,\omega_\gamma)\boldsymbol{\phi}_{2n}+R_{2n}\left\|\frac{W_2}{R_{2n}}\boldsymbol{\phi}_{2n}-\boldsymbol{i}_L\right\|^2+\omega_{2m}\tau \\
&= \frac{W_2 s}{2R_{2n}}\|\boldsymbol{\phi}_{2n}\|^2+R_{2n}\left\|\frac{W_2}{R_{2n}}\boldsymbol{\phi}_{2n}-\boldsymbol{i}_L\right\|^2+\omega_{2m}\tau-\boldsymbol{i}_L^T\boldsymbol{D}(s,\omega_\gamma)\boldsymbol{\phi}_{2n}
\end{aligned}
\tag{13.27b}
$$

上式には，式 (13.22) のトルク発生式が次のように利用されている。

$$
\left[\frac{W_2}{R_{2n}}\boldsymbol{\phi}_{2n}-\boldsymbol{i}_L\right]^T[-\omega_{2n}\boldsymbol{J}\boldsymbol{\phi}_{2n}]=\omega_{2n}\boldsymbol{i}_L^T\boldsymbol{J}\boldsymbol{\phi}_{2n}=\omega_{2m}\tau \tag{13.27c}
$$

第1基本式，第2基本式の関係を用いて構築された第3基本式が閉じた形をしているということは，3基本式の式 (13.19)～式 (13.23) が矛盾なく整合していることを意味する。なお，式 (13.19)～式 (13.23) において $R_c=\infty$ とする場合には，これは固定子鉄損を無視した数学モデルに帰着される。すなわち，固定子鉄損を考慮した上記モデルは，固定子鉄損を無視したモデルとも整合性を有している。

Q 13.2　　ここでは，鉄損考慮を要するIMの数学モデルを，鉄損考慮を要する交流モータの統一固定子モデルにIM固有の固定子磁束モデルを適用することにより，得ています。他の交流モータに関しても，同様な方法で数学モデルを得ることができるのでしょうか。

A 13.2　　そのとおりです。他の交流モータに関しても，同様な方法で数学モデルを得ることができます。このような数学モデルの構築方法を提案した原著は，新中による1998年の文献1) です。文献4) では，本構築方法を再整理しています。具体的には，IM，PMSM，巻線形同期モータ，回転子に永久磁石と巻線をもつハイブリッド界磁同期モータ（他励式，自励式を含む），ブラシレスdcモータ，同期リラクタンスモータの数学モデルを，本方法で得ることができます。鉄損を考慮する場合も，考慮しない場合と同様に，本方法は適用可能です。

Q 13.3 ここでは，鉄損考慮を要するIMの数学モデルとして，図13.1(b)の観点に立ったすなわち等価鉄損抵抗の並列配置形モデルが提示されています。図13.1(a)あるいは(c)の観点に立った数学モデルは，どのようになるのでしょうか。

A 13.3 図13.1(a)の考えに基づくモデルとしては，水野モデルが知られています[13)]。また，図13.1(c)の考えに基づくモデルとしては，漏れインダクタンス関連の鉄損を無視したLeviモデルが知られています[14)]。この詳細は，紙幅の関係上省略します。当該文献を参照してください。

13. 2. 4 固定子負荷電流と回転子諸量との関係

鉄損考慮を要しない場合には，固定子電流 $\boldsymbol{i}_1$ を，正規化回転子磁束 $\boldsymbol{\phi}_{2n}$ と平行な成分（励磁分電流）$\boldsymbol{i}_{1m}$ とこれと垂直な成分（トルク分電流）$\boldsymbol{i}_{1t}$ とに分割表記した。鉄損考慮を要する場合には，固定子電流に代わって固定子負荷電流 $\boldsymbol{i}_L$ を，正規化回転子磁束 $\boldsymbol{\phi}_{2n}$ と平行な成分（励磁分電流）$\boldsymbol{i}_{Lm}$ とこれと垂直な成分（トルク分電流）$\boldsymbol{i}_{Lt}$ とに分割表記することになる。

鉄損考慮を要する場合の固定子負荷電流 $\boldsymbol{i}_L$ と回転子側諸量との関係は，鉄損考慮を要しない場合の固定子電流 $\boldsymbol{i}_1$ と回転子側諸量との関係と同様である。すなわち，前者の関係は，後者の関係における固定子電流 $\boldsymbol{i}_1$ を，形式的に固定子負荷電流 $\boldsymbol{i}_L$ で置換することにより得られる。本項では，形式的同一性を考慮し，固定子負荷電流と回転子側諸量の要点のみを整理しておく。

正規化回転子磁束を用い，回転子励磁電流を式(2.154)と同様に次式のように定義する。

$$\boldsymbol{i}_{2f} \equiv \frac{1}{M_n}\boldsymbol{\phi}_{2n} \tag{13.28}$$

固定子負荷電流 $\boldsymbol{i}_L$ の平行成分（励磁分電流）$\boldsymbol{i}_{Lm}$ は，次式となる。

$$\boldsymbol{i}_{Lm} = \frac{\boldsymbol{\phi}_{2n}^T \boldsymbol{i}_L}{\|\boldsymbol{\phi}_{2n}\|^2}\boldsymbol{\phi}_{2n} = \frac{\boldsymbol{i}_{2f}^T \boldsymbol{i}_L}{\|\boldsymbol{i}_{2f}\|^2}\boldsymbol{i}_{2f} \tag{13.29a}$$

上式は，正規化回転子電流 $\boldsymbol{i}_{2n}$ を用いた次式に書き改めることもできる。

$$\boldsymbol{i}_{Lm} = \boldsymbol{i}_{2f} - \frac{\boldsymbol{\phi}_{2n}^T \boldsymbol{i}_{2n}}{\|\boldsymbol{\phi}_{2n}\|^2}\boldsymbol{\phi}_{2n} = \boldsymbol{i}_{2f} - \frac{\boldsymbol{i}_{2f}^T \boldsymbol{i}_{2n}}{\|\boldsymbol{i}_{2f}\|^2}\boldsymbol{i}_{2f} \tag{13.29b}$$

一方，固定子負荷電流 $\boldsymbol{i}_L$ の垂直成分（トルク分電流）$\boldsymbol{i}_{Lt}$ は次式となる。

$$\boldsymbol{i}_{Lt} = -\boldsymbol{i}_{2n} + \frac{\boldsymbol{\phi}_{2n}^T \boldsymbol{i}_{2n}}{\|\boldsymbol{\phi}_{2n}\|^2}\boldsymbol{\phi}_{2n} = -\boldsymbol{i}_{2n} + \frac{\boldsymbol{i}_{2f}^T \boldsymbol{i}_{2n}}{\|\boldsymbol{i}_{2f}\|^2}\boldsymbol{i}_{2f} \tag{13.30}$$

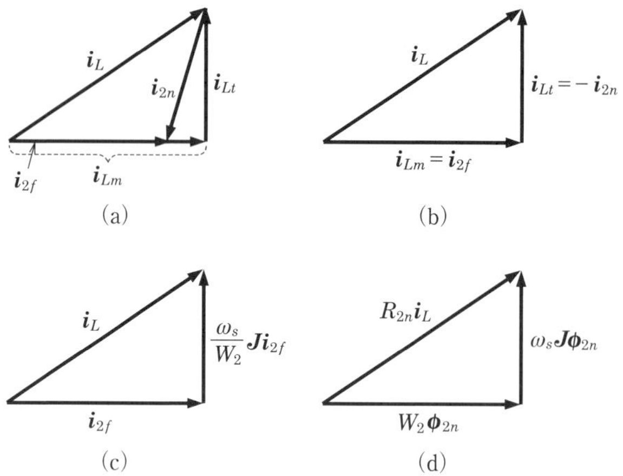

図 13.6　固定子負荷電流と回転子側諸量との関係

式 (13.29)，式 (13.30) の関係を図 13.6(a) に描画した。

式 (2.161)～式 (2.163) の回転子側に限定された関係は，無修正で維持される。すなわち，次の関係が成立する。

$$\begin{aligned}\boldsymbol{\phi}_{2n}^T\boldsymbol{i}_{2n} &= -\frac{1}{R_{2n}}\boldsymbol{\phi}_{2n}^T[\boldsymbol{D}(s,\omega_\gamma)\boldsymbol{\phi}_{2n}-\omega_{2n}\boldsymbol{J}\boldsymbol{\phi}_{2n}]\\ &= -\frac{1}{2R_{2n}}s\|\boldsymbol{\phi}_{2n}\|^2\end{aligned} \tag{13.31}$$

$$\|\boldsymbol{\phi}_{2n}\|=\text{const} \quad \leftrightarrow \quad \boldsymbol{\phi}_{2n}^T\boldsymbol{i}_{2n}=0 \tag{13.32a}$$

$$\|\boldsymbol{i}_{2f}\|=\text{const} \quad \leftrightarrow \quad \boldsymbol{i}_{2f}^T\boldsymbol{i}_{2n}=0 \tag{13.32b}$$

$$\|\boldsymbol{\phi}_{2n}\|=\text{const} \quad \leftrightarrow \quad \boldsymbol{i}_{2n}=\frac{\omega_s}{R_{2n}}\boldsymbol{J}^T\boldsymbol{\phi}_{2n} \tag{13.33a}$$

$$\|\boldsymbol{i}_{2f}\|=\text{const} \quad \leftrightarrow \quad \boldsymbol{i}_{2n}=\frac{\omega_s}{W_2}\boldsymbol{J}^T\boldsymbol{i}_{2f} \tag{13.33b}$$

上式に用いたすべり周波数 ω_s の定義は，鉄損考慮のいかんにかかわらず同一である。すなわち，すべり周波数 ω_s は，回転子側の物理量であり，回転子磁束周波数 ω_{2f} と回転子（電気）速度 ω_{2n} との周波数偏差として次のように定義されている。

$$\omega_s \equiv \omega_{2f}-\omega_{2n} \tag{13.34}$$

$\|\boldsymbol{\phi}_{2n}\|=\text{const}$，$\|\boldsymbol{i}_{2f}\|=\text{const}$ が成立している状況下では，式 (13.29)，式 (13.30) は，簡潔な次式となる。

$$\boldsymbol{i}_{Lm}=\boldsymbol{i}_{2f}\,, \qquad \boldsymbol{i}_{Lt}=-\boldsymbol{i}_{2n} \quad ; \quad \|\boldsymbol{i}_{2f}\|=\text{const} \tag{13.35}$$

$\gamma\delta$ 一般座標系上の回転子側の回路方程式 (13.21) は，式 (2.165) と同様，次式のように書き改めることができる。

$$
\begin{aligned}
R_{2n}\boldsymbol{i}_L &= \left(\frac{(s\|\boldsymbol{\phi}_{2n}\|)}{\|\boldsymbol{\phi}_{2n}\|} + W_2 \right)\boldsymbol{\phi}_{2n} + (\omega_{2f} - \omega_{2n})\boldsymbol{J}\boldsymbol{\phi}_{2n} \\
&= \left(\frac{(s\|\boldsymbol{\phi}_{2n}\|)}{\|\boldsymbol{\phi}_{2n}\|} + W_2 \right)\boldsymbol{\phi}_{2n} + \omega_s\boldsymbol{J}\boldsymbol{\phi}_{2n}
\end{aligned} \tag{13.36}
$$

IM の任意の状態で成立する式 (13.36) をすべり周波数 ω_s に関して整理すると，次式を得る。

$$
\begin{aligned}
\omega_s &= R_{2n}\frac{\boldsymbol{i}_L^T\boldsymbol{J}\boldsymbol{\phi}_{2n}}{\|\boldsymbol{\phi}_{2n}\|^2} = R_{2n}\frac{\boldsymbol{i}_{Lt}^T\boldsymbol{J}\boldsymbol{\phi}_{2n}}{\|\boldsymbol{\phi}_{2n}\|^2} = \frac{R_{2n}}{N_p}\frac{\tau}{\|\boldsymbol{\phi}_{2n}\|^2} \\
&= W_2\frac{\boldsymbol{i}_L^T\boldsymbol{J}\boldsymbol{i}_{2f}}{\|\boldsymbol{i}_{2f}\|^2} = \frac{W_2}{N_pM_n}\frac{\tau}{\|\boldsymbol{i}_{2f}\|^2}
\end{aligned} \tag{13.37}
$$

IM の任意の状態で成立する式 (13.36) に，一定ノルム条件 $\|\boldsymbol{\phi}_{2n}\| = \text{const}$ を適用すると，次式を得る。

$$
R_{2n}\boldsymbol{i}_L = W_2\boldsymbol{\phi}_{2n} + \omega_s\boldsymbol{J}\boldsymbol{\phi}_{2n} \quad ; \quad \|\boldsymbol{\phi}_{2n}\| = \text{const} \tag{13.38}
$$

一定ノルム条件 $\|\boldsymbol{\phi}_{2n}\| = \text{const}$ のもとでの式 (13.34)～式 (13.38) の関係を図 13.6(b)～(d) に描画した。

一定ノルム条件 $\|\boldsymbol{\phi}_{2n}\| = \text{const}$ のもとで成立する式 (13.38) を，次式のように書き換える。

$$
R_{2n}\left[\frac{W_2}{R_{2n}}\boldsymbol{\phi}_{2n} - \boldsymbol{i}_L \right] = -\omega_s\boldsymbol{J}\boldsymbol{\phi}_{2n} \quad ; \quad \|\boldsymbol{\phi}_{2n}\| = \text{const} \tag{13.39}
$$

式 (13.39) 左辺のベクトルは，正規化回転子電流 $\boldsymbol{i}_{2n}$ を意味している（図 13.6 参照）。式 (13.39) の両辺に左から正規化回転子電流を乗じると，回転子側の銅損を，すべり周波数とトルクで表現した次式を得る（式 (13.23) 参照）。

$$
R_{2n}\left\| \frac{W_2}{R_{2n}}\boldsymbol{\phi}_{2n} - \boldsymbol{i}_L \right\|^2 = \frac{\omega_s}{N_p}\tau \quad ; \quad \|\boldsymbol{\phi}_{2n}\| = \text{const} \tag{13.40}
$$

13. 3 ベクトルブロック線図とベクトルシミュレータ

13. 3. 1 目的

本節では，文献 3) を参考に，鉄損を考慮した IM のためのベクトルブロック線図とこれと表裏一体の関係にある動的ベクトルシミュレータとを説明する。鉄損を考慮したベクトルブロック線図は，鉄損を無視したベクトルブロック線図（第 3 章参照）の特長の継承とこの進展を図ったものであり，以下の特色を具備している。

(a) 鉄損の主成分である渦電流損，ヒステリシス損を同時あるいは個別に扱える。

(b) 等価鉄損抵抗を線図内に盛り込む必要があるため，鉄損を無視したベクトルブロック線図に比し，複雑化は避けられない。しかし，物理現象を簡明に表現した合理的簡明性に関しては，従前と同等レベルを達成している。

13. 3. 2　A 形ベクトルブロック線図

第 3 章で示した，鉄損を無視できる IM のベクトルブロック線図の構成を通じ，次の 2 点が明らかとなった。

(a) 一般に IM のブロック線図は，電気系，トルク発生系，機械負荷系の 3 大部分系から構成される。

(b) IM のブロック線図が物理的意味を明解にした簡潔な形で構成できるか否かは，関係式の展開に基づく電気系およびトルク発生系の構成いかんにかかっている。特に，数学モデル第 1 基本式をいかに展開するかが要となる。

以下では，上記を踏まえ各部分系の構築を考える。

電気系

固定子磁束と正規化回転子磁束に着目し，固定子磁束と固定子電圧の関係に関しては統一モデル原式の式 (13.5) を活用し，これと正規化回転子磁束の関係に関しては式 (13.17)，式 (13.18) の固定子磁束モデルを活用する。さらに，固定子電流に関しては数学モデル第 1 基本式内の式 (13.19) を活用すると，4 基本要素に展開した次の電気系を得ることができる。

$$\boldsymbol{D}(s,\omega_\gamma)\boldsymbol{\phi}_1 = \frac{R_c}{R_1+R_c}[\boldsymbol{v}_1 - R_1\boldsymbol{i}_L] \tag{13.41}$$

$$l_{1t}\boldsymbol{i}_L = \boldsymbol{\phi}_1 - \boldsymbol{\phi}_{2n} \tag{13.42}$$

$$\boldsymbol{D}(s,\omega_\gamma)\boldsymbol{\phi}_{2n} = R_{2n}\boldsymbol{i}_L + [-W_2\boldsymbol{I} + \omega_{2n}\boldsymbol{J}]\boldsymbol{\phi}_{2n} \tag{13.43a}$$

$$(s+W_2)\boldsymbol{\phi}_{2n} = R_{2n}\boldsymbol{i}_L + (\omega_{2n} - \omega_\gamma)\boldsymbol{J}\boldsymbol{\phi}_{2n} \tag{13.43b}$$

$$\boldsymbol{i}_1 = \frac{[\boldsymbol{v}_1 + R_c\boldsymbol{i}_L]}{R_1+R_c} = \frac{[\boldsymbol{v}_1 - R_1\boldsymbol{i}_L]}{R_1+R_c} + \boldsymbol{i}_L \tag{13.44}$$

トルク発生系

トルク発生系は，数学モデル第 2 基本式 (13.22) を無修正で活用する。

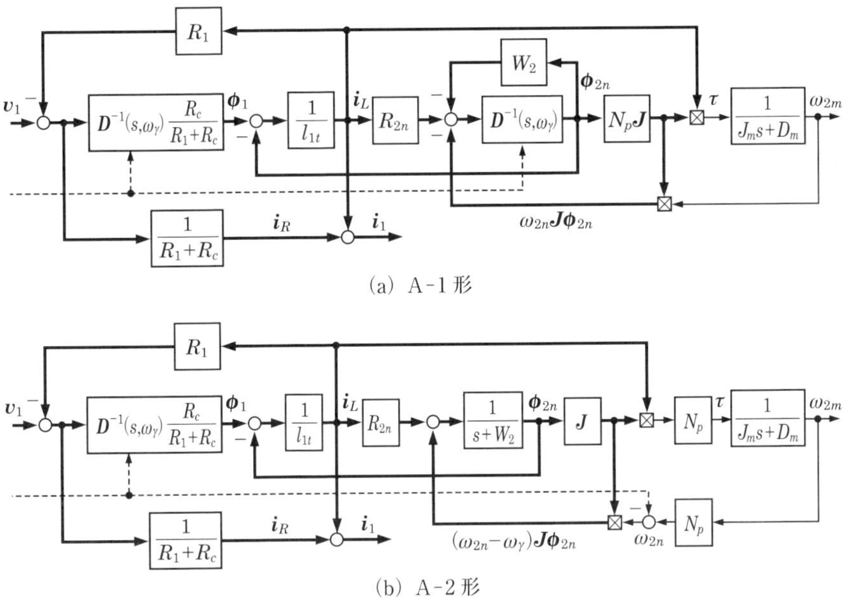

図 13.7 A 形ベクトルブロック線図

機械負荷系

機械負荷系は，簡単のため，次式の 1 次系として表現されるものとする。

$$\tau = (J_m s + D_m)\omega_{2m} \tag{13.45}$$

ここに，J_m，D_m は，発生トルクにより回転した機械負荷系（回転子およびこれに連結した機械負荷からなる系）の慣性モーメント，粘性摩擦係数をおのおの示している。

式 (13.41)～式 (13.44) を用いて電気系を，式 (13.22) を用いてトルク発生系を，式 (13.45) を用いて機械負荷系を構成するならば，図 13.7 に示した A 形ベクトルブロック線図が得られる。図 (a) は式 (13.43a) を用いて，図 (b) は式 (13.43b) を用いて正規化回転子磁束 ϕ_{2n} を生成している。このブロック線図の特色は，IM の内部状態である固定子負荷電流，固定子磁束，正規化回転子磁束，および固定子電流の関係が簡潔に表現されている点にある。

13. 3. 3 B 形ベクトルブロック線図

電気系

式 (13.19)～式 (13.21) に集約された数学モデル第 1 基本式の固定子負荷電流に着

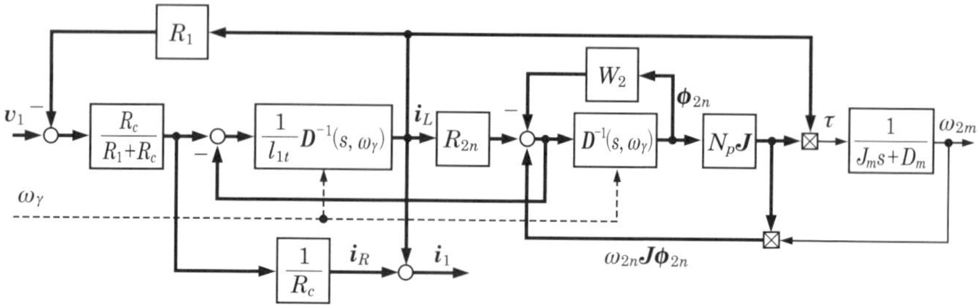

(a) B-1形

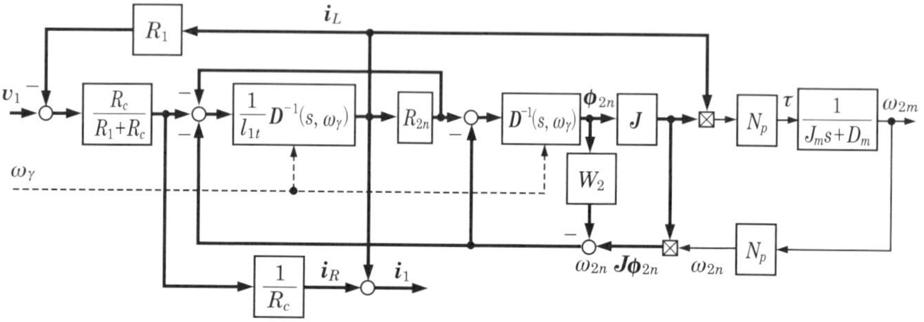

(b) B-2形

図13.8　B形ベクトルブロック線図

目するならば，3基本要素に展開した次の電気系を得ることができる。

$$\boldsymbol{D}(s,\omega_\gamma)l_{1t}\boldsymbol{i}_L = \frac{R_c}{R_1+R_c}[\boldsymbol{v}_1 - R_1\boldsymbol{i}_L] - \boldsymbol{D}(s,\omega_\gamma)\boldsymbol{\phi}_{2n} \tag{13.46}$$

$$\boldsymbol{D}(s,\omega_\gamma)\boldsymbol{\phi}_{2n} = R_{2n}\boldsymbol{i}_L + [-W_2\boldsymbol{I} + \omega_{2n}\boldsymbol{J}]\boldsymbol{\phi}_{2n} \tag{13.47}$$

$$\boldsymbol{i}_1 = \frac{[\boldsymbol{v}_1 + R_c\boldsymbol{i}_L]}{R_1+R_c} = \frac{[\boldsymbol{v}_1 - R_1\boldsymbol{i}_L]}{R_1+R_c} + \boldsymbol{i}_L \tag{13.48}$$

トルク発生系

トルク発生系は，数学モデル第2基本式である式(13.22)を無修正で活用する。

式(13.46)〜式(13.48)を用いて電気系のブロックを，式(13.22)を用いてトルク発生系を，式(13.45)を用いて機械負荷系を構成するならば，図13.8(a)のブロック線図を得ることができる。図(a)は，図(b)のように再構成することもできる。このブロック線図の特色は，回転子側に発生した速度起電力が直接的に固定子側にフィードバックされる形になっている点にある。

13.3.4 C形ベクトルブロック線図

電気系

固定子磁束に着目し，固定子磁束と固定子電圧の関係に関しては統一モデル原式の式 (13.5) を活用する。式 (13.17)，式 (13.18) の固定子磁束モデルに関しても，固定子磁束の観点から再構築する。さらに，固定子電流に関しては，最原式である式 (13.1)，式 (13.3) の活用を図る。この場合には，数学モデル第1基本式である回路方程式を結果的に4基本要素に展開した電気系として，次を得ることができる。

$$\boldsymbol{D}(s,\omega_\gamma)\boldsymbol{\phi}_1=\frac{R_c}{R_1+R_c}[\boldsymbol{v}_1-R_1\boldsymbol{i}_L] \tag{13.49}$$

$$\begin{aligned}&\boldsymbol{D}(s,\omega_\gamma)l_{1t}\boldsymbol{i}_L\\&\quad=[-(L_1W_2)\boldsymbol{i}_L+[\boldsymbol{D}(s,\omega_\gamma)+W_2\boldsymbol{I}]\boldsymbol{\phi}_1-\omega_{2n}\boldsymbol{J}\boldsymbol{\phi}_{2n}]\end{aligned} \tag{13.50}$$

$$\boldsymbol{\phi}_{2n}=\boldsymbol{\phi}_1-l_{1t}\boldsymbol{i}_1 \tag{13.51}$$

$$\boldsymbol{i}_1=\boldsymbol{i}_R+\boldsymbol{i}_L=\frac{1}{R_c}\boldsymbol{D}(s,\omega_\gamma)\boldsymbol{\phi}_1+\boldsymbol{i}_L \tag{13.52}$$

ただし，

$$L_1W_2=R_{2n}+l_{1t}W_2 \tag{13.53}$$

式 (13.49)～式 (13.52) を用いて電気系のブロックを，式 (13.22) を用いてトルク発生系を，式 (13.45) を用いて機械負荷系を構成するならば，図 13.9 のブロック線図を得ることができる。本ブロック線図の特色は，回転子ひいては正規化回転子磁束に依存する速度起電力以外は，固定側の信号で記述されている点にある。本図では，描画上の簡明さのためトルク発生系の構成には式 (13.22) を利用したが，統一モデル原式 (13.6) を利用してもよい。この場合，固定子側の信号のみでブロック構成が可

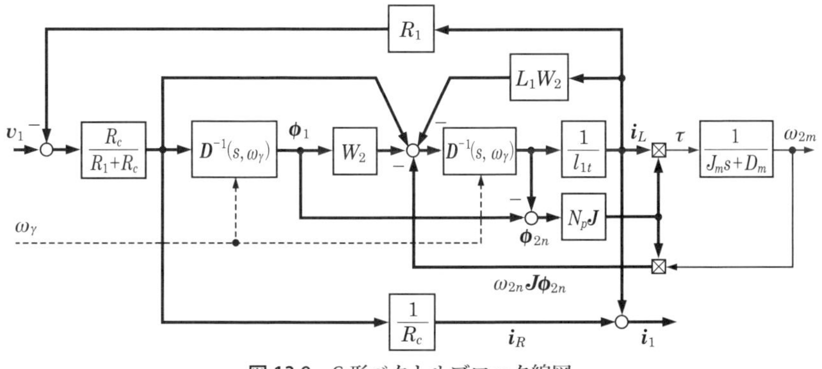

図 13.9 C 形ベクトルブロック線図

能となる。

以上提案したA，B，C形の各ベクトルブロック線図は，固定子等価鉄損抵抗を$R_c=\infty$とする場合には，第3章で示した鉄損を無視したA，B，C形の各ベクトルブロック線図に帰着する。これより明らかなように，A，B，C形の各ベクトルブロック線図は，鉄損を無視したベクトルブロック線図の特色をおのおの継承している。簡明性に関しても同様に継承している。

13.3.5　ベクトルシミュレータ

最近のシミュレーションソフトウェアの多くは，ブロック線図の描画を通じてプログラミングを行う方法を採用している。しかも，これらは，提案のベクトルブロック線図で利用したベクトル信号を扱えるうえに，行列係数器，ベクトル乗算器，内積器なども備えている。したがって，これらシミュレーションソフトウェアでベクトルブロック線図を描画すれば，動的ベクトルシミュレータをただちに構築することができる。

動的ベクトルシミュレータの利用に際して，特に注意すべき点は，以下のとおりである。

(a) 数学モデルおよびブロック線図における$\gamma\delta$一般座標系の速度ω_γ，回転子の電気速度ω_{2n}，機械速度ω_{2m}はすべて$\alpha\beta$固定座標系上で評価された値である。

(b) $\alpha\beta$固定座標系上のシミュレータを得るには，$\gamma\delta$一般座標系の速度ω_γを強制的にゼロに設定するだけでよい（図13.2参照）。または，逆D因子を形式的に積分器$1/s$で置換するだけでよい。

(c) dq同期座標系上のシミュレータを得るには，座標系速度ω_γを正規化回転子磁束周波数ω_{2f}に設定すればよい（図13.2参照）。すなわち，$\omega_\gamma=\omega_{2f}$。

(d) IMのベクトルブロック線図をIM制御対象として活用し，かつP制御器を含むフィードバック電流制御系を構成し，加えて制御系内の演算時間を無視する場合は，本電流制御系は等価鉄損抵抗経由の静的ループの構成を意味し，ひいては適切なシミュレーションを行えない。この遠因の1つは，鉄損現象を13.2.2項の前提（d）に従い静的な等価鉄損抵抗で近似したことにある。この種の問題の解決には，たとえば図13.10(a)に示したように，固定子鉄損電流と固定子負荷電流との合成による固定子電流の生成直前に，固定子鉄損電流側に時定数の十分短い1次ダイナミックスを付与すればよい。離散時間的に実現する場合には，図13.10(b)のように1制御周期相当のむだ時間を付与すればよい。この操作は，鉄損モデルに近似的にダイナミックスを付与した

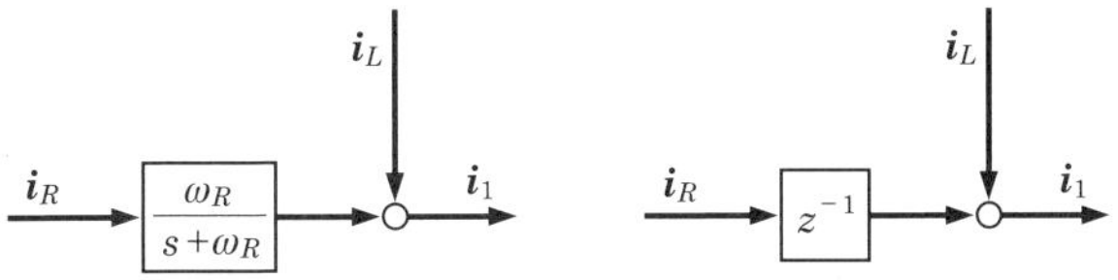

(a)　　(b)

図 13.10　鉄損モデルのダイナミックス付与の２例

ことを意味する。

(e) 等価鉄損抵抗にヒステリシス損の影響を考慮する場合には，等価鉄損抵抗 R_c は周波数依存性をもち，ゼロ周波数ではゼロになる。しかし，IM 挙動の実用的なシミュレーションではゼロ（$R_c = 0$）を回避することが好ましい場合が多い。これには，たとえば以下に示すように，極低周波数でリミット特性をもたせる，微小なプラスバイアスをもたせるなどの応用的修正が有益である。極低周波数でのリミット特性は，次式で付与できる。

$$R_{c1}|\omega_{1f}| \approx \begin{cases} R_{c1}|\omega_{1f}| & ; \ |\omega_{1f}| \geq \omega_{1\min} \\ R_{c1}\omega_{1\min} & ; \ |\omega_{1f}| < \omega_{1\min} \end{cases} \tag{13.54}$$

ここに，$\omega_{1\min}$ はリミット特性開始を示す正の極低周波数である。微小バイアスは，ヒステリシス損等価鉄損抵抗を単独使用の場合には次式で付与でき，

$$R_c \approx R_{c1}|\omega_{1f}| + \delta_R \qquad ; \quad R_{c1} = \mathrm{const} \tag{13.55}$$

渦電流損等価鉄損抵抗を併用する場合には次式で付与できる。

$$R_c \approx \frac{R_{c0}R_{c1}|\omega_{1f}| + \delta_R}{R_{c0} + R_{c1}|\omega_{1f}|} \qquad ; \quad \begin{matrix} R_{c0} = \mathrm{const} \\ R_{c1} = \mathrm{const} \end{matrix} \tag{13.56}$$

ここに，δ_R は微小バイアス用の正数である。

(f) 等価鉄損抵抗にヒステリシス損の影響を考慮する場合には，等価鉄損抵抗 R_c は周波数依存性をもつので，ベクトルブロック線図における $\boldsymbol{D}^{-1}(s, \omega_\gamma)$ と等価鉄損抵抗との位置は変更できない。

13. 4　ベクトル制御系の構造と設計

13. 4. 1　目的

IM に所要トルクを瞬時発生させるには，ベクトル制御によることになる。このためのベクトル制御系はこの動的数学モデルに立脚して設計・構築される。この点に関

しては，鉄損が無視できる場合も，できない場合も同一である。無視できない鉄損を有するIMに対して，鉄損を無視したベクトル制御系を構成しこれを制御する場合には，一般に，発生トルクはトルク指令値に対して低下し，所期のトルク発生は期待できない。しかも，低下の度合いは，速度と電流に依存する鉄損に起因し一様ではない。

発生トルク低下の対応として，実測などを通じてトルク低下相当分を用意しておき，低下相当分をあらかじめ上乗せしたうえでトルク指令値を生成する方法が考えられる。本方法の実現には，少なくとも速度と期待発生トルクをテーブルへの入力信号とし，d軸電流指令値とq軸電流指令値をテーブル出力信号とする，相互に関連した2種の3次元テーブルが必要となる。

本節では，IMが無視できない鉄損を有することを当初より考慮したベクトル制御系を構築する。構築するベクトル制御系は，固定子負荷電流を利用して固定子電流を制御するものである。発生トルクは，式(13.22)が示しているように，鉄損に寄与しない固定子負荷電流によって定まる。したがって，トルク指令値から固定子負荷電流指令値を生成し，これを用いて固定子電流を制御するようにすれば，所期のトルク発生をもたらす固定子電流制御が遂行されると期待される[5)~7)]。本節では，このような観点から開発・提案されたセンサ利用およびセンサレスのベクトル制御法を説明する。

13.4.2　電圧形負荷電流発生器を用いたセンサ利用ベクトル制御

トルク指令値から固定子負荷電流指令値を生成し，これを用いて固定子電流を制御する方法は，大きくは，電圧形負荷電流発生器（load current evolver）を用いた方法と電圧形電流指令器（current commander）を用いた方法に二別される[5)~7)]。前者は，固定子電圧情報を利用して，負荷電流応答値を算定し，算定した負荷電流応答値と負荷電流指令値との電流偏差を電流制御器への入力とするものである。これに対して，後者は，負荷電流指令値と固定子電圧情報を用いて固定子電流指令値を生成し，生成した固定子電流指令値と固定子電流応答値との電流偏差を電流制御器への入力とするものである。両電流偏差は，微小な近似相違を伴うものの実質的に等価であり，同一の電流制御器が使用される場合には，電流制御系は同一の応答特性を示す[7)]。

IMのベクトル制御には，電流制御系の構成に加えて，回転子磁束推定系の構成が必須である。回転子磁束推定系は，電圧形負荷電流発生器，電圧形電流指令器のいずれを用いた電流制御系に対しても構成可能であるが，回転子磁束推定系の簡潔な構成には，電圧形負荷電流発生器を用いた電流制御系が都合がよい。本節では，この認識に立ち，文献5)，6)を参考に電圧形負荷電流発生器を用いたベクトル制御法を説明する。

A. γδ 一般座標系上の電圧形負荷電流発生器

回路方程式の式 (13.20)～式 (13.21)，トルク発生式 (13.22) において，形式的に次の置換を行うことを考える。

$$\boldsymbol{i}_L \to \boldsymbol{i}_1\,,\quad \frac{R_c}{R_1+R_c}\boldsymbol{v}_1 \to \boldsymbol{v}_1\,,\quad \frac{R_1R_c}{R_1+R_c} \to R_1 \tag{13.57}$$

上記の形式的な置換を施された回路方程式の式 (13.20)～式 (13.21)，トルク発生式 (13.22) は，鉄損の影響を無視した回路方程式 (2.157)，トルク発生式の式 (2.170c) と同一になる。

本同一性より，固定子負荷電流 $\boldsymbol{i}_L$ が固定子電流 $\boldsymbol{i}_1$ と同様に利用可能であれば，鉄損を無視した固定子電流制御のためのベクトル制御法が利用できることがわかる。幸いにも，固定子負荷電流 $\boldsymbol{i}_L$ は，回路方程式の式 (13.19) より得た次の固定子電圧との関係式に従い，算定できる。

$$\boldsymbol{i}_L = \boldsymbol{i}_1 + \frac{1}{R_c}\left[R_1\boldsymbol{i}_1 - \boldsymbol{v}_1\right] \tag{13.58}$$

上式は，αβ 固定座標系，γδ 準同期座標系を特別の場合として含む γδ 一般座標系上で成立する関係であり，さらには，定常応答，過渡応答を含めた各瞬時に成立する関係である。本関係を支配する IM パラメータは，固定子抵抗 R_1 と等価鉄損抵抗 R_c のみであり，他の IM パラメータは必要ない。

式 (13.58) に基づく固定子負荷電流の算定には，固定子電圧，固定子電流の情報が必要であるが，応用に際しては，これらの実測値に代わって，これらの良好な近似値を利用してよい。特に固定子電圧に関しては，システム構成簡略化の観点から，近似値の利用が実際的である。式 (13.58) は，固定子電圧の近似値 $\boldsymbol{v}_1'$ を用いる場合には，次式に書き改められる。

$$\boldsymbol{i}_L = \boldsymbol{i}_1 + \frac{1}{R_c}\left[R_1\boldsymbol{i}_1 - \boldsymbol{v}_1'\right] \tag{13.59}$$

式 (13.59) における固定子電圧近似値 $\boldsymbol{v}_1'$ としては，たとえば，次式のような固定子電圧指令値のフィルタ処理値などが考えられる。

$$\boldsymbol{v}_1' = G_v(s)\boldsymbol{v}_1^* \tag{13.60a}$$

$$\boldsymbol{v}_1' = z^{-1}\boldsymbol{v}_1^*(k) = \boldsymbol{v}_1^*(k-1) \tag{13.60b}$$

式 (13.60a) は，厳にプロパーな（strictly proper，すなわち相対次数が 1 以上の）伝達関数をもつフィルタ $G_v(s)$ で処理した固定子電圧指令値を利用して，固定子負荷電流を算定することを意味する。このときのフィルタ $G_v(s)$ は電流制御系帯域幅より広

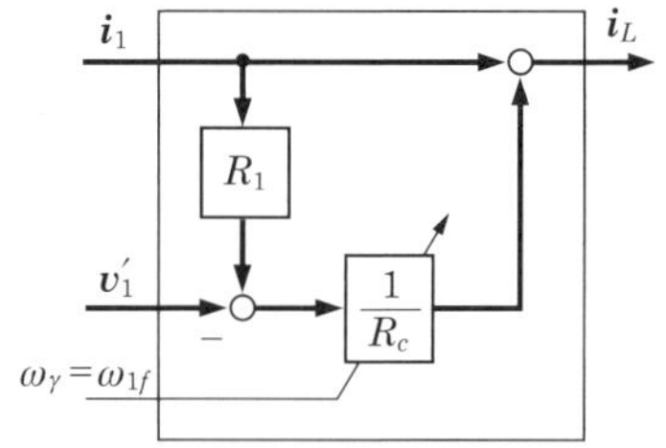

図 13.11 電圧形負荷電流発生器の概略構造

い帯域幅をもたせるようにすれば，フィルタ $G_v(s)$ が電流制御に及ぼす影響は，実質的に無視できるようになる。式 (13.60b) は，電流制御系を離散時間的に構成する場合において，$(k-1)$ 時点の固定子電圧指令値を固定子電圧近似値として利用し，k 時点の固定子負荷電流を算定することを意味する。

図 13.11 は，式 (13.60) の固定子電圧近似値を利用した式 (13.59) を，電圧形負荷電流発生器として実現したものである。同図では，等価鉄損抵抗 R_c の周波数依存性（式 (13.13) 参照）を，電源周波数 $\omega_\gamma = \omega_{1f}$ による貫徹矢印で表現している。多くの場合，IM の支配的鉄損は渦電流損である。渦電流損のための等価鉄損抵抗は定数であるので（式 (13.13) 参照），渦電流損のみを考慮する場合には，周波数依存性を示す貫徹矢印は撤去してよい。

B. αβ 固定座標系上の推定器を用いた構成

αβ 固定座標系上の電圧形負荷電流発生器と回転子磁束推定器とを有するベクトル制御系の構成を考える。この種のベクトル制御系の 1 構成例を図 13.12 に概略的に与えた。同図では，電圧，電流のベクトル表示に関し，定義された座標系を明示すべく，uvw 固定座標系，αβ 固定座標系，γδ 準同期座標系に対応して脚符 t, s, r を付している。

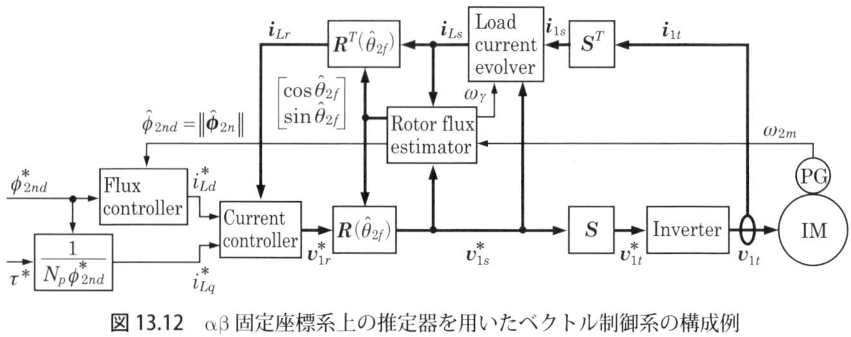

図 13.12 αβ 固定座標系上の推定器を用いたベクトル制御系の構成例

αβ 固定座標系上の電圧形負荷電流発生器は，図 13.11 のとおりに構成されている。電圧形負荷電流発生器の入出力のベクトル信号は，すべて αβ 固定座標系上で定義された信号である。固定子電圧近似値 $\boldsymbol{v}_1'$ としては，固定子電圧指令値を式 (13.60) のような処理をして利用している（本処理の描画は省略）。電圧形負荷電流発生器から見て左側の電流は，すべて固定子負荷電流である。すなわち固定子負荷電流の応答値と指令値である。

電圧形負荷電流発生器から見て左側の諸機器は，すなわち固定子負荷電流に関連した諸機器は，鉄損を考慮した式 (13.20)～式 (13.22) の γδ 一般座標系上の数学モデルに立脚して構成されている。鉄損を無視した回路方程式 (2.157)，トルク発生式の式 (2.170c) は，式 (13.57) の逆置換である式 (13.61) の形式置換を実施すると，鉄損を考慮した回路方程式の式 (13.20)～式 (13.21)，トルク発生式 (13.22) となる（仮想ベクトル回路に関する図 2.19 と図 13.5(b) を参照）。

$$\left.\begin{aligned} &\boldsymbol{i}_1 \to \boldsymbol{i}_L\,, \quad \boldsymbol{v}_1 \to \frac{R_c}{R_1+R_c}\boldsymbol{v}_1 \\ &R_1 \to \frac{R_c}{R_1+R_c}R_1 = \frac{R_1R_c}{R_1+R_c} \end{aligned}\right\} \tag{13.61}$$

式 (13.61) に整理された形式的同一性は，電圧形負荷電流発生器から見て左側の諸機器に対し，次の諸事項を意味する。

(a) 固定子負荷電流の d 軸指令値を生成するためのフィードバック形磁束制御器は，鉄損を無視したベクトル制御のための磁束制御器を無修正で利用すればよい（4.5 節参照）。フィードフォワード形磁束制御器を利用する場合も，鉄損を無視したベクトル制御のための制御器を無修正で利用すればよい。トルク指令値から固定子負荷電流の q 軸指令値の生成法は，鉄損を無視したベクトル制御の q 軸電流指令値の生成法と同一である。

(b) 電流制御器は，基本的に，鉄損を無視したベクトル制御のための電流制御器を無修正で利用すればよい（4.4 節，4.5 節参照）。すなわち，基本的には，鉄損を無視したベクトル制御のための PI 制御器，非干渉器は無修正で利用してよい。非干渉器の構成には電流の d，q 軸要素が必要であるが，本電流としては，固定子負荷電流，固定子電流のいずれでもよい。また，若干の過渡応答の劣化を許容するならば，非干渉器の撤去も鉄損を無視したベクトル制御の場合と同様に可能である。

(c) 回転子磁束推定器は，鉄損を無視できる場合の回転子磁束推定器に対して，式

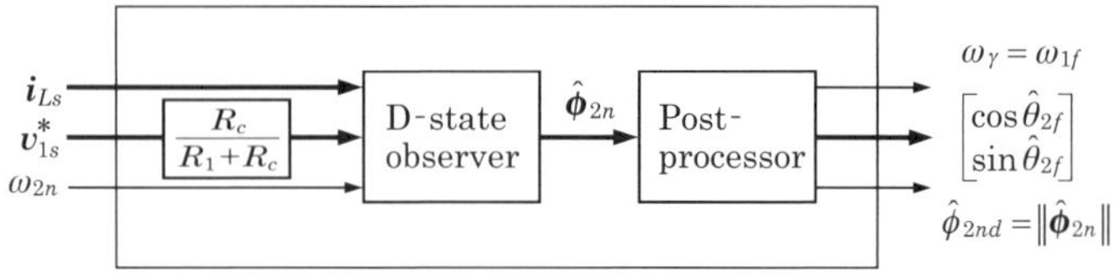

図 13.13 αβ 固定座標系上の回転子磁束推定器の概略構成

(13.61) の形式的置換を施し，利用すればよい。

式 (13.61) の形式的置換に基づく，αβ 固定座標系上の回転子磁束推定器の 1 構成例を図 13.13 に示した。この回転子磁束推定器は，図 5.9 に示した鉄損を無視できる回転子磁束推定器を利用したものであり，概略的には，オブザーバ部と後処理部とから構成されている。回転子磁束推定器へ入力される電流は，固定子電流に代わって，固定子負荷電流となっている。回転子磁束推定器へ入力された固定子電圧指令値は，式 (13.61) に従い，等価化係数 $R_c/(R_1+R_c)$ が乗じられている。

オブザーバ部は，図 5.10 に忠実に従って構成されている。ただし，オブザーバ部に使用される固定子側の抵抗としては，式 (13.61) の形式変換に従い，固定子抵抗 R_1 に代わって，これに等価化係数 $R_c/(R_1+R_c)$ を乗じた等価固定子総合抵抗 $(R_1R_c)/(R_1+R_c)$ を使用しなければならない。後処理部は，鉄損の有無いかんにかかわらず不変である。すなわち，鉄損を考慮した場合の後処理部は，鉄損の考慮を要しない場合の後処理部である図 5.11 または図 5.12 と同一である。

C. γδ 準同期座標系上の推定器を用いた構成

γδ 準同期座標系上の電圧形負荷電流発生器と回転子磁束推定器とを有するベクトル制御系の構成を考える。図 13.14 に，この種のベクトル制御系の 1 構成例を概略的

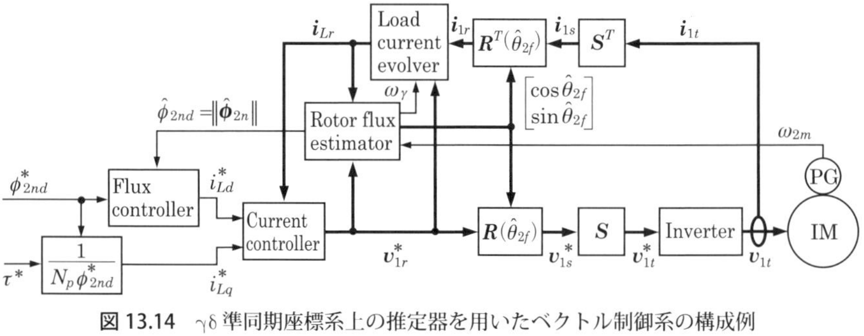

図 13.14 γδ 準同期座標系上の推定器を用いたベクトル制御系の構成例

に与えた。同図では，電圧，電流のベクトル表示に関し，定義された座標系を明示すべく，uvw 固定座標系，αβ 固定座標系，γδ 準同期座標系に対応して脚符 t, s, r を付している。

γδ 準同期座標系上の電圧形負荷電流発生器は，図 13.11 のとおりに構成されている。電圧形負荷電流発生器の入出力のベクトル信号は，すべて γδ 準同期座標系上で定義された信号である。固定子電圧近似値 $\boldsymbol{v}_1'$ としては，固定子電圧指令値を式 (13.60) のような処理をして利用している（本処理の描画は省略）。電圧形負荷電流発生器から見て左側の電流は，すべて固定子負荷電流である。すなわち固定子負荷電流の応答値と指令値である。

電圧形負荷電流発生器から見て左側の諸機器は，すなわち固定子負荷電流に関連した諸機器は，鉄損を考慮した式 (13.20)～式 (13.22) の γδ 一般座標系上における数学モデルに立脚して構成されている。数学モデルの形式的置換に基づく関連諸機器の設計・構成の考え方は，αβ 固定座標系の場合と同一である。磁束制御器，電流制御器などの設計・構成法は，αβ 固定座標系の場合と完全同一である。

式 (13.61) の形式的置換に基づく，γδ 準同期座標系上の回転子磁束推定器の 1 構成例を図 13.15 に示した。この回転子磁束推定器は，図 5.16 に示した鉄損を無視できる回転子磁束推定器を利用したものであり，概略的には，オブザーバ部と後処理部とから構成されている。回転子磁束推定器へ入力される電流は，固定子電流に代わって，固定子負荷電流となっている。回転子磁束推定器へ入力された固定子電圧指令値は，式 (13.61) に従って，等価化係数 $R_c/(R_1+R_c)$ が乗じられている。

オブザーバ部は，図 5.17 に忠実に従って構成されている。ただし，オブザーバ部に使用される固定子側の抵抗としては，式 (13.61) の形式変換に従い，固定子抵抗 R_1 に代わって，これに等価化係数 $R_c/(R_1+R_c)$ を乗じた等価固定子総合抵抗 $(R_1R_c)/(R_1+R_c)$ を使用しなければならない。後処理部は，鉄損の有無いかんにかかわらず不変である。すなわち，鉄損を考慮した場合の後処理部は，鉄損の考慮を要しない場

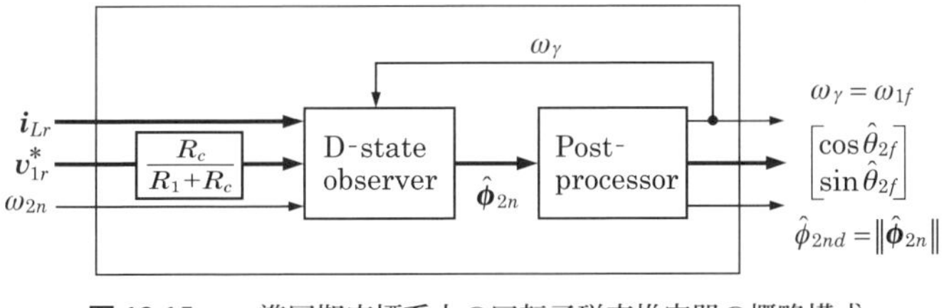

図 13.15 γδ 準同期座標系上の回転子磁束推定器の概略構成

合の後処理部である図5.18と同一である。

以上は，$\gamma\delta$準同期座標系上の回転子磁束推定器として，状態オブザーバ形回転子磁束推定器の構成例である。すべり周波数形回転子磁束推定器を構成する場合にも，式(13.61)の形式的置換に従えばよい。この場合には，図6.2の鉄損を無視できる場合の回転子磁束推定器において，これへ入力される電流を，固定子電流$\boldsymbol{i}_1$に代わって固定子負荷電流$\boldsymbol{i}_L$に変更すればよい。

13.4.3　電圧形負荷電流発生器を用いたセンサレスベクトル制御

A.　状態オブザーバ形センサレスベクトル制御

鉄損考慮を要しないIMに対して，状態オブザーバ形回転子磁束推定器を用いてベクトル制御系を構成する場合，センサ利用とセンサレスとの相違に起因する，回転子磁束推定器の相違は，後処理部に若干あるに過ぎなかった。すなわち，センサレスベクトル制御のための回転子磁束推定器・後処理部には，速度推定器を追加すればよかった。

鉄損考慮を要するIMに対して，状態オブザーバ形回転子磁束推定器を用いてベクトル制御系を構成する場合には，上記対応は同様に適用される。すなわち，鉄損考慮したベクトル制御において，これをセンサレス化する場合には，回転子磁束推定器・後処理部に速度推定器を追加すればよい。

速度推定器の構成原理は，鉄損考慮の要否にかかわらず，同一である。鉄損考慮を要しない回転子磁束推定器・後処理部における速度推定器は，図9.5，図9.6，図9.12に示したように，電流信号として固定子電流を用いた。鉄損考慮を要する回転子磁束推定器・後処理部における速度推定器は，鉄損考慮を要しない回転子磁束推定器・後処理部における速度推定器に対して式(13.61)の形式置換に従い，電流信号として固定子電流$\boldsymbol{i}_1$に代わって固定子負荷電流$\boldsymbol{i}_L$を利用することにより，構成される。

B.　直接周波数形ベクトル制御

鉄損考慮を要しないIMのための直接周波数形回転子磁束推定器は，式(10.7)で与えられた。鉄損考慮を要するIMのための直接周波数形回転子磁束推定器は，式(10.7)に対して式(13.61)の形式的置換を施すことにより得られる。これは，以下となる。

◆直接周波数形回転子磁束推定器

$$\hat{\phi}_{2n\gamma} = \frac{R_{2n}}{s + W_2} i_{L\gamma} \tag{13.62a}$$

$$\hat{\phi}_{1\gamma} = \hat{\phi}_{2n\gamma} + l_{1t} i_{L\gamma} \tag{13.62b}$$

$$\begin{aligned}\Delta\tilde{v}_{\gamma\delta} &= \frac{R_c}{R_1 + R_c}(v_{1\delta} - R_1 i_{L\delta} - g_3 \operatorname{sgn}(\omega_\gamma)(v_{1\gamma} - R_1 i_{L\gamma})) \\ &\quad -s l_{1t} i_{L\delta} + g_3 \operatorname{sgn}(\omega_\gamma) s \hat{\phi}_{1\gamma} \\ &\approx \frac{R_c}{R_1 + R_c}(v_{1\delta} - R_1 i_{L\delta} - g_3 \operatorname{sgn}(\omega_\gamma)(v_{1\gamma} - R_1 i_{L\gamma})) \\ &\quad -s l_{1t} i_{L\delta}\end{aligned} \tag{13.62c}$$

$$\hat{\phi}_{\gamma\delta} = \hat{\phi}_{1\gamma} + g_3 \operatorname{sgn}(\omega_\gamma) l_{1t} i_{L\delta} \tag{13.62d}$$

$$\omega_\gamma = \frac{\Delta\tilde{v}_{\gamma\delta}}{\tilde{\phi}_{\gamma\delta}} \tag{13.62e}$$

■

広い速度範囲でのセンサレスベクトル制御には，周波数ハイブリッド法が有用である。鉄損考慮を要しないIMに対する周波数ハイブリッド法のための高速域用の位相推定法の1つは，式(10.29a)で与えられた。式(10.29a)に対応した鉄損考慮を要するIMに対する周波数ハイブリッド法のための高速域用の位相推定法は，式(13.61)の形式的置換を施すことにより，次式のように得られる。

$$\begin{aligned}&w_2(s)\begin{bmatrix}\cos\hat{\theta}_{2f2} \\ \sin\hat{\theta}_{2f2}\end{bmatrix} \\ &\quad = (1 - F_w(s))\begin{bmatrix}\cos\hat{\theta}_{2f2} \\ \sin\hat{\theta}_{2f2}\end{bmatrix} \\ &\quad \approx \frac{1}{\hat{\phi}_{2nd}}(1 - F_w(s))\hat{\boldsymbol{\phi}}_{2n} \\ &\quad = \frac{1}{\hat{\phi}_{2nd}} \frac{(1 - F_w(s))}{s}\left[\frac{R_c}{R_1 + R_c}(\boldsymbol{v}_1 - R_1 \boldsymbol{i}_L) - s l_{1t} \boldsymbol{i}_L\right]\end{aligned} \tag{13.63}$$

13. 4. 4 設計と制御性能の1例

A. システム構造と実験条件

鉄損を考慮したベクトル制御系の具体的な設計例と応答例を示す。図13.16に数値実験（シミュレーション）のためのベクトル制御系を示した。本ベクトル制御系は，$\alpha\beta$固定座標系上の電圧形負荷電流発生器と回転子磁束推定器を用いた図13.12のベクトル制御系を模擬したものである。制御対象であるIMには，図13.7のA形ベクトルブロック線図に従ったベクトルシミュレータを利用した。ただし，$\alpha\beta$固定座標系上で構成すべく，$\gamma\delta$一般座標系の速度ω_γをゼロにし，逆D因子は積分器$1/s$とし

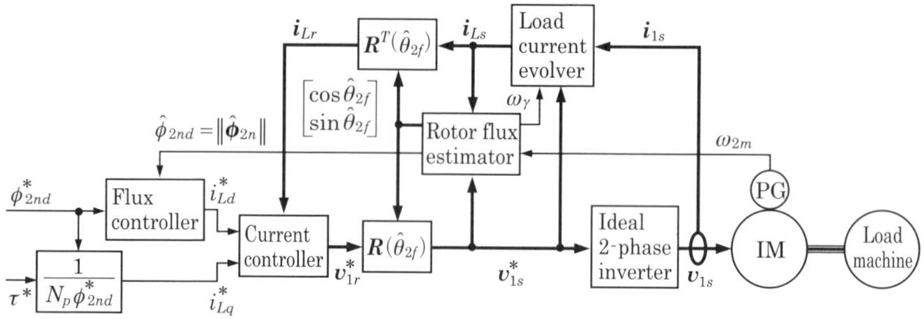

図 13.16 数値実験システムの構成

て実現した。また，固定子鉄損電流と固定子負荷電流との合成による固定子電流の生成に際しては，図 13.10(b) のように，固定子鉄損電流の最終工程に 1 制御周期相当のむだ時間 z^{-1} を配置した。

IM には負荷装置を連結し，IM の速度を負荷装置により制御できるようにした。電力変換器（ideal 2-phase inverter）は，伝達関数が 1 の理想的特性をもつものとした。数値実験に使用した供試 IM の特性は表 4.1 の特性に加え，次のような小さめな等価鉄損抵抗（すなわち，大きな鉄損を生じる等価鉄損抵抗）をもつものとした。

$$R_c = R_{c0} = 10 \ 〔\Omega〕 \tag{13.64}$$

電圧形負荷電流発生器は，式 (13.59) に従って構成した。このときの固定子電圧近似値 $\boldsymbol{v}_1'$ には，式 (13.60b) に示した 1 制御周期前の固定子電圧指令値を用いた。

電流制御器は PI 制御器とし，PI 係数は，電流制御系の帯域幅 $\omega_{ic} = 2\,000$〔rad/s〕が得られるように，設計パラメータ $w_1 = 0.1$ として設計した（式 (4.46) 参照）。非干渉器は用いないものとした。

磁束制御器は，磁束制御系の帯域幅 $\omega_{fc} = 10$〔rad/s〕が得られるように，この PI 係数を定めた。具体的には，設計パラメータ $w_1 = 0.2$ を用いた式 (5.32) を採用した。

図 13.13 に示した回転子磁束推定器内のオブザーバ部（D 因子磁束状態オブザーバ）の設計は，すなわちオブザーバゲインの設計は，式 (5.33) と同一とした。磁束制御器内の後処理部は，静的な（すなわち動特性を有しない）図 5.11 に従い構成した。

B. 定格速度におけるステップ応答

固定子負荷電流の制御性能，トルク制御性能の確認実験は，以下のように行った。まず，負荷装置を用い，供試 IM を定格速度である一定速度 150〔rad/s〕で駆動した。この間，正規化回転子磁束指令値は定格近傍の一定値 $\phi^*_{2nd} = 0.8$〔Vs/rad〕を与えた。

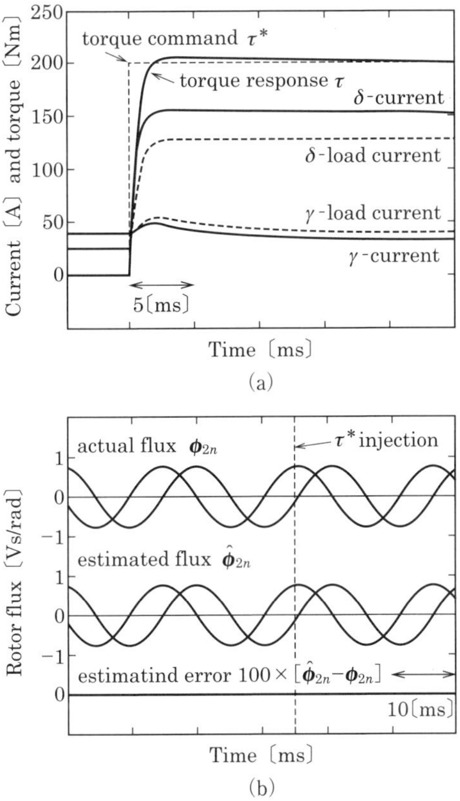

図 13.17 トルク制御におけるステップ応答例

トルク指令値には当初ゼロを与えたうえで，ある瞬時に定格近傍の一定値 200〔Nm〕を印加した。正規化回転子磁束指令値は，常時，既定の一定値に維持した。なお，定格トルク指令値の印加時点は，γδ 準同期座標系が dq 同期座標系への収束を実質的に完了した時点とした。

応答の結果を図 13.17 に示す。図 (a) は，上から，トルク指令値（破線），トルク応答値（実線），固定子電流 δ 軸要素（実線），固定子負荷電流 δ 軸要素（破線，トルク分電流），固定子負荷電流 γ 軸要素（破線，励磁分電流），固定子電流 γ 軸要素（実線）である。時間軸は，5〔ms/div〕である。トルク指令値 τ^* のステップ変化に対して，固定子負荷電流 γ 軸要素（励磁分電流応答値）に若干の干渉揺らぎが出現しているが，干渉揺らぎは 5〔ms〕程度で収束し，実質的に非干渉化が達成されている。固定子負荷電流の γ 軸，δ 軸要素はともに同指令値に制御されている。これに応じ，鉄損がない場合の図5.14と同様な良好なトルク応答が得られている。

固定子負荷電流のδ軸要素がゼロ状態でも，IMの回転に起因して，固定子電流のδ軸要素（約25〔A〕）が流れている。また，トルク指令値の印加後には，固定子負荷電流に対し，固定子電流δ軸要素は増加方向へ，γ軸要素は減少方向へ応答している。固定子負荷電流に対する固定子電流の変動分は，固定子鉄損電流に起因している。この関係は，定常状態では，次式のように解析される。

$$\boldsymbol{i}_1 = \boldsymbol{i}_L + \boldsymbol{i}_R = \boldsymbol{i}_L + \frac{\boldsymbol{D}(0,\omega_\gamma)\boldsymbol{\phi}_1}{R_c} = \begin{bmatrix} i_{L\gamma} - \dfrac{\omega_\gamma l_{1t}}{R_c} i_{L\delta} \\ i_{L\delta} + \dfrac{\omega_\gamma L_1}{R_c} i_{L\gamma} \end{bmatrix} \tag{13.65a}$$

$$\boldsymbol{\phi}_1 = \begin{bmatrix} L_1\, i_{Ld} \\ l_{1t}\, i_{Lq} \end{bmatrix} \approx \begin{bmatrix} L_1\, i_{L\gamma} \\ l_{1t}\, i_{L\delta} \end{bmatrix} \tag{13.65b}$$

上式 (13.65) は，式 (13.1) に式 (13.3) を用い，定常状態の条件を付すことにより得られる。式 (13.65) より，固定子負荷電流に対する固定子電流の定常的増減が明らかである。

図13.17(b) は，トルク指令値の変化前後における正規化回転子磁束の様子を示したものであり，上から，正規化回転子磁束の真値 ϕ_{2n}，回転子磁束推定器で得た正規化回転子磁束の推定値 $\hat{\phi}_{2n}$，推定値と真値との誤差の100倍値すなわち $100[\hat{\phi}_{2n} - \phi_{2n}]$ を示している。なお，時間軸は，図 (a) と異なり，10〔ms/div〕である。図中の縦破線は，トルク指令値をゼロから定格値に瞬時変更した時刻を示している。磁束推定誤差から理解されるように，トルク指令値の変化にもかかわらず，正規化回転子磁束は正確に推定されかつ制御されている。このときの正規化回転子磁束の振幅は，同指令値の $\|\phi_{2n}\| = 0.8$〔Vs/rad〕に制御されている。正規化回転子磁束のこれら応答は，鉄損がない場合の図5.14と同様，良好である。

13.5　効率駆動と広範囲駆動

13.5.1　目的

鉄損考慮を要しないIMを対象にした，最小銅損駆動に必要な正規化回転子磁束指令値，励磁分電流指令値，トルク分電流指令値の生成法，あるいはこれに関連した解析は，第7章で説明した。また，実効的な電圧制限のある場合の磁束指令値，励磁分電流指令値，トルク分電流指令値の生成法も，第7章で説明した。

本節では，文献8)を参考に，鉄損考慮を要するIMに対して，銅損と鉄損を含む総合損失を最小化する駆動制御法を説明する。まず，実効的な電圧制限がない場合の最小総合損失電流解を導出し，これに基づく，正規化回転子磁束指令値，固定子負荷電流指令値の生成法を与える。次に，実効的な電圧制限のもとでの高速駆動のための正規化回転子磁束指令値，固定子負荷電流指令値の生成法を与える。

13. 5. 2 非電圧制限下の最小総合損失駆動

A. トルクと総合損失の再評価

$\gamma\delta$ 一般座標系上の式 (13.19)～式 (13.23) の動的数学モデルに，$\theta_\gamma = 0$，$\omega_\gamma = \omega_{2f}$ の同期条件を付与すると，dq 同期座標系上の動的数学モデルをただちに得る。dq 同期座標系上の動的数学モデルを得たうえで，さらに $\omega_{1f} = \omega_{2f}$ などの定常状態の条件を追加付与する。

これら条件のもとでは，式 (13.65) と実質同一の次の関係が成立する。

$$\boldsymbol{i}_1 = \boldsymbol{i}_L + \boldsymbol{i}_R \tag{13.66a}$$

$$\boldsymbol{i}_R = \frac{\boldsymbol{D}(0, \omega_{1f})\boldsymbol{\phi}_1}{R_c} = \frac{\omega_{1f}}{R_c}\begin{bmatrix} -l_{1t}\, i_{Lq} \\ L_1\, i_{Ld} \end{bmatrix} \tag{13.66b}$$

$$\boldsymbol{\phi}_1 = l_{1t}\boldsymbol{i}_L + \boldsymbol{\phi}_{2n} = l_{1t}\begin{bmatrix} i_{Ld} \\ i_{Lq} \end{bmatrix} + \begin{bmatrix} M_n\, i_{Ld} \\ 0 \end{bmatrix} = \begin{bmatrix} L_1\, i_{Ld} \\ l_{1t}\, i_{Lq} \end{bmatrix} \tag{13.66c}$$

上記条件下のトルク発生式は，式 (13.22) に式 (13.66c) を用いると，次式のように表現される。

$$\tau = N_p M_n\, i_{Ld}\, i_{Lq} \tag{13.67}$$

鉄損考慮を要するIMの総合損失 p_w は，固定子銅損，固定子鉄損，回転子銅損からなる。これらは，エネルギー伝達式 (13.23) の右辺第1項，第2項，第4項で表現されている。本総合損失 p_w は，式 (13.66) を用いると，次のように評価される。

$$
\begin{aligned}
p_w &= R_1 \left\| \boldsymbol{i}_1 \right\|^2 + R_c \left\| \boldsymbol{i}_R \right\|^2 + R_{2n} \left\| \boldsymbol{i}_{2n} \right\|^2 \\
&= R_1 \left\| \begin{bmatrix} 1 & -\dfrac{\omega_{1f} l_{1t}}{R_c} \\ \dfrac{\omega_{1f} L_1}{R_c} & 1 \end{bmatrix} \begin{bmatrix} i_{Ld} \\ i_{Lq} \end{bmatrix} \right\|^2 \\
&\quad + \frac{\omega_{1f}^2}{R_c} \left\| \begin{bmatrix} -l_{1t}\, i_{Lq} \\ L_1\, i_{Ld} \end{bmatrix} \right\|^2 + R_{2n} \left\| \begin{bmatrix} 0 \\ -i_{Lq} \end{bmatrix} \right\|^2 \\
&= \left(R_1 + (R_1 + R_c) \frac{\omega_{1f}^2 L_1^2}{R_c^2} \right) i_{Ld}^2 \\
&\quad + \left(R_1 + R_{2n} + (R_1 + R_c) \frac{\omega_{1f}^2 l_{1t}^2}{R_c^2} \right) i_{Lq}^2 \\
&\quad + R_1 \frac{2\omega_{1f} M_n}{R_c} i_{Ld} i_{Lq}
\end{aligned}
\tag{13.68}
$$

B.　最小総合損失駆動の条件と特性

式 (13.67) のトルク発生式，式 (13.68) の総合損失式を得たところで，これらを第7章の定理7.1に適用することを考える。式 (13.67)，式 (13.68) と定理7.1の式 (7.1)，式 (7.2) との比較により，次の対応を得る。

$$
\left.
\begin{aligned}
&K_{dq} = N_p M_n \\
&R_d = R_1 + (R_1 + R_c) \frac{\omega_{1f}^2 L_1^2}{R_c^2} \\
&R_q = R_1 + R_{2n} + (R_1 + R_c) \frac{\omega_{1f}^2 l_{1t}^2}{R_c^2} \\
&R_{dq} = R_1 \frac{2\omega_{1f} M_n}{R_c}
\end{aligned}
\right\}
\tag{13.69}
$$

式 (13.69) を定理7.1の式 (7.3)～式 (7.5) に適用すると，鉄損考慮を要するIMの最小総合損失駆動のための解を以下のように得る。

最小総合損失条件

$$
R_d\, i_{Ld}^2 = R_q\, i_{Lq}^2 \tag{13.70}
$$

所要トルク発生時の最小総合損失

$$
p_w = \frac{2\sqrt{R_d R_q}}{N_p M_n} |\tau| + \frac{2R_1}{R_c} \left(\frac{\omega_{1f}}{N_p} \tau \right) \tag{13.71}
$$

最小総合損失のためのトルクと電流の関係

$$\left.\begin{aligned} i_{Ld} &= \frac{1}{\sqrt{N_p M_n}}\left(\frac{R_q}{R_d}\right)^{1/4}\sqrt{|\tau|} \\ i_{Lq} &= \frac{\mathrm{sgn}(\tau)}{\sqrt{N_p M_n}}\left(\frac{R_d}{R_q}\right)^{1/4}\sqrt{|\tau|} \end{aligned}\right\} \tag{13.72}$$

■

式 (13.71) の右辺は，一般には，「トルク τ の発生に要する最小総合損失」と理解することもできる。式 (13.70)～式 (13.72) は，「$R_c \to \infty$」とする場合には，鉄損が無視できる場合の関係である式 (7.14)～式 (7.16) に帰着する。

ところで，定常状態でのすべり周波数 ω_s は，式 (13.37) によれば，励磁分電流とトルク分電流との電流比となる。式 (13.37) に定常状態の条件と式 (13.70) とを適用すると，次式を得る。

$$\omega_s = W_2 \frac{i_{Lq}}{i_{Ld}} = \pm W_2 \sqrt{\frac{R_d}{R_q}} \tag{13.73}$$

上式と式 (13.69) は，「最小総合損失制御が常時遂行されている間のすべり周波数 ω_s は，速度増加に応じ，$\pm W_2 L_1 / l_{1t}$ に漸近する」ことを意味する。

式 (13.73) より，次の関係を得る。

$$\frac{1}{M_n} = \frac{W_2}{R_{2n}} = \frac{1}{R_{2n}}\sqrt{\frac{R_q}{R_d}}\,|\omega_s| \tag{13.74}$$

式 (13.74) を式 (13.71) に適用し，式 (13.37) に示したすべり周波数 ω_s と発生トルクの同一極性を考慮すると，最小総合損失の表現式として次式を得る。

$$\begin{aligned} p_w &= \frac{2R_q}{R_{2n}}\left(\frac{\omega_s}{N_p}\tau\right) + \frac{2R_1}{R_c}\left(\frac{\omega_{1f}}{N_p}\tau\right) \\ &= \left(2\frac{R_1 + (R_1 + R_c)\dfrac{\omega_{1f}^2 l_{1t}^2}{R_c^2}}{R_{2n}} + 1\right)\left(\frac{\omega_s}{N_p}\tau\right) \\ &\quad + \frac{2R_1}{R_c}\left(\frac{\omega_{1f}}{N_p}\tau\right) + \left(\frac{\omega_s}{N_p}\tau\right) \end{aligned} \tag{13.75}$$

最小総合損失を示した式 (13.75) では，式 (13.40) によれば右辺第 3 項が回転子側の銅損を示し，第 1 項，第 2 項が固定子側の銅損と鉄損を示す。特に，等価鉄損抵抗

R_c を有する因子が鉄損を表現している。

C. 最小総合損失駆動の指令値生成

トルク指令値 τ^* から，最小総合損失をもたらす正規化回転子磁束指令値 ϕ_{2nd}^* の生成法は，鉄損考慮を要しない場合と同様である。すなわち，フィードバック制御の場合には，図7.2が適用される。この際，図7.2における R_d，R_q としては式(13.69)のものを利用し，固定子電流指令値 $\boldsymbol{i}_1^*$ は固定子負荷電流指令値 $\boldsymbol{i}_L^*$ に変更することになる。

正規化回転子磁束の簡略化フィードフォワード制御のための負荷電流指令値生成法は，図7.3と同様である。この際，図7.3における R_d，R_q としては式(13.69)のものを利用し，固定子電流指令値 $\boldsymbol{i}_1^*$ は固定子負荷電流指令値 $\boldsymbol{i}_L^*$ に変更することになる。

13.5.3　電圧制限下の最小総合損失駆動

弱め磁束制御は，「IMへの印加電圧が電力変換器の発生可能電圧を超えた場合あるいは超える場合に，正規化回転子磁束指令値あるいは励磁分電流指令値を低減する」ことにより，行う。本趣旨にそった正規化回転子磁束指令値の生成法としては，7.3節の鉄損考慮を要しない方法を，固定子電流指令値を固定子負荷電流指令値に変更して利用すればよい。たとえば，図7.4では固定子電流指令値は固定子負荷電流指令値に変更すればよい。

13.6　等価鉄損抵抗の同定

13.6.1　目的

鉄損考慮を要するIMのためのベクトル制御系の実際的な設計・実現には，当然のことながら，数学モデル上の等価鉄損抵抗の適切な同定が必要である。本節では，文献7)，9)～11)を参考に，式(13.19)～式(13.23)の動的数学モデル上の固定子等価鉄損抵抗の同定法を紹介する。紹介の同定法は，以下のような特長を有する。

(a) 本同定法は，鉄損の主成分であるヒステリシス損，渦電流損に対応した等価鉄損抵抗を分離かつ同時同定できる。

(b) 本同定法は，IM内部のエネルギー評価を通じて等価鉄損抵抗を同定するものである。等価鉄損抵抗は，本来，磁気回路における磁気損失を電気回路の抵抗による損失として等価的にモデル化したものであり，この点において本同定法は等価鉄損抵抗の同定にふさわしい合理性を有する。

(c) 本同定法は，原理的に，IMのみならず，他の交流モータに共通して適用可能であり，高い汎用性を有する。

13. 6. 2 同定基本式

式 (13.19)～式 (13.23) の動的数学モデル上の等価鉄損抵抗を，渦電流損を表現した等価鉄損抵抗 R_{c0} とヒステリシス損を表現した等価鉄損抵抗 $R_{c1}|\omega_{1f}|$ のパラメータ R_{c1} とを分離かつ同時に同定することを考える。同定法としては，式 (13.4)～式 (13.7) に示した交流モータ固定子の共通性に基づき，原理的に交流モータに共通して利用しうるものを考える。さらには，これを同定するためのアルゴリズムとしては，公知の高い完成度を誇る同定アルゴリズムが無理なく活用できるように配慮する。これらの3要件を同時に満たすには，同定基本式の構築が決定的に重要となる。本項の主眼は，この構築にある。

まず，関連の瞬時電力を次のように定義する。

$$p_{ef} \equiv \boldsymbol{i}_1^T \boldsymbol{v}_1 \tag{13.76}$$

$$p_L \equiv \boldsymbol{i}_L^T \boldsymbol{D}(s,\omega_\gamma)\boldsymbol{\phi}_1 \tag{13.77}$$

$$p_c \equiv R_c \left\| \boldsymbol{i}_1 - \boldsymbol{i}_L \right\|^2 \tag{13.78}$$

$$p_i \equiv R_1 \left\| \boldsymbol{i}_1 \right\|^2 \tag{13.79}$$

$$p_v \equiv \frac{\left\| \boldsymbol{v}_1 \right\|^2}{R_1} \tag{13.80}$$

上記の p_{ef}, p_L, p_c, p_i は，それぞれ瞬時の固定子有効電力，固定子・回転子間の伝達電力，固定子鉄損，固定子銅損を意味している。なお，p_v に関しては，これが瞬時電力を意味していることは単位〔W〕より明白であるが，これを一言で表現できる用語はない。

鉄損は，鉄損評価式 (13.15) に式 (13.2) を用い，次のように直接的に評価することができる。

$$p_c = R_c \left\| \frac{\boldsymbol{v}_1 - R_1 \boldsymbol{i}_1}{R_c} \right\|^2 = \frac{R_1}{R_c}(p_v + p_i - 2p_{ef}) \tag{13.81}$$

一方，鉄損はエネルギー伝達式 (13.7) を用いて間接的に次のように評価することもできる。

$$p_c = p_{ef} - p_i - p_L \tag{13.82}$$

等価鉄損抵抗 R_c を式 (13.13) を用いて詳細具体化し，さらに式 (13.81)，式 (13.82) を等置すると，等価鉄損抵抗パラメータの同定の礎たる基本式を以下のように構築できる。

◆等価鉄損抵抗のための同定基本式

$$\zeta_0 = \boldsymbol{\zeta}^T \boldsymbol{\theta}_R \tag{13.83a}$$

ただし，

$$\zeta_0 \equiv p_{ef} - p_i - p_L \tag{13.83b}$$

$$\boldsymbol{\zeta} \equiv \begin{bmatrix} R_1(p_v + p_i - 2p_{ef}) & \dfrac{R_1(p_v + p_i - 2p_{ef})}{|\omega_{1f}|} \end{bmatrix}^T \tag{13.83c}$$

$$\boldsymbol{\theta}_R \equiv \begin{bmatrix} \dfrac{1}{R_{c0}} & \dfrac{1}{R_{c1}} \end{bmatrix}^T \tag{13.83d}$$

■

上の2×1ベクトル $\boldsymbol{\theta}_R$ が分離かつ同時に同定すべき2種の等価鉄損抵抗パラメータである。上記同定基本式においては，等価鉄損抵抗パラメータが，逆数の形であるが，パラメータに関し線形になっている。これにより，13.6.3項で示すように，公知の完成度の高い同定アルゴリズムの活用が可能となり，さらには2種の等価鉄損抵抗パラメータの分離かつ同時同定が可能となる。

等価鉄損抵抗は，磁気回路における磁気損失を，等価的に電気回路における抵抗による損失としてモデル化するものである。この点を考慮するならば，電力を用いた式 (13.83) は，等価鉄損抵抗の同定にふさわしい合理的な同定基本式であるといえる。構築過程より明らかなように，本同定基本式は，三相内の一相分の損失を評価したものではなく，全相の総合損失を評価したものである。なお，各種の瞬時電力から構成された同定信号 ζ_0, $\boldsymbol{\zeta}$ の具体的生成法は，13.6.4項でIMの特性に即した形で説明する。

13.6.3　同定アルゴリズム

式 (13.83a) の関係は，異なった周波数を含むすべての動作点・時刻で成立する。k 回目のデータ取得における式 (13.83a) の関係を，これを明快に示すべく次のように表現する。

$$\zeta_0(k) = \boldsymbol{\zeta}^T(k) \boldsymbol{\theta}_R \tag{13.84}$$

k 回目の同定信号 $\zeta_0(k)$，$\boldsymbol{\zeta}(k)$ を取得できれば，式 (13.84) に従い，最小二乗法などでパラメータ $\boldsymbol{\theta}_R$ を同定することができる。等価鉄損抵抗は0当然非負でなくてはならないが，最小二乗法などによる直接的なパラメータの同定では，種々の誤差に起因して負値を得ることがある。この問題を解決すべく，ここでは，代表的な繰り返し形同定アルゴリズムである適応同定アルゴリズムを用いて，パラメータ $\boldsymbol{\theta}_R$ を同定する。繰り返し形の適応同定アルゴリズムにおいては，同定値のリミッタ処理を介して，非負制限を簡単に行うことができる。

式 (13.84) のための適応同定アルゴリズムとして，次のものを利用する [11)]。

◆適応同定アルゴリズム

$$\hat{\boldsymbol{\theta}}_R(k)=\mathrm{Lmt}\left[\hat{\boldsymbol{\theta}}_R(k-1)-\frac{\boldsymbol{\Gamma}(k-1)\boldsymbol{\zeta}(k)e(k)}{1+\boldsymbol{\zeta}^T(k)\boldsymbol{\Gamma}(k-1)\boldsymbol{\zeta}(k)}\right] \tag{13.85a}$$

$$\boldsymbol{\Gamma}(k)=\boldsymbol{\Gamma}(k-1)-\frac{\boldsymbol{\Gamma}(k-1)\boldsymbol{\zeta}(k)\boldsymbol{\zeta}^T(k)\boldsymbol{\Gamma}(k-1)}{1+\boldsymbol{\zeta}^T(k)\boldsymbol{\Gamma}(k-1)\boldsymbol{\zeta}(k)} \tag{13.85b}$$

$$\boldsymbol{\Gamma}(0)>0 \quad , \quad \boldsymbol{\Gamma}^{-1}(0)>0 \tag{13.85c}$$

ただし，$e(k)$ は，次式に示すように，1 回前の同定値 $\hat{\boldsymbol{\theta}}_R(k-1)$ を用いて合成された事前誤差信号であり，

$$e(k)=\boldsymbol{\zeta}^T(k)\hat{\boldsymbol{\theta}}_R(k-1)-\zeta_0(k) \tag{13.85d}$$

また，$\mathrm{Lmt}[\cdot]$ は同定値に非負制限を行うためのリミッタ関数である。

■

リミッタ関数による同定値に対する毎回の制限処理は，繰り返しアルゴリズムである適応同定アルゴリズムにおいては有効に作用する。上記の同定アルゴリズムによれば，2×1 同定信号 $\boldsymbol{\zeta}(k)$ が継続的に 2 次元空間を張るならば，同定値 $\hat{\boldsymbol{\theta}}_R(k)$ を真値 $\boldsymbol{\theta}_R$ に追い込むことができる [11)]。この条件は，IM に流れる電流のレベルが一定であっても，異なった周波数を用いて同定信号を生成することにより，満足させることができる。

最終同定値 $\hat{\boldsymbol{\theta}}_R(k)=\hat{\boldsymbol{\theta}}_R=[\hat{\theta}_{R1} \quad \hat{\theta}_{R2}]^T$ を得たならば，式 (13.83d) の関係に従い，これより等価鉄損抵抗パラメータを次のように定める。

$$\begin{bmatrix}\hat{R}_{c0}\\ \hat{R}_{c1}\end{bmatrix}=\begin{bmatrix}\dfrac{1}{\hat{\theta}_{R1}} & \dfrac{1}{\hat{\theta}_{R2}}\end{bmatrix}^T \tag{13.86}$$

13. 6. 4 同定系

A. システム構成

13.6.2 項，13.6.3 項で提示した等価鉄損抵抗同定法は，式 (13.4)～式 (13.7) の統一固定子モデルに立脚しており，このモデルが有効な交流モータに共通して利用可能で

ある。本同定法の利用に際しては，式 (13.83b) が示すように，スカラ同定信号 $\zeta_0(k)$ の生成に固定子・回転子間の瞬時伝達電力 p_L の算定が必要である。固定子・回転子間の瞬時伝達電力 p_L は当然のことながら回転子の影響を受け，p_L の算定に限っては，回転子によって特色づけられる交流モータ個々について，回転子固有の特性を反映した方法を用意する必要がある。

IM の p_L は，エネルギー伝達式 (13.23) の右辺第 4 項，第 5 項が示すように，回転子側の電気損失（銅損），機械損失を含有している。このため，p_L の生成に際しては，これらへの考慮が不可欠である。特に，代表的機械損失であるクーロン摩擦損，粘性摩擦損は駆動速度，二乗駆動速度におのおの比例し，これらの速度依存性はヒステリシス損，渦電流損の周波数依存性とおのおの酷似している。このため，精度よい等価鉄損抵抗の同定には，特性的分離が困難なヒステリシス損に対するクーロン摩擦損，渦電流損に対する粘性摩擦損の影響をいかに排除するかが，重要となる。

本書では，IM に対し，回転子側の電気損失と機械損失を一切発生させない状態を創出して同定信号を生成し，これを用いて IM の等価鉄損抵抗を精度よく同定する方法を提示する。等価鉄損抵抗パラメータの同定は，数学モデル上のパラメータ，同定基本式上のパラメータを同定するものであり，このための同定信号の生成はこれら数学モデル，同定基本式と整合性を有するものでなくてはならない。提示の同定信号生成法は，本認識に基づくものでもある。

機能に焦点を当てた等価鉄損抵抗同定系（同定系は同定システムと同義）の概要を図 13.18 に示す。供試 IM は，速度制御可能な負荷装置に結合されている（図 13.18 では，トルクセンサを介在させているが，これはモニタ用であり必ずしも必要ではない）。また，供試 IM へ印加される電力に関しては，付属の制御系により電源周波数と電流

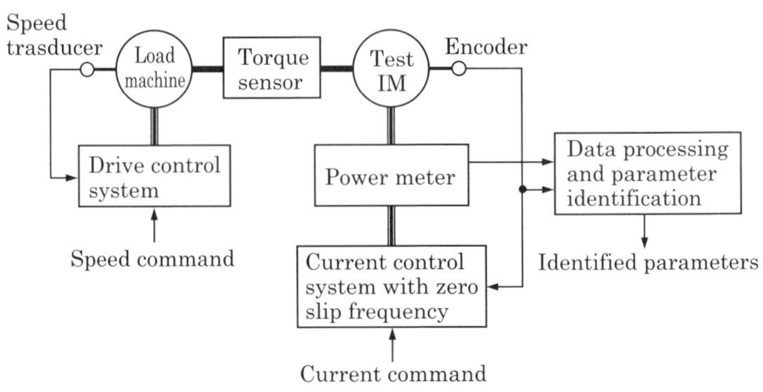

図 13.18　IM の等価鉄損抵抗同定系の例

レベルが自在に制御できるようになっている。本同定系は，連結された負荷装置で供試 IM の速度を制御し，この速度応答値を供試 IM 付属の位置・速度センサで検出し，これを供試 IM の駆動制御系へフィードバックするように構成されている。供試 IM の駆動制御系は，電流レベルを一定値に維持制御しながらも，速度検出値を利用して高精度の同期速度駆動を実現している。すなわち，電流制御を遂行すると同時に，電源周波数 ω_{1f} が回転子の電気速度 ω_{2f} に正確に等しくなるように（すなわち，定常的にはすべり周波数 ω_s が正確にゼロになるように）これを制御している。

B.　同定信号の生成

すべり周波数 ω_s をゼロに制御する上述の同定系においては，式 (13.40) が示すように回転子側の電気損失は発生しない。また，この状態では，式 (13.39) より次の関係が成立する（図 13.6 参照）。

$$\boldsymbol{i}_L = \frac{W_2}{R_{2n}} \boldsymbol{\phi}_{2n} \tag{13.87}$$

ひいては，式 (13.87) と式 (13.37) より，発生トルク τ はゼロに制御される。当然のことながら，供試 IM による発生トルクのゼロ状態では，供試 IM 自体が機械損失（クーロン摩擦損，粘性摩擦損）を発生することはない。

これにより，同定系は，定常状態では，次式に示すように固定子・回転子間の瞬時伝達電力 p_L をゼロに制御できる（式 (13.7)，式 (13.23) 参照）。

$$\begin{aligned} p_L &= \boldsymbol{i}_L^T \boldsymbol{D}(s,\omega_\gamma)\boldsymbol{\phi}_1 \\ &= s\left(\frac{1}{2l_{1t}} \| l_{1t}\boldsymbol{i}_L \|^2 + \frac{W_2}{2R_{2n}} \|\boldsymbol{\phi}_{2n}\|^2 \right) \\ &\quad + R_{2n} \left\| \frac{W_2}{R_{2n}} \boldsymbol{\phi}_{2n} - \boldsymbol{i}_L \right\|^2 + \omega_{2m}\tau \\ &= 0 \end{aligned} \tag{13.88}$$

瞬時電力から構成される，同定に必要なスカラ同定信号 $\zeta_0(k)$，ベクトル同定信号 $\boldsymbol{\zeta}(k)$ は，供試 IM を上述の状態に制御したうえで，生成するようにした。この際，固定子の銅損抵抗（巻線抵抗）R_1 としては事前にゼロ周波数で同定した値を利用した。

C.　リミッタ値の設定

同定値 $\hat{\boldsymbol{\theta}}_R(k)$ の 2 要素は，原理的には非負でなくてはならない。しかし，ノイズなどに起因する諸誤差によりこの同定値が負値を取りうることも想定される。この点を考慮し，式 (13.85a) におけるリミッタ関数 $\mathrm{Lmt}[\cdot]$ には下限制限としてゼロを設定した。上限制限は，実質的にないように十分大きく設定した。

13. 6. 5　同定試験

A.　試験 I

供試 IM はセンサレス・トランスミッションレス電気自動車用として特別製作された 5.5〔kW〕モータである。特性概要，システム構成の様子は，おのおの表 12.1，図 12.3 のとおりである。本供試 IM は，表 12.1 より明白なように標準的 IM に比較し低電圧・大電流の特色を有し，高速駆動時の鉄損が懸念されるモータである。

事前に直流同定した固定子銅損抵抗 R_1，および磁束発生に印加した固定子電流 $\boldsymbol{i}_1$ は次のとおりである。

$$R_1 = 0.016 \text{〔}\Omega\text{〕}$$

$$\|\boldsymbol{i}_1\| = 58 \text{〔A〕} \ (i_{1u} = 33.7 \text{〔A, rms〕})$$

すなわち，固定子電流は励磁電流定格値に設定した。20 ～ 320〔rad/s〕の範囲で離散的に変化させたすべての電源周波数 ω_{1f} の信号を用い，前述の方法で 2 個の等価鉄損抵抗パラメータを分離かつ同時同定した。この場合の最大周波数は，負荷装置の最大速度 160〔rad/s〕で制限されることとなった。2 個の最終同定値は，次のとおりである。

$$\hat{\boldsymbol{\theta}}_R = \begin{bmatrix} 0.0230 \\ 9.67 \end{bmatrix}, \qquad \begin{bmatrix} \hat{R}_{c0} \\ \hat{R}_{c1} \end{bmatrix} = \begin{bmatrix} 43.4 \text{〔}\Omega\text{〕} \\ 0.103 \text{〔}\Omega\,\mathrm{s/rad}\text{〕} \end{bmatrix}$$

モデリング誤差を含む数学モデルに基づき構築された同定基本式 (13.83a) と，さらにはノイズなどの生成時誤差を含む同定信号とにより同定された同定値の妥当性を検討するため，式 (13.83a) 左辺による鉄損実測値 $\zeta_0(k)$ と，同定値を式 (13.83a) 右辺の関係式に用いて算出した鉄損推定値（$\boldsymbol{\zeta}^T(k)\hat{\boldsymbol{\theta}}_R$）とを比較した。図 13.19 は，この結果を示したものである。図より明白なように，鉄損の推定値（破線）は同実測値（実線）に良好な一致を示している。同図は，参考のため銅損と鉄損とを含む総合損失 p_{ef} の実測値（実線）も表示している。鉄損推定値と同実測値との一致性は，同定基本式，同定信号の生成，さらには同定値が適切であることを裏づけるものである。

式 (13.16) が示すように，本試験のように磁束一定の条件下では，ヒステリシス損は周波数の絶対値に比例し，渦電流損は周波数の二乗に比例する。本供試 IM に関しては，図 13.19 の鉄損曲線が電源周波数 $\omega_{1f} = 200$〔rad/s〕近傍までほぼ直線的に延びていることより，この領域までヒステリシス損が支配的であり，これ以降で渦電流損

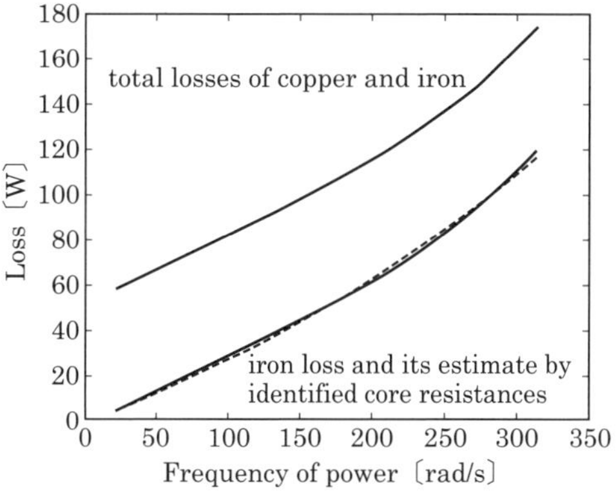

図 13.19 5.5〔kW〕IM における，鉄損実測値（実線）と鉄損抵抗同定値を用いた鉄損推定値（破線）との比較

の影響が急激に増加することがわかる。この特性を表現したヒステリシス損係数/渦電流損係数の比は，次のとおりである（式 (13.16) 参照)。

$$\left(\frac{1/\hat{R}_{c1}}{1/\hat{R}_{c0}}\right) = \frac{\hat{R}_{c0}}{\hat{R}_{c1}} = 421$$

B. 試験 II

次の供試 IM は電気バイク用に試作された 2.0〔kW〕モータである。特性概要，システム構成の様子は，おのおの表 10.3，図 10.23 のとおりである。これも 5.5〔kW〕供試 IM 同様に，標準的 IM に比し低電圧・大電流の特色を有し，高速駆動時の鉄損が懸念されるモータである。

事前に直流同定した固定子銅損抵抗（巻線抵抗）R_1，および磁束発生に印加した固定子電流 $\boldsymbol{i}_1$ は次のとおりである。

$$R_1 = 0.042 \text{〔}\Omega\text{〕}$$

$$\|\boldsymbol{i}_1\| = 33 \text{〔A〕} (i_{1u} = 20 \text{〔A, rms〕})$$

電源周波数 ω_{1f} を 20 ～ 350〔rad/s〕の範囲で離散的に変化させて前述の方法で 2 個の等価鉄損抵抗パラメータを分離かつ同時同定した。この場合の最大周波数も，負荷装置の最大速度 175〔rad/s〕で制限されることとなった。最終同定値は，次のとおりである。

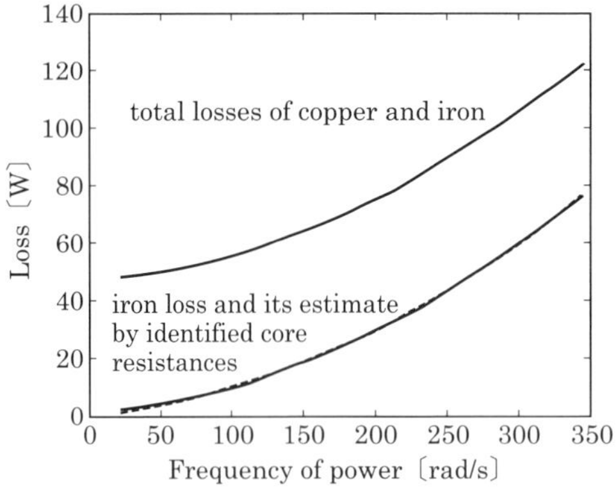

図 13.20　2.0〔kW〕IM における，鉄損実測値（実線）と鉄損抵抗同定値を用いた鉄損推定値（破線）との比較

$$\hat{\boldsymbol{\theta}}_R = \begin{bmatrix} 0.0724 \\ 6.85 \end{bmatrix}, \qquad \begin{bmatrix} \hat{R}_{c0} \\ \hat{R}_{c1} \end{bmatrix} = \begin{bmatrix} 13.8\ 〔\Omega〕 \\ 0.146\ 〔\Omega\,\mathrm{s/rad}〕 \end{bmatrix}$$

同定基本式，同定信号の生成，同定値の妥当性を検討するため，式 (13.83a) 左辺による鉄損実測値 $\zeta_0(k)$ と，同定値を式 (13.83a) 右辺の関係式に用いて算出した鉄損推定値（$\boldsymbol{\zeta}^T(k)\hat{\boldsymbol{\theta}}_R$）とを比較した。図 13.20 は，この結果を示したものである。波形の意味は，図 13.19 と同一である。図より明白なように，鉄損の推定値（破線）は実測値（実線）に高い一致性を示している。この一致性は前掲の 5.5〔kW〕のものよりもさらに高く，推定値と実測値の差異は，測定した全周波数領域でほとんど視認できない。同定基本式，同定信号の生成，同定値は十分に適切であるといえる。

なお，本供試 IM に関しては，図 13.20 の鉄損曲線が直線的に延びているのは電源周波数 $\omega_{1f} = 100$〔rad/s〕近傍，すなわちヒステリシス損が支配的なのは $\omega_{1f} = 100$〔rad/s〕近傍までであり，これ以降の比較的低い領域から渦電流損の影響が出ていることがわかる。これを裏づけるように，ヒステリシス損係数/渦電流損係数の比は次のように小さくなっている。

$$\left(\frac{1/\hat{R}_{c1}}{1/\hat{R}_{c0}} \right) = \frac{\hat{R}_{c0}}{\hat{R}_{c1}} = 94.5$$

Q 13.4　提案の等価鉄損抵抗同定法は，他の交流モータにも適用できるとの説明ですが，他の交流モータに適用する場合の変更点はどこにあるのでしょうか。

A 13.4　式 (13.83) のパラメータ同定の基本式，式 (13.85) の同定アルゴリズムは，他の交流モータに対しても，無修正で適用できます。これらを他の交流モータに適用する場合の変更点は，同定信号 $\zeta_0(k)$，$\boldsymbol{\zeta}(k)$ の生成法です。トルク発生のメカニズムは個々の交流モータによって異なります。同定信号を生成する際には，「発生トルクがゼロ」の状態を作りだすことが肝要です。適用に際しては，個々の交流モータのトルク発生メカニズムに合致した形で，本状態を作りだすことになります。PMSM を対象にした本状態の創出法は，文献 7) に詳しく説明されています。

参考文献

第 1 章

1)　新中新二：“永久磁石同期モータのベクトル制御技術，上巻（原理から最先端まで）”，ISBN 978-4-88554-972-4，電波新聞社（2008.12）

2)　A.M.Trzynadlowski：“Control of Induction Motors”, ISBN 0-12-701510-8, Academic Press (2001)

第 2 章

1)　S.Shinnaka：“Proposition of New Mathematical Models with Core Loss Factor for Controlling AC Motors”, Proc. of the 24th Annual Conference of the IEEE Industrial Electronics Society (IECON-1998), pp.297-302 (1998.9)

2)　新中新二：“永久磁石同期モータのベクトル制御技術，上巻（原理から最先端まで）”，ISBN 978-4-88554-972-4，電波新聞社（2008.12）

3)　新中新二・榊原則夫・深澤英樹：“誘導機ベクトル制御のための統一的ベクトル解析”，平成 4 年電気学会産業応用部門全国大会講演論文集，pp.201-205（1992.8）

4)　新中新二・榊原則夫・深澤英樹：“誘導機ベクトル制御のための統一的ベクトル解析”，計測自動制御学会論文集，Vol.30，No.7，pp.760-766（1994.7）

5)　新中新二：“3 × 3 平衡循環行列を用いた交流モータの表現法”，電気学会論文誌 D，Vol.119，No.8/9，pp.1128-1129（1999.8/9）

6)　新中新二：“誘導機の特性算定法”，日本国公開特許公報，特開平 10-262400（1997.3.18）

7)　新中新二：“最少パラメータによる誘導モータの新数学モデルの提案”，電気学会論文誌 D，Vol.117，No.10，pp.1247-1253（1997.10）

8)　E.Clarke：“Circuit Analysis of AC Power Systems. Vol. I”, Wiley, New York (1943)

9) R.H.Park : “Two Reaction Theory of Synchronous Machines”, Trans. of the American Institute of Electrical Engineers, Vol.48, pp.716-730 (1929)
10) 中野博民・赤木泰文・高橋勲・難波江章：“二次巻線鎖交磁束に着目した誘導電動機の新しい等価回路とその定数決定法”，電気学会論文誌 B，Vol.103，No.3，pp.216-222 (1983.3)

第3章

1) 新中新二：“ベクトル信号を用いた交流回転機のブロック線図”，電気学会論文誌 D，Vol.118，No.6，pp.715-723 (1998.6)
2) 新中新二：“固定子鉄損を有する交流モータの一般座標ベクトル信号によるブロック線図”，電気学会論文誌 D，Vol.120，No.12，pp.1492-1500 (2000.12)

第4章

1) 新中新二：“システム設計のための基礎制御工学”，ISBN 978-4-339-03197-3，コロナ社 (2009.3)
2) 新中新二：“永久磁石同期モータのベクトル制御技術，上巻（原理から最先端まで）”，ISBN 978-4-88554-972-4，電波新聞社 (2008.12)
3) 新中新二：“1次遅れ特性をもつ制御対象の制御方法”，日本国特許第4446286号 (2004.7.16)
4) 新中新二：“1次制御対象に対する高次制御器の構造と設計，内部モデル制御器の新構造と新設計”，電気学会論文誌 D，Vol.125，No.1，pp.115-116 (2005.1)
5) 新中新二・榊原則夫・深澤英樹：“誘導機ベクトル制御のための統一的ベクトル解析”，計測自動制御学会論文集，Vol.30，No.7，pp.760-766 (1994.7)

第5章

1) 新中新二：“永久磁石同期モータのベクトル制御技術，下巻（センサレス駆動制御の真髄）”，ISBN 978-4-88554-973-1，電波新聞社 (2008.12)
2) 茅陽一・堀洋一・林武人：“新しい磁束オブザーバを用いる高速 AC サーボシステム（研究課題番号 61460148）”，昭和62年度科学研究費補助金（一般研究 B）成果報告書 (1988.3)
3) 堀洋一・V.Cotter・茅陽一：“誘導電動機の磁束状態オブザーバに関する制御理論的考察”，電気学会論文誌 B，Vol.106，No.11，pp.1001-1008 (1986.11)

4) 堀洋一："誘導機の磁束オブザーバの離散形実現と電動機定数変動に対する低感度化", 電気学会論文誌 D, Vol.108, No.7, pp.665-671 (1988.7)
5) 堀洋一・梅野孝治・鈴木裕之："高速低感度磁束オブザーバに基づく磁界オリエンテーション形ベクトル制御系の実現", 電気学会論文誌 D, Vol.109, No.10, pp.771-777 (1989.10)
6) 梅野孝治・堀洋一・鈴木裕之："ロバスト安定性を考慮した磁束オブザーバに基づく誘導機のベクトル制御系の設計", 電気学会論文誌 D, Vol.110, No.4, pp.333-342 (1990.4)
7) 新中新二："誘導電動機のための回転子磁束推定装置", 特願 2014-140892 (2014.6.21)
8) 新中新二："瞬時速度推定同伴の最小次元 D 因子磁束状態オブザーバを用いた誘導モータのセンサレスベクトル制御", 電気学会論文誌 D, Vol.135, No.3, pp.299-307 (2015.3)
9) 新中新二："永久磁石同期モータのベクトル制御技術, 上巻（原理から最先端まで）", ISBN 978-4-88554-972-4, 電波新聞社 (2008.12)

第 7 章

1) 新中新二："固定子および回転子に鉄損を有する誘導モータの最小損失制御方策", 電気学会論文誌 D, Vol.118, No.3, pp.421-422 (1998.3)
2) 新中新二："永久磁石同期モータのベクトル制御技術, 上巻（原理から最先端まで）", ISBN 978-4-88554-972-4, 電波新聞社 (2008.12)
3) 新中新二："永久磁石同期モータのベクトル制御技術, 下巻（センサレス駆動制御の真髄）", ISBN 978-4-88554-973-1, 電波新聞社 (2008.12)
4) 新中新二・竹内茂："センサレスベクトル制御駆動による無変速機電気自動車の開発", 計測自動制御学会論文集, Vol.38, No.5, pp. 501-510 (2002.5)
5) 新中新二："永久磁石同期モータの制御, センサレスベクトル制御技術", ISBN 978-4-501-11640-8, 東京電機大学出版局 (2013.9)

第 8 章

1) 新中新二："誘導形サーボモータの適応ベクトル制御", 電気学会論文誌 D, Vol.117, No.8, pp.1024-1032 (1997.8)
2) 新中新二："適応アルゴリズム,（離散と連続, 真髄へのアプローチ）", ISBN

4-7828-5129-4，産業図書（1990.8）
3) 新中新二："永久磁石同期モータのベクトル制御技術，上巻（原理から最先端まで）"，ISBN 978-4-88554-972-4，電波新聞社（2008.12）

第9章

1) H.Tajima and Y.Hori : "Speed Sensorless Field-Orientation Control of the Induction Machine", IEEE Trans. on Industry Applications, Vol.29, No.1, pp.175-180 (1993.1/2)
2) 久保田寿夫・松瀬貢規・中野孝良："適応二次磁束オブザーバの誘導電動機速度推定への応用"，電気学会論文誌D，Vol.110，No.12，pp.1292-1293（1990.12）
3) 久保田寿夫・尾崎正則・松瀬貢規・中野孝良："適応二次磁束オブザーバを用いた誘導電動機の速度センサレス直接形ベクトル制御"，電気学会論文誌D，Vol.111，No.11，pp.954-959（1991.11）
4) 杉本英彦・丁力："適応二次磁束オブザーバを用いたベクトル制御誘導電動機系の安定性に関する一考察"，電気学会論文誌D，Vol.119，No.10，pp.1212-1222（1999.10）
5) 丁力・杉本英彦："適応二次磁束オブザーバを用いた制御電圧源駆動速度センサレスベクトル制御誘導電動機系の安定性の考察と一改善法"，電気学会論文誌D，Vol.120，No.10，pp.1225-1234（2000.10）
6) 金原義彦・小山正人："低速・回生領域を含む誘導電動機の速度センサレスベクトル制御法"，電気学会論文誌D，Vol.120，No.2，pp.223-229（2000.2）
7) 金原義彦・小山正人："二種類の適応磁束オブザーバを併用した誘導電動機の速度センサレスベクトル制御と一次・二次抵抗同定"，電気学会論文誌D，Vol.120，No.8/9，pp.1061-1067（2000.8/9）
8) 浜島豊和・長谷川勝・道木慎二・大熊繁："拡張誤差に基づく速度・一次抵抗同定法による全領域で安定な速度センサレスベクトル制御"，電気学会論文誌D，Vol.124，No.8，pp.750-759（2004.8）
9) 新中新二："適応アルゴリズム，（離散と連続，真髄へのアプローチ）"，ISBN 4-7828-5129-4，産業図書（1990.8）
10) 新中新二："永久磁石同期モータのベクトル制御技術，下巻（センサレス駆動制御の真髄）"，ISBN 978-4-88554-973-1，電波新聞社（2008.12）

11) 新中新二：“誘導電動機のための回転子磁束推定装置”，特願 2014-140892 (2014.6.21)
12) 新中新二：“瞬時速度推定同伴の最小次元D因子磁束状態オブザーバを用いた誘導モータのセンサレスベクトル制御”，電気学会論文誌D，Vol.135，No.3，pp.299-307 (2015.3)
13) 小林弘和・宮下一郎・大森洋一・藤川淳：“瞬時空間ベクトル理論を応用したVVVFによる誘導電動機の速度センサレスベクトル制御”，平成元年電気学会全国大会，13. pp.15-16，No.1641 (1989.3)
14) 小林弘和・藤川淳・宮下一郎・大森洋一：“瞬時空間ベクトル理論を応用したVVVFによる誘導電動機の速度センサレスベクトル制御”，東洋電機技報，75号，pp.16-21 (1989.11)

第10章

1) S.Shinnaka：“A New Hybrid Vector Control for Induction Motor without Speed and Position Sensors,—Frequency Hybrid Approach Using New Indirect Scheme—”, 平成9年電気学会全国大会講演論文集，No.4，pp.364-365 (1997.3)
2) S.Shinnaka：“A New Hybrid Vector Control for Induction Motor without Speed and Position Sensors, —Frequency Hybrid Approach Using New Indirect Scheme—”, Proceedings of the Power Conversion Conference, Nagaoka 1997 (PCC Nagaoka 1997), pp.541-548 (Nagaoka, 1997.8)
3) 新中新二：“速度・位置センサを有しない誘導モータのためのハイブリッドベクトル制御法”，電気学会論文誌D，Vol.118，No.7/8，pp.843-854 (1998.7)
4) S.Shinnaka：“Servo-Performance Hybrid Vector Control for Sensorless Induction Motor Drive”, Proceedings of The IEEE International Symposium on Industrial Electronics (ISIE'99), Vol.1, pp. 380-385 (Bled, Slovenia, 1999.7)
5) 新中新二：“センサレス誘導モータ駆動のための周波数ハイブリッドベクトル制御法の有用性評価”，電気学会論文誌D，Vol.121，No.11，pp.1143-1154 (2001.11)
6) 新中新二：“高度化するIMベクトル制御技術”，2002モータ技術シンポジウム，セッションK-2(センサレスモータ制御技術の最前線)，pp.K2-1-1～K2-1-11 (2002.4)
7) 新中新二：“誘導電動機のための位相生成装置”，特願 2014-151226 (2014.7.7)
8) 新中新二：“適応アルゴリズム，(離散と連続，真髄へのアプローチ)”，ISBN 4-7828-5129-4，産業図書 (1990.8)

9)　森真人・足利正：“誘導電動機の速度センサレスベクトル制御方式”，公開特許公報，特開平 7-123799（1993.10.25）

第 11 章

1)　新中新二：“永久磁石同期モータのベクトル制御技術，上巻（原理から最先端まで）”，ISBN 978-4-88554-972-4，電波新聞社（2008.12）
2)　新中新二：“適応アルゴリズム，（離散と連続，真髄へのアプローチ）”，ISBN 4-7828-5129-4，産業図書（1990.8）
3)　新中新二：“誘導形サーボモータ駆動における適応技術”，第 33 回計測自動制御学会学術講演会予稿集，pp.373-374（1994.7）
4)　新中新二：“誘導形サーボモータ駆動と適応技術”，平成 6 年電気学会産業応用部門全国大会講演論文集，pp. 259-260（1994.8）
5)　新中新二：“誘導機の速度と 2 次抵抗の一斉同定に関する統一的解析”，電気学会論文誌 D，Vol.113，No.12，pp.1483-1484（1993.12）

第 12 章

1)　新中新二・竹内茂：“センサレスベクトル制御駆動による無変速機電気自動車の開発”，計測自動制御学会論文集，Vol.38，No.5，pp.501-510（2002.5）
2)　S.Shinnaka, S.Takeuchi, A.Kitajima, F.Eguchi and H.Haruki : “Frequency-Hybrid Vector Control for Sensorless Induction Motor and its Application to Electric Vehicle Drive”, Proc. of the 16th Annual Applied Power Electronics Conference and Exposition（APEC 2001）, Vol.1, pp.32-39（2001.3）
3)　S.Shinnaka and S.Takeuchi : “Development of Sensorless Vector Controlled Electric Vehicle with No Variable Transmission”, Proc. of the First Joint Technical Conference（JTC 2001）（2001.11）
4)　S.Shinnaka and S.Takeuchi : “Development of a Radical New Sensorless-Vector-Controlled and Transmissionless Electric Vehicle”, Proc. of the 19th International Battery, Hybrid and Fuel Cell Electric Vehicle Symposium and Exhibition（EVS19）, pp.1467-1478（2002.10）
5)　新中新二・竹内茂・北島明・江口文夫・春木英将：“クラッチ不要なセンサレス電気自動車「新」の開発”，平成 13 年電気学会全国大会講演論文集，4，pp.1524-

1525 (2001.3)
6) 新中新二：“計測・制御から見たセンサレス・トランスミッションレス電気自動車の開発”，計測と制御，Vol.40，No.11，pp. 809-812 (2001.11)
7) 井上友子：“大学で作られたユニークな研究用電気自動車たち（神奈川大学，センサレストランスミッションレス EV「ST-EV 新」)”，電気学会誌，Vol.122，No.6，pp.383-386 (2002.6)
8) 新中新二・竹内茂：“センサレスベクトル制御駆動・トランスミッションレス EV の開発”，JEVA 電気自動車フォーラム 02，pp.99-113 (2002.12)
9) 新中新二：“革新的電気自動車，センサレスベクトル制御駆動・トランスミッションレス「新」の開発”，ハイテックインフォーメーション（財団法人中国技術振興センター発行)，No.148，pp. 7-10 (2003.9)
10) 新中新二：“次世代電気自動車 ST-EV を可能にしたセンサレスベクトル制御法とその応用”，機械設計，Vol.48，No.12，pp. 40-46 (2004.9)

第 13 章

1) S.Shinnaka : “Proposition of New Mathematical Models with Core Loss Factor for Controlling AC Motors”, Proceedings of the 24th Annual Conference of the IEEE Industrial Electronics Society (IECON'98), pp. 297-302 (1998.9)
2) 新中新二：“固定子鉄損を含む誘導モータの新数学モデルの提案”，電気学会論文誌 D，Vol.119，No.2，pp.142-150 (1999.2)
3) 新中新二：“固定子鉄損を有する交流モータの一般座標ベクトル信号によるブロック線図”，電気学会論文誌 D，Vol.120，No.12，pp.1492-1500 (2000.12)
4) 新中新二：“交流電動機の統一的数学モデル”，電気学会技術報告第 896 号（可変速制御システムにおける電動機モデルと高性能制御)，pp. 19-24 (2002.8)
5) 新中新二：“交流電動機のベクトル制御方法”，日本国特許 3994419 号 (1997.9.25)
6) 新中新二・千田剛：“鉄損を有する誘導モータのための新数学モデルに基づくベクトル制御”，平成 10 年電気学会全国大会講演論文集，Vol.4，pp.316-317 (1998.3)
7) 新中新二：“永久磁石同期モータのベクトル制御技術，上巻（原理から最先端まで)”，ISBN 978-4-88554-972-4，電波新聞社 (2008.12)
8) 新中新二：“固定子および回転子に鉄損を有する誘導モータの最小損失制御方策”，電気学会論文誌 D，Vol.118，No.3，pp.421-422 (1998.3)
9) 新中新二：“交流モータの等価鉄損抵抗同定法”，日本国特許 3765963 号

(2000.5.29)
10) 新中新二："交流モータ並列形数学モデルのためのヒステリシス損・渦電流損対応等価鉄損抵抗の分離同定", 電気学会論文誌 D, Vol.122, No.5, pp.457-467 (2002.5)
11) 新中新二："適応アルゴリズム, (離散と連続, 真髄へのアプローチ)", ISBN 4-7828-5129-4, 産業図書 (1990.8)
12) 開道力："鋼板内磁気特性分布を考慮した電磁鋼板コアの等価回路", 日本応用磁気学会誌, Vol.19, No.1, pp. 39-44 (1995.1)
13) 水野孝行・高山順一・市岡忠士・寺嶋正之："固定子鉄損を考慮した誘導電動機の非干渉制御法", 電気学会論文誌 D, Vol.109, No11, pp.841-848 (1989.11)
14) E.Levi : "Impact of Iron Loss on Behavior of Vector Controlled Induction Machines", IEEE Trans. Industrial Applications, Vol.31, No.6, pp.287-1296 (1995.12)

索　引

あ行

か行

さ行

な行

は行

【著者紹介】

新中新二（しんなか・しんじ）
1973年　防衛大学校卒業
1973年　陸上自衛隊入隊
1979年　University of California, Irvine 大学院博士課程修了
Doctor of Philosophy（University of California, Irvine）
1979年　防衛庁（現防衛省）第一研究所勤務
1981年　防衛大学校勤務
1986年　陸上自衛隊除隊
1986年　キヤノン株式会社勤務
1990年　工学博士（東京工業大学）
1991年　株式会社日機電装システム研究所創設（代表）
1996年　神奈川大学工学部教授
現　在　神奈川大学工学部電気電子情報工学科教授
主要著書「適応アルゴリズム（離散と連続，真髄へのアプローチ）」産業図書，1990
「永久磁石同期モータのベクトル制御技術（上巻，原理から最先端まで）」電波新聞社，2008
「永久磁石同期モータのベクトル制御技術（下巻，センサレス駆動制御の真髄）」電波新聞社，2008
「永久磁石同期モータの制御（センサレスベクトル制御技術）」東京電機大学出版局，2013
「システム設計のための基礎制御工学」コロナ社，2009
「フーリエ級数・変換とラプラス変換（基礎から実践まで）」数理工学社，2010

誘導モータのベクトル制御技術

2015年4月20日　第1版1刷発行　　ISBN 978-4-501-11710-8　C3054

著　者　新中新二

発行所　学校法人 東京電機大学
東京電機大学出版局
〒120-8551　東京都足立区千住旭町5番
〒101-0047　東京都千代田区内神田1-14-8
Tel. 03-5280-3433(営業) 03-5280-3422(編集)
Fax.03-5280-3563 振替口座 00160-5-71715
http://www.tdupress.jp/

印刷：㈱精興社　　製本：渡辺製本㈱　　装丁：鎌田正志
落丁・乱丁本はお取り替えいたします。　　Printed in Japan